高等学校**美容化妆品类专业**规划教材

美容化妆品行业职业培训教材

化妆品

配方设计与生产工艺

刘纲勇　主编

化学工业出版社

·北京·

化妆品种类非常多，但本书根据使用部位或使用目的的不同，将众多化妆品分为肤用、发用、彩妆和芳香、口腔等五大类型化妆品，并进一步细分为 15 类产品，每类产品用一章讲述。每一章又根据其剂型或功效的不同，将每类产品分为若干小类。每一小类从产品的历史发展、分类特点、作用与作用原理、执行标准与质量要求、配方组成、原料选择要点、配方设计要点、生产工艺、典型配方与配方解析、产品常见质量问题及原因分析等 10 多个方面进行阐述。

本书在编写时既考虑了经典的化妆品，又考虑了近几年出现的新型化妆品；既阐述化妆品的基本理论，又总结了化妆品成熟的经验。本书邀请众多活跃在一线的广东省化妆品科学技术研究会的化妆品资深工程师参与，配方知识能与时俱进、非常实用，并做到理论与实践经验有机结合。通过本书的学习，从事化妆品配方研究开发的初学者，可以少走很多弯路。

本书既可供化妆品专业学生作为教材，又可以作为化妆品初学者的培训教材，以及化妆品技术人员的参考书。

图书在版编目（CIP）数据

化妆品配方设计与生产工艺/刘纲勇主编. —北京：
化学工业出版社，2020.1 （2024.1重印）
ISBN 978-7-122-35868-4

Ⅰ.①化… Ⅱ.①刘… Ⅲ.①化妆品-配方-设计-
教材②化妆品-生产工艺-教材 Ⅳ.①TQ658

中国版本图书馆 CIP 数据核字（2019）第 272242 号

责任编辑：张双进　　　　　　　　装帧设计：王晓宇
责任校对：杜杏然

出版发行：化学工业出版社（北京市东城区青年湖南街 13 号　邮政编码 100011）
印　　装：三河市延风印装有限公司
710mm×1000mm　1/16　印张 26　字数 487 千字　2024 年 1 月北京第 1 版第 5 次印刷

购书咨询：010-64518888　　　　　售后服务：010-64518899
网　　址：http://www.cip.com.cn
凡购买本书，如有缺损质量问题，本社销售中心负责调换。

定　　价：69.00 元

《化妆品配方设计与生产工艺》编写人员

主编　刘纲勇

编写人员

刘纲勇	广东食品药品职业学院
曾万祥	博贤实业（广东）有限公司
张太军	广州荃智美肤生物科技研究院有限公司
陈敏珊	广州薇美姿实业有限公司
李传茂	广东丹姿集团有限公司
叶嘉伦	德乐满香精香料（广州）有限公司
肖瑞光	广州市迪彩化妆品有限公司
黄红斌	广州卡姿兰企业管理有限公司
赖经纬	广州卡姿兰企业管理有限公司
许洁明	广州卡姿兰企业管理有限公司
曾兰兰	广州卡姿兰企业管理有限公司
蔡昌建	广州创厚生物科技有限公司
李洪海	广州妮趣化妆品有限公司
吴都督	广东医科大学
孙淑香	河南应用技术职业学院
龙清平	中山职业技术学院
刘旭峰	广东职业技术学院
林壮森	揭阳职业技术学院
李慧良	广东聚智化品化妆品研究有限公司
梁婉彤	广州美妆品教育科技有限公司
黄锦波	广州金评检测研究院有限公司

前 言

　　随着人们生活水平提高，越来越多的消费者对化妆品品质和功效提出了更高的要求，化妆品的需求从单纯数量的增长，正在变成对质量需求的迅速增长。目前国内开设化妆品或相关专业的学校尚不多，并主要集中在高等职业院校，化妆品本科层次、研究生层次的人才培养还很落后。在高职院校开设的化妆品专业中，化妆品配方设计与生产工艺是该专业非常重要的专业课程，也是一门理论与实践联系非常紧密的课程，面对品类众多的化妆品而言，让学生在校期间获得全面系统的锻炼和培养是个艰巨的任务。为他们撰写教材无疑是一项难度很大的系统的工程。刘纲勇博士长期从事化妆品研究，并长期在教学一线讲授化妆品有关的课程，更难能可贵的是刘博士与化妆品行业资深的研发人员长期保持紧密联系。本教材编写过程中刘博士联合广东省化妆品科学技术研究会众多资深工程师与高校化妆品专业老师，深入开展校企合作，历时 4 年时间撰写完成本教材。

　　化妆品种类繁多，本教材根据使用部位或使用目的的不同并结合行业现状，将众多化妆品分为肤用、发用、彩妆和芳香、口腔等五大类型化妆品。每大类化妆品又可以根据部位或功能进一步细分。本教材总共十五章，每一章又根据其剂型或功效的不同，分为若干小类产品。每小类产品都从产品的历史发展、分类方法、性质特点、作用与作用原理，执行标准与质量要求、配方组成、原料选择要点、配方设计要点、生产工艺、典型配方与配方解析、产品常见质量问题及原因分析等 10 多个方面进行阐述。本书的最大特色是各个参编人员主动无私分享他们最新的成熟化妆品研发经验和最新思想，各化妆品配方及其相关理念能够与时俱进、非常实用；并真正做到化妆品理论与实践经验有机结合，让初学者从事化妆品配方研究开发少走很多弯路。

　　本书共分十五章，由刘纲勇主编，各章节编写分工：绪论由李慧良编写，第一章由张太军、梁婉彤编写，第二章由刘纲勇、林壮森编写；第三章由李传茂编写，第四章由李洪海、龙清平编写，第五、第六章由曾万祥编写；第七章由肖瑞光、吴都督编写；第八章由孙淑香、刘旭峰编写；第九～第十二章由黄红斌、赖经纬、曾兰兰、许洁明编写；第十三章由蔡昌建编写；第十四章由叶嘉伦编写；第十五章由陈敏珊编写。

本书在编写过程中，还得到荃智研究院的黄劲松、李涛，博贤实业公司的陈海、林伟鹏，以及禾力创新研究中心的范皓然，广东圣薇娜精细化工有限公司的纪生阵等人的支持和帮助，在此向他们表示感谢！

本教材立足于初学者的特点和化妆品研发岗位实际情况。力求让在校生为未来从事化妆品研发、生产等工作打下坚实的基础。尤其适用于化妆品专业学生作为教材使用，也适合化妆品企业技术人员作为参考书或培训教材。

由于作者水平有限，本书不妥之处也在所难免。欢迎各位读者提出宝贵意见和建议（邮箱 liugy@gdyzy.edu.cn），以便在新的版本中修订。

编者

2019 年 12 月

目录
CONTENTS

第二章　洁肤化妆品

第三章　面　膜

第六章　护发产品

第七章　头发造型产品

第八章　发用功效化妆品

第九章　面部美容化妆品

第十章　唇部美容化妆品

第十一章 眼部美容化妆品

第十二章　眉部用美容化妆品

第十三章　甲用美容化妆品

第十四章　芳香化妆品

第十五章　口腔清洁护理用品

参考文献

绪 论

Chapter 00

一、化妆品的历史起源与发展

与人类生活密切相关的化妆品是何时产生的？又是在什么情况下产生的？已经无法考证。但不管怎样，化妆品的诞生是人类自身发展过程中一个走向文明的重要信号。

相关研究的实物与资料表明，化妆品产生的最早动因可能并不是为了美化自身，而是与宗教礼仪有关。早期的人类在祭祀、拜祖等活动中用白垩等天然矿物涂布身上和脸部，焚烧具有香味的动植物等材料以示神圣与庄严，这种情景在当下非洲等地区的原始部落中还存在。研究表明，由于地域、人文状态、科技发展的快慢、宗教、社会形式、生活方式等的不同，各个地区对美丽形态的展示与崇尚以及化妆品发展的过程并不相同。

我国先民在远古时代就已经懂得用自然界中的物品，通过打磨等加工方式，做成装饰品来美化自己。现代考古学证明，在距今 50000 多年（旧石器晚期）北京周口店"山顶洞人"所遗留下的物品中，发现了许多做工十分精致完美的装饰人体用的饰品，如钻过孔的动物牙齿、经过打磨的石珠、穿孔的海蛤壳等。还用天然氧化铁红等无机矿物把某些装饰品染色取得更美的视觉效果。在新石器时代出土的先民遗物中，发现了更多数量、更多种类、更为精致、美丽的装饰用品，有用于美化头发的骨笄、用于颈项饰美的兽骨链、陶制的手环、玉石制作的耳坠等，无不体现了先民们对美的意识与追求。

考古学家在河南殷墟中发现了刻有"美""妆""浴"等与美容护肤洁肤有关字的甲骨。其中"美"字如同头上插了长长羽毛的女人，"妆"字宛如一体态优美的女子，面对镜鉴坐着，在梳妆打扮。而"浴"字如同一个跨入澡盆之人或坐在、站在浴盆里正在冲淋洗浴。很显然这些都是记录了我国先民追求美的意识和美容养肤行为的具体例证。

如前所述，在我国虽然化妆品形成并应用的历史可以追溯到史前，且保养人体肌肤的护肤类化妆品也有数千年的历史，考古学家和我国医学史专家一般认为，我国先民有系统、有理论地应用中草药美化颜容、护理肌肤，至少可以追溯到 2000 多年前，而简单利用中草药为美容、化妆、洁身、香体、美发和护肤等历史可能更久远。

有证据证明，在大禹时代先民就普遍用白米研成细粉后涂敷于脸面，以求得有嫩白的肌肤外观，也有将米粉染成红色涂于颊面形成红妆。在出土于东汉古墓的"五十二病方"，是我国现存最早的医药著作。书中载有中药上百味，并载有抗粉刺、美白等化妆品护肤配方；在可能成书于秦汉时代的《神农本草经》这本我国最早药学专著中，记载中药 365 味，其中具有美容护肤作用的有 160 多味，并对白芷、白瓜子、白僵蚕等美容功效详加论述。

在此值得指出的是，我国古代许多中草药化妆品大都既具有美容护肤功能，又有治疗损美性疾病的作用，有些已具备了现代化妆品的雏形。如唐代的王焘所著的《外台秘要》中就记载了一段关于美化、保护并可以治疗口唇部疾患的唇脂以及详细的制造工艺。

西方的人类学、考古学、人种族学方面的学者研究表明，化妆品最早很可能产生在东方的印度和西半球的某些地方。但是许多西方历史学家们认为埃及可能是世界上最早制造和使用化妆品的国家。古埃及人对化妆品和化妆术的发展贡献是巨大的，主要体现在沐浴、脸部化妆、理发、染发、发型和美容美体等方面。

早期的埃及人就用一种叫做 KOHL 的物质（含方铅矿的矿物），利用象牙或木枝将眼睛下方涂成绿色，将眼睑、睫毛和眉毛涂成黑色。这种化妆工具与 KOHL 盒至今在埃及还有人出售。早期埃及人还将指甲花涂布于指甲、手掌和脚掌上，目的在于美化、提高魅力和强调时尚，另将油性物质涂布于皮肤使肌肤有一种舒适感。

据考证，约公元 4000 年前活跃在小亚细亚的 Hittites 人已经用一种被称为 CINNEBAR 的物质作为胭脂涂布于面颊。

古希腊的伽林（Galen about A. D. 130～200），是在西方医学领域中具有重大成就和深远影响力的一代名医，他在化妆品方面的最大贡献是发明了冷冻蜂蜡膏（ceratum refrigerans），可以认为这是现代乳化冷霜的前身。

公元 3～5 世纪，在古印度的 Gupta 时期，印度女人们就会用各种膏霜、油类、眼影等精心打扮自己，包括染发等，男人也类似。

当然，化妆品的发展受到政治、人文、社会、科技水平诸多因素的影响。欧洲 18～19 世纪的工业革命兴起，化学工业的高速发展，化妆品的生产得以规模化。纵观化妆品科学发展的历程，在相当长的历史进程中并没有形成一门独立的学科。人们把化妆品作为一门科学来进行系统的研究，并形成一个学科体系更是 20 世纪初的事情。所以从现代的眼光来看化妆品科学，它是一门非常年轻的学科。

二、现代化妆品的属性

必须指出的是，化妆品科学与普通意义上的日用化学工业有关联但有很大区别。现代化妆品科学是一门综合性非常强的学科，到目前为止也只能说是"依赖于多学科高度交融"的一个研究领域。一方面与各种化学、生物科学学科有着天然的关系；另一方面化妆品科学的发展越来越受到非自然科学因素的影响，如心理学科、视觉艺术、社会与环境、人类的审美、生活方式的变化等。

三、化妆品的学科特点

随着科学技术的高速发展和人类生活水平的不断提升，人类在面对各种肌肤问题时，对化妆品化学家们提出了越来越高的要求。因此，进入 21 世纪以来的化妆品科学与生物医学科学、药物研究科学等生命科学有着更紧密的关系。

无论是过去、现在还是将来，推动现代化妆品科学发展的最重要因素之一是依托相关材料科学方面的发展，如新型表面活化剂的创造、发明，乃至具有特殊肤感与特性的材料如各种有机硅的合成、天然油脂的改性、新型增稠剂的产生、天然香料提取与纯化、安全性更高、绿色环保的香料合成、各种无公害有机颜料的出现，诸多化妆品用添加剂的纳米化、微乳化、脂质体包覆……，乃至各种各样用于化妆品中的粉体处理、3D 打印技术的日新月异发展，各种各样不同用途的高分子材料合成等。由于其在化妆品科学领域中的广泛应用，大大地促进了化妆品科学的发展。

另一最重要原因是 20 世纪初以来人类对自身的生命科学突飞猛进地发展，大大推动了化妆品科学的研究与开发，尤其是表现在随着人们对自身了解和对肌肤认知的深入，生物工程技术的提升，大量培养与筛选出了对人体具有一定良好作用的生物活性材料，这也是极其重要的一个方面。优秀的化妆品不仅会给人类带来美感和良好的肤感，而且在一定程度上能解决如延缓肌肤衰老、消除皮肤皱纹、白皙皮肤、使肌肤细腻并富有弹性等问题。从整个化妆品领域的发展趋势来看，这方面的研究越来越受到广泛的重视。

四、化妆品与现代医药之间的关系

化妆品护肤用品虽然与外用医药品一样可使用于人体皮肤，却属于两个完全不同的范畴。前者是以涂、擦、抹、洗等仅限于皮肤外部的非创伤性方式保护和美化人体表面，目的使人们产生美感、愉悦的产品，其使用方式是受严格限制的；而药品是人体处于病理状态下，为了达到治愈疾病的物品，其使用的方式与途径是不受限制，可以通过口服、涂抹于皮肤等非创伤性方式，也可以采用体内注射等创伤性方式进行。

事实证明，现代化妆品科学的发展与提升，离不开现代医药科学、生命科学的发展。随着人类对自身生命活动越来越深的了解和医药科技的发展，化妆品化学家们对人类的生理、生化活动有了不断深入的了解，尤其皮肤生理学、生物化学、生物工程学、细胞生理学和皮肤药理学的新发展、新成果的不断出现。如对皮肤衰老过程的研究，不仅发现了皮肤衰老的神经、体液因素和细胞内在活动的衰老机理，如超氧自由基在人体皮肤衰老过程中的作用，过度角质化的成因、皮肤胶原、弹性蛋白的有条件丧失等。同时也发现了皮肤衰老的环境因素，如在干燥环境中皮肤水分的过度流失会加速肌肤的衰老，阳光中UVA、UVB对皮肤的伤害作用，空气污染对皮肤会产生不良刺激等，使得化妆品化学家们有针对性地更合理、更安全、更有效的建立符合、适合与改善人类肌肤、毛发的各种化妆品体系（包括不同的剂型、不同的用途）。

五、我国化妆品发展的趋势与展望

中国的化妆品行业发展始于 20 世纪 80 年代，并一直呈现高速发展的态势，这主要是我国人民生活水平的持续提高，对美的追求越来越重视。据统计2012～2017 年中国化妆品市场复合年均增长率就高达 8％左右。与化妆品市场蓬勃发展相对应的是化妆品的品种数量急剧增加，以满足不同人群的共性化和个性化的需求。如何合法、科学、快速、有效的研发出市场或客户所需要的产品配方和与之相适应的生产工艺，成为化妆品化学家们必须面临和思考的问题，同时这也是关系到我国化妆品行业高质量发展的关键所在。

我们已经进入 21 世纪 20 年代，健康、美丽事业已经作为国家发展战略中的一部分，得到政府的提倡。在我国的化妆品整个发展过程中，随着现代人生活质量的不断提升，越来越多的消费者感受到化妆品不仅给他们带来了形象上的美丽趋向，同时也产生身心精神上的愉悦，认识到美容化妆品完全可以作为提高生活质量的重要组成部分。尤其互联网越来越广泛，各种各样的网络平台和资讯传递方式也层出不穷，形形色色的化妆品营销渠道的拓展与不断出现的现在，使得物理空间相对缩小，运输、交通、物流变得更加便捷。在这种情况下，化妆品市场将越来越延伸到世界的每个角落，满足越来越多消费者的各种需求。因此，可以说化妆品产业是永远的朝阳产业。

六、化妆品的分类

化妆品的分类方法有很多种。可以根据使用部分、使用人群、使用功效等分类，每种分类方法又不同的细分。不同分类方法之间又相互交叉。根据使用部位的不同，化妆品可以分为口腔用、毛发用、皮肤用、趾指甲用化妆品。其中皮肤又可以分为脸部用、眼部用、嘴唇用等化妆品。根据使用功效的不同，可以分为清洁、护理、特殊用途等。根据使用人群，化妆品可分为女士用、男士用、婴童用、老年人用化妆品等。根据化妆品生产学科工作规范，化妆品生产的类别以生产工艺和成品状态为主要划分依据，划分为：一般液态单元、膏霜乳液单元、粉单元、气雾剂及有机溶剂单元、蜡基单元、牙膏单元和其他单元，每个单元分若干类别。

七、化妆品的剂型与配方结构

在化妆品配方研发过程中首先要考虑的是产品的剂型和配方结构。剂型是指产品外观状态；配方结构是指产品的内部形态，是达到某种剂型的配方组成的种类。一般同一种剂型可以有不同的配方结构。

1. 溶液

溶液是一种或几种物质以分子或离子形式分散于另一种物质中形成的均一、稳定的液体。溶液可以包括水剂、油剂、表面活性剂溶液等多种配方结构。水剂的产品有护肤水、营养水、啫喱水等；油剂产品有护肤油、卸妆油、护发油等；表面活性剂溶液有透明洗面奶、沐浴露和洗发水等产品。

2. 凝胶

凝胶是一种外观均匀，并保持一定形态的弹性半固体。在凝胶中的增稠剂分散形成立体网状结构，在网状结构中，介质被包围在网眼中间，不能自由流动，因而形成半固体。由于构成网架的高分子化合物或线性胶粒仍具有一定的柔顺性，所以整个凝胶也具有一定的弹性，是一种黏弹性流体，好的凝胶应具有良好的触变性和/或涂布性。根据凝胶的溶剂性质的不同，可分为水性凝胶和油性凝胶两类。

3. 乳化体

乳化体是将油、水两种互不混溶的液体，其中在乳化剂的作用下以微粒（液滴或液晶）的形式均匀分散于另一种中形成的混合状体系，这种体系具有热力学不稳定性。根据乳化体内外相的不同，常见的乳化体可以分为 O/W（水包油）型、W/O（油包水）型两种，在特殊的生产工艺条件下也可以制备出 W/O/W 型、O/W/O 型比较特殊的乳化体系，从而具有一些较为出色的功效。

4. 悬浮液

悬浮液是将不溶性固体粒子分散在液体中所形成的粗分散系统。由于固体颗粒受重力的影响会产生沉降，所以悬浮液是一种很不稳定的状态，对配方的要求很高，或需要在使用前加以摇振。悬浮液包括不透明的洗发水、沐浴露、指甲油等。

5. 气雾剂

是指在装有特制阀门等装置的耐压容器中灌装溶液、乳液或混悬液等液体成分，同时与相应的抛射剂共存，使用时可借助抛射剂的压力将内容物定向喷出，用于养护皮肤、定型头发、清新空气等作用的制剂。气雾剂根据分散体系的不同，又可以为溶液型气雾剂、混悬型气雾剂、乳剂型气雾剂等配方结构。

6. 粉剂

由各种细微的固体粉末，如滑石粉、氧化锌、氧化铁、高岭土等矿物成分和粉碎成细粉状的植物性根、叶、茎、果、籽等组成的混合物，有呈散状的扑粉，如香粉和痱子粉等；也可有压成块状的粉饼等。

7. 蜡状

外观似蜡状的固体。一般由油脂蜡组成。包括口红、润唇膏、发蜡、美容膏等产品。

8. 胶囊

是用成膜材料如明胶或经特殊处理的纤维素、多糖等制成的囊状物。把要被包覆的具有美容、养护肌肤的材料装入其中。使用时将胶囊破开，涂布于所需处。这类胶囊也称为软胶囊，所选择的内容物一般为亲油性液体或凝胶状半固体物质。

剂型不仅决定着产品的外观特性和使用方式，也通常与使用途径、产品功能、产品成分的相容性消费者的依从性有关。配方结构影响产品功效、外观、肤感及稳定性。所以设计出一个优秀的产品，剂型也非常关键。

八、化妆品研发程序

化妆品的研究开发程序一般包括以下内容。

1. 调查及立项

根据前期的市场调查或消费者需要调查，确定目标市场、目标人群、开发产品的功能需求、剂型、包装材料及规格、市场定价及产品成本架构等要素，以及目标上市时间、市场营销策略等。

2. 开发和设计

根据项目立项要求，进行配方原型设计，打样，与市场部共同进行目标用户评估初步确认产品的肤感、质地及香味等指标。同时进行包装选材、选型及设计开发和初步确认。基本符合立项要求的配方进行检测与评价阶段。

3. 检测与评价

对初步确认产品配方的实验室样品进行快速稳定性实验、安全温和性评估、防腐挑战性评估、包装相容性试验等技术性评估和功效性筛选和评价，任何测试没有符合要求则需要进行配方调整，然后重新评估至配方符合要求并正式确认。

4. 放大试验及验证

对确认的配方要进行中试（pilot）生产，以验证工艺的重复性和可靠性。中试样品需要进行系统稳定性评估和正式包装的相容性测试。正式生产前需要进行大试（也叫生产验证，要连续进行 3 批验证），优化及确认生产工艺。

5. 上市及上市后回顾

产品上市后 3~6 个月需要不断对顾客反馈进行跟进以及对项目是否达到立项目标进行回顾。

九、化妆品配方设计原则

1. 安全性

安全性原则也称为温和性原则，这一原则的设立是基于皮肤是人体的最重要屏障，在为皮肤提供护理的同时必须考虑皮肤的耐受性。成年后，随着年龄的增长，皮肤开始老化衰退，变得更加脆弱，在为这样的皮肤设计产品时更需要认真地遵从温和原则。此外护肤品是每天都要使用的日常生活用品，坚持温和性原则显得更加必要。现在已经有许多用于评估配方或原料温和性的模型，在配方设计之前和设计过程中利用这些模型筛选的数据来组织和优化配方是非常必要的。

2. 稳定性

稳定性原则不仅包括化妆品被使用部分的外观、理化、生化等各项指标的变化符合既定标准，还包括配方中的活性成分、功效成分的和各项指标变化处于一定的范围之内，使得产品在保质期内仍具有所宣称的功能、功效。更进一步地讲稳定性原则还包括乳化体所运载的活性成分对于温度、氧气、光线等的耐受性，如何保证、保持这些活性成分的有效浓度也是配方设计要重要关注的地方。比如润肤膏霜是乳化体，而乳化体是热力学不稳定体系，如何保证在产品保期内润肤膏霜的乳化体处于不影响到产品的使用和性能的范围之内变成为配方设计的关键之一。普通化妆品消费者是无法感知产品内部细微成分变化，以及所用原料是否及产品品质是否在国家法规和产品安全的范围之内，但普通消费者能很容易地看到或感受到剂型的变化。一个稳定的乳化体剂型会令消费者感觉到更多放心和拥有更多安全感，相反一个外观和性能不稳定的乳化体会造成消费者信心下降。

3. 体验性

体验性原则，主要指感官体验性。消费者使用化妆品主要依靠手在皮肤上涂抹，这两个部位又是感觉神经非常敏锐的部位。与此同时大部分消费者是感性的，他们没有任何高科技仪器帮助他们辨别化妆品的好坏和优劣，最便捷的方法就是依赖于天生的感官器官来判断，这些感官体验的过程和结果会给消费者心理造成关键性的影响。消费者通过感官体验获得的信息再与通过阅读和查阅公开媒体上的信息经过理性思维处理的信息结合起来形成对一个产品、品牌或公司的综合判断。因此感官体验获取的信息是消费者获取产品信任信息的重要来源，它包括润、滑、黏等触感；明亮、鲜艳、光亮等观感；热、凉、麻等温差感觉；稠、稀、果冻外观等质感；香味等。这些信息将直接影响消费者试用产品过程中心理反应和获得感的丰富程度。是消费者心理需求的低端层次，但是却是基础性的需求。没有这些基础需求作支撑，消费者无法建立更高层次的心理满足感、信任感和获得感。每一项感官体验指标的背后都需要配方技术的优化和完善，更需要系统科学数据的支持。

4. 有效性

有效性原则，主要指配方设计的目标与配方的结构相一致。宣称什么样的功效，配方就需要具备什么样的功效，用功效验证数据支撑功效宣称。什么样的皮肤问题，采取什么样的护理方案；什么样的护理方案，决定研发工程师采取什么样的剂型，并选择相应的原材料来设计配方，然后通过科学的手段直接或间接来验证配方的效果是否如预期的一样。只有这样产品才能长期赢得消费者的信任，才能成为消费者始终可以信赖的产品。在法规的框架下，在确保安全的基础上，坚持所研发产品有效性原则也是推动化妆品科学技术朝着正确的道路前进的基础。

5. 合法合规

与化妆品相关的法规有很多，国内有《化妆品安全技术规范》《化妆品生产许可工作规范》《化妆品标签标识管理规定》《化妆品命名规定》等专门法规，以及与化妆品相关的《中华人民共和国广告法》《中华人民共和国电子商务法》等。在设计产品配方时，一定要熟悉国家的化妆品法律法规和管理条例等，对于禁用的原料，一定不加入；对于限用物质，加入的量在一定在规定的范围之内。不同的国家和地区，对化妆品监管的相关法规不一样，产品设计时需要考虑出口，要学习和了解相应国家和地区的化妆品监督管理的法律法规。

十、化妆品配方是矛盾的统一体

化妆品配方是多重矛盾的统一体。根据其矛盾对立程度，可分为不可调和的矛盾和部分调和的矛盾。不可调和矛盾是指不可克服的完全对立的矛盾。比如：洗面奶的清洁效果与护肤效果的矛盾；洗发水的洗净力与调理性的矛盾；性能与价格的矛盾；功效与安全的矛盾。不可调和的矛盾一般是选择合适的平衡点来处理矛盾。不同诉求的产品的矛盾处理方式也不同，对于专业线的产品，注重功效，其价格可能比较高。对于日化线的产品，注重安全与肤感，其功效相对较和缓。在配方设计中科学技术水平与产品功效；管理水平与产品质量；生产工艺与配方优化；硬件条件与创新能力；团队协作与解决跨领域问题等，这些都可以通过努力来不断提高。但不管怎样，一个理想的配方所形成的产品是安全性、有效性、稳定性、外观与肤感以及成本等多种矛盾相互间最佳平衡的统一体。

十一、如何成长为优秀的配方师

化妆品配方师的职责是根据市场需要或者消费者需求，设计并指导生产满足相应需求的符合法规的安全有效的化妆品。化妆品配方师不仅要求对化妆品研究开发工作有浓厚的兴趣和强烈的责任感和事业心，具有严谨和勤勉的工作态度，并要有丰富的想象力、创造力，有广博的基础知识、精深的专业知识。需要掌握常见原料的性质、来源、安全与功效等知识，以及配方设计的基础知识等，同时还需要了解化妆品的生产工艺、检测分析、包装、消费者心理和市场推广的相关的知识。优秀的配方师还需要了解相关化妆品的法律、法规、标准，熟悉各化妆品的性质特点、性能要求、流行趋势。

化妆品配方研发是一项理论与实践并重的工作，化妆品配方工程师要在书本中学习、工作中学习、在失败中学习，严以自律，精益求精，经过长时间的学习、锻炼、提高，将可以成为一名优秀的研发工程师。

第一章
护肤化妆品

Chapter 01

护肤化妆品是指以涂抹、洒、喷或其他类似方法，施于人体表面（如皮肤、口唇、指/趾甲等），达到保养、保持良好状态目的的化妆品。根据剂型不同可以分为润肤膏霜、润肤乳、化妆水、护肤凝胶、润肤油等。根据使用目的不同可分为基础保养类、修容遮瑕类。了解皮肤的正常生理规律和皮肤问题的成因是开发好护肤产品的前提和基础。

第一节　皮肤的构造

皮肤（skin）是人体最大的器官，覆盖于整个人体体表，在腔孔（如眼、口、鼻、外生殖器及肛门等）部位表现为黏膜。成年人皮肤总面积为 $1.6\sim2.0m^2$，新生儿约为 $0.21m^2$。皮肤的总重量约为 4.0kg，占体重的 16% 左右。$1cm^2$ 皮肤有皮孔 $9\sim28$ 个，约集聚 600 万个细胞。

一、皮肤的生理结构

人和高等动物的皮肤由表皮、真皮、皮下组织三层组成。但与化妆品相关的主要是表皮和真皮层（图 1-1）。

1. 表皮及其分层结构

表皮是人体最外层的组织，属于复层鳞状上皮，厚薄因所在部位不同而不同。主要含有角质形成细胞和树枝状细胞，如黑素细胞、朗格汉斯细胞和梅克尔细胞等，此外还有少量的淋巴细胞。角质形成细胞属于上皮细胞的一种，占表皮细胞的 95% 以上，代谢活跃，能连续不断地进行细胞分化和更新。

（1）角质层　在最外面与外界环境接触，是表皮的最外层，由多层角质细胞和角层脂质组成。角质细胞扁平无核，在多数部位是 $5\sim15$ 层，而掌跖部可达 $40\sim50$ 层。细胞结构模糊，胞膜增厚，胞间充填膜被颗粒形成的脂质，胞内充满张力丝和角蛋白。由于角质化细胞中溶酶体膜的通透性增加或破裂，大量

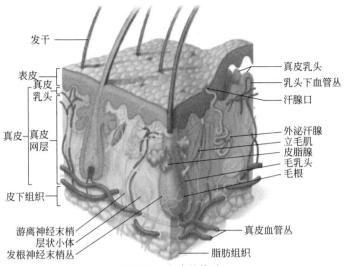

图 1-1　皮肤的构造

发干
表皮
真皮乳头
乳头下血管丛
汗腺口
真皮乳头层
真皮网层
外泌汗腺
立毛肌
皮脂腺
毛乳头
毛根
真皮
皮下组织
游离神经末梢
层状小体
发根神经末梢丛
真皮血管丛
脂肪组织

的酶进入胞质中，使细胞核和其他细胞器消失，角质细胞无活性，水分也大量丢失，只有约 10%。角质层细胞上下重叠排列，紧密结合成垂直形细胞柱，镶嵌排列呈板层状结构，非常坚韧，能抵抗外界摩擦，防御致病微生物的侵入，也阻止水分和电解质的通过，对一些理化因素如酸、碱、紫外线有一定耐受力，因此构成了人体重要的天然保护层。干硬坚固的角质细胞赋予表皮对多种物理和化学性刺激有很强的耐受力，表皮细胞间隙中的脂质膜状物，可阻止外界物质透过表皮和组织液外渗。表皮角质层具有吸湿性和保湿性，二者密切相关。这两种性质是人体生存在大气中不可或缺的，在皮肤的屏障功能和保持皮肤柔软性上起着重要作用。角质层虽然很薄，一般不超过 $20\mu m$，但是，从表面向内，水分呈梯度分布，使表皮角质成为一层柔软白薄膜。

皮肤在机体水代谢上有重要作用，新生儿皮肤含水率约 80%，至成年期，皮肤含水率约为 70%。皮肤虽不是含水最多的组织，但其功能完备，当全身处于脱水状态时，皮肤为之提供水，而其他脏器水过多时，皮肤则能储存水。在角化过程中角质形成细胞在合成角蛋白的同时丧失大量水分，但角质层可从外界、汗液和皮肤不觉蒸发（是指人体觉察不到的蒸发）获得水分。角质层含多种吸湿（保水）性物质，如游离的氨基酸，故角质层具有保持一定浓度水分的能力。老年人保水物质少，角质层经常处于水分散发状态，皮肤显得干燥。

（2）透明层　透明层是角质层前期，由 2～3 层扁平细胞组成，无胞核，仅见于手掌和脚底的表皮。有强折射性，故名透明层。胞质中透明角质颗粒液化成均质性透明角母蛋白。具有防止水、电解质与化学物质通过的屏障作用。在静电上，颗粒细胞层为荷阴电荷带，透明层为荷阳电荷带，构成表皮的重要防御屏障。

（3）颗粒层　颗粒层位于棘细胞层浅部，一般由 3～5 层扁平细胞或梭形细胞组成，是进一步向角质层细胞分化的细胞。常见于掌、跖表皮内，细胞厚度可达 10 层。由于它在正常表皮细胞和死亡角化细胞之间过渡，因此也称过渡带。颗粒层细胞核为卵圆形，胞质内含强嗜碱性透明角质颗粒，故称颗粒层。

生物化学研究表明颗粒内富含组氨酸蛋白。颗粒层上部细胞内的"膜被颗粒"向细胞间隙释放磷脂类物质，使邻近细胞间不易分离，成为防水屏障，使体表水不易渗入，也阻止体内水外渗。

（4）棘层　棘层位于基底层之上，由 4～10 层多边形、体积较大的棘层细胞组成，也有分裂增生能力，但仅限于深层接近基底层的细胞。棘层深部细胞呈多边形，越向浅层越扁平。细胞核呈球状或卵圆形，位于细胞中央，有明显的核仁，胞质呈弱碱性。非桥粒处细胞膜回缩使桥粒处呈棘突起，故称为棘细胞。细胞之间有一定的间隙便于物质交流。此外，胞质内还形成一种卵圆形电子致密、含脂质的分泌颗粒，在电镜下呈明暗相间的板层状，故称板层颗粒。板层颗粒主要分布于棘细胞周围，并以胞吐方式将脂质排到细胞间隙，形成膜状物。棘细胞层 pH 值为 7.3～7.5，呈弱碱性，细胞间含有外被多糖，具有亲水性和黏合作用，还含有糖结合物、天疱疮受体、糖皮质激素、肾上腺素及其他内分泌受体、HLA-DR 抗原和表皮生长因子受体等。

（5）基底层　基底层是表皮的最底层，细胞呈单层圆柱形或立方形，与基底膜带垂直排列呈栅栏状。每天 30%～50% 的基底细胞进行核分裂，分裂周期约为 19 天，产生的新细胞向上推移进入棘层，所以基底层也称为生发层。基底细胞层 pH 为 6.8～6.9，呈弱酸性。约 10 个细胞为一组垂直重叠成柱状，有次序地向上移行，形成所谓表皮增殖单位。在皮肤创伤愈合中，基底层细胞具有重要的再生修复作用。

2. 真皮结构

真皮来源于中胚叶，包括毛发、毛囊、皮脂腺、汗腺等结构，真皮与皮下组织间并没有严格的界限，因此真皮厚度并不容易确定。大体而言，颈部、肩部、背部等处真皮层最厚，其余部位较薄，躯干部位伸侧较曲侧厚，男性较女性厚，真皮分为浅表的真皮乳头层和深部网状组织层。真皮乳头向表皮层突起形成乳头状，扩大了与表皮的接触面积，凭借自身丰富的血管和神经感受系统网络，为表皮提供更加丰富的营养，并更加敏锐地帮助表皮探测外界的风险，更好地承担起屏障功能。网状层由胶原纤维集成粗壮的束，弹性纤维束，分支并交织成网状构成，纤维束的方向大都平行于真皮表面，一层一层排布，相互之间以一定的角度交织，以适应角质不同部位的拉力需要。立体网状结构为排布其中的血管、神经、感受器、腺体和淋巴管等提供了强有力的弹性支撑。真皮内含有成纤维细胞、组织细胞、肥大细胞、真皮树突细胞以及噬黑素细胞、浆细胞和淋巴细胞等。

3. 皮肤附属器官

除前述真皮层中的皮肤附属器官外，对于皮肤吸收、刺激、粉刺、痱子和过敏等问题，需要特别注意以下器官或者组织。

（1）皮肤的神经　皮肤是重要的感受器官，含有丰富神经，按功能分感觉神经和运动神经，它们的神经末梢广泛分布在表皮真皮及皮下组织中，以探测内外环境的变化和刺激，作出相应的反应。皮肤有六种基本感觉：触觉、痛觉、冷觉、温觉、压觉、痒觉。皮肤神经除头部外均为髓神经，达真皮乳头层及进入终末器官后则失去髓鞘，然后以游离神经末梢形式分布于表皮中甚至达到透明层下，在毛囊皮脂腺导管入口下也有感觉神经末梢网络围绕。另一部分神经末梢与特定感受器相连。

运动神经为无髓神经属于自主神经进入皮下组织，不进入表皮。

（2）皮肤血管　皮肤表皮内没有血管，真皮和皮下组织中有大量的血管丛，由真皮毛细血管渗透来的组织液供表皮进行新陈代谢。皮肤血管主要功能是调节热量、血压和提供营养。在真皮和皮下组织中的血管丛，由浅入深包括：乳头层血管丛、乳头下血管丛、真皮中部血管丛、真皮下部血管丛和皮下血管丛，它们分别负责皮肤不同层次的热量、血压和营养供应。皮肤血管通过皮肤内受体局部反射和血管平滑肌的反应来调节血管阻力。此外血管还受体内一些介质如儿茶酚胺、肾上腺素、缓激肽、组胺等的影响。

（3）皮脂腺　皮脂腺是位于皮肤表面合成和排泄皮脂的重要腺体，属于全浆分泌腺。人体除手掌、足跖和趾末关节背面外全身遍布皮脂腺，但以头面部、胸背部较密集。因部位不同皮脂腺的分布、大小、形态会有较大差异。一般来说，皮下脂肪少的部位皮脂腺数目多。因为脂肪少、御寒能力弱，通过分泌皮脂起防寒保温效应。皮脂腺平均数为 100 个/cm²，颜面和头皮平均数可以达到800 个/cm²，四肢大约为 50 个/cm²。一般粗毛对应的皮脂腺小，细毛对应的皮脂腺大。颜面部位皮脂腺多并且大，并呈多叶状，但毛囊小、毛漏斗粗大，呈管状，内充细毛和角质。此外人体表面还存在与毛囊无关，直接开口于表面的皮脂腺，称为独立皮脂腺。

皮脂腺是全浆分泌，腺细胞分化过程即脂质合成过程，腺细胞崩解而损失的细胞由腺体边缘部未分化的细胞和排泄管部细胞分裂、增殖加以补充并与崩解细胞保持一致的稳定。从细胞分裂到细胞破裂的整个过程约需 14 天，在此期间每个细胞都经历一个脂质的峰值，峰值大约在第 7 天出现。在皮脂腺内，皮质生成所产生的压力、排泄管的虹吸效应以及皮肤活动和压缩等均促进皮脂的排泄。成年人每天排泄皮脂 2g，儿童约为成人 1/3。

（4）汗腺　汗腺分为大汗腺和小汗腺，影响小汗腺活动的因素包括：温度、精神、药物和饮食；而大汗腺受神经调节，与体温无关，但受情绪和应激等因素影响。

① 小汗腺：即一般所说的汗腺。位于皮下组织的真皮网状层。除唇部、龟头、包皮内面和阴蒂外，分布全身。而以掌、跖、腋窝、腹股沟等处较多。汗腺可以分泌汗液，调节体温。

② 大汗腺：主要位于腋窝、乳晕、脐窝、肛周和外生殖器等部位。青春期后分泌旺盛，其分泌物经细菌分解后产生特殊臭味，是臭汗症的原因之一。

二、皮肤的生理功能

1. 屏障功能

皮肤具有对机械损伤、物理损伤、化学损伤、生物性损伤的保护功能，可以抵抗压力、摩擦、拉伸等；并具备对紫外光线、阳光日晒、酸碱物质和微生物入侵很好的抵抗和防御功能，与此同时防止体内营养物质丢失，保证人体细胞的营养供应不会出现无谓的损耗。此外完好的皮肤屏障还能防止外来物质透过角质层渗入体内，引发身体机能和运行紊乱。

2. 调节作用

皮肤具有体温调节、感觉、吸收、分泌排泄、反馈调节和吸收作用。通过对汗腺和血流的控制来调节体温；通过神经系统调节六感的反应；通过腺体导管、细胞间脂质等吸收部分外来物质，通过腺体分泌和排泄来调控皮肤温度、柔软度和光滑度。

3. 自稳定作用

皮肤通过细胞分裂增殖、创伤修复维持自身稳定平衡，皮脂可与皮肤表面的水分形成乳状脂质具有润泽皮肤毛发的作用，另外还可以防止水分蒸发。皮肤中的非酯化脂肪酸可以发挥抑制微生物生长的作用。

4. 皮肤的免疫作用

皮肤是人体最大的器官，处于机体与外界之间，皮肤是机体重要的免疫器官，是免疫反应或变态反应的重要场所和参与者之一，与皮肤免疫有关的细胞和分子包括：角质形成细胞、朗格汉斯细胞、淋巴细胞、内皮细胞、巨噬细胞、肥大细胞、真皮成纤维细胞，它们共同协调构成皮肤免疫活动的重要参与者和执行者。初次感染微生物侵入表皮时朗格汉斯细胞进行捕捉，中性粒细胞向入侵微生物集结，采用吞噬、杀菌、溶菌等手段处理，入侵菌数量少即可恢复常态，入侵菌数量如果巨大，则巨噬细胞、淋巴细胞集结与外来菌接触，进行异物识别。捕捉入侵微生物的朗格汉斯细胞经真皮转移到附近淋巴结将外来入侵微生物的信息传达给 T 淋巴细胞和 B 淋巴细胞，收到消息的 T 淋巴细胞和 B 淋巴细胞会分别增殖并分布到全身，准备全面反抗外来入侵微生物，实现免疫的建立。免疫建立以后，在遇到前述入侵微生物时，朗格汉斯细胞立刻进行抓捕，因为早已全身分布，溶菌酶类会快速活化漏出，并产生趋化作用召唤淋巴细胞和巨噬细胞集结，快速清除外来入侵物质。

5. 皮肤的代谢作用

皮肤也是人体水分的储存库，常温下经不显性出汗排泄的水分占皮肤总排量的10%，其余经角质层排出；皮肤中存在糖原、葡萄糖、黏多糖，在皮肤内也会发生代谢；皮肤中的蛋白分纤维蛋白和非纤维蛋白，它们也在皮肤中合成和分解；此外还包括脂肪、电解质、黑色素等的代谢均需要在皮肤中完成，因此是这些代谢重要的器官和场所。

三、皮肤类型及其特点

为了辨别皮肤问题，保护皮肤健康，让配方创新人员更精准的把握不同皮肤的特点，通常把皮肤问题分为以下几种类型。

1. 中性皮肤

也是理想的皮肤类型，pH值为4.5～6.5，柔软细滑，光泽富有弹性，皮纹清晰；皮脂和水分供应充足稳定，皮脂分泌和排泄顺畅；角质层不厚不薄，含水量达到20%；皮肤屏障功能健全，对外界刺激不敏感，气温升高或精神紧张会偏油，气温偏低或者过度清洁会偏干。

2. 干性皮肤

皮脂分泌不足，角质层含水量低于10%，pH值大于6.5，皮肤无光泽，紧绷缺乏弹性，毛孔细小、易产生皱纹、黑斑，不易长疱疹，易上妆不易脱妆，春秋季洁面后会有紧绷感或者刺痛感，冬季更甚。肌肤对外界刺激敏感，对气温、干燥、锐器反应灵敏；干性肤质又分为缺油型干性皮肤和缺水型干性皮肤。缺油型干性皮肤典型特点是30岁前面部皮肤出现细皱纹，有纸张样条纹，触感粗糙。缺水型干性皮肤典型特点角质层厚，出现毛细血管纹，皮肤敏感，对外界刺激敏感，毛孔粗大且缺少弹性，面色干黄表面可见粗糙感。

3. 混合性皮肤

是干性皮肤和油性皮肤的混合，在同一个体不同部位出现不同的肤质状况，比如东南亚人的T区（前额、鼻、颌），往往呈油性肤质，毛孔粗大以分泌皮脂，长青春痘，在V区（面颊、眼部、颈部、眼角）呈干性肤质，皮肤干燥易生细小皱纹和色斑，化妆后眉宇易出油冒汗，影响高光。70%～80%东方女性属于这一类型。

4. 油性皮肤

也称脂质型皮肤，多见青春期人群、肥胖人群，角质含水量正常，皮脂腺和汗腺发达，油脂分泌多，易受微生物和空气中尘霾污染，引发粉刺、毛孔粗大、充盈，易脱妆，长黑头，随皮损严重后皮肤pH值上升。

5. 敏感性皮肤

多见于过敏性体质、激素依赖症患者，与外界如阳光、冷热、化妆品某些成分接触后出现瘙痒、刺痛、红斑、水疱甚至渗出；成片性毛细血管扩张，皮肤易泛红。表现为角质层薄，可见毛细血管，皮脂分泌不足，皮纹消失。正常女性在月经来潮前一周，皮肤也会发生变化变为敏感性肌肤。也有皮肤既往正常，但由于长时间过度暴露阳光或者经历过"换肤"、不恰当使用糖皮质激素等改变了皮肤的免疫平衡后而成为敏感性肌肤的现象。

四、皮肤的 pH 值

皮肤的酸碱度与皮肤的类型和微生态状况密切相关，皮肤酸碱度使用 pH 给予量化。正常皮肤偏酸性，其 pH 值为 5.0～5.5，部分黏膜区可以低到 4.0，部分皮损或者汗腺发达区域也可以达到 9.0。一般上肢和手背的皮肤中和能力很强，属于偏酸性，而头部、前额、腹股沟偏碱性。当皮肤接触碱性物质时最初 5min 是中和能力最强的阶段。酸碱度失衡易造成皱纹、水疱、感染等皮肤疾患。

成人皮肤表面 pH 值为 5～5.5 的酸性环境，有抵挡微生物的保护作用，而新生儿尤其早产儿皮肤表面 pH 值偏中性，显著削弱其抑制皮肤微生物过度增殖的保护作用，也造成皮肤经皮失水上升，屏障功能脆弱。

第二节　润肤乳/霜

一、润肤乳/霜简介

润肤霜或润肤乳是以油脂、水、乳化剂、增稠稳定剂、活性物等成分组成，通过均质乳化制成的不流动（霜）或流动（乳）的化妆品，其作用是帮助皮肤恢复或维持健美外观、滋润、柔软的状态。

1. 产品的分类特点

润肤霜是具有一定稠度的乳化体，可以制成 O/W 型或 W/O 型乳，以前者居多。根据润肤霜用途的不同可以分为日霜、晚霜、护手霜、按摩膏、眼霜等；润肤乳液又叫奶液或润肤蜜，乳液制品延展性好，易涂抹，使用较舒适、滑爽、无油腻感，尤其适合夏季使用。润肤乳液具有流动性，也是乳化型化妆品，有 O/W 型和 W/O 型两种类型，其中前者居多。乳液的主要原料与润肤霜相似，一般情况下，乳液所含油性原料要比润肤霜的含量低。

润肤霜或润肤乳种类繁多，可以制成 O/W 型或 W/O 型乳化体，前者居多。润肤霜根据其用途的不同，可以分为面霜（日霜、晚霜）、眼霜、手霜、按摩膏、粉底霜等。

（1）面霜（日霜）　日霜是适合日间使用的膏霜。人的皮肤日间通常会暴露在紫外线（日光）、干燥、寒冷等环境下，同时由于工作、社交活动等需要，对面部粗糙、暗沉和斑点等需要进行适当处理和美化。日霜就是要阻止或减少这些外界因素对皮肤的侵害，保护皮肤，起到滋润、保湿和防晒的作用。日霜多是 O/W 型，相对于晚霜，其含油量较少，有的加钛白粉类或少量的防晒剂，可阻断隔离外界不良环境的刺激。其核心作用是保护和美化肌肤。

（2）面霜（晚霜）　晚霜是专用于夜间就寝前的润肤霜。晚间由于处于私密空间，没有社会应酬以及环境比较有保障，也没有白天紫外线对皮肤的伤害，美化功能不再那么重要，此时是给皮肤补充营养的好时机。一些对紫外线敏感的功能新成分，或是感官指标不太理想但性能卓越的成分等均可考虑设计到晚霜的配方里面，以实现营养护理肌肤的目的。晚霜的核心作用是营养和保护皮肤。

（3）润肤乳　润肤乳液又叫奶液或润肤蜜，是一类含油量低、具有流动性的乳化体。润肤乳通常较同系列润肤霜具有更好的铺展性、易涂抹，使用较舒适、滑爽和轻盈，更加适合夏季使用或者年轻群体。相比于润肤霜，润肤乳所含油性原料熔点更低，含量更少。

（4）护手霜　护手霜是保护手部皮肤的润肤霜。手部皮肤与身体其他部位有所不同，手掌面厚而坚实，为承担压力和摩擦，表皮角化细胞达到数十层，但是因为缺乏皮脂腺，容易出现干燥龟裂等独特情况。手部日常所处的环境状态非常复杂，经常接触水（洗手）、洗涤剂、抓握东西、因为拿取东西留下各种残留物、受伤且是带有伤疤最多的部位之一等原因，致使手部皮肤粗糙、干燥、角质缺水、角质不完整、不均一等。

护手霜的作用是补充皮脂帮助手部皮肤补充和重建皮脂膜，保持皮肤柔韧性。它可以降低水分透过皮肤的速度，保持皮肤水分，舒缓干燥皮肤，使皮肤柔润、光滑、富有弹性。半固体酯类是护手霜首选的成分。手部往往有龟裂微细伤口，补充诸如维生素 E、尿囊素、尿素等成分，可以帮助细微伤口愈合，帮助皮肤屏障及时修复。

（5）按摩膏　按摩膏是在按摩过程中起到润滑、营养等作用的膏霜。按摩膏配方与冷霜和晚霜相近，一般是 W/O 型。按摩膏的基质一般采用流动点低、黏度较小、不易吸收的天然或矿物油脂，以增加产品的润滑性和铺展性；添加薄荷、辣椒素等温感剂以刺激经络和血管的活动，激活它们的活力；适当补充红没药醇、维生素 E、尿囊素、甘草酸二钾、羟苯基丙酰胺苯甲酸等成分，帮助皮肤减轻症状、减少不适状况发生。另外还可加入一些功能成分或精油。

（6）眼霜 眼睑是人体皮肤最薄的部位之一，更容易受到外界的伤害，也是更容易对外界环境变化做出反应的部位。眼霜是用于眼窝四周的润肤膏霜，可使眼部周围的皮肤得到滋润和营养，促使其恢复弹性，缓解眼袋和黑眼圈，并起减少皱纹的作用。因此，眼霜要求安全、不刺激、不致敏；铺展性好。所选用的成分要求温和、稳定、纯度高，不含过敏原，通常还会根据配方诉求添加其他营养添加剂。

2. 产品标准

润肤膏霜类化妆品的质量应符合 QB/T 1857《润肤膏霜》，其感官、理化指标见表 1-1，润肤乳液的质量应符合 GB/T 29665《护肤乳液》，其感官、理化指标见表 1-2。

表 1-1 润肤膏霜的感官、理化指标

项目		要　求	
		O/W	W/O
感官指标	外观	膏体细腻,均匀一致(添加不溶性颗粒或不溶粉末的产品除外)	
	香气	符合规定香型	
理化指标	pH(25℃)	4.0~8.5(pH 不在上述范围内的产品按企业标准执行)	—
	耐热	(40±1)℃保持 24h,恢复室温后应无油水分离现象	(40±1)℃保持 24h,恢复室温后渗油率不应大于 3%
	耐寒	(−8±2)℃保持 24h,恢复至室温后与试验前无明显性状差异	

表 1-2 润肤乳液的感官、理化指标

项目		要　求	
		水包油型（Ⅰ）	油包水型（Ⅱ）
感官指标	香气	符合企业规定	
	外观	均匀一致(添加不溶性颗粒或不溶粉末的产品除外)	
理化指标	pH(25℃)	4.0~8.5(含 α-羟基酸、β-羟基酸的产品可按企标执行)	—
	耐热	(40±1)℃保持 24h,恢复室温后无分层现象	
	耐寒	(−8±2)℃保持 24h,恢复至室温后无分层现象	
	离心考验	2000r/min,30min 不分层(添加不溶性颗粒或不溶粉末的产品除外)	

3. 润肤乳/霜的质量要求

① 膏体外观均匀，富有光泽，具有适宜的香味。

② 具有较好的铺展性和愉悦的使用触感和观感，不黏腻、不干涩，体验感好。

③ 能够滋润皮肤，给皮肤提供适当营养，防止皮肤水分过度流失、出现开裂，维护角质层的健康。不破坏皮肤表面的微生态平衡。

④ 温和不刺激，在干燥或者轻微受损的脆弱性皮肤表面不会引发不良反应，比如刺痛、灼热、红肿等不适反应。

⑤ 保质期内具有一致的包括稳定性。

二、润肤乳/霜的配方组成

润肤乳/霜的配方组成见表 1-3。

表 1-3　润肤乳/霜的配方组成

组分		常用原料	用量/%
溶剂		水	加至 100
润肤剂		液体石蜡、棕榈醇硬脂醇、羟基硬脂酸、棕榈醇棕榈酸酯、聚二甲基硅氧烷、棕榈酸异辛酯、辛酸/癸酸甘油三酯	5～50
乳化剂	O/W	月桂醇磷酸酯钾、聚山梨醇酯-60、PEG-8 甘油月桂酸酯、硬脂醇聚醚-21、PEG-20 硬脂酸酯、鲸蜡硬脂基葡糖苷、甲基葡糖倍半硬脂酸酯、氢化卵磷脂	1～3
	W/O	聚甘油-3 聚蓖麻醇酸酯、甘油异硬脂酸酯、PEG-30 二聚羟基硬脂酸酯、PEG-10 聚二甲基硅氧烷	
保湿剂		甘油、透明质酸钠、β-葡聚糖、乙酰壳聚糖、泛醇、羟乙基脲素、PCA 钠、木糖醇	0.05～15
增稠剂		鲸蜡硬脂醇、蜂蜡、黄原胶、丙烯酸(酯)类共聚物、羟丙基淀粉磷酸酯、泊洛沙姆407、蒙脱石	0.1～5
乳化稳定剂		丙烯酸钠/丙烯酰二甲基牛磺酸钠共聚物(和)异十六烷(和)聚山梨醇酯-80、丙烯酸羟乙酯/丙烯酰二甲基牛磺酸钠共聚物	0.1～3
其他成分		香精、抗氧化剂、防腐剂	适量

三、乳化理论

1. HLB 值简介

① 乳化是指将两种互不相溶的液体，通过一定的方式或者手段将其中一种液体破碎后，以颗粒形式分散到另一种液体中的过程。常用的手段是利用乳化剂降低两种液体的界面张力，然后借助机械破碎把一种液体分散到另一种液体之中。能够降低界面张力的乳化剂必须具备对这两种液体双向亲和的能力。即一端溶于这种液体另一端溶于另一种液体。具有这样特性的分子称为该分散体系的乳化剂。将这种分别溶解于不互相溶解的两种液体的分子的平衡特性成为平衡值。对于油水体系，称这种特性为亲水亲油平衡值（HLB 值）。

② HLB 值是衡量双亲分子亲水亲油相对强度的一个数值。HLB 值小（为 3~6），表示亲油基团在分子结构中占据主导地位，亲水基团相对较弱，更容易把水带入油里面，形成 W/O 型乳化体；HLB 值大（为 8~18），表示亲水基团在分子结构中占据主导地位，亲油基团相对弱，更容易把油带入水中形成 O/W 型乳化体。

HLB 值与应用领域的建议通常遵循表 1-4。

表 1-4　HLB 值与应用领域

HLB 值	应用领域	HLB 值	应用领域
1.5~3.0	消泡剂	8~18	O/W 乳化剂
3~6	W/O 型乳化剂	13~15	洗涤剂
7~9	润湿剂	15~18	增溶剂

乳化剂是乳化体中非常重要的成分，它借助自身双亲结构的特点，将原本互不相溶的两种成分表面之间的张力差，缩小到可以将其中一相更长时间停留在另一相的内部。其双亲特点具有一定的特异性，并非所有双亲分子对任何不互溶的两相都有双亲的特性，它的相亲性能由亲油端与油相分子间作用力的大小决定的。因此不难理解，一种可以很好乳化这种油脂的乳化剂可能并不能乳化另一种油脂。选择乳化剂就是要根据乳化剂两端的结构特点和油水两相的特点来综合判断乳化剂的适用性能。

2. 油相组分乳化所需要的 HLB

每种油相成分的分子结构与极性不同，它们被乳化所需要的表面活性剂的 HLB 值也不相同。常见油性成分乳化为 W/O 或 O/W 型乳化体，所需的 HLB 值见表 1-5。

表 1-5　乳化各种原料所需 HLB 值

油相原料	W/O 型	O/W 型	油相原料	W/O 型	O/W 型
矿油（轻质）	4	10	月桂酸、亚油酸	—	16
矿油（重质）	4	10.5	辛酸/癸酸甘油三酯	—	5
液体石蜡（白油）	9	9~11	环五聚甲基硅氧烷	—	7~8
矿脂	4	10.5	氢化棉籽油	6	6
棕榈酸异丙酯	—	12	霍霍巴油	—	6~7
肉豆蔻酸异丙酯	—	12	羊毛脂（无水）	8	10~12
聚二甲基硅氧烷	—	9	牛油脂	—	5~6
鲸蜡醇	—	12~16	蜂蜡	4~6	9~12
硬脂醇	7	15~16	巴西棕榈蜡	—	15

对于油相混合物乳化所需要的 HLB 值，可用将各组分的 HLB 值的加权平均数。

3. HLB 的计算

自 Griffin 1949 年提出 HLB 值以来，众多学者通过实验不断丰富其科学内涵，其中 J. T. Davies 的贡献对于该理论贡献最大。Davies 把表面活性剂结构分解为一些基团，每个基团对 HLB 的贡献用不同的数字来衡量，把 HLB 确立为分子结构的总和值。通过已知的实验数据可以推断每个基团的 HLB 值，称作 HLB 基团数，常见的 HLB 值基团数见表 1-6。

表 1-6 一些基团的 HLB 值基团数

基团	水基的基团数	基团	油基的基团数
—SO_4Na	+38.7	—CH—	−0.475
—COOK	+21.1	—CH_2—	−0.475
—COONa	+19.1	—CH_3	−0.475
—SO_3Na	+11.0	—CH=	−0.475
—N(叔胺)	+9.4	—CF_2—	−0.870
—COO—(酯)	+2.4	CF_3—	−0.870
酯(失水山梨醇)	+6.8	其他基团	
—COOH	+2.1	—(CH_2—CH_2O)—	+0.33
—OH(自由)	+1.9	—[$CH_2CH(CH_2)O$]—	−0.15
—OH 失水山梨醇	+0.5	—C_6H_5—	−1.662
—O—(醚)	1.3		

将上述 HLB 值基团数带入下式，就可以计算出表面活性剂的 HLB 值：

$$HLB = 7 + \sum 亲水基团数 + \sum 亲油基团数$$

在实际配方设计过程中，通常为了提供更加宽泛的 HLB 值，满足不同油脂的乳化需要，以制作更加稳定的乳化体系。大量实验也表明使用混合乳化剂乳化效果优于使用单一乳化剂。使用混合乳化剂，可以通过亲油乳化剂和亲水乳化剂错位排列在油水界面上形成更加稳固的界面膜，增强洁面膜的强度，从而阻止乳化颗粒的集聚。通常选用乳化剂对，一种乳化剂的 HLB 值低于油相中所有油脂所需的最低 HLB 值，一种乳化剂提供所有油脂所需的最高 HLB 值，两者的加权平均 HLB 值等于油脂所需要的 HLB 值的加权平均值。

$$HLB_{混合} = HLB_A A\% + HLB_B B\%$$

式中，$HLB_{混合}$、HLB_A、HLB_B分别代表混合体系、乳化剂 A、乳化剂 B 的 HLB；$A\%$、$B\%$分别代表乳化剂 A 和乳化剂 B 的在混合乳化剂中所占的质量分数。

也正是由于上述原因以及大量的实践也印证：使用复合乳化剂其乳化效果和乳化能力均优于使用其中一种单一乳化剂。

4. 乳化剂 HLB 值的局限性

HLB 值对于乳化剂的选择起到很好的指引作用，但它有明显的局限性。原因如下：

① HLB 值计算或测量本身误差比较大，HLB 值理论忽略了不同油脂之间互溶能力的差异；

② 相同 HLB 值只考虑亲水亲油平衡值，而没有亲水亲油的绝对值，亲水亲油的能力大小对乳化体的稳定性有明显的影响；

③ 乳化剂 HLB 值会随温度变化而变化。比如硬脂酸铝的 HLB 值随温度升高快速增加，随温度降低 HLB 值快速降低；烷基聚氧乙烯醚的乳化剂则恰恰相反，温度升高 HLB 值减小，温度下降 HLB 值增大；

④ 有一些乳化剂并不依据 HLB 理论，也可做出稳定性的乳化体，比如液晶乳化剂、聚合物乳化剂等。实际配方开发过程中，乳化剂的种类、用量和比例主要靠经验和实验来确定，通过加速老化的方法来筛选。

四、润肤霜/乳的原料选择要点

1. 油性原料

油脂在配方中主要起到或者承担滋润、润滑、柔软、溶解、分散、封闭、修复、运输等作用和功能，同时起到为膏体调节稠度、帮助油溶性活性成分传输进入角质层等作用。主要目的是给皮肤补充皮脂，调节皮肤水分蒸发，减少摩擦，增加光泽。以物理形态分包括：油、脂、蜡。

（1）油　除作为润肤剂外，还承担与配方中固体油脂或半固体油脂协同溶解。包括：橄榄油、杏仁油、霍霍巴油、磷脂等动植物油脂和液体石蜡等矿物油。

（2）脂　熔点处于油与蜡之间，能够将油、蜡溶在一起形成比较稳定的油相。它的熔点接近皮肤的温度，使其性能最接近体表皮脂膜的物理形态，因此它与皮肤的相容性非常好，这是基础皮肤护理品配方设计的首要目标。例如，凡士林、卵磷脂、羊毛脂、乳木果油等。

（3）蜡　蜡包括动植物和矿物蜡，它们在配方中会影响膏体的稠度、硬度和结膏点，同时蜡的加入会影响配方的稳定性能，赋予产品不同的触变效果，改善产品使用感和柔润效果。常用的蜡包括蜂蜡、鲸蜡、混合醇等动植物蜡和固体石蜡等矿物蜡，以及长碳链脂肪酸脂肪醇的酯等。

（4）选择油脂的注意事项　天然油脂往往含有大量不饱和化学键，容易氧化产生短链的有机物而出现气味和颜色变化。矿物油脂在裂解过程中会形成一些杂质，也需要引起重视，比如一些镍系催化剂等可能成为引发过敏的潜在因素。合成油脂同样面临原料带入以及合成过程中带入杂质的问题。

2. 增稠稳定剂

乳化体系属于热力学不稳定体系，因此需要增稠稳定剂。乳化体系常见的增稠体系有高熔点蜡、高分子聚合物、无机盐。

① 高熔点蜡类，是乳化体的传统增稠剂，通过提高结膏点促进高温稳定性，从而减少分层发生。这种增稠剂制得的膏体比较硬。

② 高分子聚合物，根据来源可以分为天然、改性和合成三种类型。

a. 天然高分子化合物，如汉生胶、卡拉胶，通常具有品质不稳定等特点，批次之间黏度、颜色和气味可能会出现较大波动。分子量大的通常水溶性差，分子量小的稳定性能又不足。

b. 天然改性高分子化合物，如羟乙基纤维素、羧甲基纤维素等，需要注意中间体、溶剂残留，以及改性过程中引入的催化剂等的危害。此类增稠剂的增稠效果及悬浮效果与分子量、取代度、交联程度有关。

c. 合成高分子材料种类繁多，最常用的还是聚丙烯酸类聚合物。它们的牌号很多，性能与它们的单体、分子量等相关。烷基化程度越高，则耐电解质性和乳化能力越好。一般交联程度越大，悬浮效果越好；分子量越大增稠效率越高。

③ 无机盐，它们往往具有片状的外观，通过有机长链的改性，拥有更大的比表面积，使得其在乳化体系中具有很好的悬浮、改善流变、提升稳定的能力。比如季铵化膨润土、季铵化水辉石等。

3. 保湿剂

保湿剂通常是指能够和水分子形成较强氢键的吸湿性化合物。选择时要注意几下几点。

① 作为低分子量的保湿剂，其与水分子之间的作用力越强，保湿效果越好。另外要考虑多元醇保湿剂除了保湿效果，还对协助抑菌、低温抗冻、协助增溶均有帮助作用。

② 对于高分子保湿剂，如透明质酸钠、聚谷氨酸、生物发酵多糖，都具有良好保湿效果，但是要注意不同的分子量对它们的效果存在一定的影响。

③ 适当选择不同分子量高分子保湿剂进行复配，另外要注意高分子保湿剂容易带来黏感影响产品使用性能。

4. 乳化剂

① 使用结构相似的乳化剂，而非单一的乳化剂。原因是复合乳化剂在界面上成的膜更加牢固，且单一乳化剂的 HLB 值相对固定，无法满足不同油脂所需的 HLB 值。常见的乳化剂对有 SS 与 SSE，斯盘与吐温 72 与 721。另外选择复合乳化剂时，注意复合乳化剂的 HLB 值不要间隔太大。

② 乳化剂的用量是在稳定性的前提下尽量少用，一般用量为油相的 10%~15%。乳化剂过多，会影响肤感，增加刺激性，增加产品成本。

③ 乳化剂的亲油基应与油相相符。如果油相是硅油，就选用含硅氧烷的乳化剂。如果油相是极性很强的油脂，选择亲油端有双键、有杂原子、羟基等极性键的乳化剂。

④ 油相是不相溶的两种油脂，如硅油和直链烷烃，应该选用两种相应的乳化剂复配。

⑤ 乳化剂的碳链和亲水基聚合度的分布，也会影响乳化剂的乳化效果。比如单甘酯、烷基聚甘油酯、烷基糖苷等乳化剂。

五、润肤霜/乳的配方设计要点

1. 乳化体类型的选择

乳化体类型的选定首先应考虑产品的功能和消费对象，对于需要抗水、耐汗的产品通常会考虑设计成 W/O 型乳化体。对于非常注重使用感的消费对象，通常考虑设计成是 O/W 型。

① 通常认为 O/W 型膏霜在皮肤上容易铺展，油腻感轻，黏性小，肤感好；适用大多数皮质的霜乳产品的剂型，也适合于夏季产品的剂型，但是该剂型产品通常抗水性差。

② W/O 型乳化体具有亮泽的外观、良好的保湿、润肤作用，但由于外相为油相，涂抹时易发黏，肤感较差；高油含量的 W/O 型膏霜，油腻感重，发黏，肤感差，适于用作按摩膏、晚霜、眼睑膏等产品，以及用于干性皮肤的产品，但是该剂型产品抗水性好。

③ 通常为冬天和干性肤质的设计的产品适合选择油包水，夏天用的产品适合用水包油。当然这都是通常如此，随着技术进步，W/O 型膏霜也可以实现非常清爽的肤感，比如近年来的硅油系 W/O 型膏霜，其乳化剂经过巧妙的设计从而获得的 W/O 型膏霜肤感清爽，不油腻。

2. 清爽度与滋润度的平衡

产品的清爽度和滋润度主要是描述产品使用时及使用后的触感。清爽度是指产品具有使用时易推开、肤感清盈，使用后干爽、不黏腻的感觉。滋润度是指产品上妆后具有良好的保湿、肤感厚重、让皮肤获得润泽，在皮肤表面留下保护膜的皮肤感觉。在化妆品配方肤感设计中二者是矛盾统一体。

① 油脂。异构化程度高、分子量小、挥发性高、黏度低、极性低的油脂，比较清爽。比如异十二烷、环状硅油 D5、D6、二甲基硅油、异壬酸异壬酯。相反分子量大、极性高、表面张力大的油脂滋润性好。如：辛酸/癸酸甘油三酯、月桂酸已酯、鲸蜡醇棕榈酸酯、季戊四醇四异硬脂酸酯、聚甘油-2 三异硬脂酸酯、氢化聚异丁烯、乳木果油、霍霍巴脂类等

② 球状粉体有利于提升清爽肤感。配方中添加球形粉末，如硅粉、尼龙粉等，可以增加产品的透气性，提高涂抹感。

③ 多元醇等亲水保湿剂带给皮肤滋润的感觉，比如甘油、PCA-Na、乙酰壳聚糖等保湿剂。

3. 铺展性的设计

产品的铺展性是指产品在使用过程中在皮肤上推开、展开的难易程度，它会带给消费者良好的使用感受体验。配方的铺展性设计需要考虑以下因素。

① 适当降低产品的黏度，可以提高产品的延展性。包括降低配方中油相的含量、采用肤感较清爽的增稠剂、使用熔点较低，在皮肤表面温度条件下施加轻微外力即可融化的油脂类原料等；包括保证油相成分熔点区间连续，不出现断层，确保涂抹过程连续均一的肤感；降低油相黏度也会影响产品的铺展性，采用低黏度的油脂，它们分子之间作用力比较弱，容易发生相对移动，涂抹时更移滑动，给消费者一种毫不费力就可以涂抹开的使用体验。

② 降低油脂和水相的表面张力，可以提高产品铺展性。表面张力越低，越具备更好地铺展能力。通常异构的油脂具有更加低的表面张力，铺展性会更好；硅油的表面张力极低，属于比较典型的铺展性好的油脂。

4. O/W 型乳液的稳定性设计

① 乳化体均为热力学不稳定体系，在实际生产中容易发生分层、出水、变稀等现象。

② 选择高效的乳化剂，采用两种或两种以上的乳化剂复配较单一乳化剂更为有利。

③ 添加具有悬浮作用的高分子化合物。

④ 注意油相各油脂之间的相溶性，避免在低温时某个成分析出。

⑤ 水相和油相密度相差不要太大，提高体系的稳定性。

⑥ 采用高效乳化设备，乳化形成粒径细小且分布均匀的乳化颗粒，达到乳化稳定。

5. W/O 乳化体稳定性设计

W/O 乳化体是热力学不稳定体系，在实际的化妆品中容易出现变稀、出

油、分层等现象。

(1) 乳化剂 HLB 值的选择　主乳化剂为 5~6，助乳化剂为 2~8。有助于体系的稳定和提升。HLB 值是随着温度的变化和体系中的反活性基团的含量多少而发生变化的。在不影响体系乳化性能的情况上，适当增加低 HLB 值的乳化剂，对配方的耐寒稳定性的提高具有一定的帮助；配方中油相是硅油为主＋少量油脂架构的，可以以 W/Si 乳化剂为主，搭配 W/O 乳化剂；或者以 W/(Si＋O) 为主，搭配部分 W/Si 乳化剂；配方中中油相是以油脂为主＋少量硅油架构的，可以选择 W/O 乳化剂为主，搭配部分 W/(Si＋O) 乳化剂或 W/Si 乳化剂。通常乳化剂添加量占油脂总量的 10%~15%，添加量在 2%~4%。含有极性油脂以及粉含量较高的乳化体系中，需适当增加，一般为 3%~5%。在乳化体系里，并非乳化剂的量越高越稳定。

(2) 增稠悬浮剂的选择　增稠悬浮剂可以帮助提升 W/O 体系的稳定性，在连续相中形成层状或链状及网状空间结构，从而悬浮分散相及粉类原料等。如蜂蜡、石蜡、地蜡、二硬脂二甲铵锂蒙脱石、糊精棕榈酸酯、硬脂酰菊粉等。在 W/O、W/Si、W/Si＋O 等乳化体系中，水相液滴是以分散相的形式存在于连续相中，同时各种粉类原料是均匀分散在连续相、分散相和连续相的界面处。所以配方中增稠悬浮剂的增加，一是可以通过悬浮作用减少分散相液滴的聚集，二是通过油相的增稠及悬浮结果，减少粉类原料的聚集。

(3) 内相冻点控制　内相冻点控制，避免内相结冻造成过大的体积变化，影响乳化颗粒稳定性，通过添加多元醇、乙醇等成分一方面降低冻点，另一方面调整内相结冻后的体积变化，避免低温破乳，提高稳定。

六、润肤霜/乳的生产工艺

乳化体的生产工艺流程框图见图 1-2。

图 1-2　乳化体的生产工艺流程框图

乳化体的生产主要用到真空均质乳化锅。其主要生产程序如下。

(1) 油相的制备　应将液态油先加入油相溶解罐中，在不断搅拌的情况下，将固态和半固态油分别加入其中，加热至较油脂中最高熔点高 10~15℃，使其完全溶解混合均匀。应重点避免过度加热和长时间加热而使原料成分变质劣化，一般先加入抗氧剂。容易氧化、分解的组分可在乳化前加入油相，溶解均匀后，即刻进行乳化。

（2）水相的制备　水相的制备应重点注意部分需要预分散溶解的组分。很多水溶性聚合物容易结团，常用甘油等多元醇预分散，多元醇通常具有表面张力低，容易润湿的能力，在充分分散后再加入水中溶解，能够较好地避免结团发生，加速分散溶解的速度和效果。粉类原料由于具有较高的比表面积，空气中水分容易在空隙处凝结，微生物易繁殖。在一般情况下，水相原料可以通过控制水相温度大于 90℃，维持 20min 来杀菌。对于其中含有对温度不稳定的原料需要特别注意，要避免长时间加热，以免引起包括黏度变化、分解等在内的负面影响。

（3）乳化　油相和水相的添加方法（油相加入水相或水相加入油相）、添加速度、搅拌条件、乳化温度和时间、乳化器的种类、均质的速度和时间等，对乳化体系粒子的性状及其分布状态、对膏霜的质量都有很大影响。乳化温度一般为 70～80℃，比最高熔点的油分的熔化温度高 10～15℃较合适。对于部分在高速均质情况下会影响黏度或者增稠能力的高分子化合物，其均质的速度和时间要严格控制，以免过度剪切，破坏聚合物的结构，造成黏度降低。

（4）冷却　乳化后，乳化体系要冷却到接近室温。出膏温度取决于乳化体系的软化温度，一般应使其借助于自身的压力，从乳化罐内流出为宜，也可用泵抽出。冷却方式一般是将冷却介质通入反应釜的夹套内，边搅拌、边冷却。冷却条件，如冷却速度、冷却时的剪切应力、终点温度等对乳化体系的粒子大小和分布都有影响，必须根据不同乳化体系选择最优化的条件。特别是从实验室小试转入大规模生产时，尤为重要。

（5）添加剂的加入

① 香精。香精是易挥发性物质，其组成十分复杂，在温度较高时，不但容易损失，而且会发生一些化学反应，使香味变化，也可能引起颜色变深，因此，一般待乳化已经完成并冷却至 50℃以下，结膏之前加入香精，如在真空乳化锅中加香精，不应开启真空泵，而只维持原来的真空度即可，吸入香精后搅拌均匀。

② 防腐剂。大多数防腐剂在高温易分解，因此最好在低温加入，但羟苯酯类防腐剂除外。由于微生物的生存离不开水，水相中防腐剂的浓度是影响微生物生长的关键。因此，防腐剂最好在油水混合乳化完毕后加入，这样可使防腐剂在水中溶解度最大，杀菌效果达到最佳。

③ 营养添加剂。维生素、天然提取物及各种营养物质等由于高温会使其失去活性，故不要将其加热，待乳化完成后降温至 50℃以下时再加入。

七、典型配方与制备工艺

常见润肤产品的配方见表 1-7～表 1-10。

表 1-7　O/W 型润肤霜的配方

组相	原料名称	用量/%	作用
A	液体石蜡	18.0	润肤
	棕榈酸异丙酯	5.0	润肤
	鲸蜡醇	2.0	助乳化
	硬脂酸	2.0	皂化
	甘油硬脂酸酯	2.0	乳化(W/O 型)
	PEG-20 失水山梨醇椰油酸酯	0.8	乳化(O/W 型)
B	丙二醇	4.0	保湿
	Carbopol 934	0.2	增稠
	去离子水	55.0	溶解
C	三乙醇胺	1.8	中和
	水	8.7	溶解
D	双(羟甲基)咪唑烷基脲、碘丙炔醇丁基氨甲酸酯	0.3	防腐
	香精	0.2	赋香

制备工艺：

① 将 B 相中的丙二醇分散好 Carbopol（卡波）溶于水中并使其充分溶胀，必要时在不产生泡沫的情况下使用低速均质帮助溶胀，加热至 70℃ 左右备用。

② 将 A 相原料加热至 70℃ 至所有原料充分溶解，加至步骤①的物料中，均质 5min 后，缓慢降温并继续搅拌。

③ 至 60℃ 时缓慢加入用去离子水预溶解好的三乙醇胺，继续搅拌中和至少 5min。

④ 降温至 45℃ 后加入 D 相，继续搅拌 30min，降温至 38℃，取样检验，合格后出料。

配方解析：此配方主要利用非极性油脂在皮肤表面形成人造皮脂膜，封闭角质水分的散失，提高角质含水量，软化角质，滋润皮肤。并利用 carbopol 树脂增稠、悬浮稳定膏体，实现膏体清爽、涂覆容易的使用体验。适合中等干燥地区，以及农村人群日常护理使用。

表 1-8 O/W 型润肤乳的配方

组相	原料名称	用量/%	作用
A	PEG-20 甲基葡糖倍半硬脂酸酯(SSE-20)	0.5	乳化(O/W)
	甘油硬脂酸酯/PEG-100 硬脂酸酯(165)	0.5	乳化(W/O)
	氢化卵磷脂	0.5	乳化
	鲸蜡硬脂醇	0.8	助乳化、增稠
	聚二甲基硅氧烷	2.0	润肤
	氢化米糠油	2	润肤
	羟苯丙酯	0.2	防腐
	辛酸/癸酸甘油三酯	5	润肤
B	丙二醇	4.0	保湿
	甘油	5.0	保湿
	透明质酸钠	0.05	保湿
	羟苯甲酯	0.2	防腐
	丙烯酸羟乙酯/丙烯酰二甲基牛磺酸钠共聚物(EMT-10)	0.2	增稠
	去离子水	55.0	溶解
C	丙烯酸钠/丙烯酰二甲基牛磺酸钠共聚物(和) 异十六烷(和)聚山梨醇酯-80(Sepigel EG)	0.5	乳化,稳定
D	双(羟甲基)咪唑烷基脲、碘丙炔醇丁基氨甲酸酯	0.3	防腐
	香精	0.2	赋香

制备工艺：

① 将 B 相搅拌溶解好，加入去离子水，搅拌加热至 70℃；

② 将 A 相搅拌加热至 70℃，让所有原料充分溶解；

③ 将 A 相加入 B 相，均质 5min，加入 C 相均质 5min；

④ 搅拌降温至 45℃，后加入 D 相，搅拌均匀，降温至 38℃以下。

配方解析：该配方选用皮肤间质需要的氢化卵磷脂结合烷基糖苷乳化剂，是非常温和和亲肤的乳化体系，单位成本降低；使用了自乳化单甘酯，含油量低，但是含有对增强屏障有贡献的成分米糠油，和对于增强涂抹滑爽性有重要贡献的聚二甲基硅氧烷成分。该配方适合皮肤基础条件好的、空气并不干燥的县域人群日常使用。

表 1-9　O/W 型滋润护手霜的配方

组相	原料名称	用量/%	作用
A	$C_{20\sim22}$醇磷酸酯(和)$C_{20\sim22}$醇	2.0	乳化
	鲸蜡硬脂醇	3.0	助乳化、增稠
	聚二甲基硅氧烷	2.0	润肤
	矿脂	2	润肤
	乳木果油	5	润肤
	羟苯丙酯	0.2	防腐
	液体石蜡	5	润肤
B	丙二醇	4.0	保湿
	甘油	5.0	保湿
	卡波姆(卡波 940)	0.25	增稠
	羟苯甲酯	0.2	防腐
	去离子水	加至 100	溶解
C	三乙醇胺	0.25	中和
D	双(羟甲基)咪唑烷基脲、碘丙炔醇丁基氨甲酸酯	0.3	防腐
	香精	0.2	赋香

制备工艺：

① 将 B 相（除水外）在水锅中搅拌分散好，抽入去离子水并加热至 70℃左右备用。

② 将 A 相原料加至油锅并加热至 70℃至所有原料充分溶解，步骤①、②的物料抽入乳化锅，均质 5min，缓慢降温并继续搅拌。

③ 至 60℃时缓慢加入用去离子水预溶解好三乙醇胺，继续搅拌中和至少 5min。

④ 降温至 45℃后加入 D 相，继续搅拌 30min，降温至 38℃，取样检验，合格后出料。

配方解析：该配方采用烷基磷酸酯三乙醇胺盐做乳化剂，外观亮泽，膏体细腻，并用卡波 940 增稠稳定，肤感清爽，涂覆轻盈。选用凡士林和牛油树脂组合补充皮脂，具有很强的保护角质水分散失的能力。适合皮肤基础稍差人群，换季过度期日常使用。

表 1-10　W/O 型补水乳的配方

组相	原料名称	用量/%	作用
A	PEG-10 聚二甲基硅氧烷	2.0	乳化
	聚二甲基硅氧烷和聚二甲基硅氧烷 PEG-10/15 交联聚合物	2.0	乳化
	环己硅氧烷	2.0	润肤
	辛基聚甲基硅氧烷	4.5	润肤

组相	原料名称	用量 /%	作用
A	聚二甲基硅氧烷(10cs)	5	润肤
	香精	0.1	赋香
	环五聚二甲基硅氧烷(和)聚二甲基硅氧烷/聚二甲基硅氧烷/乙烯基聚二甲基硅氧烷交联聚合物	1.5	润肤
B	丁二醇	6.0	保湿
	氯化钠	1.0	稳定
	甘油	20	保湿
	双(羟甲基)咪唑烷基脲、碘丙炔醇丁基氨甲酸酯	0.2	防腐
	去离子水	加至100	溶解

制备工艺：

① 将 B 相原料在水锅中搅拌分散好备用；

② 将 A 相原料加至乳化锅搅拌均匀，在快速搅拌下将步骤①的物料缓慢抽入乳化锅，均质 5min，继续搅拌 30min；

③ 取样检验，合格后出料。

配方解析：该配方选用硅油乳化体系，含油量低，尽管为油包水体系，但并不油腻，并且在使用过程中有水珠滚出，给消费者带来视觉冲击体验，由于大量使用硅油，肤感滑爽，用后皮肤长时间保持嫩滑的触感。因为含有挥发性成分高，包装需要保持较高气密性，否则长期储存可能存在稳定性风险。

八、常见质量问题及原因分析

1. 膏体外观粗糙不细腻、黏度异常

（1）原料方面

① 乳化剂质量问题，有可能导致乳化剂有效含量不够。

② 某些原料带入电解质，降低高分子增稠剂的增稠能力。

③ 某些组分水解释放弱酸，影响部分高分子增稠剂增稠性能。

（2）配方方面

① 乳化剂选择不合理，不能达到良好的乳化效果。

② 油相中相容性不好，导致高熔点蜡析出。

（3）工艺方面

① 水相与油相没有充分溶解。

② 乳化温度不够，导致油相或水相没有溶解完全，致使乳化效果不好，产

品会进一步分层。

③ 搅拌速度过快或真空度不够。这两种情况可能产生气泡，导致膏体不细腻。

④ 均质时间过长，聚合物被切断，黏度降低。

2. 膏体变色

① 香精或天然活性成分不稳定所引起。它们在储存过程中或日光照射后色泽变黄，或者色泽变浅。

② 油脂加热温度过高、时间过长，造成油脂颜色泛黄。

3. 刺激皮肤

① 原料。某些原料本身就具有皮肤刺激性或者潜在可能，在选用原料时应仔细排查原料本身及其合成工艺路线和可能引入的催化剂等刺激源或者过敏源，并结合有关筛选模型辨别其危害程度。

② 配方。香精、防腐剂等可能带入刺激源的组分使用过量，或者使用时间不恰当，比如光敏原料在日霜中使用，可能在紫外光的催化下产生，引发刺激的反应等。

③ 膏体 pH 值。若膏体 pH 值过大或过小，都可能刺激皮肤。

④ 防腐体系失效，微生物超标，过度繁殖的微生物会产生引发皮肤过敏的蛋白等刺激源。

4. 菌落超标

① 容器污染。容器或原料预处理时消毒不彻底。

② 原料污染。原料被外部环境污染，或者去离子水消毒不彻底。

③ 环境卫生和周围环境条件。制造设备、容器、工具不卫生，场地周围环境不良，附近的工厂产生尘埃、烟灰或距离水沟、厕所较近等。

④ 出料温度过高。当半成品出料温度过高时，盖上桶盖后，冷凝水在桶盖聚集较多，回落膏体表面，使表面的膏体所含防腐剂浓度降低，导致膏体表面部分菌落总数超标。

第三节 化 妆 水

一、化妆水简介

化妆水类化妆品是指以水、乙醇或水-乙醇溶液为基质的液体类产品，通常化妆水呈透明液状，但是近年来也衍生出有黏度的水类、不透明含少量油脂的水类，甚至将半固体凝胶状的啫喱也叫水，在品类规划上也叫水剂，尽管外观出现了新的形态，但是其本质没有变化。通常是在皮肤清洁之后，为了软化皮肤表面干燥的角质，而设计的高含水量的，直接为角质提供水分，以使皮肤达到柔软、收敛、轻度清洁、镇定等调整皮肤生理作用为目的的水剂类产品。从生理学上讲，化妆水的作用是建立表皮板结角质的水渗透管道，为后续产品的保湿、美白、抗衰老等活性成分吸收创造条件。

1. 化妆水的分类特点

化妆水和奶液相比，油分少，有舒爽的使用感，且使用范围广，功能也在不断扩展，如具有皮肤表面清洁、杀菌、消毒、收敛、防晒、预防粉刺或祛除粉刺等多种功能。市售化妆水按其使用目的和功能可分为柔软性、收敛性、清洁性、须后水、痱子水等几种类型。柔软性化妆水，以保持皮肤柔软、润湿为目的；收敛性化妆水以抑制皮肤分泌过多油分，收敛而调整皮肤油水平衡；清洁性化妆水以对简单化妆的卸妆等具有一定程度的清洁皮肤作用；须后水以抑制剃须后所造成的刺激，使脸部产生清凉的感觉；痱子水以祛除痱子，并赋予清凉舒适的感觉。

按照外观可以分透明和不透明型；按照形态可以分水样形和流动啫喱形，甚至半固体状啫喱形。

2. 化妆水产品标准

化妆水类化妆品质量应符合 QB/T 2660—2004《化妆水》，其感官、理化指标见表 1-11。

表 1-11　化妆水的感官、理化指标

项目		要　求	
		单层型	多层型
感官指标	外观	均匀液体,不含杂质	两层或多层液体
	香气	符合规定香型	
理化指标	耐热	(40±1)℃保持 24h ,恢复至室温后与试验前无明显性状差异	
	耐寒	(5±1)℃保持 24h,恢复至室温后与试验前无明显性状差异	
	pH	4.0～8.5(直测法)(α、β-羟基类的产品除外)	
	相对密度(20℃/20℃)	规定值±0.02	

3. 产品的质量要求

① 外观透明或半透明，无杂质，香味适宜。

② 使用时不黏腻，使用后能带给皮肤令人愉悦的触感和观感。

③ 具有良好保湿作用，帮助软化皮肤角质层。

④ 清洁皮肤，清除尘霾等物理污染物，温和不刺激，皮肤上不会引起刺痛感。

二、化妆水的配方组成

化妆水的配方组成见表1-12。

表1-12 化妆水的配方组成

组分	常用原料	用量/%
溶剂	去离子水、乙醇	加至100
保湿剂	甘油、双甘油、丁二醇、海藻糖、透明质酸钠、三甲基甘氨酸、PCA钠	0.01~10
润肤剂	植物油脂等	适量
增溶剂	PEG-40氢化蓖麻油、POE烷基醚等	0.1~1
流变剂	结冷胶、黄原胶、果胶、硅酸铝镁、羟乙基纤维素	0.1~1
其他成分	pH缓冲剂、香精、螯合剂、防腐剂、功能成分等	适量

三、化妆水的原料选择要点

1. 溶剂

水是化妆水里最大的溶剂，水的电导率指标小于5×10^{-2}s/m，避免电解质含量过高影响透明度和黏度；化妆水工艺用水的微生物指标需要严格控制，微生物过度繁殖会影响水剂的透明度和气味。

2. 增溶剂

增溶剂的目的是把水溶性不好的物质增溶到水溶液中。增溶剂选择时应该注意以下几点。

① 通常增溶剂均采取复配使用的方式，增加增溶能力，降低增溶剂的用量。

② 增溶剂一般有刺激，要尽量控制添加量。

③ 如果添加乙醇，应严格控制其中变性剂的种类和浓度，避免使用其他不合规的变性剂。乙醇是易挥发组分，避免因为其中乙醇的挥发引起产品的活性物析出和沉淀的发生。

3. 保湿剂

保湿剂的选择要考虑以下几点。

① 不同保湿剂的类型的复配，如离子型类、多元醇类、高分子类的保湿剂的复配以得到高效保湿同时避免肤感黏腻。

② 处理好保湿与肤感的关系，保湿剂含量过高容易造成低湿度环境下皮肤黏腻，消费者使用过程中感觉吸收慢。

③ 考虑成本与安全性，天然保湿剂的处理过程容易夹带一些其他天然成分或者添加剂，在护肤充分的水合情况下引发皮肤过敏、刺痛等不适。

4. 水溶性润肤剂

水溶性润肤剂是为产品提供保湿、滋润、改善使用感，修复屏障等作用原料。选择水溶性润肤剂应该考虑它的水溶性及刺激性。一般 PEG 数越大，水溶性越好，但是其刺激性越大。常见的有改性的天然植物油脂，比如聚甘油蓖麻油酯、聚氧乙烯醚 40 蓖麻油、聚甘油橄榄油酯。

5. 肤感改善剂

为改善化妆水的使用体验，包括视觉体验、涂抹体验等，加入一些增稠剂、流变剂如天然胶或合成水溶性高分子化合物等。常用有羟乙基纤维素、汉生胶、聚乙烯醚聚合物，卡波类增稠剂。它们不仅改变水剂的外观视觉效果还会给水剂的使用过程带来滑爽、滋润、水润等各种不一样的使用体验。

四、化妆水的配方设计要点

1. 透明度

透明度对于化妆品至关重要，比较简易的办法是将可见光分光度计用于透明度的筛选。同时需要注意高低温的透明度的考察，影响透明度的因素大致包括以下几点。

① 固体物的溶解度会受到溶剂与温度的影响，在不当时会析出。

② 油性物质的增溶与增溶剂的结构相关，增溶剂的增溶能力又受其浊点的限制，如果油性物质与增溶剂搭配不当或者温度不合适，造成析出。

③ 某些增稠剂会与多种离子结合影响透明度，通常的增溶剂都是高 HLB 值非离子表面活性剂，但是一般它们都是具有一定分布的混合物，在温度升高时会优先析出，影响到体系整体的透明度。

2. 黏度

不少水剂产品具有一定的黏度，产品黏度应与包装瓶的使用口径相吻合。另外，透明包装产品应注意光照对于黏度的影响，有些高分子成分在紫外光照射下降解，可考虑在包装或者产品中添加一定的紫外线吸收剂，以保证产品性能稳定。

3. 收敛效果

通常锌盐及铝盐等较强烈的收敛剂可用于需要较好收敛效果的配方中；而在收敛效果要求不高的配方中，应选用其他较温和的收敛剂。收敛剂的作用，从化学特性上看，是由酸及具有凝固蛋白质作用的物质发挥的；从物理因素而言，冷水及乙醇的蒸发导致皮肤暂时降温，也有一定的收敛作用。因此，收敛性化妆水配方中乙醇用量较大，pH 值大多呈弱酸性。

五、化妆水的生产工艺

化妆水的生产工艺流程框图见图 1-3。

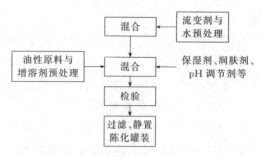

图 1-3　化妆水的生产工艺流程框图

化妆水的生产程序相对简单，主要包括预处理、溶解混合、静置陈化、过滤除杂。

1. 预处理

对于透明体系，预溶解、预处理部分可能在生产过程中产生问题的原料非常必要，比如香精、冰片、薄荷以及部分希望添加到水剂中的油脂。将它们与适当的溶剂或者增溶剂充分溶解混合再加入体系中，可以避免出现浑浊等问题，同时可以减少增溶剂的使用。预处理还包括部分有稠度的化妆水使用的增稠剂、部分使用遮光剂的水剂，它们都需要对某些原料进行提前处理。

2. 溶解混合

水剂的搅拌通常比较简单，但是对于有稠度且使用了具有悬浮能力的增稠剂的配方，溶解搅拌就显得特别重要，搅拌的速度和力度都需要适度控制，避免搅入空气，形成难以脱除的气泡。对于溶剂中含有挥发组分的配方，加热升温需要特别注意，避免造成组分过量损失，同时避免其在空气中积聚成具有爆炸风险的浓度，乙醇、香精一类原料的使用尤其需要注意。

3. 静置陈化

静置陈化，尤其对于可能存在由于升温溶解到体系中去，随着体系最终恢复室温，存在析出风险的体系静置陈华，尤其低温静置陈化非常必要。比如薄荷脑等就是比较能与其他组分共溶的成分，再比如某些被增溶的组分，在温度改变后出现增溶能力改变的情况等。因此在 4℃ 左右陈化静置，避免产品在储存，运输和使用过程中出现沉淀、浑浊、絮状物等引起消费者不信任的现象。

4. 过滤除杂

陈化静置之后出现的可见沉淀、絮状物等在低温下就进行滤除，避免其在消费者手中时再次析出，是必要的工艺考虑。

六、典型配方与制备工艺

化妆水的典型配方见表 1-13。

表 1-13　化妆水的典型配方

组相	原料名称	用量/%	作用
A	甘油	3.0	保湿
	透明质酸钠	0.05	保湿
B	去离子水	90	溶解
C	尿囊素	0.1	愈合
	EDTA 二钠	0.1	螯合
	双(羟甲基)咪唑烷基脲、碘丙炔醇丁基氨甲酸酯	0.2	防腐
D	PEG-40 氢化蓖麻油	0.2	增溶
	香精	0.1	赋香

制备工艺：

① 在室温下将 A 相中透明质酸钠分散于甘油中，开启搅拌缓慢加入 B 相中搅拌均匀；

② 加入 C 相搅拌至透明，另外把 C 相混合搅拌至透明后加入上述水剂中混合均匀；

③ 最后加入预混合均匀的 D 相搅拌混合均匀，静置；

④ 过滤后即可灌装。

配方解析：该配方透明度高，肤感清爽，通过添加尿囊素，帮助角质干纹愈合，透明质酸钠帮助角质保水能力提升。通过增溶剂帮助香精溶于体系中，并提升香精在使用后的留香能力。

七、常见质量问题及原因分析

化妆水类制品的主要质量问题是混浊、变色、变味等现象，有时在生产过程中即可发现，但有时需经过一段时间或不同条件下储存后才能发现，必须加以注意。

1. 混浊和沉淀

① 配方不合理，复配物之间互相反应，水解、pH 值漂移等因素引发的组分变化导致的透明度下降。化妆水中乙醇对很多有机物是很好的溶剂，如果乙醇用量不足，易产生不溶物。

② 工艺用水不合格，如果含有较多二价离子或微生物，都可能引发产品在后期形成絮状物沉淀。

③ 原料组成的波动，比如香精、增溶剂的成分变化，导致增溶效果变差。

④ 生产工艺和生产设备的影响。为除去制品中的不溶性成分，生产中采用静置陈化和冷冻过滤等措施。如静置陈化时间不够，冷冻温度偏低，过滤温度

偏高或压滤机失效等，都会使部分不溶解的沉淀物不能析出，最终在储存过程中产生混浊和沉淀现象。

此外，水剂型产品的设备清洗也是非常重要的环节，更是生产过程中容易被忽视的问题，管道、换门、滤芯、转运泵等凡是有可能带入其他物质的环节均应仔细清洗。

2. 变色、变味

① 乙醇质量不好，含有杂醇油和醛类等杂质。

② 水质处理不好。没处理好的去离子水含有较多中的铜、铁等金属离子对不饱和芳香物质发生催化氧化作用，导致产品变色、变味；微生物虽会被乙醇杀灭而沉淀，但会产生令人不愉快的气味而损害制品的气味。

③ 空气、热或光的作用。化妆水类制品中含有易变色的原料如葵子麝香、洋茉莉醛、醛类、酚类等，在空气、光和热的作用下会使色泽变深，甚至变味。

④ 碱的作用。

第四节　护肤凝胶

一、护肤凝胶简介

凝胶类化妆品是一种外观为透明或半透明的半固体的胶冻状化妆品剂型。它是20世纪60年代中期开始在市场上出现的，由于其外观鲜嫩、色彩鲜艳呈透明状或半透明果胶状，且使用感觉滑爽、无油腻感而受到消费者的喜爱。凝胶类制品现今已扩展到其他类型的化妆品，如发用定型凝胶、凝胶香波、凝胶唇膏和牙膏等。由于凝胶的英文为jelly，市售凝胶类化妆品常称为"啫喱"。

1. 产品的分类

根据凝胶类护肤品的组成可分为无水性凝胶体系和水性（水或醇）凝胶体系两大类。

（1）无水性凝胶体系　无水性凝胶主要由白油或其他油类和非水胶凝剂组成，它含有较多的油分，对皮肤有滋润、保湿作用，其缺点是油腻和较黏，现今较少使用，主要用于无水型油膏、按摩膏等。非水凝胶剂包括金属（Al、Ca、Li、Mg、Zn）硬脂酸皂、三聚羟基硬脂酸铝、聚氧乙烯化羊毛脂、硅胶、发烟硅胶、膨润土和聚酰胺树脂等。

一种好的凝胶是在较大的温度范围内保持透明状态，有一定硬度，从管中挤出时能保持圆柱形，储存时能保持其均匀性，不会收缩和凝溢，从管或瓶内取出时不显纤维质，也不显脆性，易于涂开，用后肤感舒适。鉴于这类产品应用不太广泛，本章暂不介绍。

（2）水性（水或醇）凝胶体系　水性凝胶含有较多的水分，可以直接补充水分给皮肤，具有良好的保湿性。这种凝胶加工工艺简单，原料多种多样，可根据产品要求调节其油性和黏度，还可混入脂质体微囊改善其功能。调制成各种色调，用计算机控制灌装机灌装，会构成各种花纹和图案，增加产品的美观。此类产品是现今最流行的凝胶类护肤品，也是本章介绍的重点。

2. 护肤凝胶的产品标准

护肤凝胶化妆品质量应符合 QB/T 2874—2007《护肤啫喱》，其感官、理化指标见表 1-14。

表 1-14　护肤凝胶的感官、理化指标

项目		要　　求
感官指标	外观	透明或半透明凝胶状，无异物（允许添加起护肤或美化作用的粒子）
	香气	符合规定香气
理化指标	pH(25℃)	3.5～8.5
	耐热	(40±1)℃保持 24h，恢复至室温后与试验前外观无明显差异
	耐寒	－5～－10℃保持 24h，恢复至室温后与试验前外观无明显差异

3. 产品的质量要求

① 清爽不油腻、不黏腻，具有润泽、水嫩感，适合夏天和油性肤质人群使用；

② 稠度适中，保质期内保持相对一致的质量品质；

③ 外观光洁细腻、透明或者半透明，保持凝胶的流变学特性；

④ 安全不刺激，长期使用具有与宣称相一致的功效；

⑤ 给皮肤即时补水保湿，赋予肌肤清爽、清凉感，使用过程保持必要的水感；

⑥ 可以具备促进微循环、清洁、卸妆、舒缓、修复等附加功能。

二、护肤凝胶的配方组成

护肤凝胶的配方组成见表 1-15。

表 1-15　护肤凝胶的配方组成

组分	常用原料	用量/%
溶剂	水	加至 100
凝胶剂	海藻胶、瓜尔胶、卡波姆、羟乙基纤维素、硅酸铝镁	0.05～1
中和剂	三乙醇胺、氢氧化钾等	0.05～1

组分	常用原料	用量/%
保湿剂	甘油、双甘油、丁二醇、海藻糖、透明质酸钠、三甲基甘氨酸、PCA 钠	0.01～30
乳化剂	氢化卵磷脂等	0～2
其他成分	中和剂、香精、增溶剂、螯合剂、润肤剂、功能性添加剂等	适量

三、护肤凝胶的原料选择要点

1. 凝胶剂

理论上凝胶剂有多种，但是实际应用过程中，用得比较多的还是聚丙烯酸、聚丙烯酰胺为基本骨架的聚合物以及它们的衍生物等，通常具有良好的触变性、短流变并具有优越的肤感和悬浮能力。而其他类型的高分子化合物也被广泛使用、以弥补部分使用和性能缺陷。

（1）天然水溶性聚合物 常见的有海藻胶、琼脂、瓜尔胶、鹿角菜胶等，它们通常都具有一定的拉丝性能，小剂量使用，但通常具有很滑的肤感；鹿角菜胶具有果冻样外观，形成的凝胶过于脆，不太常用。

（2）改性天然水溶性聚合物 常见的有海藻酸酯、羟丙基瓜尔胶、羟丙基纤维素、羟乙基纤维素等。这类凝胶剂通常在牙膏中使用比较多，在护肤品种不常见，但有时对于面膜等对肤感体验有特殊要求的品类，也会配合其他高分子材料使用一些。

（3）合成水溶性聚合物 聚丙烯树脂（carbopol 系列产品）、聚丙烯酰胺等为基础的聚合物以及它们的衍生物高分子材料，以及由它们复配形成的乳化稳定剂，它们具有制成品外观通透、使用肤感清爽、悬浮稳定性能突出等特点。当然也包括聚氧乙烯和聚氧丙烯嵌段共聚物（polvxamer331）等其他并不常用的合成高分子材料。

（4）无机凝胶剂 硅酸铝镁、硅酸钠镁等，这类产品通常也具有惊人的悬浮能力，可以形成固体外观，在剪切力作用下，可以变稀在喷雾泵作用下形成雾状喷出。

2. 中和剂

调节产品酸碱度，软化角质层，中和部分高分子化合物使其形成酸度合适、黏度满足需要的空间网状结构，阻止其中的颗粒物互相聚集影响稳定性。

3. 润肤剂

护肤凝胶也可以添加少量的油脂（一般小于 10%），这些油脂令护肤凝胶具有轻质膏霜的特性，油性润肤剂也可提高凝胶的保湿能力。油脂的选择既要考虑对皮肤屏障的有效保护，又要使用肤感好。

4. 乳化剂

护肤凝胶也可以添加少量的油脂（一般小于10%），对于悬浮力好的高分子材料作为凝胶剂的体系，不需要使用乳化剂就可以实现产品稳定性的要求。这样的设计思路会带来产品特别清爽的使用体验，甚至会形成类似于出水霜一样的一粒一粒水珠的使用效果，给消费者带来直观的补水体验。

四、护肤凝胶的配方设计要点

护肤凝胶除了遵循一般护肤品的设计要求以外还需要特别注意以下要点。

1. 透明产品透明度

透明度是部分护肤凝胶需要特别要求的，它具有水晶一样的外观，给消费者带来非常强烈的感官刺激。但是透明度是个非常难以控制的指标，它受温度、高分子化合物、水中离子种类、所用材料稳定性以及其他原料从不同地方带入的包括杂质和水等多种因素的共同影响。通常产品开发过程中需要充分设计各种考察方法和条件，来排查可能影响透明度的因素，确保产品在上市和使用过程中的各种可能情况均在考察之中。

2. 不透明乳化体系

护肤凝胶目前已经演化为很多不透明的体系，从而将凝胶和护肤乳的间隙打破，走向融合。从传统意义上而言，乳化体系一定需要添加乳化剂，但是护肤凝胶体系中，可以加入高分子表面活性剂，如：卡波2020，TR-1等材料。这种体系不需要加入乳化剂、增溶剂，做到既温和又肤感清爽。缺点是留香会稍差。

3. 电解质的影响

主流凝胶剂高分子网格结构，通常不耐受电解质的影响。控制这类配方中最终电导率的达到最高，是确保配方拥有稳定外观黏度的关键。通过水或者其他原料带入的电解质的总量会影响其中大部分凝胶剂性能的发挥。

4. 分子结构稳定的影响

有些原料在长期储存或者做成产品后，在受热的情况下，容易发生水解产生电解质和弱酸。导致凝胶剂的增稠性能部分丧失，膏体稠度大幅下降。

五、典型配方与制备工艺

1. 保湿凝胶

产品特点：清爽凝胶，立刻为干渴的肌肤快速传递密集水分，并持续较长时间。适合所有肌肤种类使用，提供集中并立即给水的保湿舒缓肌肤干涸的保湿效果；能补充并重新恢复持久的水分均衡。保湿凝胶的配方见表1-16。

表 1-16 保湿凝胶的配方

组相	原料名称	用量/%	作用
A	库拉索芦荟(ALOE BARBADENSIS)叶汁	1.0	保湿
	甘油	1.0	保湿
	透明质酸钠	0.1	保湿
	氢化卵磷脂	0.5	润肤
	海藻糖	0.5	保湿,护肤
	蔗糖	0.5	保湿
	山梨醇	0.5	保湿
	去离子水	加至100	溶解
B	环聚二甲基硅氧烷	0.3	润肤
	聚二甲基硅氧烷	0.3	润肤
	咖啡因	0.4	活血
	生育酚乙酸酯	0.4	抗氧化
	聚山梨醇酯-20	0.6	增溶
	油醇聚醚-10	0.6	增溶
	棕榈酰五肽-4	0.5	营养
C	丙烯酰二甲基牛磺酸铵/VP 共聚物	0.4	增稠
D	卡波姆	0.4	增稠
	丁二醇	1.0	保湿
E	三乙醇胺	0.4	pH 调节
F	EDTA 二钠	0.1	螯合
	苯氧乙醇	0.5	防腐
	羟苯甲酯	0.5	防腐
	黄 5 [CI 19140]	微量	着色
	红 4 [CI 14700]	微量	着色

制备工艺:

① 将 A 相加入水锅,开启搅拌并加热至合适温度,将 F 相卡波姆用丁二醇分散好投入至上述溶液中加热搅拌,将 B 相投入至油锅加热至合适温度并搅拌均匀;

② 将油相抽入至乳化锅并均质,加入 C、E 相搅拌均匀后降温至合适温度,加入 F 相搅拌均匀,检验合格出料。

配方解析:该配方主要依靠凝胶剂成型,通过添加功能性成分(咖啡因瘦身)和肤感改善剂,增强产品使用体验,氢化卵磷脂改善皮肤屏障,多元醇在皮肤上补充皮肤天然保湿因子能力的欠缺，提升角质层保水、含水能力。

2. 护肤凝胶的典型配方

护肤凝胶的典型配方见表 1-17。

表 1-17 护肤凝胶的典型配方

组相	原料名称	用量/%	作用
A	卡波姆(Carbopol 940)	1.0	增稠
	丙二醇	9.0	保湿
	EDTA 二钠	0.05	螯合
	去离子水	加至 100	溶解
B	双(羟甲基)咪唑烷基脲、碘丙炔醇丁基氨甲酸酯	0.3	防腐
C	辛酰基羟化小麦蛋白钠	5	皮肤调理
	油醇聚醚-20	1.5	增溶
	香精	适量	赋香
D	三乙醇胺	2.0	pH 调节

制备工艺：

① 快速搅拌的情况下加入 A 相，先将 carbopol 940 缓慢地撒入部分去离子水中，使润湿完全，再依次加入 A 相剩余原料，搅拌均匀；

② 先将 A 相抽入真空乳化罐，再将 B 相，经过滤加入真空乳化罐内，搅拌抽真空脱气；

③ 当混合物溶解完全时，加入 C 相，继续搅匀后，最后加入 D 相中和，同时抽真空，脱气至产品无气泡。

配方解析：该配方采用凝胶剂与乳化增溶剂结合，可以含有油分做成半透明状态，也可以不含油分做成透明状态。卡波 940 凝胶剂不耐电解质，配方添加成分应控制电导率。

六、护肤凝胶的生产工艺

护肤凝胶的生产工艺流程图见图 1-4。

护胶凝胶的生产程序如下。

① 在一不锈钢容器中加入部分的去离子水，在快速搅拌的情况下，将凝胶剂缓慢撒入其中，充分搅拌分散及溶胀；先将凝胶剂与水的混合物抽入真空乳化罐中。

② 在另一不锈钢容器中加入剩余去离子水，并依次加入醇类、酯类、保湿剂、防腐剂等水溶性成分，搅拌使其充分溶解；然后过滤抽入真空乳化罐中，搅拌抽真空脱气，混合物溶解完全。

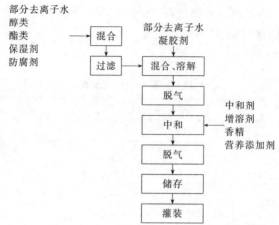

图 1-4 护肤凝胶生产工艺流程图

③ 加入增溶剂、香精、营养添加剂的均匀混合物，继续搅拌，充分混匀后，加入中和剂，搅拌抽真空脱气，脱气至产品无气泡，即出料，储存备用。

护肤凝胶体系悬浮能力强，一旦产生气泡，就不容易消掉，因此生产过程要注意以下几点。

① 凝胶剂溶解、中和、脱泡过程搅拌速度要慢。

② 搅拌桨高度要低于每一次投料后的液面高度，如果叶片与液面高度接近，容易搅出浪花，出现气泡。

③ 真空消泡时一般要求尽量高真空消泡。如果泡沫太多可以通过高真空到常压循环操作，可更高效率的破除气泡。

④ 凝胶剂中和。中和剂加入之前尽最大可能脱出气泡。

⑤ 对于专锅配制护肤凝胶的设备，搅拌桨的形状也会影响气泡的产生。通常要求桨形和桨叶设计符合流体力学，不易出现浪花形。

七、常见质量问题及原因分析

1. 杂质异物

① 配制锅混合使用，出现管道、设备、阀门因为清洗不彻底引入的异物。乳化锅的顶盖内壁，以及上面的加料入口、观察口、真空口等死角是容易被忽视的死角，容易隐藏杂质和微生物。

② 密封圈老化、刮板老化、转运桶和工具掉落的碎屑也有可能成为产品中的异物。

③ 蚊虫异物、墙皮等也可能混入车间成为产品中的异物。所以良好的车间环境和操作规范是保证产品万无一失的必要条件。

2. 膏体粗糙

膏体粗糙包括两种情况，膏体内部粗糙和膏体表面粗糙。

① 膏体表面粗糙。通常是指膏体静置一段时间以后变得表面粗糙，这是因为膏体气泡太多所致，当然也包括其他原因引起的。膏体中含有细泡太多，在静置一段时间以后，气泡会浮到表面造成膏体表面粗糙引起消费者不信任，故控制工艺制备过程非常重要。

② 膏体内部粗糙。通常是指膏体表面看上去很有光泽，但是当用手指挑开出现粗糙的表面，常常是与高分子凝胶剂有关，一方面是凝胶剂溶解中和可能不完全，不充分，另一方面是受电解质影响，出现局部收缩接团，出现不均匀的软性团状物；也有可能是水解生成二价离子或者酸，出现不均一的黏度下降，膏体变得粗糙。

3. 黏度下降

黏度下降主要是成分不稳定存放过程中出现电导率的变化，释放出新的电解质或者酸；另一个原因是微生物的繁殖，导致黏度下降；还有一个原因是紫外光照射导致凝胶剂高分子化学链断裂。

4. 起皮干缩

成品存放一段时间后，重新打开盖，出现膏体表面出现结皮或者干缩，与此同时净含量会出现偏少的情况。

通常是包装密封有问题，或者包装材料的水阻隔性差。一般人会认为塑料包装是不透水的，事实上高分子塑料包装在显微镜下也是千疮百孔类似于织物一般，太薄时水分子是可以缓慢透过到空气中，尤其部分袋装的塑料膜，其厚度较薄，水分子更容易透出损失，因此选材时需要注意材质的水氧阻隔性。避免水分子透出，同时需要注意氧分子是否会从包装外面进入包装内部引起氧敏感活性成分持续失活，最终导致产品性能缺失。

5. 鱼眼结块

鱼眼结块是使用高分子化合物溶解时常遇到的问题，原因是如果聚合物粉团表面遇水很快形成凝胶，不易分散，形成像鱼眼一样颗粒团，影响产品外观。为防止结块，应该在快速搅拌的情况下，将树脂缓慢地直接撒入溶液的旋涡面上，或者先在不溶介质中将树脂预先混合，然后将分散体加入水相中继续分散和溶胀。

第一节　洁肤产品概述

　　洁肤化妆品是以涂抹、喷洒等方式作用于人体皮肤表面，能达到皮肤清洁，保持肌肤清洁和护理相结合的产品。人体上应该清洁的东西有皮肤分泌的皮脂、汗、剥离脱落的角质层细胞（污垢）等。洁肤产品种类很多，根据使用部位与功能可分为头皮清洁类、卸妆类、洁面类、沐浴、足部清洁类及去角质类；根据剂型可分为膏、油、啫喱、乳、霜、水、粉、块等。

一、皮肤污垢简述

　　根据皮肤污垢的来源可以分为皮肤产生的污垢和外部沾染的污垢两类。每一类别包括的成分不同，见表 2-1。

表 2-1　皮肤的污垢

来自身体的污垢	剥离的角质层细胞(污垢)	蛋白质、细胞间脂质等
	皮脂	角质层细胞间的脂质：神经酰胺、胆固醇等 皮脂腺的脂质：甘油三酯、蜡、角鲨烯、游离脂肪酸
	汗	盐分($NaCl$、KCl 等)、乳酸、尿素等
来自外部沾染的污垢	灰尘、尘埃	泥土、沙子、化学物质等
	微生物	细菌、真菌等
	化妆品残留物	油性成分、水性成分、多元醇、膜形成剂、粉体、色素、香料等

　　根据皮肤污垢的性质又可分为油性污垢、水性污垢和微生物。这些污垢不及时清理会对皮肤产生刺激或过敏。表现如下：

　　① 细菌等病原微生物繁殖，引起皮肤感染；

　　② 油脂污垢会氧化变质，再受到紫外线等影响，还有可能变为过氧化脂质等刺激物质；

　　③ 水性污垢，包括泥土和汗液成分等，对皮肤产生直接的刺激。

二、洁肤化妆品作用机理

洁肤化妆品主要包括卸妆产品、洁面产品、沐浴产品和去角质产品。这些产品起洁肤作用的成分主要分为三种类型：表面活性剂、油脂和多元醇、磨砂剂等。它们的清洁作用机理可以分为三类。

1. 表面活性剂洁肤机理

表面活性剂有亲水性基团和亲油性基团，它能显著降低接触界面的表面张力，它的清洁作用包括润湿、乳化、增溶等作用。润湿作用增加水与油性污垢的接触面积，增溶作用是增加油性污垢在水相的溶解性，乳化作用使油性污垢脱离皮肤，分散到水中，随水带走。

2. 溶剂和多元醇洁肤机理

根据相似相溶原理，油脂可以溶解油溶性的皮脂或彩妆中的油脂、表面处理颜料、成膜剂等油脂成分，多元醇可以将极性强的皮脂或彩妆残留物溶解或分散到水中，以达到深层清洁头皮、毛囊油迹和污垢的效果。

3. 摩擦剂洁肤机理

通过微细颗粒与皮肤表面的摩擦作用，促进血液循环及新陈代谢，舒展皮肤的细小皱纹，增进皮肤对营养成分的吸收。但是，过度摩擦会对皮肤造成刺激作用。

三、洁肤化妆品的质量要求

① 能够有效除去皮肤污垢，但不破坏皮肤屏障作用。

② 减少清洁剂对皮肤的渗透性，不能溶出游离氨基酸、吡咯烷酮羧酸、乳酸盐等天然保湿因子（Natural Moisturizing Factor，NMF）、细胞间脂质（神经酰胺、胆固醇等）。

③ 洗后能维持皮肤 pH 值，或者表面的 pH 值出现暂时性上升，会较快恢复到原来的状态。

第二节　卸妆产品

一、卸妆产品简介

卸妆产品是用于除去彩妆化妆品、皮肤表面残留的油脂为主要目的的皮肤清洁产品。卸妆产品可以很好地与脸上的彩妆油污融合，再通过水乳化的方式，在冲洗时将脸上的污垢带走。目前，卸妆产品可水洗也可不用水洗，携带方便、使用方便、全能卸妆的卸妆膏成为主流。

1. 卸妆产品分类和特点

卸妆产品剂型和种类较多，依据使用部位可分通用型（脸上任何部位均可卸妆）和局部型（针对脸部特定有成膜剂的区域，如：眼部、睫毛、唇部）两种；依据配方组成又可分为水剂型、油剂型、乳化型、双层液态、三层液态等卸妆产品；根据状态可以分为卸妆膏、卸妆油、卸妆啫喱、卸妆水、卸妆湿巾等。

2. 卸妆产品标准

卸妆产品按其主要成分和性状的不同可分为以下三类：

① 卸妆油、卸妆膏（Ⅰ型）；

② 卸妆液（Ⅱ型）；

③ 卸妆乳、卸妆霜（Ⅲ型）。

卸妆产品的质量应符合 GB/T 35914—2018《卸妆油（液、乳、膏、霜）》，其感官、理化指标见表 2-2。

表 2-2　卸妆产品的感官、理化指标

项目		指标要求		
		Ⅰ型	Ⅱ型	Ⅲ型
感官指标	外观	均匀一致	单层型:均匀液体,不含杂质; 多层型:两层或多层液体	均匀一致
	色泽	与对照样一致		
	香气	与对照样一致		
理化指标	pH	—	4.0～11.0 (含 α-羟基酸、β-羟基酸的产品除外,pH≤3.5 产品应进行人体安全性试验)	
	耐热	(40±1℃)保持 24h,恢复至室温后与试验前比较无明显性差异		
	耐寒	(−8±2℃)保持 24h,恢复至室温后与试验前比较无明显性差异	(5±2℃)保持 24h,恢复至室温后与试验前比较无明显性差异	(−8±2℃)保持 24h,恢复至室温后与试验前比较无明显性差异
	离心考验	—	—	2000r/min,30min 不分层(添加不溶性颗粒或不溶粉末的产品除外)

3. 卸妆产品的质量要求

① 外观均匀，无杂质，香气怡人。

② 清洁能力强，能快速乳化、溶解皮肤彩妆和污垢，没有油腻感；水分蒸发后，残留物不应变黏，用水或热水易清洗。

③ 用后不脱脂，不干燥、不紧绷、不涩。

④ 安全温和，不刺激，不致敏。

二、卸妆产品的配方组成

卸妆油、卸妆霜的配方组成见表 2-3、表 2-4。

表 2-3　卸妆油的配方组成

组分	常用原料	用量/%	说明
油脂	聚乙二醇-7 椰油甘油酯、棕榈酸异辛酯、碳酸双乙基己酯、$C_{12\sim15}$醇苯甲酸酯、棕榈酸异丙酯	$20\sim50$	溶解
表面活性剂	司盘类、月桂醇聚醚-4、吐温类	$20\sim50$	乳化,湿润,清洁
防腐剂	羟苯丙酯	$0\sim0.14$	防腐
抗氧化剂	丁羟甲苯(BHT)		抗氧化

表 2-4　卸妆霜的配方组成

组分		常用原料	用量/%	说明
卸妆成分	油脂	烃油(液体石蜡、α-烯烃低聚物、角鲨烷、异构烷烃)、酯油、硅油、脂肪酸、高碳醇、蜡(蜂蜡)、油脂	$30\sim50$	溶解
	表面活性剂	POE 烷基醚、POE 脂肪酸酯、POE 甘油脂肪酸酯、司盘类、吐温类	$5\sim25$	乳化,湿润,清洁
其他成分	增稠剂	纤维素衍生物、黄原胶	$0\sim0.5$	增稠
	保湿剂	甘油、1,3-丁二醇、丙二醇、双丙甘醇、山梨醇	$5\sim25$	保湿
	配方助剂	抗过敏剂、螯合剂、抗氧化剂、赋香剂、色素、防腐剂、pH 调节剂	$0\sim0.5$ $0\sim0.5$	可选

三、卸妆产品的原料选择要点

油脂是卸妆油的关键组分，即是溶剂，又是润肤剂。选择的原则如下。
① 分子量较低，溶解能力较强；
② 熔点低，肤感清爽不油腻；
③ 不同极性的油脂复配，一般采用矿物油脂与合成油脂的复配。

四、卸妆产品的配方设计要点

在进行卸妆产品配方设计时，由于在剂形、油剂、表面活性剂的选择方面会对清洁力的效果产生影响，需要根据所需求的性能进行制剂设计。在原料选择方面，要兼顾使用部位的皮肤和着妆产品配方特点，进行重点和更有效的清洁。

1. 卸妆油

卸妆油通过"油-油相溶原理"，由透明液体状多种油脂和油溶性成分组成，卸妆油清洁力强、使用便利，能够溶解各种彩妆和污垢。水溶性卸妆油由乳化剂和非离子性表面活性剂构成。水溶性配方所使用的乳化剂是决定产品质量的最优要素。相比油性配方卸妆方式，要用面纸擦拭后，再用洗脸产品将残留的油脂洗净，水溶性配方卸妆方式要方便得多。

配方设计应该考虑以下几点。

① 选择合适的表面活性剂，有出色的清洁能力、低刺激性、不黏腻，与各种溶剂、油剂互溶性好，有高卸妆力，无黏腻感。

② 用极性油或非极性油；如有硅油时可通过组合使用极性油。水溶性润肤剂可提高卸妆力。

③ 用阳离子聚合物来防止污垢再吸附，冲洗过程中抑制凝胶化。

2. 卸妆膏（卸妆霜）

根据配方结构的不同，卸妆膏可分为：W/O 型、O/W 型、全油型。W/O型卸妆膏，可以将污垢迅速溶出，但不能清洗，可通过擦拭除去。O/W 型卸妆膏是通过按摩过程中水分的蒸发变为 W/O 型（相转变），将油性污垢溶出。全油型卸妆膏由油脂、表面活性剂、蜡、高分子硅氧烷等组成，利用溶解和擦拭的物理力产生卸妆效果。

配方设计应该考虑以下几点。

① 根据化妆污垢的种类选择有高卸妆力、无黏腻感、高温稳定性好的油脂。

② 选择冲洗性好、清爽感强、减少皮肤刺激，与油有高度相容性的表面活性剂。

③ 采用凝胶化抑制剂抑制凝胶化。

3. 双层卸妆液

双层卸妆液由水相和油相组成，分为上下两层。上层是油相，下层是水相，使用前摇匀。因为油剂和水剂的比例不一样，可产生不同的卸妆效果和肤感。

配方设计要考虑以下几点。

① 为避免双层卸妆液色素迁移，色素的溶解性很重要。油相用油溶色素，水相用水溶色素，不能选择在两相中都有一定溶解度的色素，两相的颜色相差要大，这样才能避免影响产品的外观。

② 一般在水相中加入约 10% 的无机盐，让乳化体系处于不稳定状态；增大水相的相对密度，达到快速分层的目的。

4. 三层卸妆液

三层卸妆液是以油溶性成分、水溶性成分、酯类（不溶水和不溶油）为基底的卸妆产品。选择密度与水溶性原料相差较大的油溶性成分（上层）、酯类

（中间层），选择密度与油溶性原料相差较大的水溶性成分（下层），油相和水相原料分别调不同颜色。

五、典型配方与制备工艺

常见卸妆产品的配方见表 2-5～表 2-7。

表 2-5　基础卸妆油的配方

组相	商品名	原料名称	用量/%	作用
A	聚甘油 10-二油酸酯	聚甘油 10-二油酸酯	14	溶解
	聚甘油 2-倍半辛酸酯	聚甘油 2-倍半辛酸酯	6	清洁
	鲸蜡基乙基己酸酯	鲸蜡基乙基己酸酯	79.8	溶解
B	香精	香精	0.2	赋香

制备工艺：

① 把 A 相成分加热至 50℃，搅拌溶解完全混合均匀；

② 加入 B 相搅拌均匀即可。

配方解析：卸妆清洁干净，妆后无涩感，滋润清爽。

表 2-6　按摩清爽卸妆膏的配方

组相	商品名	原料名称	用量/%	作用
A	矿油	液体石蜡	40	溶解
	异构十六烷	异十六烷	10	溶解
	Grafetan OE	二辛基醚	5	溶解
	Grafetan 188	硬脂酸乙基己酯	20	溶解
	Aerosil 200	硅石	1	增稠
	MP	羟苯甲酯	0.2	防腐
	PP	羟苯丙酯	0.1	防腐
B	C-1216	月桂酸蔗糖脂	1	清洁
	Performathox 490	聚乙烯、$C_{20\sim40}$ 链烷醇聚醚-95	0.5	清洁
	丙二醇	丙二醇	5	保湿
	去离子水	水	加至 100	溶解
C	苯氧乙醇	苯氧乙醇	0.5	防腐
	香精	香精	0.1	赋香

制备工艺：

① 将 A 相混合加热使羟苯甲酯/丙酯溶解完全，加入 Aerosil 200 搅拌均匀，均质分散均匀；

② 将 B 相混合加热至溶解均匀后加热到 80℃，混合均匀；

③ 搅拌下将 A 相极缓慢加入 B 相，注意观察所形成的乳化体，随着料体的增加，适当调节搅拌速度，待所有 A 相加入体系之后把剪切速度提高，强力搅拌至完全乳化；

④ 低速搅拌下加入 C 相，搅拌均匀后即可出料。

配方解析：本配方安全温和无刺激，生物降解性好。

表 2-7　三层透明卸妆油的配方

组相	商品名	原料名称	用量/%	作用
A	ABIL 20	二甲基硅油	21	溶解
	TEGOSOFT PC 31	聚甘油 3-癸酸酯	22	清洁
	Graefesoft DCC	碳酸二辛酯	17.5	溶解
	Pigment	油溶蓝	0.001	着色
	Glycerin	甘油	25.5	保湿
B	去离子水	水	加至 100	溶解
	苯氧乙醇	苯氧乙醇	0.5	防腐

制备工艺：

① 依次把 A 相和 B 相原料各自混合，搅拌均匀；

② 将 B 相加入 A 相中，搅拌均匀；

③ 抽样检测，合格出料。

配方解析：安全温和无刺激，洁净清爽。滋润皮肤，清洁后的滋润感较强。三层液体外观带给产品以魅力的外观。

第三节　洁面产品

一、洁面产品简介

洁面产品是指用于清洁面部污垢如汗液、灰尘、彩妆等的清洁用品。

早期人们将毛巾打湿后，放肥皂、香皂涂抹一下，然后用粘有肥皂、香皂的毛巾洁面。20 世纪 80 年代，洗面奶一般是乳化型乳液，无油腻感，洗面后感觉光滑、滋润、无紧绷感觉。20 世纪 90 年代以来，泡沫型洗面奶问世，洗涤感觉更为清爽、舒适。清洁脸部时对皮肤的刺激较小，让脸部所有肌肤都能洁净易冲洗。目前市场上的洁面产品一般是洗面奶、洁面膏。

洁面产品种类繁多，根据状态可分为：洁面奶（洗面奶）、洁面乳（洗面乳）、洁面膏（洗面膏）、洁面啫喱、洁面粉、洁面球、洁面湿巾、透明洁面泡沫（慕斯）；根据主表面活性剂种类，可分为皂基洁面乳和非皂基洁面乳，其中非皂基又可进一步分为氨基酸基、MAP 型等类型洁面乳；根据泡沫丰富程度，可分为无泡类洁面乳、低泡类洁面乳、高泡类洁面乳；根据功效可分为保湿洁面乳，美白、营养洁面乳等；根据配方结构，又可分为乳化型、非乳化型洁面乳。

不同泡沫洁面乳、表面活性剂洁面乳的特点表 2-8、表 2-9。

表 2-8　不同泡沫洁面乳的特点

分类	配方结构	脱脂力	肤质	配方类型
无泡类洁面乳	乳化型	较弱	干、中性皮肤	油分多,表面活性剂少
低泡类洁面乳	非乳化型	一般	均适用	一般
高泡类洁面乳	非乳化型	较强	油性皮肤	油分少,表面活性剂多

表 2-9　不同表面活性剂洁面乳的特点

分类	主要原料	脱脂力	肤质	酸碱性	泡沫	配方成本
皂基洁面乳	脂肪酸皂	较强	油性	碱性	丰富细腻	较高
非皂基洁面乳	表面活性剂	一般	均适用	中性	一般	一般
混合洁面乳	脂肪酸皂 表面活性剂	稍强	均适用	碱性	丰富细腻	一般

1. 洁面产品标准

依据《洗面奶、洗面膏》标准 GB/T 29680—2013，根据洗面奶、洗面膏产品的工艺不同，产品分两大类产品：乳化型（Ⅰ型）和非乳化型（Ⅱ型），洗面奶、洗面膏感官、理化指标见表 2-10。

表 2-10　洗面奶、洗面膏感官、理化指标

项目		要求	
		乳化型（Ⅰ型）	非乳化型（Ⅱ型）
感官指标	色泽	符合规定色泽	
	香气	符合规定香型	
	质感	均匀一致(含颗粒或罐装成特定外观的产品除外)	
理化指标	耐热	(40±1)℃保持 24h,恢复至室温后无分层现象	
	耐寒	(−8±2)℃保持 24h,恢复至室温后无分层、泛粗、变色现象	
	pH(25℃)	4.0～8.5 (含 α-羟基酸、β-羟基酸产品可按企标执行)	4.0～11.0 (含 α-羟基酸、β-羟基酸产品可按企标执行)
	离心分离	2000r/min, 30min 无油水分离(颗粒沉淀除外)	—

2. 洁面产品的质量要求

① 香气淡雅，质地细腻，流变性好。

② 黏度适宜，易分散，发泡快，泡沫量丰富，有较强的耐硬水发泡能力。

③ 适度的清洁力，洁肤后不紧绷，无滑腻感，易用水冲洗。

④ 温和不刺激皮肤，甚至不刺激眼睛。

二、洁面产品的配方组成

1. 无泡型洁面乳

无泡洁面产品的配方组成见表 2-11。

表 2-11　无泡洁面产品的配方组成

组分	常用原料
溶剂	水
溶剂（油脂）	植物油（椰子油、霍霍巴油、橄榄油等）、GTCC、IPM、PPM
乳化剂	硬脂酸甘油酯、PEG-100 硬脂酸酯
保湿剂	甘油、山梨醇、麦芽糖醇、聚乙二醇、1,3-丁二醇、丙二醇
香精	香精
防腐剂	DMDM 乙内酰脲、羟苯甲酯、羟苯丙酯
螯合剂	EDTA 二钠

2. 泡沫洁面乳

泡沫洁面产品的配方组成见表 2-12，常见洁面产品的品种和类型对比见表 2-13。

表 2-12　泡沫洁面产品的配方组成

组分			常用原料
		溶剂	水
清洁剂	皂	高碳脂肪酸	月桂酸、肉豆蔻酸、棕榈酸、硬脂酸、油酸、12-羟基硬脂酸、植物油脂肪酸
		碱	氢氧化钠、氢氧化钾、三乙醇胺
	表面活性剂		N-酰基谷氨酸盐、酰基甲基牛磺酸盐、单烷基磷酸盐、N-月桂酰基-β-丙氨酸盐、椰油基羟乙基磺酸盐、POE 脂肪酸甘油酯、POE 烷基醚
赋脂剂			植物油（椰子油、霍霍巴油、橄榄油等）、高碳醇、羊毛脂衍生物、蜂蜡、植物甾醇酯、12-羟基硬脂酸酯
保湿剂			甘油、山梨醇、麦芽糖醇、聚乙二醇、1,3-丁二醇、丙二醇
增稠剂			羟乙基纤维素、黄原胶、海藻酸钠、聚羧乙烯、阳离子化聚合物
摩擦剂			纤维素粉末、植物粉碎末、小分子聚乙烯粉末、尼龙粉末
香精			香精
防腐剂			DMDM 乙内酰脲、羟苯甲酯、羟苯丙酯
螯合剂			EDTA 二钠

表 2-13　常见洁面产品的品种和类型对比

产品大类名称	产品分类名称	原料组成	特点
乳化型（Ⅰ型）	无泡乳液类洁面乳	油相＋水相	易涂抹好分散
乳化型（Ⅰ型）	低泡乳液类洁面乳	油相＋水相	易涂抹好分散
非乳化型（Ⅱ型）	高泡乳液类洁面乳	表面活性剂为主	泡沫丰富细腻
非乳化型（Ⅱ型）	皂基型	脂肪酸＋碱＋多元醇＋表面活性剂＋赋形剂	泡沫丰富细腻、不涩、不紧绷
非乳化型（Ⅱ型）	MAP 体系洁面乳	MAP 表面活性剂为主	稠厚易涂抹
非乳化型（Ⅱ型）	烷基糖苷洁面乳	烷基糖苷表面活性剂为主	稠厚易涂抹、不涩、不紧绷
非乳化型（Ⅱ型）	氨基酸类洁面乳	氨基酸表面活性剂为主	稠厚易涂抹、爽滑不黏腻
非乳化型（Ⅱ型）	氨基酸洁面膏	氨基酸表面活性剂为主＋赋形剂	稠厚易涂抹、稳定性好
非乳化型（Ⅱ型）	凝胶类产品	表面活性剂为主＋赋形剂	易涂抹好分散、稳定性好

三、洁面产品的配方设计要点

1. 无泡型（乳化型）洁面乳

无泡型洁面乳配方与卸妆霜相似，作为洁面乳清洁效果较差。但它能清洁面部皮肤，还能护肤、保湿、营养皮肤，适合于中干性皮肤使用。无泡型洁面乳要求方便使用，产品要求剪切变稀性能好。配方设计应该考虑以下两点。

① 油脂选择，选择轻薄、不黏腻、不易氧化、不厚重的油脂。

② 乳化剂选择，轻薄、不黏腻、不厚重、乳化能力较强的乳化剂。一般选择两种以上的乳化剂较单独采用一种乳化剂效果更佳。

2. 氨基酸洁面膏

氨基酸洁面产品本身呈弱酸性，是性质最温和的洁面产品之一，兼具皂基产品的泡沫丰富、清洁效果好的特性，而无皂基产品的紧绷感和干燥感，使用时肤感舒适，用后滋润感较强。

氨基酸表面活性剂难增稠是因为其亲水基比较大，形成球形胶束后难以进一步成长为棒状胶束。一般使用高黏度的 HPMC（羟丙基甲基纤维素）增稠。也可用其他增稠剂并复配两性表面活性剂来增稠。

洁面膏不能流动，没有拉丝感，挤出性能几乎不受温度影响。配方乳化不好时易分层。膏体温度上升到 45℃ 以上时整体变为澄清透明，回复至室温后又成膏状。膏体铺展性好，易起泡、泡沫丰富。洗后肤感清爽舒适，无紧绷、无残留感。膏体柔软为佳。配方设计应该考虑：需要在配方中增加适量的乳化剂来增加与配方的高温稳定性，需要用多元醇来增加膏体在手掌中的分散速度和增加产品低温的稳定性。

3. 皂基洁面乳

① 脂肪酸的选择。皂基洁面乳常用十二酸、十四酸、十六酸、十八酸等，一般采用以十四酸或十六酸为主体，其他酸为辅助的搭配比例。脂肪酸所产生的泡沫随着分子量的增大而越来越细小密，同时泡沫也越来越稳定，泡沫生成的难度也越来越大，其中十二酸生产的泡沫最大，也最易消失，刺激性较大，十八酸生产的泡沫细小、密而持久，刺激性较小。

② 皂化用碱分为氢氧化钠、氢氧化钾、三乙醇胺等。用量与十二酸、十四酸、十六酸、十八酸等的用量成正比。

③ 为了提高稳定性，添加鲸蜡醇等的高碳醇、甘油、聚乙二醇、两性表面活性剂、阴离子表面活性剂。可使用油脂、保湿剂，防止过度的脱脂。

④ 皂基型洁面膏品质与皂化的温度、皂化搅拌速度、皂化时间三个要素有关。需要在 80℃ 左右，能保证皂化料体都能充分搅拌，皂化 30min 以上。

四、典型配方与制备工艺

常见洁面产品的配方见表 2-14～表 2-17。

表 2-14 无泡蜂蜜洁面乳的配方

组相	商品名	原料名称	用量/%	作用
A	去离子水	水	加至 100	溶解
	蜂蜜粉	蜂蜜粉	0.8	润肤
B	甘油	甘油	5	保湿
	汉生胶	黄原胶	0.3	增稠
C	TEGO CARE 165	硬脂酸甘油酯,聚乙二醇-100 硬脂酸酯	3	乳化
	Mineral Oil(26#)	白矿油	8	润肤、溶解
	ULTRALEC P	卵磷脂	0.5	润肤
	IPM	肉豆蔻酸异丙酯	5.3	润肤
	十六/十八醇	鲸蜡硬脂醇	3	增稠
	PP	羟苯丙酯	0.1	防腐
	甘草酸二钾	甘草酸二钾	0.1	润肤
D	TEGO Betain 810	辛基/葵基酰胺丙基甜菜碱	2	清洁
	DMDMH	DMDM 乙内酰脲	0.3	防腐

制备工艺：

① 预先溶 B 相，再与 A 相，一起加入乳化锅中，加热至 80℃，保温；

② 将 C 相加热至 80℃，溶解分散，保温；

③ 将溶好 C 相加入步骤①中，均质 1～2min，搅拌分散混合；

④ 待温度降至 45℃，依次加入 D 相原料，搅拌均匀后，抽样检测，合格后降温至 38℃ 出料。

配方解析：无泡温和乳化型（Ⅰ型）配方，采用油相、水相乳化成乳白色乳霜，添加少量表面活性剂组成，清洁的同时给面部皮肤带来良好的滋润和保湿效果。

表 2-15　透明磨砂洗面奶的配方

组相	商品名	原料名称	用量/%	作用
A	去离子水	水	加至100	溶解
	REWOPOL SB F 12 P	月桂基磺基琥珀酸二钠	15	清洁
	EDTA-2Na	EDTA 二钠	0.075	螯合
	AES(70%)	月桂醇醚硫酸钠	10	表面活性
B	SF-1(丙烯酸共聚物)	丙烯酸(酯)类共聚物	6	赋形
	去离子水	水	12	溶解
C	咪唑啉(40%)	咪唑啉	5	清洁
	CAB(LAB)	椰油酰胺丙基甜菜碱	10	发泡
	D 泛醇	泛醇	0.5	保湿
	ANTIL 200	聚乙二醇-200 氢化棕榈酸甘油酯，聚乙二醇-7 椰油甘油酯	0.5	赋脂
D	粒子(聚乙烯磨砂粒)	聚乙烯	0.2	摩擦
E	DMDMH	DMDM 乙内酰脲	0.3	防腐
	香精	香精	0.1	赋香
F	柠檬酸	柠檬酸	0.3	pH 调节

制备工艺：

① 预先溶好 B 相，搅拌均匀，备用；

② 将 A 相投入乳化锅中，升温，至料体到完全均匀透明；

③ 将预溶好的 B 相加入乳化锅中，边加边搅，直至完全混合分散；

④ 将 C 相一次加入乳化锅中，搅拌均匀；

⑤ 一次加入 D 相、E 相，搅拌均匀；

⑥ 加入 F 相，调节 pH 值达标后出料。

配方解析：高泡温和非乳化型（Ⅱ型）配方，由多个温和表面活性剂组成，增加磨砂粒子，增加去角质层能力，清洁的同时给面部皮肤带来良好的滋润、保湿祛除面部皮肤角质层效果。

表 2-16　皂基洁面乳的配方

组相	商品名	原料名称	用量/%	作用
A	去离子水	水	加至100	溶解
	EDTA-2Na	EDTA 二钠	0.1	螯合
	AES	月桂醇聚醚硫酸酯钠	5	清洁
	KOH	氢氧化钾	4.7	中和
	甘油	甘油	9	润肤
B	十二酸	月桂酸	4	脂肪酸
	十四酸	肉豆蔻酸	5	脂肪酸
	十六酸	棕榈酸	4	脂肪酸
	硬脂酸	硬脂酸	16	脂肪酸
	EGDS-45	乙二醇二硬脂酸酯	2	珠光
	甲酯	羟苯甲酯	0.3	防腐
	丙酯	羟苯丙酯	0.1	防腐
C	HPMC-10T	羟乙基甲基纤维素	0.3	增稠
	甘油	甘油	2	赋脂
D	6501	椰油酰胺 DEA	1.6	增稠
	ANTIL 200	聚乙二醇-200 氢化棕榈酸甘油酯，聚乙二醇-7 椰油甘油酯	4	赋脂
	MG-60	麦芽寡糖基糖苷	2	润肤
E	香精	香精	0.1	赋香

制备工艺：

① 将 A 相加入乳化锅中，升温至 85℃，分散溶解，保温；

② 将 B 相加入油相锅中，加热溶解完全；

③ 将 B 相抽到乳化锅中，搅拌皂化 40min；

④ 将预溶好的 C 相加入乳化锅中，搅拌分散均匀；

⑤ 将 D 相原料依次加入乳化锅中，搅拌分散直至完全溶好；

⑥ 待温度降至 45℃，加入香精搅拌均匀；

⑦ 抽样检测，合格出料。

　　配方解析：高泡温和非乳化型（Ⅱ型）配方，采用多个脂肪酸皂化而成，添加二个表面活性剂和适量油酯，清洁的同时给面部皮肤带来良好的滋润、保湿、爽滑的效果。

表 2-17　氨基酸洁面乳的配方

组相	商品名	原料名称	用量/%	作用
A	去离子水	水	加至 100	溶解
	YIFN SLG-12S	月桂酰谷氨酸钠	20	清洁
	YIFN WAX-21	蜂蜡	5	增稠、赋脂
	YIFN BN-100	甜菜碱	15	保湿
	甘油	甘油	10	润肤
	APG2000	烷基糖苷	5	清洁
	K12	月桂醇聚醚硫酸钠	0.5	清洁
	A165	甘油硬脂酸酯、PEG-100 硬脂酸酯	1	乳化
	DM 638	PEG-150 二硬脂酸酯	0.5	增稠
	PCA-Na	PCA 钠	2	保湿
	甘草酸二钾	甘草酸二钾	0.1	舒缓
B	DMDMH	DMDM 乙内酰脲	0.3	防腐
	香精	香精	0.1	赋香

制备工艺：

① A 相称量加入，注意先加粉，再加水（冷水）室温下润湿，再加 A 相，然后加热到 85℃左右完全溶解；

② 降温至 65℃时加入 BN-100，缓慢搅拌；

③ 降温 45℃慢慢析出来，待变成乳白色后，搅拌 20～30min；

④ 加入防腐剂，香精，搅拌均匀即可停止。

配方解析：温和型洁面乳的配方中，表面活性剂起到洁肤、起泡的作用，同时起到将水相与油相乳化成为一体的作用。表面活性剂和适量油酯，清洁的同时给面部皮肤带来良好的滋润、保湿、爽滑的效果。

第四节　沐浴产品

一、沐浴产品简介

1. 沐浴产品发展简史与功能

古人最早用草木灰做洗涤剂。汉人用天然石碱洗涤衣物。金人又在石碱中加入淀粉、香料，制成锭状出售。明末，北京开设有专门出售人造香碱的商铺，其中"合香楼""华汉冲"等一直到新中国成立初年还在销售盒装桃形、葫芦形玫瑰香碱。《武林旧事》中出现肥皂团。肥皂团放入水中，能发泡去污。后来，从西方传入的和它功效相似的洗涤剂，就叫"肥皂"了。

在我国，浴用产品长期以来一直只有香皂单一品种。20 世纪 80 年代初，上海制皂厂当时生产的"蜂花牌"液体香皂开始投放市场。20 世纪 90 年代，沐浴露开始流行，并快速增长。到 2002 年全国沐浴露销量已超过 20 亿元，年增长率超过 30％。肥皂、香皂有较强的去污力和清洗作用，其碱性会使皮肤脱脂、干燥、无光泽。近年来，浴液已逐渐广为使用，浴液的产量和品种增长迅速，现代沐浴产品可以克服皂类洗澡给皮肤带来的诸多不适，在温和清洁皮肤的同时，营养、滋润皮肤，洁肤、养肤双效结合。

2. 沐浴产品的分类

沐浴产品品类较多，根据外观可分为透明型和非透明型，非透明型又可分为珠光型、乳霜型、乳白型。根据主表面活性剂的不同，又可分为表面活性剂型、皂基型、混合型。

① 表面活性剂型沐浴露主表面活性剂包括月桂醇聚醚硫酸钠、月桂醇聚醚硫酸酯钠、月桂醇醚琥珀酸酯磺酸二钠盐、椰油酰胺丙基甜菜碱等组成。这种配方体系具有良好的发泡性、低刺激，但洗后比较滑，有未洗干净的感觉。

② 皂基型沐浴露主表面活性剂为多种脂肪酸盐的组合。这种配方体系洗后肤感好，由于 pH 值高，洗后易发干。

③ 混合型沐浴露主表面活性剂中既有皂基又有其他表面活性剂。这种配方体系兼具两种类型的优点，既易冲水，也没有黏腻感。

3. 沐浴产品标准

沐浴产品执行 GB/T 34857—2017《沐浴剂》，沐浴产品按产品使用对象分为成人（普通、浓缩）型和儿童（普通、浓缩）型。沐浴剂的标准感官、理化指标见表 2-18。

表 2-18　沐浴剂的标准感官、理化指标

<table>
<tr><td colspan="3" rowspan="2">项目</td><td colspan="2">成人</td><td colspan="2">儿童</td></tr>
<tr><td>普通型</td><td>浓缩型</td><td>普通型</td><td>浓缩型</td></tr>
<tr><td rowspan="3">感官
指标</td><td colspan="2">外观</td><td colspan="4">液体或膏状产品不分层,无明显悬浮物(加入均匀悬浮颗粒组分的产品除外)或沉淀;块状产品色泽均匀,光滑细腻,无明显机械杂质和污迹</td></tr>
<tr><td colspan="2">气味</td><td colspan="4">无异味</td></tr>
<tr><td colspan="2">香气</td><td colspan="4">符合规定气味</td></tr>
<tr><td rowspan="6">理化
指标</td><td rowspan="2">稳定性①</td><td>耐热(40±2)℃,
24h</td><td colspan="4">恢复至室温后观察,不分层,无沉淀,无异味和变色现象,透明产品不混浊</td></tr>
<tr><td>耐寒(−5±2)℃,
24h</td><td colspan="4">恢复至室温后观察,不分层,无沉淀,无变色现象,透明产品不混浊</td></tr>
<tr><td colspan="2">总有效物/％　≥</td><td>7</td><td>14</td><td>5</td><td>10</td></tr>
<tr><td colspan="2">pH②(25℃)</td><td colspan="2">4.0～10.0</td><td colspan="2">4.0～8.5</td></tr>
<tr><td colspan="2">甲醛/(mg/kg)　≤</td><td colspan="4">500</td></tr>
</table>

① 仅液体或膏状产品需测试稳定性，要求产品恢复至室温后与试验前无明显变化。

② pH 测试浓度：液体或膏状产品 1∶10（质量比），固体产品 1∶20（质量比）。

4. 沐浴产品的质量要求

① 外观均匀、细腻、无杂质，色泽和香气怡人，黏度合适，低温不果冻、无析出物。

② 冲洗时快速起泡、有丰富的泡沫和适度的清洁效力。对皮肤刺激小，有润滑感，不会感到发黏或油腻。

③ 沐浴后皮肤润湿、柔软，不会感到干燥、收紧、紧绷、起白屑等。有效愉悦和舒缓心理，香气较浓郁、清新、持久。

二、沐浴产品的配方组成

沐浴露的配方组成见表 2-19。

表 2-19 沐浴露的配方组成

<table>
<tr><td colspan="2">组分</td><td>常用原料</td><td>用量/%</td><td>作用</td></tr>
<tr><td rowspan="2">皂</td><td>高碳脂肪酸</td><td>月桂酸、肉豆蔻酸、棕榈酸、硬脂酸、油酸、12-羟基硬脂酸、植物油脂肪酸</td><td>10～30</td><td>皂化</td></tr>
<tr><td>碱</td><td>氢氧化钠、氢氧化钾、三乙醇胺</td><td>1～10</td><td>中和</td></tr>
<tr><td colspan="2">主清洁剂</td><td>月桂酰肌氨酸钠、椰油酰羟乙磺酸酯钠、月桂酰两性基乙酸钠、椰油酰基氨基酸钠、月桂醇聚醚硫酸酯钠、月桂醇硫酸酯铵、烷基糖苷</td><td>5～20</td><td>清洁</td></tr>
<tr><td colspan="2">辅助清洁剂
（增稠稳泡）</td><td>椰油酰胺丙基甜菜碱、椰油酰胺 DEA、椰油酰胺 MEA</td><td>1～5</td><td>清洁增稠稳泡</td></tr>
<tr><td colspan="2">赋脂剂</td><td>植物油（椰子油、霍霍巴油、橄榄油等）、高碳醇、羊毛脂衍生物、PEG-7 甘油椰油酸酯、$C_{12～13}$ 醇乳酸酯、植物甾醇酯、12-羟基硬脂酸酯</td><td>0～1</td><td>赋脂</td></tr>
<tr><td colspan="2">保湿剂</td><td>甘油、山梨醇、麦芽糖醇、聚乙二醇、1,3-丁二醇、丙二醇、二丙二醇、泛醇、PCA 钠</td><td>1～5</td><td>保湿</td></tr>
<tr><td colspan="2">皮肤调理剂</td><td>POE 葡萄糖衍生物、蚕丝胶蛋白、尿囊素、月桂基二甲基铵羟丙基水解小麦蛋白</td><td>0～5</td><td>调理</td></tr>
<tr><td colspan="2">外观调理剂</td><td>乙二醇单硬脂酸酯、乙二醇双硬脂酸酯、云母颜料、花瓣、叶子、颗粒、纤维素粉末、植物粉碎末、小分子聚乙烯粉末、尼龙粉末</td><td>0～3</td><td>外观</td></tr>
<tr><td colspan="2">增稠增黏剂</td><td>海藻酸钠、聚羧乙烯、阳离子化聚合物、羟丙基甲基纤维素、丙烯酸（酯）类/$C_{10～30}$ 烷醇丙烯酸酯交联聚合物、丙烯酸（酯）类聚合物、羟丙基甲基纤维素</td><td>0～5</td><td>增稠</td></tr>
<tr><td colspan="2">其他助剂</td><td>螯合剂、抗氧化剂、消炎抗过敏剂、pH 调节剂、香精、色素、防腐剂</td><td>0～1(适量)</td><td></td></tr>
</table>

三、沐浴产品的原料选择要点

1. 清洁原料

沐浴露是清洁原料的混合体系。表面活性剂是浴液清洁原料的主要成分，分为主要表面活性剂、辅助表面活性剂、稳泡增稠用表面活性剂。

① 主要清洁剂是阴离子表面活性剂，它的作用是清洁皮肤上的污垢和油脂，同时可产生丰富的泡沫。常用的有脂肪醇硫酸酯盐类（钠盐、季铵盐、三乙醇胺盐等）、脂肪醇聚氧乙烯醚硫酸酯盐类（钠盐、季铵盐、镁盐、三乙醇胺盐等）、磺基琥珀酸酯盐类、肌氨酸酯盐类等。

② 辅助清洁剂主要是氨基酸表面活性剂、两性或非离子表面活性剂，常用有月桂酰肌氨酸钠、月桂酰谷氨酸钠、甲基椰油酰基牛磺酸钠、烷基糖苷。非离子表面活性剂近年来常用的有葡萄糖苷衍生物如甲基聚葡糖苷、癸基聚葡糖苷。增稠增泡剂有甜菜碱（CAB）、椰油基二乙醇酰胺（6501、CMMEA、CMEA 等）。

2. 黏度调节剂

沐浴露用的增稠剂一般可以分为水溶性聚合物和盐两类。

① 水溶性聚合物常用的有 PEG-6000 双硬脂酸酯、PEG-50 聚丙二醇油酸酯、聚丙烯酸树脂（carbopol）、纤维素醚、汉生胶等。水溶性聚合物用作黏度调节剂不仅可调节黏度，而且可以改善产品的质地结构和外观。

② 有机盐和无机盐：如氯化钠、氯化铵硫酸钠等。用盐类调节黏度会使产品电解质浓度增大。

四、沐浴产品的配方设计要点

沐浴露的发泡速度、泡沫量、泡沫大小、流变性、清洁力、沐浴后的肤感等是配方设计要点。

1. 表面活性剂型沐浴露

表面活性剂型沐浴露要求对使用范围内的温度变化不敏感，抗果冻能力强；起泡快、泡沫丰富，易冲水；同时洗后不紧绷。

表面活性剂型配方设计时应该考虑以下几点。

① 通过增加月桂醇硫酸酯铵、月桂醇硫酸酯钠用量来增加泡沫，但是表面活性剂多了，清洁力过强，洗后皮肤紧绷。

② 适当添加植物油脂或水溶性油脂以达到赋脂效果。

③ 添加抗果冻剂（棕榈酰胺丙基三甲基氯化铵），加速分散、防止结成果冻。

2. 皂基沐浴露

皂基沐浴露一般由皂液与表面活性等清洁成分组成。也有由十二酸、十四酸、十六酸、十八酸与碱皂化，再与表面活性组成。配方设计应该考虑以下几点。

① 需在配方中添加大量植物油脂或轻薄不黏腻的油脂。

② 脂肪酸盐的浓度为 10%～30% 比较恰当，30% 以上会成为凝胶状。因此在脂肪酸盐浓度高时为了防止凝胶化，需要添加 5%～6% 的甘油、丙二醇。

③ 稳定性受 pH 的影响较大，pH 较低时在低温下制剂会产生白色混浊，随时间变化会出现着色、被氧化产生酸败气味。

④ 脂肪酸盐中依靠浓度的增减不能够调节黏度，增加其黏度时，需要添加甲基纤维素、PEG-120 甲基葡糖二油酸酯等。

⑤ 皂基沐浴露在实验室打样与生产时生产工艺和酸碱度会有较大差别，主要表现在皂化的时间、速度、温度三个要素，以内控标准的酸碱度来决定碱的用量。

3. 透明沐浴露

清晰透明的色泽，或有不同颜色的花瓣类植物存在时，给人们视觉效果非常好。但是透明沐浴露在光照或高温条件下容易变黄色，以及发生沉淀。配方设计应该考虑以下几点。

① 许多表面活性剂和水溶性油脂在高温和光照条件下会变色（一般偏黄色）。

② 尿囊素等结晶体原料和纤维素类原料在低温下容易析出。

③ 配方中增加柠檬酸钠、三聚磷酸钠等原料可提升沐浴露的透明度。

④ 增加色素保护剂、抗氧化剂、紫外线吸收剂等，可以延长色素发生变化的时间。

五、沐浴产品的生产工艺

珠光浴液的典型配方一般采用热混法。先将表面活性剂组分椰油酰胺丙基甜菜碱、月桂醇聚氧乙烯醚硫酸酯钠盐和月桂醇硫酸酯三乙醇胺盐等溶于水中，在不断搅拌下加热至 70℃，加入珠光剂和羊毛脂等蜡类固体原料，使其溶化，继续慢慢搅拌，溶液逐渐呈半透明状，将其冷却，注意控制冷却速度，不要冷却太快，否则影响珠光效果，冷却至 40℃ 时加入香精、防腐剂和色素，最后用柠檬酸调节 pH 值，让浴液冷却至室温，即得。

六、典型配方与制备工艺

常见沐浴产品的典型配方见表 2-20～表 2-22。

表 2-20　透明沐浴露的配方

组相	商品名	原料名称	用量/%	作用
A	去离子水	水	加至 100	溶解
	AES	月桂醇聚醚硫酸酯钠(70%)	15	清洁
	K12A	月桂醇硫酸酯铵(70%)	3	清洁

组相	商品名	原料名称	用量/%	作用
B	CAB	椰油酰胺丙基甜菜碱(30%)	3	发泡
	6501	椰油酰胺 DEA	1.5	增稠
	ST-1213	$C_{12\sim13}$ 醇乳酸酯	0.5	赋脂
	甘油	甘油	1.0	保湿
C	甘草酸二钾	甘草酸二钾	0.1	抗敏
	水解胶原	水解胶原	0.1	调理
	NL-50	PCA 钠	1.0	保湿
	C200	2-溴-2-硝基丙烷-1,3-二醇和甲基异噻唑啉酮	0.1	防腐
	氯化钠	氯化钠	1.0	增稠
	香精	香精	适量	赋香

制备工艺：

① 将 A 相加入主乳化锅，均质 10min 至均匀；

② 将 B 相加入搅拌至均匀；

③ 将 C 相加入搅拌至均匀，加入柠檬酸调节 pH 值，加入氯化钠调节黏度。

配方解析：采用主表面活性剂和辅表面活性剂搭配的方式，提高泡沫的同时减少主表面活性剂对皮肤的刺激；用 ST-1213 补充洗去的油脂，甘油和 NL-50 可有效保持皮肤表面的水分，甘草酸二钾和水解胶原能舒缓和滋润肌肤。外观如水晶板透明、泡沫丰富细腻、洗后能有效保湿且感觉清爽舒润。

表 2-21 皂基沐浴露的配方

组相	商品名	原料名称	用量/%	作用
A	去离子水	水	加至100	溶解
	EGDS	乙二醇双硬脂酸酯	1.5	珠光
	十二酸	月桂酸	6	皂化
	十四酸	肉豆蔻酸	2	皂化
	氢氧化钾	氢氧化钾(91%)	2.43	pH 调节
	MP	羟苯甲酯	0.2	防腐
B	AES	月桂醇聚醚硫酸酯钠(70%)	15	清洁
	卡波 U20	丙烯酸(酯)类/$C_{10\sim30}$ 烷醇丙烯酸酯交联聚合物	0.3	悬浮
C	CAB	椰油酰胺丙基甜菜碱	3	发泡
	6501	椰油酰胺 DEA	1.5	增稠
	ST-1213	$C_{12\sim13}$ 醇乳酸酯	0.5	赋脂
	甘油	甘油	1.0	保湿
	氯化钠	氯化钠	1.0	增稠

组相	商品名	原料名称	用量/%	作用
	水解胶原	水解胶原	0.1	调理
D	PE	苯氧乙醇	0.35	防腐
	香精	香精	适量	赋香

制备工艺：

① 将 A 相加入主乳化锅，升温至 80~85℃，保温皂化 1h；

② 将 B 相加入均质 10min，保温 30min 后开始降温；

③ 降温至 55~60℃时加入 C 相搅拌，其中氯化钠需加水溶解后再加入；

④ 降温至 40~45℃加入 D 相搅拌均匀。

配方解析：皂基和 AES 相搭配的方式，提高泡沫和泡沫细腻度的同时减少 AES 带来的滑腻感；用 ST-1213 补充洗去的油脂，甘油能有效地保持皮肤表面的水分，珠光片产生的如珍珠般的光泽能给人视觉上强烈的冲击。皂基的泡沫丰富细腻，洗澡后会带来一种强烈的清爽感，珠光细腻闪亮、泡沫丰富密实、洗后能带来强烈的清爽感。

表 2-22 珠光沐浴露的配方

组相	商品名	原料名称	用量/%	作用
A	去离子水	水	加至100	溶解
	AES	月桂醇聚醚硫酸酯钠(70%)	15	清洁
	K12A	月桂醇硫酸酯铵(70%)	3	清洁
	EGDS	乙二醇双硬脂酸酯	1.5	珠光
B	卡波 U20	丙烯酸(酯)类/$C_{10\sim30}$烷醇丙烯酸酯交联聚合物	0.3	悬浮
C	CAB	椰油酰胺丙基甜菜碱(30%)	3	发泡
	6501	椰油酰胺 DEA	1.5	增稠
	ST-1213	$C_{12\sim13}$ 醇乳酸酯	0.5	赋脂
	甘油	甘油	1.0	保湿
D	甘草酸二钾	甘草酸二钾	0.1	舒缓
	水解胶原	水解胶原	0.1	调理
	NL-50	PCA 钠	1.0	保湿
	C200	2-溴-2-硝基丙烷-1,3-二醇和甲基异噻唑啉酮	0.1	防腐
	氯化钠	氯化钠	1.0	增稠
	香精	香精	适量	赋香

制备工艺：

① 将 A 相加入主乳化锅，升温至 80~85℃，均质 10min 至均匀；

② 将 B 相加入搅拌至均匀，开始降温；

③ 降温至 55～60℃时加入 C 相搅拌；

④ 降温至 40～45℃加入 D 相搅拌均匀，再用柠檬酸调节 pH 值，用氯化钠调节黏度。

配方解析：采用主表面活性剂和辅表面活性剂搭配的方式，提高泡沫的同时减少主表面活性剂对皮肤的刺激；ST-1213 能补充洗去的油脂，甘油和 NL-50 能有效地保持皮肤表面的水分，甘草酸二钾和水解胶原又能舒缓和滋润肌肤，珠光片产生的如珍珠般的光泽能给人以视觉上强烈的冲击。珠光细腻闪亮、泡沫丰富密实、洗后能有效保湿且感觉清爽舒润。

使用方法：倒出适量的本品在掌心或沐浴用具上，揉出丰富泡沫，涂抹按摩全身后用清水洗净，可每天使用。

第五节　去角质产品

一、去角质产品简介

角质层位于肌肤最外层，是皮肤表面上死亡角质层细胞积存的残骸。具有保护肌肤、锁住水分的功能。陈腐角质化细胞的堆积会使皮肤黯淡无光，并形成细小皱纹，还可引起角质层增厚等皮肤疾病。适度去角质可以感受肌肤平滑的触感，还可使护肤品成分易被肌肤吸收，维持皮肤的新陈代谢。因此，清除皮肤上的死皮是洁肤、护肤和美容的重要程序之一。

去角质产品是指通过细小颗粒摩擦、深度清洁达到去除肌肤表面废旧角质的作用的清洁产品。敏感肌肤或皮肤角质层较薄者慎用去角质产品。

1. 去角质产品分类和特点

去角质产品从功能上分为酸性、酵素、磨砂等；从剂型上分为膏、油、啫喱、乳、霜、水、粉、块等。液体去角质产品包括水、油、液等可清除轻度污垢；深层去角质产品包括去角质啫喱、磨砂膏、去死皮膏等彻底清除皮肤污垢及皮肤的陈腐角质层细胞，可使皮肤中过多的皮脂从毛孔中排挤出来，使毛孔疏通。用深层去角质磨砂啫喱产品可使皮肤清洁、光滑，有减少皱纹、预防粉刺等功效。

常见的去角质产品有去角质啫喱和身体磨砂膏。去角质啫喱是指用于以去除皮肤表面角质或死皮为主要目的的非驻留型凝胶状产品。

身体磨砂膏是机械性的磨面洁肤作用，而去死皮膏的作用机理则包含有化学性和生物性。它们是针对不同性质的皮肤进行设计的。

2. 产品标准

去角质产品的质量应符合 GB/T 30928—2014《去角质啫喱》，其感官、理化指标见表 2-23。

表 2-23　去角质产品的感官、理化指标

项目		要求
感官指标	色泽	符合规定色泽
	外观	凝胶状
	香气	符合规定气味
理化指标	pH(25℃)	2.0～8.5
	耐热	(40±1)℃保持 24h,恢复至室温后其外观与试验前无明显性差异
	耐寒	(−8±2)℃保持 24h,恢复至室温后其外观与试验前无明显性差异

3. 去角质产品的质量要求

① 外观状态膏体均匀、香味怡人。

② 产品低起泡力，涂抹感丰富细腻，除污干净彻底，用后容易冲洗干净，皮肤洁净清爽感强。

③ 去角质啫喱和磨砂膏能抑制油脂分泌，多适于油性皮肤或身体部位使用。

二、去角质产品的配方组成

1. 去角质啫喱

去角质啫喱主要由卡波、水溶性油脂、磨砂颗粒等组成。配方设计应该考虑以下几点。

① 磨砂颗粒的大小和棱角，颗粒的圆滑程度越好对皮肤的刺痛感越小。有可溶性颗粒和非可溶性颗粒之分。

② 离子性原料对卡波体系的破坏性影响。

③ 利用多元醇（甘油、山梨醇、丙二醇、甲基丙二醇等）增强其涂抹性。

2. 去角质膏（霜）

去角质膏（霜）的原料除有一般膏霜所需原料之外，还需添加表面活性剂和具有去死皮作用的制剂，其中有聚乙烯醇、尼龙粉、植物果核微粒及天然矿物粉剂（高岭土、硅藻土、滑石粉等）和果酸、水杨酸、去角质剂等。此外，对这类用于面部去角质啫喱选择原料时需要关注组分应对皮肤作用温和，配方研发以不损伤或刺激面部皮肤为前提。配方设计应该考虑以下几点。

① 磨砂颗粒选择和灭菌。

② 利用大量的多元醇和凡士林、乳木果油、白矿油等增强其涂抹性。

三、去角质产品的原料选择要点

磨砂产品中含有的粒状物质通常可分为天然和合成磨砂剂两类。常用的天然磨砂剂有植物果核原粒（如杏核粉、桃核粉等）、天然矿物粉末（如二氧化钛粉、滑石粉等），常用的合成磨砂剂为聚乙烯、聚苯乙烯、聚酰胺树脂及尼龙等微形粉末，合成磨砂剂因危害海洋生物，在世界上正被减少使用。

磨砂剂的要求：

① 形状均匀，最好是球形；

② 适当的粒度，一般为 $100\sim1000\mu m$，最佳粒度为 $250\sim500\mu m$；

③ 适当的硬度，以能够有效去除角质层又不伤害或刺激皮肤为佳，要有舒适感，对皮肤的刺激小。

四、去角质啫喱的配方设计要点

去角质啫喱的透明度、pH 值、去角质能力等均与产品的稳定性有关。磨面清洁膏霜，一般为 O/W 型的乳液或温和浆状物。深层去角质啫喱由膏霜的基质原料和磨砂剂组成。

去角质啫喱的配方研发应根据去角质啫喱产品的去角层程度、舒适度、清洁度等要求和啫喱产品的特性进行精心设计和试验。所有原料成分要对皮肤安全和无刺激、低残留或无残留性、清洁力好、清洁后的皮肤松爽感好等。配方中可增加降低刺激性的消炎、抗过敏性原料来达到产品安全性，用多元醇、氨基酸表面活性剂、两性表面活性剂等更温和的清洁体系。

五、典型配方与制备工艺

去角质产品配方制备工艺依据不同产品类型与液洗类、膏霜类、啫喱类相似。不同点在于：在制备工艺中调好 pH 值、颜色、黏稠度、透明度等，最后添加磨砂剂。在透明产品中添加磨砂剂前需要抽真空消泡后，以适合的搅拌速度（不起泡、搅拌浆在料体中）与磨砂剂搅拌均匀。

面部去角质珠光磨砂乳、去角质乳霜的配方见表 2-24、表 2-25。

表 2-24　面部去角质珠光磨砂乳的配方

组相	商品名	原料名称	用量/%	作用
A	去离子水	水	加至100	溶解
	SCI-85	月桂酰羟乙磺酸钠	30	清洁
	EDTA-2Na	EDTA 二钠	0.1	螯合
	DM638	PEG-150 二硬脂酸酯	0.3	增稠
	MP	羟苯甲酯	0.20	防腐
B	CAB	椰油酰胺丙基甜菜碱	4.0	发泡
	APG	$C_{8\sim14}$ 烷基葡糖苷	2.0	清洁
	甘草酸二钾	甘草酸二钾	0.1	舒缓
	甘油	甘油	2.0	保湿

组相	商品名	原料名称	用量/%	作用
C	SF-1	丙烯酸(酯)类共聚物	6.0	悬浮稳定
D	草莓籽	野草莓(FRAGARIA VESCA)籽	0.9	磨砂
	核桃壳粉	美国山核桃(CARYA ILLINOENSIS)壳粉	1.0	磨砂
	C200	2-溴-2-硝基丙烷-1,3-二醇和甲基异噻唑啉酮	0.1	防腐
	HCO-40	PEG-40 氢化蓖麻油	1.0	增溶
	香精	香精	0.2	赋香
E	TEA	三乙醇胺	0.9	pH 调节

制备工艺：

① 将 A 相加入主乳化锅，升温至 80～85℃，均质分散均匀；

② 将 B 相加入搅拌至均匀；

③ 将 C 相加入搅拌至均匀，加入柠檬酸调节 pH 值，加入氯化钠调节黏度。

配方解析：AES 做主表活，CAB 和 APG 做辅表面活性剂，甘油有效保持皮肤表面水分，用卡波 U20 来增稠悬浮；用草莓籽和核桃壳粉能有效除去毛孔污垢及皮肤表面的老化角质，令肌肤持续细腻清爽光滑；外观呈啫喱状、泡沫细腻、洗后能有效保湿且感觉清爽舒润。

表 2-25　去角质乳霜的配方

组相	商品名	原料名称	用量/%	作用
A	去离子水	水	加至100	溶解
	KY-SCI85	月桂酰羟乙磺酸钠	25.0	清洁
	氢氧化钾	氢氧化钾	3.0	pH 调节
	MP	羟苯甲酯	0.2	防腐
	EGDS	乙二醇双硬脂酸酯	1.5	珠光
B	甘油	甘油	5.0	保湿
	PEG-400	聚乙二醇-8	1.0	保湿、稳定
	ST-1213	$C_{12\sim13}$ 醇乳酸酯	1.0	赋脂
	LS30	月桂酰肌氨酸钠	3.0	清洁
	CAB	椰油酰胺丙基甜菜碱	5.0	发泡
C	甘草酸二钾	甘草酸二钾	0.1	抗敏
	水解胶原	水解胶原	0.1	调理
	NL-50	PCA 钠	1.0	保湿
	C200	2-溴-2-硝基丙烷-1,3-二醇和甲基异噻唑啉酮	0.1	防腐
	马齿苋提取液	马齿苋(PORTULACA OLERACEA)提取物	1.0	舒缓
	香精	香精	0.2	赋香

制备工艺：

① 将 A 相加入主乳化锅，升温至 80～85℃，保温 1h 后开搅拌 15r/min，均质 10min 至均匀；

② 开始降温，降温至 55～60℃加入 B 相；

③ 降温至 50～52℃加入 C 相；

④ 降温至 40～45℃加入 D 相搅拌均匀，检测合格后出料。

配方解析：本配方采用温和的表面活性剂，以及多种保湿剂的组合，泡沫丰富的且刺激性小，用后清爽舒润。

第三章
面　膜

Chapter 03

第一节　概　　述

　　面膜是一种特殊的美容化妆品，用于涂或敷于人体表面，经一段时间后揭离、擦洗或保留，起到集中护理或清洁人体表面作用。面膜已成为日化行业增长最快的品类，是集洁肤、护肤和美容于一体的化妆品新剂型，受到广大消费者的青睐。面膜的"面"泛指人体皮肤表面，包括面膜、眼膜、鼻膜、唇膜、手膜、足膜、颈膜、臀膜、胸膜等，不仅仅用于脸部。

一、面膜发展简史

　　面膜发展历史悠久，在东西方国家发展却各有特色，西方人大多偏爱泥浆型的清洁面膜，在中国以滋养的粉剂调和式面膜为主，这主要是因为东西方人的肤质特点不同。

　　面膜的发展可以分为以下三个阶段。

　　第一阶段是古代面膜阶段。面膜的使用最早可追溯到公元前30年的古埃及时代，埃及艳后克利奥帕特拉喜好泥膏面膜，引领了整个古埃及的护肤风潮，在同一时期的蚀刻画中，也描绘了人们在泥浆中浸浴，将泥浆涂在脸上护肤的情景。在我国，最早有关面膜护肤的史料记载，是公元600年左右的唐朝。被称为中国第一位女皇武则天的"神仙玉女粉"，是中国有史料记载的最早的美容敷料，秘方收录入《新修唐本草》。中国唐代杨贵妃，用珍珠、白玉、人参适量，研磨成细粉，用上等藕粉混合，调和成膏状敷于脸上，静待片刻，然后洗去，据说能祛斑增白，祛除皱纹，光泽皮肤。由此可见，简便易做、效果明显的美容面膜，很早以前便为爱美的女士争相采用，不断改进，沿用至今。

　　第二阶段是近代面膜阶段，诞生在20世纪初的美容院。由于近代美容院产业的蓬勃发展，不断研发出品类丰富的美容产品，其中就有现代面膜的雏形。

如 20 世纪 30 年代美容院的新鲜水果面膜，40 年代 MaxFactor（蜜丝佛陀）的冰块面膜，虽然现在看起来颇为诡异，但当年深受众多好莱坞女星的青睐。在激烈的市场竞争下，各种神奇的美容产品包括面膜不断发明出来。

第三阶段是现代面膜阶段。目前面膜市场百花齐放，群雄逐鹿，呈现繁荣的面膜市场景象，主要有贴片型面膜、涂抹式面膜、睡眠面膜。1993 年宝洁（P&G）子品牌的 SK-Ⅱ首次将无纺布应用于面膜当中，推动了面膜使用方式的革命，被公认为是现代贴片型面膜的始祖。2012 年是中国的"面膜元年"，是中国市场面膜成长最为迅速的一年。从此，面膜开始发展为一个独立的市场，美即也成为中国当时的第一面膜品牌。2016 年进入群雄分立的战国时代，像一叶子、御泥坊、膜法世家、森田药妆、我的美丽日志、美迪惠尔等众多新兴面膜品牌，以及水密码、百雀羚、珀莱雅、自然堂、韩后等大众护肤品牌，在这一时期纷纷抢占面膜市场。

二、面膜的作用机理

面膜因其携带方便、效果明显等优势，成为深受爱美人士欢迎的护肤产品，具有为角质层提供水分、促进有效成分吸收、对皮肤产生有效清洁作用等特点。面膜作用机制包括以下三个方面。

① 面膜通过阻隔肌肤与空气的接触、抑制汗水蒸发，保持面部皮肤充分的营养和水分，增强皮肤的弹性和活力；

② 面膜中大量水分可以充分滋润皮肤角质层，使角质层的渗透力增强，使面膜中的营养物质能有效地渗进皮肤，促进上皮组织细胞的新陈代谢；

③ 面膜具有黏附作用，当揭去面膜时，皮肤污物（表皮细胞代谢物、多余皮脂、残妆等）随面膜一起粘除，使皮肤毛囊通畅，皮脂顺利排出。

因此，科学合理使用面膜，可有效改善皮肤缺水和暗哑，减少细纹生成，延缓皮肤衰老，并在一定程度上起到祛斑祛痘的功效。

三、面膜的分类

面膜可按其对皮肤功效、适用皮肤类型、配方成膜剂，以及使用部位和剂型进行分类，见表 3-1。

表 3-1　面膜分类

分类依据	细分种类
按功效分类	自生热面膜、扩张毛孔面膜、治粉刺面膜、丘疹和轻度皮疹面膜、治理疤痕和痣面膜、治理雀斑面膜、治理灰黄皮肤面膜、剥离死皮面膜、补给氧面膜、芳香疗法或按摩
按使用皮肤类型分类	干性皮肤面膜、油性皮肤面膜、脆弱易破皮面膜、有皱纹衰老皮肤面膜、有大毛孔油性皮肤面膜

分类依据	细分种类
按配方成膜剂分类	蜡基面膜、橡胶基面膜、乙烯基面膜、水溶性聚合物面膜、土基面膜、无纺布面膜、胶原面膜、海藻面膜
按使用部位分类	面膜、眼膜、鼻膜、唇膜、手膜、足膜、颈膜、臀膜、胸膜
按剂型分类	贴片型面膜、泥膏型面膜、乳霜型面膜、啫喱型面膜、撕拉型面膜、粉剂型面膜

四、面膜的产品标准与质量要求

面膜产品应符合中华人民共和国轻工行业标准 QB/T 2872—2017《面膜》所规定的产品标准。感官、理化和卫生指标应符合表 3-2 的要求。

表 3-2　面膜产品的感官、理化和卫生指标

指标名称		指标要求				
		面贴膜	膏(乳)状面膜	啫喱面膜	泥膏状面膜	粉状面膜
感官指标	外观	润湿的纤维贴膜或胶状成型贴膜	均匀膏体或乳液	透明或半透明凝胶状	泥状膏体	均匀粉末
	香气	符合规定香气				
理化指标	pH 值(25℃)	3.5~8.5				5.0~10.0
	耐热	(40±1)℃保持 24h,恢复至室温后与试验前无明显差异				—
	耐寒	(−8±1)℃保持 24h,恢复至室温后与试验前无明显差异				—

第二节　贴片型面膜

一、贴片型面膜简介

贴片型面膜通常是由织布或相当于织布的载体制成，将调配好的高浓度营养精华液吸附在载体上，使用时贴敷到脸上的片状面膜。贴片型面膜通过密闭贴合来加强水合作用，能够快速让皮肤角质层充满水分，从而使皮肤呈现出润泽饱满的状态。这种立竿见影的效果，对于时间有限的都市人群来说，非常具有吸引力。

1. 贴片型面膜的分类

贴片型面膜以无纺布面膜为主，也有不含布的生物纤维水凝胶面膜。

无纺布面膜由于其使用较为方便，在 21 世纪有了较快的发展。无纺布面膜由三部分组成：面膜布、面膜精华和包装。无纺布的材料有果纤、化纤、化纤和棉混纺、全棉、真丝等，以真丝和全棉的无纺布制作面膜基料为佳。在面膜

液和无纺布灌装后一般不宜用 γ 射线照射,因为 γ 射线会使一些营养成分(如透明质酸钠)变色。面膜布是承载面膜精华的载体,一般每片无纺布面膜装15～30g 面膜精华,灌装和封口一定要在净化车间进行。面膜布质量直接影响了面膜的效果,所以如何选择面膜布特别重要。

生物纤维水凝胶面膜,俗称"人皮面具",最早在医学界用于伤口敷料,吸水性好,贴服性好,透气不滴水,低敏性,但成本比较高。作为近年来新兴的面膜基材,生物纤维面膜是由某种微生物自然发酵的纤维素制成,其中比较典型的是葡糖醋杆菌,具有最高的纤维素生产能力,能在静态培养的环境下高效地把葡萄糖分子聚合起来,形成生物纤维凝胶膜。

2. 无纺布简介

无纺布面膜基材采用一种或几种不同纤维或聚合物,经准备-成网-黏合-烘燥-后整理-成卷包装制成非织造材料。使用的原料多为棉、黏胶、天丝、聚乙烯、木浆纤维等。诸工艺中机械成网、纺粘法成网、水刺加固法等应用最广。水刺法是利用高压将多股微细水流喷射纤网,使纤网中的纤维发生运动、位移、穿插、缠结和抱合,继而重新排列,使纤网得以加固。纺粘法是利用化纤纺丝的方法,将高聚物纺丝、牵伸、铺叠成网,最后经针刺、水刺、热轧或者自身黏合等方法加固形成非织造材料。随着技术不断发展,涌现出不同种类无纺布,而且还不断推陈出新,目前主要有以下几种。

(1)传统无纺布面膜 传统的无纺布面膜非织造布,利用高聚物切片、短纤维或长丝结固而成,是市面上最常见的面膜布,能显著简化涂敷操作,优点是柔软,性价比高,但亲肤性差,厚重不贴服,也不环保。

(2)果纤面膜布 果纤面膜布是市场上比较先进的面膜布材质,相对于传统面膜更加贴服,而且透气性好,无黏腻感,但固定度差,易变形。

(3)蚕丝面膜布 由日本旭化成公司用铜氨纤维制成,引入中国时因薄透如蚕翼的特性而得名"蚕丝"。随后又有厂家开发出宣称由 15 个蚕茧织成的真蚕丝面膜基布。蚕丝是自然界中最轻最柔最细的天然纤维,能紧密填补皮肤的沟纹;完美贴合脸部轮廓而不起泡。吸水性好,安全环保,嘴角、鼻翼等每一寸肌肤都能得到覆盖滋润。

(4)天丝面膜布 天丝面膜布由奥地利兰精集团研发,以针叶树为主的木质纤维为原料,是一种较新型的面膜,也是全球纺织领域公认的创新型莱塞尔纤维。它最大的优点是清透贴服,吸水性好,安全环保可降解,但触感略显粗糙。

(5)备长炭面膜布 这是由日本高硬度木材如山毛榉炭化而成,碳纤维精细。它清洁度强,清洁能力强,亲肤,负离子含量高,柔软贴服。但其产量少,成本高。

（6）壳聚糖面膜布　壳聚糖面膜布是功能性基布的代表，源自天然虾壳，本身具有吸附性、抑菌性及除螨性，在制作工艺上减少了防腐剂的使用，降低了敏感性。但不足的是纤维易断，价格偏贵。

3. 理想面膜基材的性质

① 天然来源，温和、柔软、贴服；

② 良好的持水性、优异的贴合度和极佳的舒适度；

③ 良好的透气不透湿性，保持皮肤与氧气正常接触获得舒适的体验；

④ 脸型要基本符合目标消费人群的脸部轮廓。

二、贴片型面膜的配方组成

贴片型面膜与精华水或精华液配方组成类似，主要由水、保湿剂、增稠剂、防腐剂及防腐增效剂、活性成分、pH调节剂组成，有的还添加少量香精。配方组成见表3-3。

表 3-3　贴片型面膜的配方组成

组分	常用原料	用量/%
水	去离子水、纯化水、蒸馏水	加至100
保湿剂	甘油、丙二醇、二丙二醇、丁二醇、山梨醇、PEG-400、海藻糖、透明质酸钠、聚谷氨酸钠、水解小核菌胶、PCA钠、葡聚糖等	2.0～20.0
增稠剂	羧甲基纤维素、羟乙基纤维素、羟丙基甲基纤维素、黄原胶、卡波姆、丙烯酸(酯)类/$C_{10～30}$烷醇丙烯酸酯交联聚合物等	0.1～1.0
防腐剂	羟苯甲酯、苯氧乙醇、山梨酸钾、苯甲酸钠等	0.05～1.0
防腐增效剂	戊二醇、己二醇、辛甘醇、乙基己基甘油、馨鲜酮、辛酰羟肟酸、植物防腐剂等	0.1～3.0
活性成分	氨基酸、胶原蛋白、烟酰胺、多肽、甘草酸二钾、神经酰胺、植物提取物等	适量
pH调节剂	柠檬酸、柠檬酸钠、琥珀酸、琥珀酸二钠、精氨酸、氢氧化钾、氢氧化钠	适量
香精	花香、果香、草本香、食品香等	适量

三、贴片型面膜的原料选择要点

1. 保湿剂

化妆品常用保湿剂主要有多元醇保湿剂和天然保湿剂，不同保湿剂对保湿效果以及使用肤感有很大差别。

（1）多元醇保湿剂　甘油最便宜，具有强的吸湿性，但用后肤感比较黏腻，建议添加量不超过5%。丙二醇、1,3-丙二醇、二丙二醇、1,3-丁二醇价格相对贵一些，但比较清爽，添加量建议为1.0%～10.0%，尤其是二丙二醇、1,3-丁二醇还具有一定抑菌作用。

（2）天然保湿剂　最常见的透明质酸钠、PCA-Na、海藻糖、葡聚糖、聚谷氨酸钠、银耳多糖、水解小核菌胶等，这类保湿剂不仅保湿效果好，而且还有增稠效果。选择时，要考虑它们的聚合度的影响，以及对肤感的影响。

2. 增稠剂

增稠剂的选择对面膜的肤感非常重要。卡波姆是应用最广泛的增稠剂，肤感比较清爽，一般用量不超过 0.5%，卡波姆用量太高，会影响料体在面膜布中的润湿效果，而且还有可能出现搓泥问题；卡波姆用量太低，精华液黏度低，精华液容易从面膜布上滴下来，影响使用效果和体验。羧甲基纤维素、羟乙基纤维素、羟丙基甲基纤维素、黄原胶等增稠剂用量要控制更小一些，否则容易出现搓泥问题。如果配方含有少量油脂，建议用丙烯酸（酯）类/$C_{10\sim30}$ 烷醇丙烯酸酯交联聚合物作为增稠剂，起到一定的乳化稳定作用。

3. 防腐体系

防腐剂对面膜的安全性非常重要，甲醛释放体和甲基异噻唑啉酮容易产生过敏，羟苯甲酯、苯氧乙醇、山梨酸钾、苯甲酸钠等会比较安全，但是用量要控制。首先要遵守化妆品法规限量，另外还要考虑防腐剂的特性，比如：苯氧乙醇用量过高，会产生发热感，用量过低防腐效果不好；羟苯甲酯（尼泊金甲酯）的溶解度较低，面膜中用量不宜超过 0.2%。

此外，由于贴片型面膜是一次性使用产品，灌装前面膜布常常采用辐照灭菌，防腐剂的用量尽可能控制到够用即可，可通过防腐挑战测试筛选防腐剂种类及用量。为了减少防腐剂带来的不良反应，一般都加入适量防腐增效剂获得最佳效果，如：戊二醇、己二醇、辛甘醇、乙基己基甘油。

4. 香精

香精是造成配方刺激的重要因素之一，尽量不加香精或者选择温和性好的香精，而且香精添加量尽可能少。

5. 活性功效成分

根据需要，配方中可加入美白、抗衰老、舒缓等功效成分。由于贴片型面膜精华液主要为水剂，尽可能选用水溶性功效成分。

四、贴片型面膜液的生产工艺

贴片型面膜液的生产工艺与护肤水的生产工艺相近，常见生产程序如下：

① 将保湿剂、增稠剂和水混合，搅拌并加热至 80～85℃，至溶解完全为止。

② 降温至 40～45℃，加入防腐剂、活性成分，继续搅拌，降温至室温。

③ 取样检测 pH 值，控制最终配方 pH 值 5.5～6.5（直测法），合格后出料。

④ 取样微检，合格后安排灌装和包装。

五、贴片型面膜的配方设计要点

贴片型面膜要有很好的保湿性、吸收性和温和性，并有一定的护肤功效，故配方设计主要从保湿剂、增稠剂、防腐剂、功效成分方面考虑。由于贴片型面膜精华轻薄，吸收快，渗透深，很容易对皮肤造成刺激甚至过敏，因此对配方成分及用量要有严格测试和研究，其中香精、防腐剂、活性成分及增稠剂是最有可能产生不良反应的成分。

六、典型配方与制备工艺

贴片型面膜的典型配方见表3-4、表3-5。

表 3-4　保湿面膜的配方

组相	商品名	原料名称	用量/%	作用
A	甘油	甘油	2.00	保湿
	丙二醇	丙二醇	2.00	保湿
	戊二醇	1,2-戊二醇	1.00	防腐增效
	卡波980	卡波姆	0.30	增稠
	透明质酸钠	透明质酸钠	0.05	保湿
	小分子透明质酸钠	水解透明质酸钠	0.05	保湿
	γ-PGA	聚谷氨酸钠	0.10	保湿
	去离子水	水	加至100	溶解
	尼泊金甲酯	羟苯甲酯	0.15	防腐
B	去离子水	水	5.00	溶解
	KOH	氢氧化钾	适量	pH调节
C	Cremophor CO40	PEG-40 氢化蓖麻油	0.10	增溶
	香精	香精	适量	赋香
D	苯氧乙醇	苯氧乙醇	0.30	防腐

制备工艺：

① 将A相加入乳化锅，边搅拌边加热至完全溶解为止。为了节省时间，可适当开低速均质机辅助溶解。

② 加入预先溶解的B相，保温搅拌30min以上。

③ 保温结束，降温至室温，加入预先混合均匀的C相，再加入D相，搅拌均匀。

④ 取样检测pH值，控制最终配方pH值5.5～6.5（直测法），过滤出料。

配方解析：该配方非常简单，成本低。具有即时、长效及深层保湿效果。

防腐剂为羟苯甲酯和苯氧乙醇，因苯氧乙醇会产生发热感，所以面膜中用量建议不超过0.3%。为了降低防腐剂用量，配方中添加了1%戊二醇用于防腐增效。

表3-5　美白面膜的配方

组相	商品名	原料名称	用量/%	作用
A	1,3-丁二醇	丁二醇	5.00	保湿
	戊二醇	1,2-戊二醇	1.00	防腐增效
	KELTROL CG-T	黄原胶	0.10	增稠
	卡波980	卡波姆	0.10	增稠
	水解小核菌胶	水解小核菌胶	0.10	保湿
	透明质酸钠	透明质酸钠	0.02	保湿
B	去离子水	水	加至100	溶解
	EDTA-2Na	EDTA二钠	0.05	螯合
	FOCOGEL 1.5P	生物糖胶-1	0.50	润肤
	尼泊金甲酯	羟苯甲酯	0.15	防腐
	辛甘醇	辛甘醇	0.05	防腐增效
	甘草酸二钾	甘草酸二钾	0.10	舒缓
	烟酰胺	烟酰胺	3.00	美白
	β-熊果苷	熊果苷	0.50	美白
C	HCO 040	PEG-40氢化蓖麻油	0.05	增溶
	香精	香精	适量	赋香
D	苯氧乙醇	苯氧乙醇	0.20	防腐

制备工艺：

① 将A相原料加入乳化锅，混合均匀后加入B相原料，边搅拌边加热至完全溶解为止。为了节省制备时间，可适当开低速均质机辅助溶解。

② 降温至室温，加入预先溶解的C相原料，搅拌均匀后加入D相原料，继续搅拌均匀。

③ 取样检测pH值，合格后过滤出料。

配方解析：该配方具有较好的保湿、美白、舒缓功效。使用时，贴敷15～20min后取下面膜布，轻轻按摩使皮肤上的精华液吸收，用清水洗净或不洗均可。

七、常见质量问题及原因分析

1. 面膜微生物超标

① 面膜中含有很多水分、营养成分，霉菌和酵母菌最容易繁殖；

② 配方防腐体系设计不合理；

③ 水相没有高温保温消灭水中潜在的芽孢；

④ 无纺布容易藏匿细菌，灌装前包装材料没有辐照灭菌；

⑤ 生产车间和生产设备消毒不彻底。

2. 产品出现变色、变味、气胀

① 防腐剂添加量少，长菌或微生物污染；

② 香精添加量少，香味减弱，出现基质味；

③ 原料变质，出现变色、变味、水解或氧化；

④ 生产过程带入异物。

3. 贴片型面膜引起皮肤刺激

主要原因是贴片型面膜是将精华液长时间紧贴在皮肤上，而且精华液的渗透速度快，容易引起皮肤刺激，特别是敏感肌肤或局部敏感区域。引起刺激的主要因素是香精、防腐剂原料，或者配方 pH 超过 5.5～7.5。

4. 精华液过稠或过稀，影响使用的便利性

主要原因是增稠剂原料选用不当或增稠剂用量不合理。

5. 精华液析出固体

① 面膜液含活性成分比较多，固体原料因为加热或搅拌不够，溶解不完全。

② 原料配伍性不好导致相互反应，最后会逐渐析出结晶。

第三节　泥膏型面膜

一、泥膏型面膜简介

人类历史长河中，出现最早的面膜，就是泥膏型面膜。泥膏型面膜中含有丰富的矿物质，使用时可以在皮肤上形成封闭的泥膜，具有吸附、清洁、消炎、杀菌、清除油脂、抑制粉刺和收缩毛孔的作用。矿物质和微量元素还能为肌肤补充营养，达到养护肌肤的目的。

泥膏型面膜的类别是依据配方中所含成分不同而定，主要有清洁泥膜和控油泥膜。配方中添加了高岭土和云母固体粉末，可除去脸上的杂质和油脂；乳化剂与高分子化合物复配使用，可提高固体粉末的悬浮稳定性。另外配方中还添加了烟酰胺、维生素 C、胡萝卜精华、葡萄叶精华、野玫瑰精华、迷迭香和洋甘菊精油等活性物质，具有祛除肤色暗黄的功效。

二、泥膏型面膜的配方组成

泥膏型面膜的配方组成见表 3-6。

表 3-6　泥膏型面膜的配方组成

组分	常用原料	用量/%
水	去离子水、纯化水、蒸馏水	加至100
泥土	高岭土、云母、膨润土、硅酸镁铝、硅藻土、炭、黏土、亚马逊白泥、海藻泥、海泥等	5.0~20.0
保湿剂	甘油、丙二醇、二丙二醇、丁二醇、山梨醇、PEG-400、海藻糖、透明质酸钠、聚谷氨酸钠、水解小核菌胶、PCA钠、葡聚糖等	2.0~10.0
增稠剂	羧甲基纤维素、羟乙基纤维素、羟丙基甲基纤维素、黄原胶、海藻酸钠、卡波姆、丙烯酸(酯)类/$C_{10～30}$烷醇丙烯酸酯交联聚合物等	0.1~1.0
乳化剂	聚山梨醇酯-20、聚山梨醇酯-60、硬脂醇聚醚-2、硬脂醇聚醚-21、PEG-20甲基葡糖倍半硬脂酸酯、聚甘油-3甲基葡糖二硬脂酸酯、鲸蜡硬脂基葡糖苷、鲸蜡醇磷酸酯钾等	1.0~5.0
润肤剂	橄榄油、霍霍巴油、乳木果油、澳洲坚果油、棕榈酸异丙酯、辛酸/癸酸甘油三酯、异壬酸异壬酯、辛基十二醇、$C_{12～15}$醇苯甲酸酯、聚二甲基硅氧烷醇、环五聚二甲基硅氧烷、矿油、异十六烷等	2.0~20.0
防腐剂	羟苯甲酯、羟苯丙酯、苯氧乙醇、山梨酸钾、苯甲酸钠等	0.05~1.0
活性成分	氨基酸、胶原蛋白、烟酰胺、多肽、甘草酸二钾、神经酰胺、植物提取物等	适量
pH调节剂	柠檬酸、柠檬酸钠、琥珀酸、琥珀酸二钠、精氨酸、氢氧化钾、氢氧化钠	适量
香精	花香、果香、草本香、食品香等	适量

三、泥膏型面膜的原料选择要点

1. 增稠剂

由于泥几乎都带有矿物质离子，所以增稠剂要具有很好的耐离子性（如：黄原胶、海藻酸钠、纤维素），否则无法达到理想的黏稠度，甚至会出现破乳粉层。配方中也可以加入少量蜂蜡或鲸蜡硬脂醇，提高面膜料体的稠厚质感。

2. 乳化剂

泥膏型面膜基本上都是水包油乳化体系，所以要选择水包油型乳化剂。乳化剂也是造成面膜刺激性的一个重要因素，尽量选择天然来源的乳化剂，使产品更加温和舒适。

3. 防腐体系

防腐剂对配方的安全性非常重要，由于配方含有大量的泥，防腐剂用量偏大，建议采用2~3种防腐剂混合使用，对细菌、霉菌、酵母菌及致病菌有更好的广谱防腐功能。为了减少防腐剂带来的不良反应，一般都加入适量防腐增效剂获得最佳效果，如：戊二醇、己二醇、辛甘醇、乙基己基甘油。

4. 活性功效成分

根据需要，配方中可加入美白、抗衰老、舒缓等功效成分，考虑的要点是活性功效成分与配方的配伍性和稳定性。

四、泥膏型面膜的生产工艺

泥膏型面膜的制备工艺与普通膏霜的制备工艺接近，先将水溶性原料加入水相锅，油溶性原料加入油相锅，分别加热后过滤抽入乳化锅，均质、乳化，搅拌冷却后再加入活性成分、防腐剂及其他添加剂。分散泥土粉末时应尽量避免混入大量空气，空气的混入会降低膏体的稳定性。特别注意的是，泥膜由于泥土粉末的长时间水合作用，需特别关注其长期稳定性。

五、泥膏型面膜的配方设计要点

泥膏型面膜配方设计首先要考虑泥的选择，不同的泥带来的护肤效果也不同，有高岭土、云母、膨润土、硅酸镁铝、硅藻土、炭、黏土、亚马逊白泥、彩色泥、火山泥、海藻泥、海泥等，首先要确保这些泥不带有微生物，或者使用前经过辐照杀菌处理。由于这些泥都可能伴生或夹杂其他成分，要特别注意其带来的刺激性和安全性风险，使用前要充分测试。

六、典型配方与制备工艺

泥膏型面膜的配方见表 3-7。

表 3-7　泥膏型面膜的配方

组相	商品名	原料名称	用量/%	作用
A	去离子水	水	加至 100	溶解
	1,3-丁二醇	丁二醇	5.00	保湿
	甘油	甘油	5.00	保湿
	KELTROL CG-T	黄原胶	0.20	增稠
	TR-1	丙烯酸(酯)类/$C_{10\sim30}$ 烷醇丙烯酸酯交联聚合物	0.35	增稠
	海藻糖	海藻糖	1.00	保湿
	膨润土	膨润土	0.50	皮肤调理
	高岭土	高岭土	10.00	皮肤调理
	PVA	聚乙烯醇	2.00	成膜
	火山泥	火山灰	1.00	皮肤调理
	尼泊金甲酯	羟苯甲酯	0.2	防腐
	EDTA-2Na	EDTA 二钠	0.05	螯合

组相	商品名	原料名称	用量/%	作用
B	Montanov 68	鲸蜡硬脂基葡糖苷、鲸蜡硬脂醇	1.00	乳化
	吐温 60	聚山梨醇酯-60	2.00	乳化
	ARLACEL 165	PEG-100 硬脂酸酯、甘油硬脂酸酯	1.00	乳化
	十六/十八醇	鲸蜡硬脂醇	1.00	润肤
	GTCC	辛酸/癸酸甘油三酯	10.00	润肤
	尼泊金丙酯	羟苯丙酯	0.1	防腐
	氧化铁红	CI 77491	适量	着色
C	精氨酸	精氨酸	0.35	pH 调节
D	苯氧乙醇	苯氧乙醇	0.30	防腐
	乙基己基甘油	乙基己基甘油	0.30	防腐增效

制备工艺：

① 将 A 相原料加入水相锅，边搅拌边加热至 80～85℃，再保温搅拌 30min 以上。为了节省制备时间，可适当开低速均质机辅助溶解。

② 将 B 相原料加入油相锅，边搅拌边加热至 80～85℃，直至溶解为止。

③ 先将 A 相混合物抽入乳化锅，再将 B 相混合物抽入乳化锅，搅拌并均质完全均匀。

④ 将 C 相原料加入乳化锅，调节 pH 值至 5.5～7.5。

⑤ 降温至室温，加入 D 相原料，搅拌均匀。

⑥ 取样检测 pH 值和黏度，合格后出料。

配方解析：该配方是一款水包油泥状膏霜，具有保湿、润肤、清洁、控油等多种功效。配方含有大量的各种泥，能够清洁和吸附肌肤毛孔污垢、油脂及黑头。配方含有聚乙烯醇成膜剂，因此涂抹后能够成膜。该面膜涂抹皮肤 15～20min 后用清水洗净即可。

七、常见质量问题及原因分析

1. 变色、变味、微生物污染

泥膏型面膜也容易出现变色、变味等质量问题。原因有：长菌或微生物污染；香精香味减弱，出现基质味；原料变质，出现变色、变味、水解或氧化；生产过程带入异物。

2. 泛粗、分层

对于乳化体系的配方，如果配方没有设计好，或者生产工艺没有控制好，会出现泛粗和破乳分层情况。主要原因有：配方体系特别是乳化体系设计不合

理，出现泛粗及破乳分层问题；生产过程中固体原料溶解不均匀导致结团或析出。

3. 刺激、过敏

泥膏型面膜一次使用量比普通膏霜多且在皮肤上停留时间长，容易引起皮肤刺激，特别是敏感肌肤或局部敏感区域，甚至引起红斑、丘疹、水疱、红肿等过敏不良反应。主要原因有：原料不够温和，尽量避免使用刺激性大或有过敏风险的原料，如：香精、防腐剂等；配方不够温和，每款产品建议斑贴测试；配方酸碱性太强，pH 超过 5.5～7.5。

4. 变干、变硬

泥膏型面膜放置一段时间，在保质期内膏料变干变硬，基本上是配方中易挥发成分（如：水或其他成分）挥发导致。主要原因是包装容器密封性不好导致料体失水或成分挥发。

第四节　乳霜型面膜

一、乳霜型面膜简介

乳霜型面膜质地类似于护肤霜，效果与一般晚霜相近，许多晚霜兼具了乳霜型面膜的功能，敷完后擦拭干净或清水洗净即可。乳霜型面膜质地比较温和，适应范围比较广，具有美白、保湿、舒缓、修护等效果。

乳霜型面膜含有大量保湿成分、丰富的油脂和活性物，为肌肤提供高强度的补水和丰富的营养。如：兰芝缤纷浆果酸奶面膜，含草莓精华，可以美白补水，收缩毛孔祛除暗哑，使肌肤恢复天然白皙细嫩；膜法世家草莓酸奶面膜，具有天然"锁水循环"配方，可深层导入水分，持续释放保湿成分，解除皮肤干燥现象，令肌肤迅速回复水盈嫩滑，含有来自酸奶中的天然乳酸、钙质、酵素及蛋白质成分，能快速、直接为肌肤提供全面滋养，令肌肤恢复弹性，富有光泽。

二、乳霜型面膜的配方组成

乳霜型面膜的配方组成见表 3-8。

表 3-8　乳霜型面膜的配方组成

组分	常用原料	用量/%
水	去离子水、纯化水、蒸馏水	加至 100
保湿剂	甘油、丙二醇、二丙二醇、丁二醇、山梨醇、PEG-400、海藻糖、透明质酸钠、聚谷氨酸钠、水解小核菌胶、PCA 钠、葡聚糖等	2.0～10.0

组分	常用原料	用量/%
增稠剂	羧甲基纤维素、羟乙基纤维素、羟丙基甲基纤维素、黄原胶、卡波姆、丙烯酸（酯）类/$C_{10\sim30}$烷醇丙烯酸酯交联聚合物等	0.1～1.0
乳化剂	聚山梨醇酯-20、聚山梨醇酯-60、硬脂醇聚醚-2、硬脂醇聚醚-21、PEG-20甲基葡糖倍半硬脂酸酯、聚甘油-3甲基葡糖二硬脂酸酯、鲸蜡硬脂基葡糖苷、鲸蜡醇磷酸酯钾等	1～5
润肤剂	橄榄油、霍霍巴油、乳木果油、澳洲坚果油、棕榈酸异丙酯、辛酸/癸酸甘油三酯、异壬酸异壬酯、辛基十二烷醇、$C_{12\sim15}$醇苯甲酸酯、聚二甲基硅氧烷醇、环五聚二甲基硅氧烷、矿油、异十六烷等	2.0～20.0
防腐剂	羟苯甲酯、羟苯丙酯、苯氧乙醇、山梨酸钾、苯甲酸钠等	0.05～1.0
活性成分	氨基酸、胶原蛋白、烟酰胺、多肽、甘草酸二钾、酵母提取液、酸乳提取物、植物提取物等	适量
pH调节剂	柠檬酸、柠檬酸钠、琥珀酸、琥珀酸二钠、精氨酸、三乙醇胺、氢氧化钾、氢氧化钠	适量
香精	花香、果香、草本香、食品香、奶香等	适量

三、乳霜型面膜的原料选择要点

1. 保湿剂

乳霜型面膜的保湿剂主要有多元醇和透明质酸钠，有时也可以添加PEG-400、海藻糖、聚谷氨酸钠、水解小核菌胶、PCA钠、葡聚糖等增强保湿效果，还可以添加银耳多糖、芦荟精华、海藻精华等天然保湿成分。在配方设计时要考虑它们对保湿效果和肤感的影响，以及性价比。

2. 增稠剂

增稠剂的选择对面膜的肤感非常重要。卡波姆是应用最广泛的增稠剂，肤感比较清爽，乳霜型面膜的卡波姆用量可以超过0.5%，做成具有一定黏稠度的膏体。卡波姆、纤维素、黄原胶等增稠剂用量可根据膏体所需黏稠度调整。

3. 润肤剂

润肤剂能为皮肤提供很好的滋润功效。乳霜型面膜的润肤剂应该具有很好的渗透性及吸收性，如带支链的棕榈酸异丙酯、辛酸/癸酸甘油三酯、异壬酸异壬酯、辛基十二烷醇都具有很好的吸收性。温和的植物油脂具有很好的亲肤性，也是理想的润肤剂。

四、乳霜型面膜的配方设计要点

乳霜型面膜配方设计首先要考虑安全性和温和性，因为乳霜型面膜在面部涂抹量比普通膏霜厚，进入皮肤的功效成分会成倍增加，因此要考虑皮肤的耐受性和安全性，尽量选择温和的原料。其次要考虑配方体系的稳定性。最后要考虑到配方的功效性，尽量选用天然温和的功效成分。

五、典型配方与制备工艺

乳霜型面膜的典型配方参见表 3-9。

表 3-9　乳霜型面膜的典型配方

组相	商品名	原料名称	用量/%	作用
A	去离子水	水	加至 100	溶解
	1,3-丁二醇	丁二醇	10.0	保湿
	甘油	甘油	5.0	保湿
	TR-1	丙烯酸(酯)类/$C_{10\sim30}$ 烷醇丙烯酸酯交联聚合物	0.3	增稠
	甜菜碱	甜菜碱	1.0	保湿
	烟酰胺	烟酰胺	1.0	美白
	尿囊素	尿囊素	0.5	舒缓
	尼泊金甲酯	羟苯甲酯	0.2	防腐
	EDTA-2Na	EDTA 二钠	0.1	螯合
B	AMPHISOL K	鲸蜡醇磷酸酯钾	3.0	乳化
	ARLACEL 165	PEG-100 硬脂酸酯、甘油硬脂酸酯	1.0	乳化
	十六/十八醇	鲸蜡硬脂醇	2.0	润肤
	GTCC	辛酸/癸酸甘油三酯	5.0	润肤
	DC200,350cst	聚二甲基硅氧烷	3.0	润肤
	DC345	环五聚二甲基硅氧烷、环己硅氧烷	3.0	润肤
	维生素 E 醋酸酯	生育酚乙酸酯	0.5	抗氧化
	尼泊金丙酯	羟苯丙酯	0.1	防腐
	VC-IP	抗坏血酸四异棕榈酸酯	0.1	美白
	二氧化钛	二氧化钛	适量	着色
C	TEA	三乙醇胺	适量	pH 调节
D	SIMUGEL EG	丙烯酸钠/丙烯酰二甲基牛磺酸钠共聚物、异十六烷、水、聚山梨醇酯-80	0.8	增稠
E	苯氧乙醇	苯氧乙醇	0.5	防腐
	乙基己基甘油	乙基己基甘油	0.5	防腐增效
	脱脂干牛奶	脱脂干牛奶	0.50	润肤
	酸乳提取物	酸乳提取物	1.0	润肤
	香精	香精	0.5	保湿

制备工艺：

① 将 A 相原料加入水相锅，边搅拌边加热至 80～85℃，直至溶解完全为止。为了节省制备时间，可适当开低速均质机辅助溶解。

② 将 B 相原料加入油相锅，边搅拌边加热至 80～85℃，直至溶解完全为止。

③ 先将 A 相混合物抽入乳化锅，再将 B 相混合物抽入乳化锅，搅拌并均质完全均匀。

④ 加入 C 相原料，搅拌并均质均匀。再加入 D 相原料，搅拌并均质均匀。

⑤ 降温至室温，加入 E 相原料，继续搅拌均匀。

⑥ 取样检测 pH 值和黏度，合格后过滤出料。

配方解析：该配方是一款水包油乳霜，具有保湿、润肤、舒缓、软化角质等多种功效，添加了少量二氧化钛作为即时美白效果，同时达到与牛奶和酸乳相似的乳白色酸奶状乳霜。此配方涂抹皮肤 15～20min 后用清水洗净即可。

六、常见质量问题及原因分析

1. 膏体变色、变味、微生物污染

① 长菌或微生物污染；

② 香精香味减弱，出现基质味；

③ 原料变质，出现变色、变味、水解或氧化；

④ 生产过程带入异物；

⑤ 配方防腐体系失效。

2. 膏体泛粗、分层

① 配方体系特别是乳化体系设计不合理，出现泛粗及破乳分层问题；

② 生产过程中固体原料溶解不均匀导致结团或析出。

3. 面膜在保质期内膏料变干变硬

主要原因是包装容器密封性不好导致料体失水或成分挥发。

第五节　啫喱型面膜

一、啫喱型面膜简介

啫喱型面膜，主要为睡眠面膜，指的是在晚上做完基础护肤之后，将睡眠面膜敷在脸上直接睡觉的一种面膜。一般在第二天早晨清洗，正常洁面即可。

一般睡眠面膜都是啫喱质地，涂上之后就像涂了一层护肤品，不会像普通面膜一样感觉糊了一层东西。睡眠面膜也可以理解为按摩霜的升级版本，在睡眠面膜问世之前，补水就取自按摩霜，但因为使用较麻烦和浪费时间，大部分女性都不爱使用按摩霜。为了配合现代女性的时间钟，就出现了睡眠面膜。其特点是免洗，可以涂着过夜，弥补了按摩霜不能频繁使用的缺陷，并比面膜贴补水效果更好更持久（贴式面膜使用大约15min后需要摘掉，因为面膜纸水分损失后会反吸面部水分）。睡眠面膜能有效舒缓身心疲劳并提升睡眠质量，从而更好地促进肌肤在夜间的新陈代谢，让整个肌肤饱满，精神焕发，因此大受女性欢迎。

啫喱型面膜护肤的原理是：利用厚厚一层精华敷料，阻隔脸部肌肤与空气的接触，阻隔皮肤水分的蒸发，增加角质层的湿度，软化角质；表皮温度升高可扩张毛细孔，有利于营养成分顺利被吸收；皮肤温度上升后血液循环加快，使渗入肌肤的养分在细胞间更深更广地扩散开，快速补充营养；同时肌肤表面那些无法蒸发的水分则会留存在表皮层，使表皮层的水分饱满，肌肤光滑紧绷，细纹变淡，白皙度、光亮度明显提升。

二、啫喱型面膜的配方组成

啫喱型面膜的配方组成见表 3-10。

表 3-10 啫喱型面膜的配方组成

组分	常用原料	用量/%
水	去离子水、蒸馏水	加至 100
保湿剂	甘油、丙二醇、二丙二醇、丁二醇、山梨醇、PEG-400、海藻糖、透明质酸钠、聚谷氨酸钠、水解小核菌胶、PCA 钠、葡聚糖等	2.0～20.0
乳化剂	聚山梨醇酯-20、聚山梨醇酯-60、硬脂醇聚醚-2、硬脂醇聚醚-21、PEG-20 甲基葡糖倍半硬脂酸酯、聚甘油-3 甲基葡糖二硬脂酸酯、鲸蜡硬脂基葡糖苷、鲸蜡醇磷酸酯钾等	1.0～5.0
增稠剂	羧甲基纤维素、羟乙基纤维素、羟丙基甲基纤维素、黄原胶、卡波姆、丙烯酸（酯）类/$C_{10\sim30}$ 烷醇丙烯酸酯交联聚合物、聚丙烯酸酯交联聚合物-6 等	0.1～2.0
润肤剂	橄榄油、霍霍巴油、乳木果油、澳洲坚果油、棕榈酸异丙酯、辛酸/癸酸甘油三酯、异壬酸异壬酯、辛基十二烷醇、$C_{12\sim15}$ 醇苯甲酸酯、聚二甲基硅氧烷醇、环五聚二甲基硅氧烷、矿油、异十六烷等	0～10.0
防腐剂	羟苯甲酯、羟苯丙酯、苯氧乙醇、山梨酸钾、苯甲酸钠等	0.05～1.0
功效成分	氨基酸、胶原蛋白、烟酰胺、多肽、甘草酸二钾、酵母提取液、植物提取物等	适量
pH 调节剂	柠檬酸、柠檬酸钠、琥珀酸、琥珀酸二钠、精氨酸、三乙醇胺、氢氧化钾、氢氧化钠	适量
香精	花香、果香、草本香、食品香、奶香等	适量

啫喱型面膜不含或含很少润肤油脂及乳化剂，外观呈透明啫喱或半透明啫

喱，质地清爽不油腻，保湿剂及活性成分含量较多，具有很好的补水保湿及修护效果。

三、啫喱型面膜的原料选择要点

1. 保湿剂

啫喱型面膜的保湿剂主要有多元醇和透明质酸钠，有时也可以添加海藻糖、聚谷氨酸钠、水解小核菌胶、葡聚糖等增强保湿效果。

2. 增稠剂

啫喱型面膜所用增稠剂非常重要。卡波姆是应用最广泛的增稠剂，肤感比较水润清爽，用量可以超过0.5%，同时可适当搭配羧甲基纤维素、羟乙基纤维素、羟丙基甲基纤维素、黄原胶等增稠剂，也可以添加少量聚丙烯酸酯交联聚合物-6或丙烯酸（酯）类/$C_{10 \sim 30}$烷醇丙烯酸酯交联聚合物作为辅助增稠剂，起到一定的乳化稳定作用。

3. 润肤剂

润肤剂提供皮肤很好的滋润功效，啫喱型面膜的润肤剂应具有很好的吸收性和亲肤性，添加量不宜过多，否则会影响啫喱的透明度。

4. 功效成分

啫喱型面膜大部分是睡眠面膜，需要很强的修护和舒缓功效，可添加氨基酸、多肽、胶原蛋白、甘草酸二钾、酵母提取液、植物提取物等功效成分。

四、啫喱型面膜的配方设计要点

啫喱型面膜配方设计首先要考虑安全性和温和性，尽量选择温和的原料。其次要考虑配方体系的稳定性，选择合适的高分子增稠剂非常关键，要容易分散和溶解，不易结团，对光和热不敏感。最后要考虑到配方的功效性，尽量选用天然温和的功效成分，以补水保湿和修护为主。

五、典型配方与制备工艺

啫喱型面膜的典型配方见表3-11。

表3-11 啫喱型面膜的典型配方

组相	商品名	原料名称	用量/%	作用
A	去离子水	水	加至100	溶解
	1,3-丁二醇	丁二醇	10.00	保湿
	甘油	甘油	5.00	保湿
	卡波姆	卡波姆	0.40	增稠

组相	商品名	原料名称	用量/%	作用
A	SepiMAX ZEN	聚丙烯酸酯交联聚合物-6	0.20	增稠
	透明质酸钠	透明质酸钠	0.10	保湿
	DC 2501	双-PEG-18 甲基醚二甲基硅烷	1.00	润肤
	EG-1	甘油聚醚-26	1.00	保湿
	尼泊金甲酯	羟苯甲酯	0.15	防腐
	蓝色色素	CI 42090	适量	着色
B	PC2000	氨甲基丙醇	0.25	pH 调节
C	SYN-COLL	棕榈酰三肽-5	1.00	抗衰老
	苯氧乙醇	苯氧乙醇	0.50	防腐
	香精	香精	适量	赋香

制备工艺:

① 将 A 相原料加入乳化锅,边搅拌边加热至完全溶解,再保温搅拌 30min 以上。为了节省制备时间,可适当开低速均质机辅助溶解。

② 加入 B 相原料,搅拌并均质完全均匀。

③ 降温至室温,加入 C 相原料,继续搅拌均匀。

④ 取样检测 pH 值和黏度,合格后过滤出料。

配方解析:该配方为淡蓝色啫喱,聚丙烯酸酯交联聚合物-6 和卡波姆作为啫喱凝胶剂骨架,具有补水保湿和修护功效。配方含有不同结构的保湿剂,具有很强的补水保湿功效,同时棕榈酰三肽-5 还可以帮助修护受损肌肤。

六、常见质量问题及原因分析

啫喱型面膜最容易出现的问题是变稀、变稠、果冻。主要原因是增稠剂原料选用不当或增稠剂用量不合理,或者生产过程中没有溶好,黏度会发生明显波动。

第六节　撕拉型面膜

一、撕拉型面膜简介

撕拉型面膜是一种敷到脸上变干后结成一层膜的面膜。它能使脸部皮肤温度升高,从而促进血液循环和新陈代谢。面膜干燥后,通过撕拉的方式将毛孔中的污物带出来达到去死皮的功效。一般依靠其吸附能力可以将皮肤上的黑头、老化角质以及油脂等剥离下来，具有很强的清洁作用。

最早的撕拉型面膜为粉末状，使用时将干粉与水以10：24的质量比混合均匀后使用。天然高分子增稠剂汉生胶和多孔吸附硅藻土在配方中起到协同增效作用，氧化镁和硫酸钙干燥后形成一层致密的封闭膜。后来出现果冻状撕拉型面膜，聚乙烯醇是果冻状撕拉型面膜中主要原料，它作为外科手术材料具有很高的安全性，适用于敏感性肌肤。聚乙烯醇水溶液透明且稳定，干燥后可以形成一层均匀封闭的透明膜。乙醇和多元醇添加比例会影响聚乙烯醇的干燥速度，聚乙烯醇需长时间缓慢搅拌才能完全溶解，待聚乙烯醇完全溶解后再添加其他原料。通常面膜中添加5%～15%的聚乙烯醇以保证形成适当厚度的透明膜。

人们对撕拉类面膜的争议较多，因为"撕拉"本身对皮肤的损伤很大，容易引起毛孔粗大，皮肤过敏等症状，同时这种类型的面膜补水能力、滋养能力也较差。现在研发出了一种以聚氨酯为成膜剂的新型撕拉面膜，刚开始涂抹在皮肤上是白色乳霜状，然后逐渐变透明，约15min后形成一层柔软透明的薄膜，撕拉掉这层膜即可，没有撕拉皮肤的不适感。

二、撕拉型面膜的配方组成

撕拉型面膜的配方组成见表3-12。

表3-12　撕拉型面膜的配方组成

组分	常用原料	用量/%
水	去离子水、蒸馏水	加至100
保湿剂	甘油、丙二醇、二丙二醇、丁二醇、山梨醇、PEG-400、海藻糖、透明质酸钠、聚谷氨酸钠、水解小核菌胶、PCA钠、葡聚糖等	2.0～20.0
成膜剂	聚乙烯醇（PVA）、聚乙烯吡咯烷酮（PVP）、卡波姆、羧甲基纤维素（CMC）、聚氨酯等	5.0～20.0
粉类原料	高岭土、滑石粉、蒙脱土等	0.1～2.0
溶剂	乙醇	0～15.0
防腐剂	羟苯甲酯、羟苯丙酯、苯氧乙醇、山梨酸钾、苯甲酸钠等	0.05～1.0
活性成分	氨基酸、胶原蛋白、烟酰胺、多肽、甘草酸二钾、酵母提取液、植物提取物等	适量
香精	花香、果香、草本香、食品香等	适量

三、撕拉型面膜的原料选择要点

1. 成膜剂

撕拉型面膜配方设计最重要的是成膜剂的选择，成膜时间不能过快或过慢，最常用的成膜剂是聚乙烯醇（PVA），用量一般为5%～15%，成膜速度可以通过调节乙醇的用量来控制，还辅助添加聚乙烯吡咯烷酮（PVP）、卡波姆或羧甲基纤维素（CMC）调整膜的柔软度。最新有以聚氨酯为成膜剂的撕拉型面膜，成膜剂用量为 25%～35%，形成的膜非常柔软，很容易撕拉。

2. 防腐体系

防腐剂对面膜的安全性非常重要，首先要遵守法规限量，另外还要考虑防腐剂的特性，一般使用羟苯甲酯和苯氧乙醇，但是有些配方防腐挑战不易通过的话，可以适当加入适量防腐增效剂戊二醇、己二醇、辛甘醇、乙基己基甘油获得最佳效果。

四、撕拉型面膜的生产工艺

如果撕拉型面膜配方中含有润肤油脂和乳化剂，其生产工艺与普通膏霜相近，如果配方不含有润肤油脂和乳化剂，其生产工艺与护肤凝胶相近。撕拉型面膜一般含有大量的高分子增稠剂，制备工艺要特别注意其分散过程，避免结团，可以先用部分多元醇（如：甘油、丙二醇、丁二醇等）预分散后加入水中溶解。生产过程尽量抽真空，避免带入气泡。

五、撕拉型面膜的配方设计要点

撕拉型面膜要特别注意控制成膜时间不能过快或过慢，所以撕拉型面膜配方设计首先要考虑成膜剂的用量及成膜速度，用量一般为 5%～15%。其次考虑配方安全性和温和性，尽量选择温和的原料。最后要考虑配方体系的稳定性，选择合适的高分子增稠剂非常关键，要容易分散溶解和增稠。

六、典型配方与制备工艺

撕拉型面膜的典型配方见表 3-13、表 3-14。

表 3-13　竹炭撕拉面膜的配方

组相	商品名	原料名称	用量/%	作用
A	去离子水	水	加至100	溶解
	1,3-丁二醇	丁二醇	10.00	保湿
	甘油	甘油	10.00	保湿
	TR-1	丙烯酸(酯)类/C$_{10\sim30}$烷醇丙烯酸酯交联聚合物	0.40	增稠
	小分子透明质酸钠	水解透明质酸钠	0.10	保湿
	竹炭粉	炭粉	0.10	吸附
	尼泊金甲酯	羟苯甲酯	0.15	防腐
B	PVA	聚乙烯醇	10.00	成膜

组相	商品名	原料名称	用量/%	作用
C	特级酒精	乙醇	10.00	溶解
	苯氧乙醇	苯氧乙醇	0.50	防腐
	乙基己基甘油	乙基己基甘油	0.50	防腐增效
	氢氧化钠	氢氧化钠	适量	pH 调节
	香精	香精	适量	赋香

制备工艺：

① 将 A 相原料加入乳化锅，边搅拌边加热至分散完全，保温搅拌 30min 以上。为了节省制备时间，可适当开低速均质机辅助溶解。

② 加入 B 相原料，搅拌并均质，使 B 相原料完全溶解为止。

③ 降温至室温，加入 C 相原料，继续搅拌均匀。

④ 取样检测 pH 值和黏度，合格后过滤出料。

配方解析：该配方含有聚乙烯醇成膜剂，并用乙醇调节成膜速度，具有去黑头、去死皮、保湿、清洁、收细毛孔等功效。配方含有竹炭粉，具有很强的吸附污垢和清洁功效，还含有甘油、丁二醇、小分子透明质酸钠等保湿成分。乙醇过敏者不建议使用此类型产品。

表 3-14　聚氨酯撕拉面膜的配方

组相	商品名	原料名称	用量/%	作用
A	去离子水	水	加至100	溶解
	1,3-丁二醇	丁二醇	1.0	保湿
	甘油	甘油	0.5	保湿
	U21	丙烯酸(酯)类/$C_{10\sim30}$ 烷醇丙烯酸酯交联聚合物	0.6	增稠
	高岭土	高岭土	1.0	皮肤调理
	尼泊金甲酯	羟苯甲酯	0.15	防腐
	EDTA-2Na	乙二胺四乙酸二钠	0.1	螯合
B	TEA	三乙醇胺	0.54	pH 调节
C	DC200,350cst	聚二甲基硅氧烷	5.0	润肤
	KF 6017	PEG-10 聚二甲基硅氧烷	1.0	乳化
D	CARFIL ST11	聚氨酯-35、聚氨酯-11	30.0	成膜
E	苯氧乙醇	苯氧乙醇	0.5	防腐
	乙基己基甘油	乙基己基甘油	0.5	防腐增效
	香精	香精	适量	赋香

制备工艺：

① 将 A 相原料加入乳化锅，边搅拌边加热至分散完全，保温搅拌 30min 以上。为了节省制备时间，可适当开低速均质机辅助溶解。

② 将 B 相原料缓慢加入乳化锅，搅拌并均质完全均匀。

③ 将预混合均匀的 C 相原料缓慢加入乳化锅，搅拌并均质完全均匀。

④ 降温至室温，加入 D 相原料和 E 相原料，搅拌并均质完全均匀。

⑤ 取样检测 pH 值和黏度，合格后过滤出料。

配方解析：该配方含有聚氨酯-35、聚氨酯-11 成膜剂，相比聚乙烯醇形成的膜更加柔软，具有去黑头、去死皮、保湿、清洁等功效。刚开始涂抹在皮肤上是白色乳霜状，然后逐渐变透明，约 15min 后形成一层柔软透明的可撕薄膜，没有撕拉皮肤的不适感。

七、常见质量问题及原因分析

撕拉型面膜受成膜剂性质和用量影响，会出现成膜过快或过慢的质量问题。主要原因是成膜剂选择不当；配方中乙醇用量没有控制好。

第七节　粉状面膜

一、粉状面膜简介

1. 产品的定义、特点

粉状面膜是一种软膜粉，是细腻、均匀、无杂质的混合粉末状物质，用水调和后涂敷在皮肤上形成质地细软的薄膜。该膜性质温和，对皮肤没有压迫感，膜体敷在皮肤上，给表皮补充足够的水分，使皮肤明显舒展，细碎皱纹消失。这种软膜粉的主要作用是保湿，以补充表皮层的水分，同时软膜粉还兼有清洁、祛除过多油脂、营养作用，添加一些中药材质粉末换可以调理肌肤。

2. 产品的分类

粉状面膜主要以功效分类，不同种类面膜粉可以改善不同的皮肤问题，如：保湿、美白、祛斑、祛皱、控油等。

二、粉状面膜的配方组成

粉状面膜的配方组成见表 3-15。

表 3-15　粉状面膜的配方组成

组分	常用原料	用量/%
粉	高岭土、钛白粉、氧化锌、滑石粉等	加至 100
胶凝剂	淀粉、海藻酸钠、黄原胶等	1.0～20.0
活性成分	氨基酸、胶原蛋白、烟酰胺、多肽、甘草酸二钾、酵母提取液、植物提取物、中药成分等	适量
香精	花香、果香、草本香、食品香、奶香等	适量

三、粉状面膜的原料选择要点

1. 粉

粉状面膜的粉料最重要，常用的有高岭土、钛白粉、氧化锌、滑石粉等，其中以高岭土最常见。粉体应细腻、柔和、容易与水混合。作为配方粉体原料，含水量应尽量低，最好先辐照灭菌后再使用。

2. 胶凝剂

为了形成凝胶，配方还需添加一定量的胶凝剂，如淀粉、海藻酸钠、黄原胶等，使面膜粉与水混合后容易黏附在皮肤上，用量一般为 1%～20%。

3. 活性功效成分

粉状面膜通常添加一些功效成分达到护肤效果，比如添加中药粉调理肌肤，或者添加一些美白剂、抗衰老成分及植物护肤精华。

四、粉状面膜的生产工艺

粉状面膜的制备工艺比较简单，依据配方称量原料后，混合碾磨，取样微检，合格后安排灌装和包装。粉末碾磨与灭菌环节很重要，通过粉碎碾磨机可使粉体碾磨的更加细腻均匀。有必要时需经过烘干工艺处理，控制粉体的水分含量，并辐照灭菌控制微生物不超标。

五、粉状面膜的配方设计要点

粉状面膜配方设计首先要考虑粉料与胶凝剂的搭配，使与水容易混合，调制成的粉泥容易黏附在皮肤上。其次粉状面膜一般不适宜添加防腐剂，但粉体中容易隐藏细菌和霉菌，要控制配方中的水分含量尽可能的低，生产包装完最好尽快进行辐照处理。

六、典型配方与制备工艺

粉状面膜的典型配方见表 3-16。

表 3-16　软膜粉配方

商品名	原料名称	用量/%	作用
硫酸钙	硫酸钙	加至100	填充
改性玉米淀粉	改性玉米淀粉	3.0	胶黏
黄原胶	黄原胶	2.0	增稠
硅酸铝镁	硅酸铝镁	5.0	增稠
云母粉	云母	5.0	着色
群青	CI 77007	适量	着色
氧化铁黄	CI 77492	适量	着色

制备工艺：依据配方进行称量，混合碾磨均匀，合格后出料。

配方解析：该配方非常简单，以硫酸钙为基础粉体，以硅酸铝镁和改性玉米淀粉为胶凝剂，具有粉状面膜基础的清洁和控油功效。

七、常见质量问题及原因分析

1. 粉状面膜容易出现微生物污染

① 粉的比表面积大，容易吸附细菌、霉菌；

② 粉体灭菌（如：辐照）不彻底；

③ 配方防腐体系失效；

④ 生产过程控制不严，带入微生物。

2. 粉体和凝胶剂容易吸收空气中的水分，使它们结团或结块，影响使用

① 粉体和凝胶剂含有水分使粉结团；

② 包装容器密封性不好吸潮导致结团、结块。

第四章
肤用功效化妆品

Chapter 04

皮肤功效类型的化妆品包括普通功效和特殊功效两种类型。普通功效包括保湿、抗衰老、祛痘等化妆品。特殊功效化妆品包括抑汗祛臭、美白祛斑、防晒等化妆品。

根据风险程度的不同，化妆品分为特殊化妆品和普通化妆品。护肤类特殊化妆品包括主要有祛斑美白、防晒及宣称新功效化妆品。本章主要介绍防晒、美白祛斑、抑汗祛臭、抗衰老化妆品。

第一节　防晒化妆品

一、防晒产品简介

1. 紫外线及其危害

紫外线通常分为 UVA（紫外线 A，波长 320～400nm，长波）、UVB（波长 280～320nm，中波）、UVC（波长 100～280nm，短波）3 种。紫外线对皮肤带来的伤害是速发性和迟发性色素沉着及光老化。速发色素沉着指即时晒黑，是皮肤在一定剂量的 UVA 辐射后数秒钟内开始，持续几分钟到几小时的受照局部肤色变灰、变深的反应。迟发色素沉着指被紫外线辐射损伤的黑素细胞中的 DNA 核苷残基激活了酪氨酸酶的活性，促进了新的黑素产生，并同时将这些黑素通过树状突转运到邻近的角质形成细胞之间中。皮肤长期经受紫外线照射会发生光致老化现象，光老化皮肤在临床上和组织学上具有明显的特征，例如，皱纹、皮肤粗糙、色素沉着等。

（1）UVA（长波黑斑效应紫外线）　日光中的紫外线占到达地球表面太阳光谱的能量比在 6％左右，UVA 一年四季强度接近。UVA 能够穿透皮肤的表皮层到达真皮层，破坏弹性纤维和胶原蛋白纤维，是令皮肤晒黑，特别是即时晒黑的主要原因，同时导致皱纹和皮肤老化的主要紫外线。在护肤产品中，代表防护 UVA 的指标是 PA 值，用"＋"代表防止晒黑能力的强弱。

（2）UVB（中波红斑效应紫外线） 日光中的 UVB 占到达地球表面太阳光谱的能量比不足 1%，在夏天和午后会特别强烈。UVB 具有中等穿透力。但由于其能量较高，对皮肤可产生强烈的光损伤，被照射部位真皮血管扩张，皮肤可出现红肿、水泡等症状。长久照射皮肤会出现红斑、炎症、皮肤老化，严重者可引起皮肤癌。UVB 是引起皮肤红斑、晒伤的主要原因。

（3）UVC（短波紫外线） UVC 有较大的杀伤作用，可用来灭菌消毒，日光中的 UVC 大部分被大气中的空气、云层、尘粒、水汽等吸收和散射，很少能到达皮肤。

2. 防晒剂的防晒机理

防晒剂可分为无机防晒剂和有机防晒剂，各自有不同的防晒机理。

（1）无机防晒剂 无机防晒剂主要包括二氧化钛和氧化锌颗粒。二氧化钛颗粒主要阻隔遮蔽 UVB 波段紫外线，而氧化锌颗粒主要阻隔 UVA 波段。纳米级无机防晒剂的防晒机理有两种，既可以吸收紫外线使其电子产生跃迁，然后通过释放热量和长波可见光而释放能量，也可以通过光折射原理而直接阻挡紫外线。无机防晒剂在防晒的同时具有较强的光催化作用，因此在选择无机防晒剂最好经过表面处理，以降低其刺激性。

（2）有机防晒剂 有机化学防晒剂是通过电子能级跃迁，处于基态的电子吸收光子后跃迁到激发态，然后通过发出荧光、释放热能或发出磷光等不同的方式来释放能量，最终回归到基态，通过这样的循环方式达到抵御紫外线的功能。从化学防晒剂吸收紫外线的主要波段的谱图分布角度，可以将化学防晒剂大致分为 UVA 波段紫外吸收剂、UVB 波段紫外吸收剂及兼顾 UVA 和 UVB 的广谱紫外吸收剂。

根据 2015 版《化妆品安全技术规范》，UVB 波段紫外吸收剂有甲氧基肉桂酸乙基己酯（OMC）、奥克立林（OCTO）、胡莫柳酯（HMS）、4-甲基苄亚基樟脑、水杨酸乙基己酯（EHS）、乙基己基三嗪酮（EHT）、聚硅氧烷-15、苯基苯并咪唑磺酸、p-甲氧基肉桂酸异戊酯。UVA 波段紫外吸收剂有丁基甲氧基二苯甲酰基甲烷（BMDM）、二乙氨羟苯甲酰基苯甲酸己酯（DHHB）、苯基二苯并咪唑四磺酸酯二钠、对苯二亚甲基二樟脑磺酸。兼顾 UVA 和 UVB 的广谱紫外吸收剂有亚甲基双-苯并三唑基四甲基丁基酚（MBBT）、双-乙基己氧苯酚甲氧苯基三嗪（BEMT）、双-乙基己氧苯酚甲氧苯基三嗪 和 PMMA、二苯酮-3、二苯酮-4、二苯酮-5、甲酚曲唑三硅氧烷。

二、防晒产品的剂型特点

1. O/W 型乳液/膏霜

O/W 型防晒产品肤感比较清爽，具有水润的使用感，比较受消费者的欢迎。

在 O/W 型中，需要在油相中添加较多的油溶性防晒剂，但由于油相比例的限制，在其中添加较高浓度的防晒剂比较困难，从而 O/W 型的产品要做到高 SPF 值有一定困难。同时，O/W 体系不耐水，不适用于开发防水、防汗的防晒配方。

2. W/O 型乳液

W/O 型防晒产品在使用肤感和稳定性方面比 O/W 型差些，但具有优异的耐水性。而且外相为油相，容易添加较高含量的油溶性防晒剂，开发 W/O 型比较容易达到高 SPF（防晒指数）值和 PA（晒黑指数）值。此外，可以通过使用较高含量的硅油和清爽型的油脂复配来改善 W/O 型的使用肤感。

3. 凝胶型乳液/霜

该类型一般也是 O/W 型，但主要是使用聚合物型乳化剂为主，不使用或者较少使用传统乳化剂，这类防晒产品的肤感水润，有一种"化水感"。但这类剂型配方中很难添加大量的防晒剂，配方稳定性也比较具有挑战性，所以比较难达到较高 SPF 值和 PA 值。

4. 喷雾

防晒喷雾使用起来比较方便，配方也比较简单，由乙醇与紫外吸收剂组成。喷雾使用时由于乙醇挥发肤感会比较清爽，受到消费者的喜欢，但防晒喷雾不易实现高 SPF 值。

5. 其他剂型

其他剂型的防晒产品有类似润唇膏的棒型，涂抹时展开性不是很好，但方便携带，适用于鼻子和脸颊等易晒伤的部位。另外还有油剂型防晒产品，耐水性优异，且容易得到非常高的 SPF 值，但是使用感比其他的剂型会差些。

防晒产品的 SPF 值和 PA 值的影响因素主要有：添加的防晒剂的种类、配伍及添加量、防晒剂在皮肤上分布的均匀性、粉体的分散效果、配方的耐水性等。一般情况下，相同或者类似的防晒剂组合在不同体系中的 SPF 值会有如下规律：

W/O(摇一摇)乳液/膏霜＞O/W 膏霜＞O/W 乳液＞凝胶乳液＞喷雾

三、防晒产品的配方组成

市场上绝大多数的防晒产品都是防晒霜。防晒霜的配方组成见表 4-1。

表 4-1　防晒霜的配方组成

组分	常用原料	用量/%
防晒剂	化学(有机)防晒剂、物理(无机)防晒剂	10～30
油脂	硅油、C$_{12～15}$ 醇苯甲酸酯、辛酸/癸酸甘油三酯、碳酸二辛酯、碳酸二乙基己酯、己二酸二丁酯癸二酸二异丙酯、异壬酸异壬酯、甘油三乙基己酯、新戊二醇二庚酸酯、丙二醇辛酸癸酸酯、异十六烷等	5～60

组分	常用原料	用量/%
乳化剂	O/W 乳化剂:甘油硬脂酸酯、PEG-100 硬脂酸酯、鲸蜡醇磷酸酯钾； W/O 乳化剂:鲸蜡基 PEG/PPG-10/1 聚二甲基硅氧烷(商品名 EM-90)搭配 PEG-30 二聚羟基硬脂酸酯(商品名 Cithrol DPHS)	2~5
抗水成膜剂	聚酯-7、硅丙烯酸酯例如丙烯酸(酯)类/聚二甲基硅氧烷共聚物(商品名,KP-54)丙烯酸(酯)类/硬脂醇丙烯酸酯/聚二甲基硅氧烷甲基丙烯酸酯共聚物(商品名 KP-561P)、三甲基硅烷氧基硅酸酯(商品名有 DC749、KF7312)及 VP/二十碳烯共聚物(商品名 ANTARON V-220)	1~3
晒后修复、抗过敏成分	红没药醇、甘草酸二钾、积雪草提取物等	0.1~0.5
多元醇	甘油、丁二醇、双丙甘醇、丙二醇等	1~10
香精、防腐剂	苯氧乙醇、羟苯甲酯等	0.1~1.0
溶剂	去离子水	加至 100

四、防晒产品的原料选择要点

1. 油脂

油脂的选择主要考虑产品的清爽度以及对固体防晒剂的溶解性。如果配方中的固体防晒剂添加量比较高,或者添加了不易溶解的固体防晒剂,例如乙基己基三嗪酮（EHT）等,需要添加丙二醇二苯甲酸酯、$C_{12~15}$ 醇苯甲酸酯、双丙甘醇二苯甲酸酯、PPG-15 硬脂醇醚苯甲酸酯等极性油脂来帮助溶解固体防晒剂,从而避免防晒剂在货架期内析出结晶降低防晒值。

2. 乳化剂

（1）O/W 型乳化体系　O/W 体系乳化剂选择的一种搭配技巧是低 HLB/高 HLB 乳化剂质量比约为 1：3,同时考虑以非离子乳化剂为主搭配少量的阴离子乳化剂,这样配方体系相对稳定。推荐 HLB 值比较高的 PEG-100 硬脂酸酯和鲸蜡醇磷酸酯钾,搭配低 HLB 值的甘油硬脂酸酯,该组合乳化能力比较强,适用于各种有机防晒剂组合及含钛白粉的配方体系。

（2）W/O 乳化体系　W/O 体系防晒配方油相一般需要添加硅油以提高配方的清爽度。在这种情况下,乳化剂中需要复配含硅乳化剂,以便同时乳化硅油和普通油脂,如:月桂基 PEG-9 聚二甲基硅氧乙基聚二甲基硅氧烷（商品名 KF-6038）、鲸蜡基 PEG/PPG-10/1 聚二甲基硅氧烷（商品名 EM-90）。

3. 物理防晒剂

在 O/W 型防晒产品中 TiO_2 应优选亲油性的 TiO_2,这样才能使 TiO_2 有效分散在形成的膜中。若选择亲水性 TiO_2,则 TiO_2 处于外相水相中,当配方铺展在皮肤上,水很快挥发后,留下的一层膜主要是油类、乳化剂和其余的不挥发物，但亲水性 TiO_2 被排斥在油膜外，很容易被水除去。但 W/O 型防晒产品对 TiO_2 的选择相对宽泛，因为水分挥发慢，所以 TiO_2 无论在油相还是水相，都能使得 TiO_2 仍然留在膜中。对于防晒配方中用到的粉体粒径非常关键，适宜的粉体粒径见表 4-2。

表 4-2　氧化钛和氧化锌适宜的粒径

原料	原始粒子的粒径/nm	分散好粒子团的粒径/nm
氧化钛	10～15	110～140
氧化锌	20～35	160～200

4. 防腐剂的选择

防晒配方中防腐剂的选择也要仔细斟酌，例如，甲醛释放体和羟苯酯类可能会对配方稳定性带来影响，防晒剂等也容易使防腐剂"钝化"，降低防腐效果，所以防晒产品配方中防腐体系设计时需要适当强化。

五、防晒产品的配方设计要点

1. 改善防晒产品的肤感

① 防晒剂大都是极性成分，在普通油脂中溶解困难，尽量选择对防晒剂具有很好溶解性的清爽的油脂。常用于防晒产品配方中的油脂有 $C_{12～15}$ 醇苯甲酸酯、碳酸二辛酯、碳酸二乙基己酯、己二酸二丁酯、癸二酸二异丙酯、异壬酸异壬酯、甘油三乙基己酯、新戊二醇二庚酸酯、丙二醇辛酸癸酸酯、异十六烷等。

② 需要配伍挥发性高、黏度低的硅油和油脂，通常这些油脂有很好的溶解性，同时在皮肤上不会长时间留存，不会给皮肤带来油腻感。特别是在 W/O 型配方。例如，添加环状硅油、低黏度二甲基硅油、辛基聚甲基硅氧烷等。

③ 添加粉体肤感改良成分，同时粉体具有吸油性会降低涂覆的油腻感。常用的粉体类原料有：硅（聚甲基倍半硅氧烷）、复合硅粉乙烯基聚二甲基硅氧烷/聚甲基硅氧烷硅倍半氧烷交联聚合物、硅石、有机聚合物粉体甲基丙烯酸甲酯交联聚合物（PMMA）。空心结构粉体，更具有较强的吸油能力，减少油腻感和提供皮肤哑光效。

2. 提高防晒指数

（1）考虑防晒剂的复配及协同

① 有机紫外吸收剂和无机紫外散射剂结合使用，能够有效提高防晒值和改善配方肤感。

② 防晒能力强的部分防晒剂常温下是固体状态，固体防晒剂与液体防晒剂的复配可以协同增效，例如，甲氧基肉桂酸乙基己酯（OMC）和奥克立林

（OCTO）。

③ 特定防晒剂之间协同增效作用，例如，二乙氨羟苯甲酰基苯甲酸己酯（DHHB）和 EHT 的复配，OMC 和亚甲基双-苯并三唑基四甲基丁基酚（MBBT）的复配。

④ 在选择防晒组分搭配配方时要尽量考虑从 280～400nm 的紫外区域全覆盖，这样能够对阳光中的紫外线做到无缝防护。

（2）考虑添加成膜剂 W/O 体系因为防晒剂大多在外相油相，防晒成分可以连续铺展，而 O/W 体系油溶性防晒剂都停留在油相，消费者涂抹后防晒剂分散不连续，需要添加成膜剂来强化配方防水性。

（3）增加抗刺激性抗过敏的原料 例如，红没药醇、积雪草提取物能够减缓由于紫外线带来的皮肤泛红等现象，令皮肤在更高剂量紫外光暴露下才开始泛红，从而有助于提高防晒指数。

六、典型配方与制备工艺

O/W 型防晒乳液的典型配方见表 4-3。

表 4-3　O/W 型防晒乳液的典型配方

组相	序号	商品名	原料名称	用量/%	作用
A	A1	去离子水	水	55.9	溶解
	A2	EDTA-2Na	EDTA 二钠	0.20	螯合
	A3	羟苯甲酯	羟苯甲酯	0.10	防腐
	A4	氯苯甘醚	氯苯甘醚	0.15	防腐
	A5	1,3-丙二醇	1,3-丙二醇	1.00	保湿
	A6	黄原胶	黄原胶	0.30	增稠
	A7	Amphisol K	鲸蜡醇磷酸酯钾	1.20	乳化
B	B1	Silsoft 034	辛基聚甲基硅氧烷	0.75	润肤
	B2	PARSOL 340	奥克立林	4.00	防晒
	B3	Neo Heliopan OS	水杨酸乙基己酯	5.00	防晒
	B4	Neo Heliopan HMS	胡莫柳酯	9.00	防晒
	B5	Lexfeel 7	新戊二醇二庚酸酯	3.00	润肤
	B6	Abil wax 8801	鲸蜡基聚二甲基硅氧烷	0.70	润肤
	B7	PARSOL 1789	丁基甲氧基二苯甲酰基甲烷	3.00	防晒
	B8	Tinosorb S	双-乙基己氧苯酚甲氧苯基三嗪	1.00	防晒
	B9	KSG-210	聚二甲基硅氧烷，聚二甲基硅氧烷 PEG-10/15 交联聚合物	1.00	增稠,乳化
	B10	白蜂蜡 SP-422P	蜂蜡	1.00	润肤
	B11	Tinogard TT	季戊四醇四（双-叔丁基羟基氢化肉桂酸）酯	0.10	抗氧化
	B12	EMULGADE 165	甘油硬脂酸酯、PEG-100 硬脂酸酯	2.00	乳化
	B13	Lanette® 22	山嵛醇	0.50	助乳化、增稠

组相	序号	商品名	原料名称	用量/%	作用
C	C1	Tinosorb M	癸基葡糖苷、亚甲基双-苯并三唑基四甲基丁基苯酚、丙二醇、水、黄原胶	3.00	防晒
	C2	SunSpheres Powder	丙烯酸酯/苯乙烯共聚物	3.00	防晒,增效
	C3	Sunsil-150H	硅石	2.00	肤感调节
	C4	Allianz OPT	丙烯酸(酯)类/C_{12-22}烷醇甲基丙烯酸酯共聚物	0.50	防晒,增效
	C5	Cosmedia® SPL	聚丙烯酸钠、氢化聚癸烯、PPG-5-月桂醇聚醚-5	0.50	增稠,乳化
D	D1	香精	(日用)香精	0.10	赋香
	D2	苯氧乙醇	苯氧乙醇	0.50	防腐

制备工艺：

① 把 A1~A6 在烧杯中混合，水浴加热到 80℃，搅拌分散，然后加入 A7，得待用（1）。

② 把 B1~B8 在烧杯中混合，水浴加热到 80℃，低速搅拌，溶液透明，加入 B9-B13，保温搅拌溶解，得待用（2）。

③ 边开动均质速度为 4500r/min 情况下，将待用（2）加入待用（1），加完后均质 3min，继续搅拌均匀，低速搅拌降温，得待用（3）。

④ 在待用（3）温度到达 50℃时，加入 C1~C5 原料，搅拌均质，均质速度为 4500r/min，时间为 3min。

⑤ 继续冷却到 40℃左右加入 D 相，搅拌降温后，温度到达 30℃后，出料。

配方解析：本配方是 O/W 型乳化体，并且添加了肤感改良剂硅石。因此，配方非常干爽且不油腻，SPF 值和 PA 值适中，比较适合作为日常防晒产品使用。

七、常见质量问题及原因分析

1. 配方含丁基甲氧基二苯甲酰基甲烷（BMDM）易出现变色及防晒值降低

BMDM 在与没有经过包裹处理或者包裹处理不完全的二氧化钛复配会导致变色；建议选择充分包裹处理的防晒钛白粉及添加 EDTA-2Na 螯合剂，使用高级别（例如 316L）的不锈钢设备来生产防晒配方。BMDM 和甲氧基肉桂酸乙基己酯（简称 OMC）搭配，在光的作用下会发生反应生成新的化合物，从而逐渐失去防晒效果，所以在防晒产品配方设计时不建议将 BMDM 和 OMC 同时配伍使用。

2. O/W 型防晒乳液的流变性发生变化

O/W 型防晒乳液，在放置一段时间后可能形成果冻状，挑起性变差。原因可能是配方中添加了聚合物乳化剂如 sepigel 305 或卡波类增稠剂等，这类聚合物与氧化钛搭配时容易聚集从而形成果冻现象。在 O/W 型配方中添加氧化锌防晒剂会带来二价的锌离子，也会造成聚合物增稠剂凝聚。

3. 防晒霜长期放置后有颗粒析出，在显微镜下观察呈晶体样

主要原因有：

① 配方中添加的固体防晒剂溶解不充分，或在常温或者寒冷季节长期储存条件下，固体防晒剂与其他油脂相溶性不好，从油相中析出结晶；

② 卡波类聚合物和二氧化钛等粉体防晒剂的同时添加产生配伍性问题。

第二节　美白祛斑化妆品

一、祛斑类化妆品简介

祛斑类化妆品是用于减轻面部皮肤表皮色素沉着异常的化妆品，主要基于抑制酪氨酸酶活性和减少黑色素的生成，以及清除氧自由基或对黑色素进行还原、脱色等手段来实现。祛斑类化妆品添加美白活性成分，可制成水剂、精华液、膏霜和乳液状等形式，其中尤以精华液、膏霜和乳液类产品最为流行，具有美白和保湿、提供皮肤养分等护肤、养颜作用。

1. 皮肤的颜色

在决定皮肤颜色的因素中，最主要的是表皮细胞中黑色素含量的多少，而不完全取决于表皮中黑色素细胞的数目。事实上黄色、白色和黑色人种正常时其黑色素细胞的数目相当稳定。黑色素细胞出现在表皮基底细胞之间和下方以及其上层，也见于毛囊中。表皮黑素细胞是合成与分泌黑素颗粒的树枝状细胞，来源于神经嵴，位于表皮基底层与毛基质等处，占基底细胞的 4%～10%，面部、乳晕、腋窝及外生殖器部位数目较多。其生产转运的黑素颗粒可吸收或阻挡紫外线，保护基底细胞核和朗格汉斯细胞周边及其下方的组织细胞免遭紫外线损伤。

面部黑素细胞分泌黑素颗粒的多少，可直接影响容貌。色素增加性皮肤病如黄褐斑、太田痣、雀斑、瑞尔黑变病等和色素缺少性皮肤病如面部白癜风、无色素性痣、白化病等的发生病因复杂，但均与黑素细胞功能异常有关。

2. 黑色素的形成机理

色素沉着主要是由紫外线及炎症等各种刺激引起的。紫外线或者活性氧等自由基刺激诱导皮肤角质形成细胞分泌的黑色素细胞活化因子等，活化在表皮基底层的黑色素细胞，促进酪氨酸酶的合成和黑色素细胞的增殖。

黑素细胞内形成的黑色素通过突起转运到角质形成细胞之间，再通过角质化作用不断地扩散到皮肤的表皮层，随着皮肤的代谢和更新而逐步消失和更新。含黑色素细胞的皮肤结构示意图见图 4-1。

黑素颗粒的形成由酪氨酸酶将酪氨酸羟基化成多巴（3,4-二羟基苯丙氨酸），再使多巴氧化成多巴醌，在多巴色素互变异构酶和 DHICA 氧化酶等其他酶的参与下继续氧化、分化和聚合，最后形成了褐黑素（Pheomelanin）和真黑素（Eumelanin）。黑色素形成过程见图 4-2。

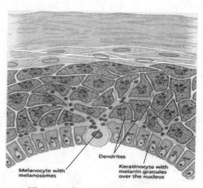

图 4-1　存在于皮肤表皮层基底层的黑色素生成细胞

二、美白祛斑机理及活性成分

根据上述黑色素形成的路径可以知道，祛斑美白化妆品发挥美白祛斑功效可以通过如下一种或者多种途径结合来达到：通过防晒剂来阻挡紫外线，防止紫外线刺激皮肤产生炎症因子刺激黑色素细胞加快生产黑色素颗粒，形成过多的黑色素；抑制角质形成细胞分泌黑色素细胞活化因子以及抑制黑色素细胞活性因子的活性作用；清除活性氧，防止氧化应激反应发生；抑制酪氨酸酶的生成和酪氨酸酶及黑色素细胞活性；通过阻碍黑色素小体向角质形成细胞之间转移；通过促进黑色素还原、防止其光氧化，使已生成的黑色素淡化；通过提高肌肤的新陈代谢，使黑色素随着角质层的更新排出肌肤外等，可有效地减少黑色素的堆积，淡化肤色。

美白祛斑功效的主要途径及常用的活性物见表 4-4。

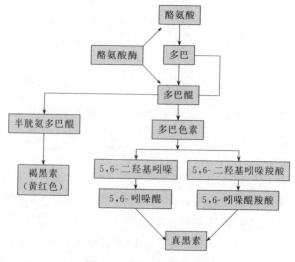

图 4-2　黑色素形成过程

表 4-4 美白祛斑功效的主要途径及常用的活性物

主要途径	活性物质
阻止紫外线的照射	防晒剂
加速皮肤更新,促进黑色素随着角质层脱落	果酸 AHA
对黑色素细胞外信息调控	内皮素拮抗剂,如白藜芦醇、阿魏酸,PGE2 抑制剂,传明酸
对黑色素细胞有细胞毒性	氢醌(已禁用)
抑制酪氨酸酶的生成和酪氨酸酶的活性	维生素 C 及其衍生物、苯乙基间苯二酚、甘草提取物(甘草黄酮、光甘草定)、曲酸衍生物、熊果苷、鞣花酸、传明酸、阿魏酸、氢醌(已禁用)等
抑制生成的黑色素向皮肤的角质形成细胞转移	烟酰胺
清除氧自由基、防止及减少黑色素的氧化	维生素 E 及其衍生物、维生素 C 及其衍生物、SOD、甘草黄酮、白藜芦醇

三、祛斑产品的配方设计要点

1. 提高美白效果

(1) 选择合适的剂型 适合祛斑的产品剂型主要为滞留型(Leave-on)剂型,洗去型配方不适合祛斑功效产品。水剂、膏霜乳液、面膜、精华(原液)等都是祛斑产品的常用剂型,消费者通常主要在夏季等温暖季节使用更多的祛斑功效产品,所以质地和肤感偏清爽的祛斑类产品较受欢迎。

(2) 做好防晒是关键 在接触紫外线的情况下,尽量使用防晒护肤品,做好紫外线预防工作。只有在做好防晒的前提下,使用美白祛斑护肤品才会更有效。

(3) 注意让美白剂正常发挥功效的条件 不同的美白剂所需要的 pH 不同。例如,维生素 C 葡糖苷又称抗坏血酸 2-葡糖苷 (AA2G),在生物体内被分解为抗坏血酸和葡萄糖发挥作用,建议最好在 pH 值 6.0~7.0 条件下使用,维生素 C 乙基醚又称 3-O-乙基抗坏血酸,建议最好在 pH 值 3.0~6.0 条件下使用,果酸的最佳 pH 值在 2.5~4.0 等。

(4) 美白剂的复配原则 美白功效是需要通过多个作用机理来协同达到的,可选择不同机理的活性物搭配,如间苯二酚类(苯乙基间苯二酚)与维生素 C 衍生物、烟酰胺等的搭配,这样搭配可以在获得较好美白功效的同时也有利于控制配方稳定性和刺激性。

2. 美白祛斑活性成分的稳定性

一般美白活性成分容易被氧化,发生变色等现象。提高美白剂的稳定性的措施一般有以下几种。

① 添加稳定剂，可以显著提高美白剂的光稳定性，加入金属离子螯合剂（EDTA-二钠等），有助于避免由于离子螯合导致的变色；

② 添加抗氧化剂，如维生素乙酸酯，有助于提高颜色稳定性；

③ 添加抗氧化成分，如 0.1% 的焦亚硫酸钠，可有效避免变色的发生；

④ 也需要考虑包装的材料和形式，建议采用真空包装或者比较致密的材质，减少氧气的影响。

四、典型配方及制备工艺

祛斑水祛斑乳的典型配方见表 4-5、表 4-6。

表 4-5 祛斑水的典型配方

组相	组分	原料名称	用量/%	作用
A	甘油	丙三醇	4.0	保湿
	1,3-丁二醇	1,3-丁二醇	3.0	保湿
	海藻糖	海藻糖	2.0	保湿
	熊果苷	熊果苷	0.5	美白
	烟酰胺	烟酰胺	2.0	美白
	甘草酸二钾	甘草酸二钾	0.05	舒缓调理
	透明质酸钠	透明质酸钠	0.015	保湿
	去离子水	水	40	溶解
B	尼泊金甲酯	羟苯甲酯	0.1	防腐
	苯氧乙醇	苯氧乙醇	0.2	防腐
	CPG	己二醇、辛甘醇	0.1	助防腐
	去离子水	水	加至100	溶解
C	香精	香精	0.02	赋香
	增溶剂 LRI	PPG-26-丁醇聚醚-26、PEG-40 氢化蓖麻油	0.1	增溶
	去离子水	水	10	溶解

制备工艺：

① A 相中透明质酸钠先在水中分散搅拌充分溶解，然后加入其他成分搅拌至溶解；

② B 相中原料混合搅拌，可以加热到 70℃，待所有原料溶解均匀；

③ C 相中香精和增溶剂混合，然后加入水中搅拌均匀；将混合好的 A 相和混合好的 B 相混合，搅拌均匀；

④ 在 A＋B 相中加入 C 相。继续搅拌均匀，30℃以下出料。

配方解析：该水剂配方主要具有美白祛斑和保湿效果，肤感清爽。添加了熊果苷和烟酰胺等美白成分，熊果苷具有抑制酪氨酸酶的效果而烟酰胺可以抑制形成的黑色素转移到角质层，二者协同美白。添加了甘草酸二钾，帮助抗炎舒缓肌肤，提升美白效果。

表 4-6 祛斑乳的典型配方

组相	序号	商品名	原料名称	用量/%	作用
A	A1	去离子水	水	加至 100	溶解
	A2	EDTA-2NA	EDTA 二钠	0.05	螯合
	A3	甘油	甘油	3	保湿
	A4	卡波 980	卡波姆	0.1	增稠
	A5	海藻糖	海藻糖	0.5	保湿
	A6	尼泊金甲酯	羟苯甲酯	0.1	防腐
	A7	1,3-丁二醇	1,3-丁二醇	5	保湿
	A8	HA	透明质酸钠	0.02	保湿
	A9	汉生胶 T	汉生胶	0.06	增稠
B	B1	Eumulgin S2	鲸蜡硬脂醇醚-2	1.2	乳化
	B2	EumulginS21	鲸蜡硬脂醇醚-21	1.5	乳化
	B3	Cutina PES	季戊四醇二硬脂酸酯	0.8	助乳化
	B4	Silsoft 034	辛基聚甲基硅氧烷	1	润肤
	B5	异十六烷	异十六烷	2	润肤
	B6	DC-200cst	聚二甲基硅氧烷	1.6	润肤
	B7	霍霍巴油	霍霍巴油	1	润肤
	B8	EHP	棕榈酸乙基己酯	2	润肤
	B9	VE Acetate	维生素 E 乙酸酯	0.5	抗氧化
C	C1	烟酰胺	烟酰胺	1	美白
	C2	传明酸	凝血酸	1	美白
	C3	去离子水	水	5	溶解
	C4	NaOH	氢氧化钠	0.02	中和
	C5	SIMULGEL EG	丙烯酸钠/丙烯酰二甲基牛磺酸钠共聚物、水、异十六烷、聚山梨醇酯-80、山梨坦油酸酯	0.25	增稠乳化
D	D1	苯氧乙醇	苯氧乙醇	0.2	防腐
	D2	CPG	己二醇、辛甘醇	0.1	防腐增效
	D3	香精	香精	0.08	赋香
	D4	积雪草提取液	甲基丙二醇、积雪草（CENTELLA ASIATICA）提取物	0.1	皮肤调理
	D5	HEPES-LUV	羟乙基哌嗪乙烷磺酸	0.5	皮肤调理
	D6	馨敏舒	红没药醇、姜（ZINGIBER OFFICINALE）根提取物	0.1	舒缓调理

制备工艺：

① A 相的 A8、A9 在 A7 中预分散，先在水中加入 A2、A3、A5、A6 溶解，然后加入 A4 充分搅拌分散均匀，物颗粒状，加入前面准备好的 A7～A9 的预混溶液。继续搅拌充分溶解，加热到 80～85℃待用。

② B 相原料混合搅拌，可以加热到 80℃，待所有原料溶解均匀；将 B 相原料加入 A 相，3000r/min 均质，搅拌均匀，同时启动真空，开始冷却。

③ C 相中将 C1、C2、水预混合溶解，C4 和水预混合，在混合的 A＋B 相达到 65℃时，加入前述预混合的溶液。继续搅拌，加入 C5，继续搅拌降温。

④ 在 A＋B＋C 相降温到 45℃时，依次加入 D 相中的原料，搅拌均匀后，测试 pH 和黏度，合格后出料。

配方解析：该配方的外观为乳白色液体，pH 值控制在 5.0～7.0。该配方是具有美白祛斑和保湿效果的乳液，可以作为日常保湿美白乳液使用。

五、常见质量问题及原因分析

1. 美白祛斑产品的外观变色

美白祛斑类配方一般含有一种或者多种祛斑活性成分，在高温考查或者长期储存过程中外观容易变色，膏体外观经常会变黄色甚至棕色，主要是大多美白活性成分具有还原性等不稳定的特点，在高温、光照或者长时间放置后体系的 pH 飘移等会引起变色现象。

2. 美白祛斑产品的皮肤刺激性

祛斑产品通常由于添加了促渗透成分和较多的祛斑活性成分，所以皮肤刺激性发生的概率也会相应地高一些。在开发美白产品时，需要考虑添加舒缓、抗刺激的成分，同时做好产品配方的安全评估（斑贴和皮肤刺痛等测试）。此外，也要考虑体系的 pH 值等对祛斑活性物的稳定性影响。例如，美白常用的活性物烟酰胺在 pH 偏低的环境下（例如 5 以下）就会有更多的水解产物烟酸生产，而烟酸是导致刺激性升高的主要因素。

第三节 抑汗祛臭化妆品

抑汗祛臭化妆品是用来祛除或减轻人体汗液分泌物的臭味，或者用来防止臭味产生的特殊用途化妆品。

一、出汗的原因

人体皮肤内有 2 百万～4 百万个汗腺，背部、胸、额和下肢汗腺密度较高，分为小汗腺和大汗腺。其中，小汗腺的主要功能是通过皮肤出汗和水分蒸发，

使体温控制在 37℃左右。大汗腺与毛发、皮脂腺一起，在人体上只见于少数部位，如腋窝、肛门生殖器、外耳道等。大汗腺受肾上腺能神经纤维支配（激素控制），受情绪变化的影响，与调节体温无关，在青春期后分泌活动增加。小汗腺可快速地分泌汗液，而大汗腺以较慢的速度分泌汗液，大汗腺分泌汗液是黏的奶状乳浊液，含有蛋白质、脂质、烃类化合物和盐类，在毛囊出口处会呈球形液滴，且氧化变质会有异味。出汗是维持和控制体温极其重要的生理学功能，热刺激、精神刺激或味觉刺激都会引起出汗。

二、抑汗机理及活性成分

抑汗化妆品能抑制汗液的过多分泌或吸收分泌的汗液，其主要成分为抑汗剂。目前抑汗剂的作用机理主要有以下几种。

（1）角蛋白栓塞理论　铝和锆离子与角蛋白的羧基结合，生成环状化合物，封闭汗腺导管，抑制汗液分泌，如氯化羟铝、二氯化羟铝、倍半氯化羟铝、五氯羟铝锆、八氯羟铝锆、三氯羟铝锆、四氯羟铝锆等。

（2）渗透袜筒理论　金属盐改变汗腺导管对水的渗透性，使得汗液渗透至真皮组织内，而不进入皮肤的表面，在金属盐类作用下，汗腺导管如渗透袜筒。如苯酚磺酸锌、硫酸锌、硫酸铝、氯化锌、氯化铝。

（3）神经学理论　金属离子的存在，停止输入汗腺的神经信号，使出汗减少，如钛的乳酸铵盐、钒盐和铟盐的氯化物等。

（4）电势理论　金属离子的存在，在皮肤表面产生强的正电荷，因而反转了汗腺导管的极性，改变了汗流的方向，如明矾、氯化羟锆铝、甘氨酸铝锆等。

（5）表面密封理论　活性盐类形成完全惰性凝胶，进一步形成吸留性密封，抑制汗流，如丙烯酸/丙烯酸胺聚合物和丙烯酸酯的共聚物、柠檬酸、乳酸、酒石酸、琥珀酸、单宁醛和三氯乙酸等。

三、体臭的成因

人的全身布满了分泌汗液的汗腺，以保持皮肤表面的湿润并排泄废弃物。人体皮肤的气味和体臭主要来自汗腺和皮脂腺的分泌物，及其与皮肤上的微生物相互作用后的代谢产物，通常为挥发性小分子。青年人性腺的日渐发育，性激素分泌增加，刺激神经系统，促进了大汗腺的分泌，使汗液中的有机物含量增多。有些人的腋下腺异常，常排出大量的黄色汗液，它与皮脂腺所分泌的脂肪酸、蛋白质等物以及皮肤表皮的死亡细胞、污垢一起经细菌作用，大大加速了有机物的分解，于是产生了具有恶臭的有机酸类，发出一种刺鼻难闻的臭味。这种臭味类似狐狸身上所发出的臊气，所以人们称它为"狐臭"。狐臭多发生于青年，特别是发育成熟的女青年，尤其在夏季，气温高、汗腺分泌旺盛时，臭味更为明显。要祛除、减轻、防止体臭，需要抑制汗腺分泌和皮脂腺分泌、消除或降解引起体臭的物质。

四、祛臭机理及活性成分

祛臭化妆品是通过减少汗腺的分泌，抑制细菌繁殖，达到爽身除臭的功能。抑汗除臭化妆品一般由抑汗剂、除臭剂、吸附剂、杀菌剂及香精组成，各组分协同发挥作用，实现消除或减轻汗臭的效果。其抑汗除臭机理如下。

1. 化学反应除臭

利用化学物质与引起臭味的物质反应达到除臭目的，常用的除臭物质有碳酸氢钠和钾、甘氨酸锌、氢氧化锌、氧化锌、氧化羟铝等。

2. 臭味吸附剂除臭

利用臭味吸附剂防止或消除所产生的臭味，常用的吸附剂有阳离子和阴离子交换树脂、硫酸铝钾、2-萘酚酸二丁酰胺、异壬酰基-2-甲基-Y-氨基丁酸酐、聚羧酸锌和镁盐、分子筛等。

3. 杀菌剂除臭

利用杀菌剂可以抑制细菌的繁殖和分解，直接防止体外汗液的分解变臭。常用的杀菌祛臭剂有二硫化四甲基秋兰姆、六氯二羟基二苯甲烷、3-三氟甲基-4,4′-二氯-N-碳酰苯胺，以及具有杀菌功效的阳离子表面活性剂如十二烷基二甲基苄基氯化铵、十六烷基三甲基溴化铵、十二烷基三甲基溴化铵、氧化锌、硼酸、叶绿素化合物等。

4. 香精掩盖除臭

利用香精掩盖体臭，达到改善气味的目的，如具有芳香气味的香精。

五、抑汗祛臭化妆品的配方设计要点

（一）抑汗化妆品的配方设计要点

抑汗化妆品可分为两种类型：一类是利用收敛剂的作用，抑制汗液的分泌，间接地防止汗臭；另一类是利用杀菌剂的作用，抑制细菌的繁殖，直接防止汗液的分解变臭。因此，可以从两方面着手设计配制抑汗祛臭化妆品：一是抑制汗液的过量排出；二是清洁肌肤，抑制细菌的繁殖，防止或消除产生的臭味。抑汗化妆品可以制成粉状、液状、膏霜状、气雾型抑汗剂、抑汗棒等。

1. 不同类型抑汗化妆品的特点

粉状抑汗剂（antiperspirant powder）是以滑石粉等粉料作为基质，再加收敛剂配制而成，具有滑爽和吸汗作用，但因附着力差，抑汗效果不如其他类型的抑汗化妆品，目前市场上已很少见到。膏霜型抑汗剂（antiperspirant cream）

由于其携带和使用方便，最受消费者欢迎，其配方组成是在雪花膏的基础上加入收敛剂配制而成，即制成 O/W 型。因为收敛剂是水溶性的，在连续相中能产生较好的抑汗效果。抑汗棒（antiperspirant sticks）是国外市场上最流行的一种抑汗化妆品，由蜡状基质和抑汗活性物组成，微细氯化羟铝、润滑剂和其他功能添加剂均匀分散于作为棒状的基质中，形成可在室温下定型成棒的制品。气雾型抑汗剂（antiperspirant sprays）气雾型抑汗剂的组成主要包括止汗活性成分、增稠剂、润滑剂、溶剂、愈合剂、调理剂、推进剂等，要求各组分雾化分散，这需要使用很细而均匀的粉末，一般要求 90% 以上的颗粒为 $10\mu m$ 左右。液体抑汗剂（antiperspirant water）的配方是由收敛剂、乙醇、水、保湿剂、增溶剂和香精等组成，必要时可加入祛臭剂和缓冲剂。

2. 抑汗剂的选用

采用硫酸铝或氯化铝作收敛剂时，还必须加入缓冲剂以减低产品的刺激性。加入少量非离子表面活性剂如聚氧乙烯失水山梨醇脂肪酸酯、聚氧乙烯脂肪醇醚等，可增加香料的溶解性能，形成透明均匀的溶液；加入少量保湿剂对防止汗液的蒸发有帮助，还可增加对皮肤的滋润性，保湿剂用量为 3%～11%，用量太大会使皮肤有潮湿感觉。尿素对铝盐、锌盐的腐蚀性有良好的抑制作用，用量为 5%～10%。钛白粉用作膏体的乳浊剂和增白剂，用量为 0.5%～1.0%。祛臭剂（六氯二苯酚基甲烷、季铵类表面活性剂及叶绿素等）与抑汗剂复配使用时，必须将其溶解于抑汗剂溶液中，同时还必须注意祛臭剂与收敛剂、表面活性剂等的配伍性。抑汗剂呈酸性，选用的香精应在酸性时不会变色和变味，香精加入产品中后可进行存储试验，在室温和在较高的温度（40～45℃）存储 3～6 个月，以观察变色和变味情况。

3. 降低抑汗化妆品刺激性

常见的收敛剂锌盐和铝盐具有较高的酸性，其 pH 值在 2.5～4.0，这些化合物离解后呈酸性，对皮肤有刺激作用。在低 pH 值和表面活性剂共存时，会使其刺激作用增加，一般需要加入少量的氧化锌、氧化镁、氢氧化铝或三乙醇胺等进行酸度调整，减少其对皮肤的刺激性。羟基氯化铝等碱式铝盐及其复合型金属盐抑汗剂，呈弱碱性，对皮肤的刺激性和衣物的玷污、损伤较少，是较常见的止汗剂品种。

（二）祛臭化妆品的配方设计要点

祛臭化妆品中的主要组成是抑汗剂、除臭剂、杀菌剂及芳香剂等成分。祛臭化妆品有粉状、液状和膏霜状等类型，但市场上以祛臭液为主。

1. 祛臭剂的选择

祛臭液可用西曲氯铵、苯扎氯铵等季铵类化合物作祛臭剂，这类化合物能杀菌祛臭，无毒性及刺激性，且易吸附于皮肤上作用持久，用量一般为0.5%～2.0%。也可采用水溶性叶绿素衍生物或地衣、龙胆、山金车花、百里香等植物提取物作为祛臭剂或与季铵盐并用。以六氯二羟基二苯甲烷等氯代苯酚衍生物配制祛臭液时应先用丙二醇或乙醇溶解后再用水稀释，但应注意不与铁、铝容器接触，以免发生变色，用量一般为0.25%～0.5%。许多中草药提取物的有效成分也可以渗透到皮肤内，通过减少汗腺分泌和抑制细菌的繁殖，达到爽身除臭的目的，此类祛臭化妆品副作用小，安全性高，不影响人体的功能代谢，很有发展前景。

2. 祛臭剂与表面活性剂的配伍性

以氯代苯酚衍生物作为祛臭剂，当与苯酚磺酸盐、氯化锌等配合可制成粉质膏霜。但如果采用氯代苯酚类祛臭剂，则不能使用影响杀菌性能的非离子表面活性剂作乳化剂，可选用乳化效果良好的硬脂酸钾。若使用氧化锌做祛臭剂，则可选用非离子表面活性剂作乳化剂。

3. 降低祛臭化妆品刺激性

常见的杀菌防臭剂有六氯酚、三氯生（2,4,4,-三氯-2,-羟基二苯醚）、氯化苄烷胺、盐酸洗必泰等，这些物质在使用时均有限用量。现在还配用季铵盐型表面活性剂如鲸蜡基吡啶氯盐、烷基三甲基氯化铵等，这类制品的安全性高，对皮肤的刺激性小，效能长。

六、典型配方与制备工艺

祛臭化妆品有液状、膏霜状和气雾型等类型，但尤以祛臭液效果显著，市场上也比较畅销。

抑汗液、抑汗霜、抑臭霜的配方见表4-7～表4-9。

表 4-7　抑汗液的配方

组相	原料名称	用量/%	作用
A	六氯二苯酚甲烷	0.1	除臭
	甘油	3.0	保湿
	丙二醇	2.0	保湿
B	十二烷基二甲基苄基氯化铵	1.0	杀菌
	碱式氯化铝	16.0	抑汗
	水	加至100	溶解
C	乙醇	49	溶解
	香精	适量	赋香

制备工艺：

① 将 A 相、B 相分别加热溶解；

② 将 B 相缓缓地加入 A 相，搅拌均质完全；

③ 加入 C 相，搅拌均匀，静置二天后过滤，出料。

表 4-8　抑汗霜的配方

组相	原料名称	用量/%	作用
A	硬脂酸	14.0	乳化
	蜂蜡	2.0	润肤
	液体石蜡	2.0	润肤
	山梨坦硬脂酸酯	5.0	乳化
B	碱式氯化铝	18.0	抑汗
	聚山梨醇酯 60	5.0	乳化
	水	加至 100	溶解
	甘油	4.0	保湿
C	香精	0.3	赋香

制备工艺：

① 将 A 相加热至 80～85℃，搅拌完全熔化；

② 将 B 相加热至 80～85℃，搅拌完全溶解；

③ 将 A 相加入 B 相，均质 3 min；

④ 冷却至 40℃时加入香精，搅拌均匀，出料。

表 4-9　除臭霜的配方

组相	原料名称	用量/%	作用
A	硬脂酸	5.0	赋形,润肤
	鲸蜡醇	1.5	助乳化
	单硬脂酸甘油酯	10.0	乳化
	肉豆蔻酸异丙酯	2.5	乳化
	六氯二苯酚甲烷	0.5	祛臭
B	甘油	10.0	保湿
	氢氧化钾	1.0	乳化
	水	加至 100	溶解
C	香精	适量	赋香

制备工艺：

① 将 A 相搅拌加热至 75℃，完全熔化；

② 将 B 相加热至 75℃；

③ 将 A 相加入 B 相，搅拌均质；

④ 降温至 45℃，加入 C 相，搅拌均匀，出料。

第四节　抗衰老化妆品

一、皮肤衰老的机理

衰老又称老化，是生物随着时间的推移所发生的功能性和器质性衰退的必然过程。人的皮肤和其他机体组织一样，都会经历生长、发育、衰老的过程。皮肤的衰老是一种非常复杂的自然现象，是与机体的衰老是同步进行的，大约25岁以后，人的皮肤就开始衰老，最明显的特征是真皮层的胶原蛋白和弹性纤维减少，肌肤出现松弛，45岁以后弹性纤维降解得更加严重，加上皮下脂肪减少，从而产生细纹、皱纹。皮肤的衰老主要分为内源性的衰老和外源性的衰老，内源性的衰老是机体内在的因素（如遗传、新陈代谢能力、内分泌和免疫功能随机体的衰老而改变）及不可抗拒因素（如地心引力）作用下引起的不可逆的自然老化过程。外源性的老化是由环境暴露引起的皮肤老化，比如日光（紫外线、可见光、红外线）、空气污染（$PM_{2.5}$、NO_2、SO_2 等）、接触化学物质、微生物侵袭等引起的老化，其中紫外线的长期反复照射是最重要的因素，其体表特征为暴露部位的皱纹加深加粗，产生不规则的色素沉淀等。

国内外学者对皮肤衰老的机理的研究比较多，比如：自由基衰老学说、代谢失调学说、光老化学说、非酶糖基化衰老学说、细胞凋亡学说、遗传衰老学说、神经内分泌功能减退学说等，其中比较受认可的皮肤衰老机理主要为前五种。

1. 自由基衰老学说

自由基，化学上也称为"游离基"，是指化合物的分子共价键发生断裂而形成的具有不成对电子的原子或基团。在书写时，一般在原子符号或者原子团符号旁边加上一个"·"表示没有成对的电子。如氢自由基（H·即氢原子）。人体内许多物质代谢产生的具有氧化毒性的活性氧自由基，很多外源性的刺激也会导致人体内产生很多自由基，与此同时人体也会产生抗氧化的活性成分与之保持动态平衡，随着年龄的增长和机体受外源性因素的侵蚀，人体内的抗氧化体系的功能会逐渐衰退，平衡被打破，过量累积的超氧自由基就会攻击机体组织细胞的大分子（如脂质、蛋白质、酶），使其氧化变性、交联或断裂，导致皮肤的细胞发生结构和功能的破坏，从而加速皮肤的衰老。

2. 代谢失调学说

代谢失调学说认为皮肤的衰老虽然是由遗传基因所决定的，但其规律是通过细胞的代谢来表达的。随着年龄的增长，人体内在的因素和外来因素都会导致糖类、脂肪、蛋白质、核算、矿物质等五类物质代谢的减弱，而且酶、激素、免疫力和神经递质代谢也都会随着年龄的增长而下降，因此代谢的减弱会引起机体代谢障碍，进一步造成细胞代谢失调、衰老，从而导致皮肤的衰老。

3. 光老化学说

光老化学说认为，日光中的紫外线照射会损伤DNA，引发进行性胶原蛋白的交联，通过诱导抗原刺激反应的抑制途径而降低免疫应答从而降低皮肤的免疫力，产生高度反应活性的自由基与各种细胞内成分相互作用而造成细胞和组织的损伤。因此，长时间的日光照射会使皮肤变得粗糙、多皱、皮肤角质层增厚，进入真皮层的日光辐射还会导致血管壁和结缔组织中的胶原蛋白和弹性蛋白发生缓慢的变化，加速皮肤的衰老进程。

4. 非酶糖基化衰老学说

非酶糖基化（NEG）反应是在还原糖的羰基和蛋白质上的游离氨基进行非酶性缩合反应而产生的高级糖基化终产物（AGEs）会使蛋白质产生褐色、荧光和交联。AGEs一旦形成就难以分解，随着年龄的增长在人体内进行性增长，会促使各种老化疾病症状的产生。随着机体衰老的进程，真皮的结缔组织出现异常交联，这种老化交联主要有两种方式：一种是组氨酸丙氨酸的交联；另外一种几位NEG反应的交联。非酶糖基化（NEG）对皮肤衰老的影响主要通过作用胶原纤维和弹性纤维而实现的，同时NEG也是导致老年色素产生的重要原因。

二、抗衰老机理及活性成分

现在市场上化妆品的抗衰老机理主要有防晒、保湿及皮肤屏障修复、抗氧化、抗糖化、促进角质层新陈代谢等。

1. 防止紫外线

有很多事实证明，经常暴露在紫外线下的肌肤，其胶原纤维及透明质酸会少或者变性，表皮真皮结合部位的基底膜受损以及在真皮种生成蛋白质糖基化反应终产物（AGEs）等皮肤问题。防止皮肤的光致老化对于皮肤抗老化至关重要。可以通过使用添加了常用的紫外线吸收剂和无机防晒剂二氧化钛和氧化锌等防紫外线成分的护肤品，来有效隔离紫外线，减少紫外线对皮肤的光老化伤害。

2. 保湿及皮肤屏障修复

随着皮肤的老化，皮肤的表皮含水量变低及透皮失水率也会增加，皮肤角质层会变粗糙。使用含保湿剂的化妆品，可以提高皮肤角质层含水量，恢复皮肤正常角质，减少干燥等引起的细纹。常用的保湿剂包含甘油等各种多元醇类、透明质酸、甜菜碱、氨基酸、吡咯烷酮羧酸钠（PCA-Na）等。

皮肤屏障修复配方除了保湿剂、润肤剂、封闭性油脂等基本成分以外，还需要添加用于增强皮肤天然屏障性能的特定生理活性成分神经酰胺、胆甾醇、脂肪酸、植物鞘氨醇来补充强化脂质双层的结构及功能等。

3. 抗氧化

人体内许多物质代谢产生的具有氧化毒性的活性氧自由基以及很多外源性的刺激也会导致人体内产生很多自由基，通过补充抗氧化成分来消除自由基，能够有效地缓解皮肤衰老。典型的抗氧化成分有维生素类、多酚类、超氧化歧化酶、辅酶 Q10、白藜芦醇、谷胱甘肽、植物提取物等。

4. 抗糖基化

在化妆品中添加一些活性成分，例如肌肽（carnosine），具有抗氧化和抗糖化作用，从而起到延缓衰老的作用。肌肽是一种天然的内源性二肽，具有广泛的药理活性。肌肽由 β-丙氨酸和 L-组氨酸组成，可以抗糖基化、抗氧化、清除自由基，其防护作用是作为金属离子螯合剂淬灭活性氧自由基（ROS）阻碍自由基反应，防止氧化应激物和糖基化末端（AGE）产物产生。

5. 活化肌肤细胞

类视黄醇物质是 β-胡萝卜素类的天然产物，包括视黄醇、视黄醛、视黄酯及视黄酸等，属于维生素 A 家族。其中作为视黄醇的氧化产物视黄酸是最具有生物活性的成分，局部外用视黄酸（即维生素 A 酸）可有效治疗痤疮、光损伤及减少皱纹。为了减少消费者对视黄醇的刺激反应的不耐受现象，护肤产品的视黄醇的添加浓度建议小于 0.1%。同时也要做好与消费者沟通，建议消费者使用这类产品配方的同时要做好小面积试用及防晒等措施。

6. 促进角质层新陈代谢

α-羟基酸类（AHA）是羟基酸，主要应用在非敏感类型肌肤发挥抗老作用，可以做到皮肤浅表松解剥脱和真皮重塑效应。这类成分可以使得皮肤表皮的角质层的死皮脱落并且刺激胶原蛋白合成，比较适合于油性肌肤和粉刺痤疮好发性的肌肤。含 AHA 的护肤品不太适用于干性及敏感性肌肤。常见的 AHA 包括羟基乙酸、乳酸、柠檬酸，还有扁桃酸（又称苦杏仁酸）以及乳糖酸等。

三、抗衰老产品的配方设计要点

1. 适合抗衰老产品的剂型

适合抗衰老的产品剂型主要为滞留型（Leave-on）剂型，洗去型配方不适合抗衰老功效产品，主要是洗去型产品在皮肤滞留时间短，冲洗后皮肤上活性成分残留少，达不到抗衰老的效果。比较滋润的膏霜乳液、面膜、精华（原液）等都是抗衰老产品的常用剂型，比较滋润的配方能够给到皮肤良好的补水保湿作用，配方中添加的滋润油脂例如神经酰胺，胆固醇等成分可以帮助修复皮肤的屏障功能，修复皮肤屏障是预防皮肤衰老很重要的前提。

2. 提高抗衰老护肤品的效果

① 防晒和防光老化是关键。在接触紫外线的情况下，尽量使用防晒护肤品，

做好紫外线的预防工作，使用抗衰老护肤品才会更有效。

② 有关长效活性物的选择方面，可以考虑不同机理的活性物搭配组合，例如，刺激胶原蛋白和透明质酸生成的成分和抗氧化的成分等结合，这样的协同效果会比较好。为了增强抗衰老活性物的渗透，在抗衰老配方中需要添加一些促渗透剂，例如，氮酮、乙氧基二甘醇等。

③ 辅助抗皱即时效果。可以在配方中会添加放松表情纹的活性成分，例如乙酰基六肽-8 和二肽二氨基丁酰苄基酰胺二乙酸盐。同时添加一些类似聚氨酯的成膜剂。

四、典型配方与制备工艺

表 4-10 为抗衰老修护紧致眼霜的配方。

表 4-10　抗衰老修护紧致眼霜的配方

组相	商品名	原料名称	用量/%	作用
A	Emulgade® PL68/50	鲸蜡硬脂基葡糖苷（和）鲸蜡硬脂醇	2.00	乳化
	Lipex Shea Light	牛油果树（BUTYROSPERMUM PARKII）果脂不皂化物/油酸乙酯/硬脂酸乙酯/亚油酸乙酯	4.00	润肤
	Lipex Bassol C	低芥酸菜籽油	3.00	润肤
	Cetiol® CC	碳酸二辛酯	4.00	润肤
	生育酚乙酸酯	生育酚乙酸酯	0.50	抗氧化
	Cutina® PES	季戊四醇二硬脂酸酯	1.00	增稠乳化
	Cetiol® Ultimate	十一烷（和）十三烷	2.00	润肤
	Lipex SheaTris	牛油果树（BUTYROSPERMUM PARKII）果脂提取物	0.30	润肤
B	去离子水	水	加至100	溶解
	甘油	甘油	3.00	保湿
	1,3-丁二醇	丁二醇	3.00	保湿
	Lipex 102 E-75 50%	PEG-75 牛油树脂甘油酯类	2.00	赋脂
	Eumulgin® SG	硬脂酰谷氨酸钠	0.10	乳化
	小核菌胶	小核菌（SCLEROTIUM ROLFSII）胶	1.00	保湿、增稠
	羟苯甲酯	对羟基苯甲酸甲酯	0.1	防腐
	D-Panthenol USP	泛醇	0.20	保湿
C	XEP™-018	精氨酸/赖氨酸多肽	3.00	抗衰老
	SALCARE® SC 91	丙烯酸（酯）类共聚物（和）液体石蜡（和）PPG-1 十三醇聚醚-6	0.20	增稠
	PE 9010	苯氧基乙醇（和）乙基己基甘油	0.30	防腐

制备工艺：

① A 相原料混合搅拌均匀，加热至 75～80℃ 至熔化均匀；

② B 相原料混合搅拌均匀，加热至 75～80℃ 至溶解均匀；

③ 将 B 相加入 A 相，高速均质 3min，保温待用；

④ 将前面 A+B 相搅拌降温至 45℃，加入 C 相，继续搅拌至 30℃，出料即可。

配方解析：配方中添加了多肽类抗衰老活性物及一些保湿滋润护肤的油脂，可以在补充眼部油脂的同时帮助减少和淡化眼部周围的细纹。因此，本产品非常滋润且具有紧致祛除皱纹功效。

五、常见质量问题及原因分析

1. 产品外观变色问题

抗衰老配方一般含有一种或者多种活性成分，这类活性成分本身就具有不稳定的特点，由于储存环境的温度、氧气、紫外线等原因导致配方变色。建议使用真空包装以及不透明或者深色的包装。

2. 含维生素 A 醇的抗衰老祛皱产品皮肤刺激性

维生素 A 醇在人体皮肤内吸收后会逐渐转化为维生素 A 酸的形态，然后发挥皮肤更新，抑制黑色素生成，刺激胶原蛋白产生等功效。但对于部分人群，确实会发生皮肤不耐受的现象—例如皮肤变红或者起皮，皮肤透皮失水率会增加。建议开发这类配方时，添加一些类似大豆提取物（含大豆异黄酮）等成分的皮肤舒缓抗敏成分，也可以建议消费者在使用含维生素 A 醇的产品时，要少量试用，同时做好防晒工作，逐渐建立皮肤耐受性后再正常使用。

第五章
洗发产品

Chapter 05

第一节　洗发产品概述

一、洗发产品简介

洗发产品通常被称为洗发香波、洗发露、洗发水，是一种用来清洁附着在头发上和头皮上污垢的液态单元的护发清洁类化妆品。

1. 洗发产品发展简史与功能

洗发产品最初是使用固形肥皂和脂肪酸皂为基本材料的粉末状表面活性剂来洗发。随着合成表面活性剂工业的发展，在1955～1965年开始出现使用以烷基硫酸盐为基本材料的粉末状洗发剂和凝胶状洗发剂。1965年以后，随着烷基醚硫酸盐的规模化生产及应用，洗发香波才开始真正地普及，形状上也以液体为主流。

在国内，1980年以前人们用肥皂洗头。1985年以梦思、蜂花、美加净为代表的国产洗发品牌开发了低价位、低端的洗发水。1990年后，宝洁、联合利华等跨国公司开始销售含硅油的二合一调理、祛屑香波，能够在清除头发污垢和头皮屑的同时赋予头发良好的梳理性。紧随其后，以舒蕾、霸王、拉芳等为代表的民族品牌二合一洗发水也先后打入市场，洗发水二合一概念，整体带动了洗发产品市场的全面升级。2010年开始，运用新原料、新技术、新配方设计理念及新生产工艺生产的无硅油洗发产品给消费者带来温和、清爽、无负担的使用感觉，消费者开始倾向购买和使用无硅油产品。2015年开始在无硅油的基础上，无硫酸盐产品成为新的流行趋势。

洗发产品已成为人类日常生活中的必需品之一，也是个人护理用品中最大的一类化妆品，中国是目前世界上洗发产品生产量和销售量最大的国家。现在的洗发产品不仅是单纯将污垢除去，也向良好的护理效果和功效性能方向发展，具有了良好的护理效果和功效性能，主要功效有：柔顺、滑爽、光亮、止头痒、祛头屑、易梳理、抗静电能力强，修复受损发质、增强头发韧性和毛囊活性、防止头发分叉，增加头发光泽度，护色、防晒、祛除异味等。

2. 洗发产品的清洁作用及其机理

头发的污垢有头皮分泌的陈旧皮脂和汗液，过剩的角质碎片（头屑），也有灰尘、沙尘、尘埃等从外部环境进来的附着物，以及在一定时期使用的头发用化妆品的残留部分等。

洗发产品的清洁作用主要利用表面活性剂的渗透作用、乳化作用和分散作用将污垢除去。在去除污垢的过程中，表面活性剂溶液首先渗透到污垢和污垢附着的被洗涤表面（头皮和头发纤维）之间，减弱污垢的附着力。同时污垢容易在物理力作用下变得细碎化，并脱离进入水中。在水中的油状污垢被表面活性剂乳化成水包油型乳液，微细的固体污垢表面吸附了表面活性剂，使得污垢在水中可稳定地分散，同时吸附在头发表面的调理成分可防止污垢重新附着在头发上。

二、头皮和头发简介

在研究和开发洗发产品前，了解头皮和头发的结构、机理、种类等可更好地选择合适的原料和用量来研发洗发产品。

1. 头皮的构造

头皮也是皮肤，由表皮层、真皮层、皮下组织组成。为头发的生长提供必需的营养，保护头部（见图 5-1）。

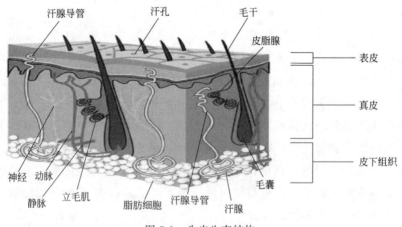

图 5-1 头皮生态结构

（1）表皮（表皮层） 厚度为 0.1mm，由浅到深分为角质层（由 5～20 层已经死亡的扁平细胞构成）、透明层、颗粒层、基底层；是头部隔绝外界的保护层，能产生黑色素，减少紫外线对头皮的损伤。

（2）真皮（真皮层）　厚度为 $1～3mm$，由浅到深分为乳头层：含丰富的毛细血管和毛细淋巴管、游离神经末梢；网状层：较厚，位于乳头层下方，有较大的血管、淋巴管和神经穿行；真皮组织：由纤维、基质和细胞成分组成，其中以纤维成分为主。胶原纤维韧性大，抗拉力强，但缺乏弹性。毛囊能给头发提供营养，使头发富有弹性；皮脂腺决定头皮/头发的干、油性，能调节头发水分的散失，是"头屑、头痒"等问题的根源。真皮层丰富的毛细血管保证了毛囊部分血液循环的通畅，能使头发更黑、更粗、更亮、生长得更快。供给头发与头皮油脂、光泽，适当的刺激头皮以防止脱发，帮助头发的成长。

（3）皮下组织（皮下层）　位于真皮下方，与肌膜等相连，是头发营养供应的通道，由较粗大的血管、神经、淋巴管、肌肉及各种附属器（例如，头发、皮脂腺、汗腺等）和脂肪组织组成。

2. 头皮屑的产生

健康的头皮生态环境由三大平衡维持，即油脂平衡、菌群平衡、代谢平衡。当头皮油脂分泌失衡时，头皮就会容易出油变得油腻厚重；当头皮菌群环境失衡时，细菌就会大量滋生，头皮就会出现头痒难耐的现象；当头皮代谢失衡时，角质层代谢过快则导致脱落过快形成头皮屑。

头皮每天产生 $1～2g$ 的皮脂，新鲜的皮脂对头皮与头发有保护作用，可滋润头发、保持发丝的光泽和柔软。洗发后的 $30～60min$ 内，皮脂的量会恢复到以前的一半，4h 后即可完全恢复。皮脂长期残留在头皮表面，造成毛囊阻塞、头皮油腻、头皮容易产生臭味，头皮瘙痒等症状。也会造成湿疹、皮囊发炎或脂溢性（脂漏性）皮肤炎，从而导致头发脱落等严重的头皮、头发问题。

3. 头发的构造

头发由发根、毛球、毛乳头、发干组成。头皮以内的部分称为发根。发根末端膨大部分称毛球，包含在由上皮细胞和结缔组织形成的毛囊内。毛球下端的凹入部分称为毛乳头。毛囊位于真皮层和皮下组织中，头发位于头皮以外的部分称为发干，见图 5-2。

头发（发干）由表皮层、皮质层、髓质层组成，见图 5-3。

（1）表皮层　由 $3～15$ 层毛鳞片组成，纤细发质有 $3～5$ 层毛鳞片，粗硬发质有 $10～15$ 层毛鳞片，毛鳞片具亲水性，能吸水和排水，有扩张和收缩能力，用于保护头发，占头发质量的 10%。毛鳞片遇碱或水时毛鳞片会张开，保护皮质层免于受伤及水分流失，让头发变得光亮、柔和。

（2）皮质层　占头发质量的 80%，含有很多螺旋状角质蛋白纤维素、麦拉宁色素、大量营养成分，给头发提供弹性，烫染均在此层起作用。

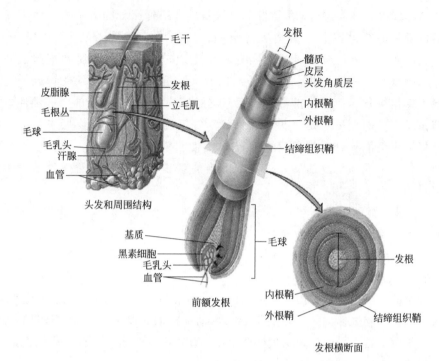

图 5-2 头发的结构

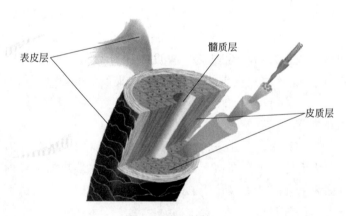

图 5-3 发干结构

（3）髓质层 占头发质量的 10％，由软蛋白组成，主要从头皮中吸收营养成分供毛发"生长"，对烫发和染发不起任何作用，但它决定了头发的可塑型。

头发的生长呈伞状放射生长，以发涡为中心。头发直径一般在 $60\sim90\mu m$，小于 $60\mu m$ 为细发质，大于 $90\mu m$ 为粗发质。亚洲人头发有 9 万～12 万根，中国人头发约有 11 万根，非洲人头发有 7 万～9 万根，美洲人头发约有 14 万根。头发的 pH 值在 $4.5\sim5.5$ 是最佳健康状态。头发的外观直接受其皮质层和毛小皮状态的影响，如果皮质层或毛小皮受到损伤，将直接影响头发的健康程度。

4. 头发的发质

头发的分类方法很多。根据含油状况，可分为中性发质、油性发质、干性发质、混合性发质；根据发干断面情况，可分为直发、曲发、卷发、自然卷；根据头发的硬度可分为稀软发质、柔软发质、粗硬发质、直而黑发质。根据是否受损，可分为受损发质、正常发质等。不同发质的有不同特点，对洗发水的要求也不同。其中含油状况对于洗发水的影响最大。

（1）中性发质　不油腻，不干燥，软硬适度，丰润柔软顺滑，有光泽、柔顺、油脂分泌正常，只有少量头皮屑，是健康的发质。

（2）油性发质　油脂分泌过多，油腻、触摸有黏腻感，常有油垢、头皮屑多，头皮瘙痒，气味较大。

（3）干性发质　油脂少，僵硬，弹性较低，干枯干燥，无光泽、易打结，触摸有粗糙感，不润滑，易缠绕，松散，造型后易变形，发梢开叉，易有头屑。

（4）混合性发质　头根部分比较油腻，而发梢部分干燥、开叉，出现头皮多油和发干干燥并存的现象。

三、洗发产品的分类

洗发水种类繁多，不同分类标准及其种类见表 5-1。不同流通渠道的洗发水的特点见表 5-2。

表 5-1　洗发水的分类

分类依据	细分种类
外观	透明洗发水、珠光洗发水、乳白洗发产品、乳霜洗发产品
功能	调理洗发水、祛屑、修复（护）洗发水、润（滋）养保湿洗发水、护色护卷洗发水、防脱生发洗发水
适用头发	油性（或偏油性）发质用洗发水；干性（或偏干性）发质用洗发水；长头发发质用洗发水
原料名称	透明质酸洗发水、无硅油洗发水
销售方式	流通线洗发水、日化线洗发水、CS 线洗发水、专业线洗发水、电商线洗发水、爆款线洗发水等
剂型	洗发水、洗发乳、洗发露、洗发膏、洗发粉、洗发泡泡

表 5-2　不同流通渠道的洗发水的特点

类型	产品名称	价格	性能	市场类型
流通线	批发线洗发水	++	++	基层城镇和农村
日化线	商超线洗发水	+++	+++	大型商场、超市
CS 线	专卖店线洗发水	++++	++++	专卖店、体验店

类型	产品名称	价格	性能	市场类型
专业线	美发沙龙线洗发水	+++++	+++++	高档理发店、美发体验店、沙龙店
电商线	电商网店洗发水	++++	++++	互联网、媒体平台
爆款线	吸粉引流洗发水	++	+++	媒体平台、实体店

注："+++++"价格最高、性能最好。"+"价格最低、性能最差。

四、洗发产品的标准

洗发产品的质量应符合 GB/T 29679—2013《洗发液、洗发膏》，其感官、理化指标见表 5-3。

表 5-3　洗发水的感官、理化指标

指标名称		指标要求	
		洗发液	洗发膏
感官指标	外观	无异物	
	色泽	符合规定色泽	
	香气	符合规定香型	
理化指标	耐热	(40±1)℃保持 24h,恢复至室温后无分层现象	(40±1)℃保持 24h,恢复至室温后无分离析水现象
	耐寒	(−8±2)℃保持 24h,恢复至室温后无分层现象	(−8±2)℃保持 24h,恢复至室温后无分离析水现象
	pH(25℃)	成人产品:4.0~9.0(果酸类产品除外) 儿童产品:4.0~8.0	4.0~10.0
	泡沫(40℃)/mm	透明型≥100 非透明型≥50 (儿童产品≥40)	≥100
	有效物/%	成人产品≥10.0 儿童产品≥8.0	—
	活性物含量 (以 100%K12 计)/%	—	≥8.0

五、洗发产品的质量要求

① 外观和颜色赏心悦目，香气宜人，膏体均匀无杂质（有悬浮物的除外）；黏度适中，适合使用。

② 清洗过程起泡速度快，泡沫丰富细腻；有适度清洁洗涤能力，不会过度脱脂和造成头发干涩。易冲洗洁净，冲水过程中头发不涩、湿梳顺滑不打结。对皮肤和眼睛温和无刺激。

③ 在头发干后梳理性好，头发吹干（自然干）后松爽、轻盈、柔软、顺滑、

有光泽；保湿性能好，头发有弹性、不易断；第二天头发不发"硬"、不头痒、不起头屑、不泛油光。

④ 头发在电子显微镜下察看鱼鳞片没有或很少拱起，修复效果好。各种发用调理剂（如抗静电剂、调理剂、体感增加剂和活性物）沉积适度。长期使用在头发上不积聚、不扁塌、不发硬。

第二节　洗发产品的配方设计

一、洗发产品的配方组成

洗发水的一般配方组成见表 5-4。

表 5-4　黏稠液洗发水的配方组成

组分		常用原料	用量/%
溶剂		水	65～80
清洁剂	主要清洁剂	月桂醇聚醚硫酸酯钠、2-磺基月桂酸甲酯钠、月桂醇硫酸酯铵、$C_{14～16}$烯烃磺酸钠、月桂酰肌氨酸钠、月桂酰谷氨酸钠	10～20
	辅助清洁剂	甲基椰油酰基牛磺酸钠、癸基葡糖苷、月桂酰两性基乙酸钠、椰油酰胺 DEA、椰油酰胺丙基甜菜碱、椰油酰胺 MEA	1～5
悬浮稳定剂		TAB 类、卡波类等	0.2～2
增稠剂		氯化钠、氯化铵	0～1.5
发用调理剂	阳离子表面活性剂	硬脂基三甲基氯化铵、西曲氯铵、山嵛酰胺丙基二甲胺、山嵛基三甲基氯化铵	0.5～3
	阳离子聚合物	聚季铵盐-7、聚季铵盐-10、瓜儿胶羟丙基三甲基氯化铵	
	油脂	聚二甲基硅氧烷、PEG-75 牛油树脂甘油酯	
感官调整剂	珠光剂	乙二醇二硬脂酸酯、硬脂酸乙二醇双酯	0.01～3
	乳白剂	二氧化钛、苯乙烯/丙烯酸酯共聚物	
	色素	CI 14700、CI 15985、CI 42090	
防腐剂		2-溴-2-硝基丙烷-1,3-二醇、甲基异噻唑啉酮羟苯甲酯、羟苯丙酯、苯甲酸钠、苯甲醇、苯氧乙醇等以及无防腐体系	0.1～1
着色剂		色素、植物提取液等	适量
pH 调节剂		柠檬酸、乳酸、氢氧化钠、精氨酸、三乙醇胺	适量
赋香剂		水溶性香精、油溶性香精、精油等	0.2～2
溶剂		水	加至 100
其他助剂		螯合剂、缓存冲剂、抗氧化剂、紫外线吸收剂、抗冻剂等	0.1～1
发用功效剂		止头痒、祛头屑、控油、护色、祛除异味、抗过敏、营养、保湿、修护等	根据需要

二、洗发产品的原料选择要点

1. 清洁剂

作为清洁剂不但要求提供清洁作用，还要提供丰富稳定的泡沫。因为丰富稳定的泡沫不但可以提供较好的手感，在洗涤时还能够悬浮污垢，提升清洁效果。根据清洁能力和发泡能力的不同，清洁剂可分为主要清洁剂和辅助清洁剂。主要清洁剂提供良好清洁作用和发泡能力，辅助清洁剂提供次要清洁作用和稳泡作用。

（1）主要清洁剂的选择　主要清洁剂有：烷基硫酸酯盐、月桂醇聚氧乙烯醚硫酸酯钠、2-磺基月桂酸甲酯钠、$C_{14\sim16}$ 烯烃磺酸钠等。烷基聚氧乙烯醚硫酸盐比较廉价，供给丰富，洗涤力优良，对硬水稳定，用途最广，根据其所含阳离子的不同可分为钠盐、铵盐和三乙醇胺盐三种，据报道这三个不同的盐对应的清洁剂的发泡性能逐渐降低，温和性逐渐升高。烷基聚氧乙烯醚硫酸酯盐比烷基硫酸酯盐亲水性和温和性更好，泡沫较少。

（2）辅助清洁的选择　辅助清洁剂的作用是提高泡沫的稳定性，增加洗发香波基剂的黏度，提高低温时的稳定性（防止冻结、固化）等而被广泛使用。常见的稳泡原料有：椰油酰胺 DEA、椰油酰胺丙基甜菜碱、椰油酰胺 MEA 等。抗果冻原料棕榈酰胺丙基三甲基氯化铵等。

2. 油脂

在洗发水中加入油脂、油酯等作为赋脂剂来护理头发，使头发光滑、流畅。赋脂剂多为油、脂、醇、酯类原料，常用的有橄榄油、高级醇、高级脂肪酸酯、羊毛脂及其衍生物等。赋脂剂都具有消泡作用，不同赋脂剂的消泡效果也不同。一般配方中多选择遇水能快速破乳的乳化硅油或乳化油脂，如 SY-KMT（马来酸蓖麻油脂）、Cosmacol ELI（乳酸月桂脂）、乳酸果油等。

3. 硅油

用作头发调理剂的硅油一般是乳化硅油，透明洗发水中一般用水溶性硅油。乳化硅油能改善头发光亮度、湿梳、干梳性能。选择硅油要考虑乳化硅油的粒径大小、硅油分子量或黏度的大小。

（1）硅油粒径的大小　小粒径的硅油在配方中更易稳定，在冲洗过程中易被冲洗掉。硅油粒径小于 $1\mu m$ 时，易于渗透，并附着在毛鳞片上，使毛鳞片排列整齐，在发干受损部位形成网状，修复受损毛鳞片。大颗粒有利于硅油颗粒在头发表层的沉积，但颗粒大可能导致洗发产品体系的不稳定，一般将乳化硅油的粒径控制在 $10\sim40\mu m$ 比较好。它以强吸附力和成膜性使头发更亮泽更顺滑，不易被洗脱，在发丝上形成紧密的保护膜，赋予头发很好的光泽感和梳理性能。因此，实际应用时，可以大小粒径乳化硅油配合使用，以弥补缺陷，其

总用量一般在 $2.0\% \sim 5.0\%$。

（2）硅油的黏度　一般硅油分子量越大，黏度越高，与头发间的范德华吸引力也越强，在头发上的黏附越好，吸附量也越多。但高黏度（高分子量）的硅油或硅胶具有较强的定型能力，有可能使头发产生僵硬的感觉，同时其流动性和铺展性太差，较难分布均匀，对湿梳理效果改善不大。所以一般配方中都会拼接较低黏度（低分子量）的硅油或者将各种黏度的硅油或硅胶进行拼接混合，来改善整体的梳理性和柔软性，达到提升产品品质的目的。

4. 悬浮稳定性

洗发产品一般都要求有一定的悬浮效果，因为洗发产品中有一些不溶物悬浮在其中，比如珠光剂是以薄片状晶体存在，聚二甲基硅氧烷及其衍生物以液珠形式存在，还有一些物质如 ZPT 以微小固体颗粒存在。这些不溶物必须悬浮在产品中，否则产品将分层。能够提供较好悬浮效果的聚合物有：二（氢化牛脂基）邻苯二甲酸酰胺（TAB）、丙烯酸（酯）类/$C_{10 \sim 30}$ 烷醇丙烯酸酯交联聚合物（卡波 U20）等。丙烯酸共聚物（SF-1）一般不适用在洗发水作悬浮剂，主要是冲水时手感较涩，且有粗糙感。

5. 阳离子调理剂

阳离子表面活性剂的优点是通过静电吸引，使碳氢链吸附在头发表面，而不易被冲洗掉，使头发膨松、手感柔软，增加发丝丰满度。如果调理剂中含有亲水性酰胺键，水溶性会较好，可与阴离子、两性离子、非离子表面活性剂复配，使头发洗后柔软，无"干""硬"的感觉。常用的阳离子调理剂有：西曲氯铵硬脂基三甲基氯化铵、山嵛酰胺丙基二甲胺、山嵛基三甲基氯化铵等。一般情况下烷基链长越长和数目越多，抗缠绕性、干湿梳理性越好，但水溶性越差。

6. 阳离子聚合物

阳离子聚合物靠静电作用吸附沉积于头发上，形成透明光滑的薄膜，它可以给干枯或经化学处理的头发提供很好的干湿梳理性，有丰满的、柔软的手感，使头发的卷曲性更好，提高产品的稳定性，使产品产生更丰富，更稳定的泡沫。阳离子聚合物分为天然改性的聚合物和有机合成的聚合物。常用的天然改性聚合物有季铵化羟乙基纤维素、季铵化羟丙基瓜尔胶、季铵化水解角蛋白等。常用有机合成聚合物有：聚季铵盐-6、聚季铵盐-7、聚季铵盐-22、聚季铵盐-39、聚季铵盐-47、聚季铵盐-73、季铵盐-82、季铵盐-87、季铵盐-91 等。另外，阳离子聚合物与阴离子表面活性剂形成的絮凝状态，可帮助其他不溶性调理成分更好地附着在头发上，发挥调理作用。

与阳离子表面活性剂相比，阳离子聚合物的每个大分子中有很多阳离子吸附位点，因此调理性能也更好。决定阳离子聚合物性质的两个最主要的参数是分子量和阳离子取代度。分子量越高、其水溶液的黏度越大；阳离子的取代度越大，电荷密度越高，吸附性越强，抗静电效果也越好，但与此同时，阳离子聚合物产生集聚的可能性也在增大。

三、珠光型洗发水的配方设计要点

珠光是具有高折射指数的细微薄片平行排列而产生的。这些细微薄片是透明的，能反射部分入射光，传导和透射剩余光线至细微薄片的下面，平行排列的细微薄片同时对光线的反射，就产生了珠光。珠光外观让人赏心悦目，使产品显得高雅华贵，深受消费者喜爱。同时，珠光洗发水因为珠光的存在，可以使用更多调理成分实现对头发的调理而不影响产品最终外观。珠光的形成机理是珠光剂在高温（80℃）溶解分散于体系中，当搅拌冷却到60℃以下，析出结晶，形成珠光。这些珠光结晶不稳定，因此配方中需要增加增稠悬浮剂达到产品稳定。典型的珠光洗发水配方见表5-5、表5-6。

表5-5　柔顺珠光洗发水的配方

组相	商品名	原料名称	用量/%	作用
A	去离子水	水	加至100	溶解
	AES-70	月桂醇聚醚硫酸酯钠	15.0	清洁
	AESA-70	十二烷基聚氧乙烯醚硫酸铵	4.0	清洁
	CT35	甲基椰油酰基牛磺酸钠	1.0	清洁
B	尿囊素	尿囊素	0.3	降低刺激
	EGDS	乙二醇二硬脂酸酯	3.0	珠光
	BT85	二十二烷基三甲基氯化铵	0.3	发用调理
	DBQ	季铵盐-91、西曲铵甲基硫酸盐、鲸蜡硬脂醇	0.3	发用调理
	卡波 U20	丙烯酸（酯）类/$C_{10\sim30}$烷醇丙烯酸酯交联聚合物	0.4	悬浮稳定
C	精氨酸	精氨酸	0.1	pH调节
	CMEA	椰油酰胺 MEA	1.0	增稠，稳泡
D	AS-L	羟乙二磷酸	0.1	螯合
	乳化硅油 3609	氨端聚二甲基硅氧烷聚二甲基硅氧烷	2.0	发用调理
	OCT（祛屑剂）	己脒定二（羟乙基磺酸）盐	0.3	祛屑
	ST-1213	$C_{12\sim13}$醇乳酸酯	0.5	赋脂
	PTG-1 类脂柔润赋脂剂	胆甾醇澳洲坚果油酸酯、橄榄油 PEG-6 聚甘油-6 酯类、三-$C_{12\sim13}$烷醇柠檬酸酯、二聚季戊四醇四异硬脂酸酯、磷脂	0.5	赋脂
	M550	聚季铵盐-7	3.0	发用调理，消炎
	甘草酸二钾	甘草酸二钾	0.1	抗敏，止痒
E	CAB	椰油酰胺丙基甜菜碱	4.0	增稠，发泡

组相	商品名	原料名称	用量/%	作用
F	盐	氯化钠	0.5	增稠
	去离子水	水	5	溶解
G	C200 防腐剂	2-溴-2-硝基丙烷-1,3-二醇、甲基异噻唑啉酮	0.1	防腐
	香精	香精	0.5	赋香

制备工艺：

① 将 A 相加热至 85℃，搅拌均匀；

② 分别依次加入 B、C 相各料，搅拌均匀；

③ 开始循环冷却，冷却至 45℃，加入 D 相，搅拌均匀；

④ 加入 E 相，搅拌均匀；用氢氧化钠调整 pH 值达标。过量时用柠檬酸回调 pH 值；

⑤ 加 G 相各料，搅拌均匀；

⑥ F 相中的盐用水溶解后，调整洗发水稠度，出料。

配方解析：本配方为闪亮珠光黏液。乙二醇双硬脂酸酯产生的珠光较强烈，乙二醇单硬脂酸酯产生的珠光较细腻。配方配搭配甲基椰油酰基牛磺酸钠表面活性剂，泡沫丰富细腻，两种水溶性油脂配合硅油，让头发滋润、滑爽、柔软、飘逸。内控标准为 pH（25℃ 稀测）5.5～6.0、黏度（25℃）15000～20000mPa·s。

表 5-6　顺滑珠光洗发水的配方

组相	商品名	原料名称	用量/%	作用
A	去离子水	水	加至 100	溶解
	AES	月桂醇聚醚硫酸酯钠	15.0	清洁
	K12A	月桂醇硫酸酯铵	3.0	清洁
	CMEA	椰油酰胺 MEA	1.5	增稠稳泡
	EGDS	乙二醇二硬脂酸酯	3.0	珠光
	MP	羟苯甲酯	0.2	防腐
	PP	羟苯丙酯	0.1	防腐
B	C-14s	瓜儿胶羟丙基三甲基氯化铵	0.5	发用调理
	去离子水	水	5.0	溶解
C	卡波 U20	丙烯酸(酯)类/C$_{10\sim30}$ 烷醇丙烯酸酯交联聚合物	0.4	悬浮稳定
	去离子水	水	20.0	溶解
D	M550	聚季铵盐-7	0.3	发用调理
	去离子水	水	2.0	溶解

组相	商品名	原料名称	用量/%	作用
E	乳化硅油3609	氨端聚二甲基硅氧烷,聚二甲基硅氧烷	3.0	发用调理
	QCM-500	季铵盐-82(和)季铵盐-87(和)氢化卵磷脂	1.0	发用调理
	AS-L	羟乙二磷酸	0.1	螯合
	DMDMH	DMDM乙内酰脲	0.4	防腐
	D-泛醇	泛醇	0.3	保湿,修护
	甘草酸二钾	甘草酸二钾	0.2	舒缓,止痒
F	香精	香精	0.8	赋香
G	LGZ植物抗菌祛屑剂	印度楝(MELIA AZADIRACHTA)籽提取物、甘草亭酸、皂苷	0.8	祛屑
H	NaOH	氢氧化钠	0.03	pH调节
I	去离子水	水	1.0	溶解
J	CAB	椰油酰胺丙基甜菜碱	2.0	增稠、发泡

制备工艺:

① 将 A 相加热至 85℃,搅拌均匀;

② 加入 B 相,均质搅拌均匀;

③ 降温至 45℃加入 C、D 相,搅拌分散均匀;

④ 降温至 40℃,加入 E、F、G 相,充分混合均匀;

⑤ 加入 H 相,调整 pH 值达标;

⑥ 加入 J 相调整黏稠度达标,出料。

配方解析:本配方为乳白黏液,六个调理剂相互配搭,给正常及稍受损发质有良好的柔顺调理性能,手感松爽,在因烫染发及恶劣环境下的毛鳞片脱落而稍受损的头发表面形成一层保持膜,修护发质,使头发靓丽有光泽。内控标准为 pH(25℃稀测)5.5～6.0、黏度(25℃)18000～23000mPa·s。

四、透明洗发水的配方设计要点

1. 透明洗发水分类特点

透明洗发水根据透明度可以分为三种:半透明洗发水、有悬浮物透明洗发水、完全透明洗发水。

① 半透明洗发产品是因为个别油脂(酯)或乳化油脂的不完全增溶,或采用某些半透明的原料等手段实现的。但半透明外观的状态不会因时间和温度等因素而继续变化。

② 有悬浮物透明洗发产品是为达到产品美丽的外观要求,悬浮了可溶性的颗粒或悬浮不溶性的不规则的植物或观赏性物体等给人带来美丽诱人的感官冲击。

③ 完全透明洗发水要求经受高低温后能够能保持透明不变色。使用效果以润爽顺滑为关键要求，此点也是透明洗发水配方设计中最难做到。

2. 洗发水透明度

① 洗发水中有很多成分（油溶性调理剂、水溶性油脂、香精等）水溶性不好或不溶于水，如果 AES 用量低于 10%，则很难透明。

② 增溶剂的选择。一般透明洗发水中含有油溶性原料，还要加增溶剂，但是增溶剂过多时会导致配方黏度下降，并可能增加对头皮的刺激性。

③ 考虑到洗发水的低温稳定性。低温（5℃）时以晶体或絮状物形式析出的原因多为纤维类原料没有溶胀开。透明液体洗发水析出结晶体多为盐类、糖类原料因饱和度降低而析出。

④ 调节合适的 pH 值，某些表面活性剂在不同 pH 值条件下，溶解能力不同导致溶解度变化而引起析出。

3. 典型配方与制备工艺

顺滑透明有硅油洗发水的配方见表 5-7。

表 5-7　顺滑透明有硅油洗发水的配方

组相	商品名	原料名称	用量/%	作用
A	去离子水	水	加至 100	溶解
	AES	月桂醇聚醚硫酸酯钠	16.0	清洁
	K12A	月桂醇硫酸酯铵	6.0	清洁
	CT35	甲基椰油酰基牛磺酸钠	2.0	清洁
	EDTA-2Na	EDTA 二钠	0.1	螯合
B	SOFT-6	瓜儿胶羟丙基三甲基氯化铵	0.15	发用调理
	去离子水	水	5.0	溶解
C	PQ-L3000	聚季铵盐-10	0.2	发用调理
	去离子水	水	2.0	溶解
D	尿囊素	尿囊素	0.3	降低刺激
	BAPDA	山嵛酰胺丙基二甲胺	0.3	发用调理
E	JS-85S	水、蚕丝胶蛋白、PCA 钠	1.0	修护
	DPO-65	椰油基葡糖苷、甘油油酸酯	1.5	赋脂
	ST-1213	$C_{12\sim13}$ 醇乳酸酯	0.2	赋脂
	WQPP	月桂基二甲基铵羟丙基水解小麦蛋白	0.5	修护
	AS-L	羟乙二磷酸	0.1	螯合
	QF-6030	聚硅氧烷季铵盐-16,十三烷醇聚醚-12	0.5	发用调理
	甘草酸二钾	甘草酸二钾	0.2	舒缓,止痒

组相	商品名	原料名称	用量/%	作用
F	6501	椰油酰胺 DEA	1.0	增稠,稳泡
	CAB	椰油酰胺丙基甜菜碱	3.0	增稠、发泡
G	盐	氯化钠	0.5	增稠
	去离子水	水	2.0	溶解
H	C200 防腐剂	2-溴-2-硝基丙烷-1,3-二醇、甲基异噻唑啉酮	0.1	防腐
	香精	香精	0.8	赋香
I	柠檬酸	柠檬酸	0.08	pH 调节

制备工艺：

① 将 A 相加热至 85℃，搅拌均匀；

② 加入 B 相，均质完全，继续加入 C、D 相搅拌均匀；

③ 降温至 45℃，加入 E 相搅拌分散均匀；

④ 降温至 40℃，把 F、H 相依次加入，待搅拌分散均匀；

⑤ 加入 I 相调整 pH 达标；

⑥ 加入 G 相黏稠度达标，出料。

配方解析：本配方为透明黏液。表面活性剂不多，泡沫却细腻丰富，多种水溶性油脂以及多种蛋白的搭配，给皮肤提供营养，滋养头发，加以硅油的使用，有效改善发质，赋予头发滋润、滑爽、柔软、飘逸的感觉，有助于干湿梳理性的调整。内控指标为 pH（25℃稀测）5.5～6.0，黏度（25℃）8000～10000mPa·s。

五、无硅油洗发水的配方设计要点

无硅油洗发水是指不含有聚二甲基硅氧烷，以及改性硅油等化学成分的洗发水，一般以透明产品为主。无硅油洗发水由于不含硅油，调理效果较差。为了弥补其调理效果，应从以下两个方面着手。

① 选择成膜性较好、不厚重的油脂代替硅油。可以使用较多的植物性油脂和羊毛脂化合物，以有效补充头发表面的脂质层，高效定向被头发毛鳞片吸附，冲洗过程中手感不粗糙。

② 选择阳离子表面活性剂和阳离子聚合物、营养功效原料复配增效。增加使用瓜儿胶、羟丙基三甲基氯化铵、蛋白质、阳离子季铵盐等用量来解决无硅油洗发水在冲洗时的涩感。

无硅油洗护产品性能温和，使用后容易清洗，适合细软发质、油性发质，对严重受损发质和干性发质在修护方面会稍差些。常见配方见表5-8。

表 5-8　无硅油洗发水的配方

组相	商品名	原料名称	用量/%	作用
A	去离子水	水	加至 100	溶解
	AES	月桂醇聚醚硫酸酯钠	16.0	清洁
	K12A	月桂醇硫酸酯铵	3.0	清洁
	EDTA-2Na	EDTA 二钠	0.1	螯合
B	JK-140E	瓜儿胶羟丙基三甲基氯化铵	0.3	发用调理
	去离子水	水	5.0	溶解
	PQ-L3000	聚季铵盐-10	0.1	发用调理
	去离子水	水	2.0	溶解
	尿囊素	尿囊素	0.3	降低刺激
	BAPDA	山嵛酰胺丙基二甲胺	0.3	发用调理
C	JS-85S	水、蚕丝胶蛋白、PCA 钠	1.0	修护
D	DPO-65	椰油基葡糖苷、甘油油酸酯	1.5	赋脂
	ST-1213	$C_{12\sim13}$ 醇乳酸酯	0.2	赋脂
	QSW-5	水解小麦蛋白 PG-丙基硅烷三醇	0.5	修护
	WQPP	月桂基二甲基铵羟丙基水解小麦蛋白	0.5	修护
	ASL	羟乙二磷酸	0.1	螯合
E	6501	椰油酰胺 DEA	1	增稠,稳泡
	CAB	椰油酰胺丙基甜菜碱	3	增稠,发泡
	甘草酸二钾	甘草酸二钾	0.1	舒缓,止痒
F	盐	NaCl	0.5	增稠
	去离子水	水	2.0	溶解
G	C200	2-溴-2-硝基丙烷-1,3-二醇、甲基异噻唑啉酮	0.1	防腐
	香精	香精	0.8	赋香
H	精氨酸	精氨酸	0.05	pH 调节

制备工艺:

① 将 A 相加热至 85℃,均质分散,加入 B 相,均质搅拌均匀;

② 降温至 45℃,加入 C 和 D 相,搅拌分散均匀;

③ 降温至 40℃,加入 E、F 和 G 相,充分混合均匀;

④ 加入 H 相,调整 pH 值达标;

⑤ 加入 F 相,用 NaCl 调整黏稠度,出料。

配方解析:本配方为透明黏液,泡沫丰富。蚕丝蛋白和 PCA 钠以及水解小麦蛋白,增强了发丝弹性,光泽发梢,更给头发持久滋润保湿,BAPDA 等阳离子调理剂，梳理头发，柔软顺滑。内控指标为 pH（25℃稀测）5.5～6.0、黏度（25℃）18000～23000mPa·s。

六、祛屑洗发水的配方设计要点

1. 祛屑的机理

头皮屑是一种慢性、易复发、较常见的头皮问题，头皮屑过多临床表现为头皮或头发上过多的细小灰白色干燥或稍油腻的糠秕样屑片。头皮屑影响因素众多，发病机制复杂，涉及头皮脂质、头皮微生态、头皮生理、免疫抗氧化等多种因素。目前对于头皮屑发生机制及防治手段的研究主要集中于马拉色菌（Malassezia），是真菌中的一种微生物引起的皮肤病。马拉色菌在头皮上的大量繁殖引起头皮角质层的过度增生，从而促使角质层细胞以白色或灰色鳞屑的形式异常脱落，这种脱落的鳞屑即为头皮屑。通过在配方中加入一些功效成分抑制马拉色菌，从而可以抑制细胞角化速度，降低表皮新陈代谢的速度，达到防治头屑的功效。

一些植物祛屑止痒剂是通过内因、外因两方面的作用来减少头皮屑。内因方面是通过促进血液循环，调节头皮细胞的新陈代谢，延长头皮细胞的生命周期；外因方面是抑制头皮过度分泌的皮脂，杀灭和抑制马拉色菌，将头皮上马拉色菌数量控制在正常的范围之内，减少影响头皮屑产生的过氧化物，从根本上阻断头屑产生的外部渠道，有效去头屑和止头痒。

2. 常用的祛屑剂

理想的祛屑洗发水要求对头发安全，见效快，不易变色，成本低。选择祛屑剂要从原料的安全、法规标准要求、成本限制、头发的使用效果等方面进行综合的测评和评估。

常用祛屑剂有水杨酸或其盐、十一碳烯酸衍生物、硫化硒、六氯化苯羟基喹啉、聚乙烯吡咯烷酮-碘配合物以及某些季铵化合物，吡硫鎓锌（简称ZPT）、氯咪巴唑（商品名：甘宝素）、吡啶酮乙醇胺（简称OCT）、十一碳烯酸衍生物和水杨酸、己脒定二（羟乙基磺酸）盐（简称HD）、苦参根提取物等。

要注意的是在选用 ZPT 作为祛屑剂时，配方含量不能超过1%，需用悬浮稳定剂来悬浮稳定，产品黏度最好在 15000mPa·s 以上。ZPT、OCT 会受到金属离子的影响而使产品产生变色现象，一般通过加入螯合剂预防变色。

3. 典型配方与制备工艺

典型祛屑洗发水的配方见表5-9。

表 5-9 祛屑洗发水的配方

组相	商品名	原料名称	用量/%	作用
A	去离子水	水	加至100	溶解
	AES	月桂醇聚醚硫酸酯钠	16.0	清洁
	K12A	月桂醇硫酸酯铵	5.0	清洁
	CMEA	椰油酰胺 MEA	1.5	增稠,稳泡
	BT-85	山嵛基三甲基氯化铵	0.2	发用调理
	MP	羟苯甲酯	0.2	防腐
	PP	羟苯丙酯	0.1	防腐
B	C-14s	瓜儿胶羟丙基三甲基氯化铵	0.5	发用调理
	去离子水	水	1.0	溶解
C	卡波 U20	丙烯酸(酯)类/C$_{10\sim30}$烷醇丙烯酸酯交联聚合物	0.4	悬浮稳定
	去离子水	水	20.0	溶解
D	M550	聚季铵盐-7	0.3	发用调理
	LS30	月桂酰肌氨酸钠	3.0	清洁
	SC92	季铵盐-82,甘油油酸酯,氢化卵磷脂	1.0	发用调理
	CT-35	甲基椰油酰基牛磺酸钠	1.0	清洁
	AS-L	羟乙二磷酸	0.1	螯合
	乳化硅油 3609	氨端聚二甲基硅氧烷,聚二甲基硅氧烷	3.0	发用调理
	甘草酸二钾	甘草酸二钾	0.2	舒缓,止痒
	LGZ 植物抗菌祛屑剂	印度楝(MELIA AZADIRACHTA)籽提取物,甘草亭酸,皂苷	0.8	祛屑
	DMDMH	DMDM 乙内酰脲	0.3	防腐
	水解角蛋白	水解角蛋白	0.3	修护
	WQPP	月桂基二甲基铵羟丙基水解小麦蛋白	0.5	修护
	D-泛醇	泛醇	1.0	保湿,修护
	香精	香精	1.0	赋香
E	ZPT	吡硫鎓锌	0.8	祛屑
F	NaOH	氢氧化钠	0.03	pH 调节
	去离子水	水	1.0	溶解
G	CAB	椰油酰胺丙基甜菜碱	3.0	增稠,发泡

制备工艺:

① 将 A 相加热至 85℃,均质分散,加入 B 相,均质搅拌均匀;

② 降温至 45℃,加入 C、D、E 相,搅拌分散均匀;

③ 加入 F 相，调整 pH 值达标；

④ 加入 G 相调整黏稠度，出料。

配方解析：本产品为乳白黏液。ZPT 和 LGZ 植物抗菌祛屑剂搭配具有良好的祛屑效果。泡沫丰富细腻，对于较受损及严重受损的发质有良好的调理性、松爽顺滑、让头发显得更加靓丽和富有光泽。内控指标为 pH（25℃稀测）5.5～6.0，黏度（25℃）18000～23000mPa·s。

第三节　洗发水的生产工艺与质量控制

一、洗发水的生产工艺

洗发水生产工艺的关键在于混合和分散，工艺简单，有间歇式和连续式两种不同的生产工艺。一般中小企业采用间歇式批量化生产工艺，部分大型企业采用程序控制、全自动化配送料的自动化连续式生产工艺。

生产工艺流程如图 5-4 所示，其设备主要包括带搅拌的混合锅（乳化锅）、均质机、物料输送泵和真空泵、计量泵、物料储罐和计量罐、加热和冷却设备、过滤设备、包装和灌装设备。

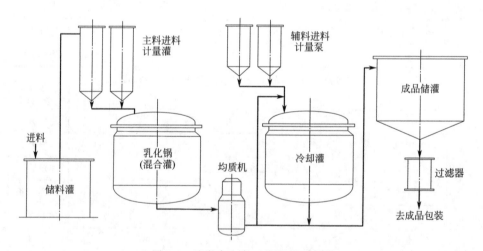

图 5-4　洗发水生产工艺流程示意图

1. 投料前的准备

按照生产计划单要求，用已消毒的胶袋或胶桶等准确称取原料，做好标签、标识，并做好原料的预处理。如有些原料应预先在暖房中熔化（冬季时或个别熔点较高的原料），有些原料应用水预溶，然后才能在主配料的乳化锅中混合。用高位槽计量用量较多的液体物料，用定量泵输送并计量水等原料，用天平或秤称量固体物料，用量筒计量少量的液体物料，一定要注意计量单位。

2. 混合或乳化

大部分洗发水都是制成均相透明的混合溶液，也可制成乳状液。不论是混合还是乳化，都离不开搅拌，只有通过搅拌操作才能使多种物料互相混溶成为一体，将所有成分溶解或分散在溶液中。一般洗发水的生产设备仅需要带有加热和冷却用的夹套并配有适当的搅拌配料锅即可。

洗发水的配制过程以混合为主，但各种类型的洗发水有其各不相同的特点。一般有两种配方法：常温混合法和加热混合法。

（1）常温混合法　首先将去离子水加入混合锅中，然后将表面活性剂溶解于水中，再加入助洗剂，待形成均匀溶液后，加入其他成分，如赋香剂、感官调整剂、发用功效剂、防腐剂等，最后用柠檬酸等 pH 调节剂调节至所需的 pH 值，黏稠度用 CAB 或无机盐（氯化钠或氯化铵）来调整。若遇到加赋香剂后不能完全溶解的，可先将它同少量助洗剂 6501 混合后再投入溶液，或者使用赋香剂增溶剂来解决。常温混合法适用于不含粉体、半固体、固体或难溶物质的配方。

（2）加热混合法　当配方中含有油脂、粉体、半固体、固体或难溶物质时，一般采用加热混合法。首先将表面活性剂溶解于热水或冷水中，在不断搅拌下加热到 80℃，然后加入要溶解的固体原料，继续搅拌，直到溶液呈透明为止。当温度下降至 45℃左右时，加色素、赋香剂和防腐剂等。pH 值的调节和黏度的调节一般都应在较低的温度下进行。采用加热混合法温度不宜过高（一般不超过 90℃），以免破坏配方中的某些成分。

3. 混合物料的后处理

无论是生产透明溶液还是乳液，在包装前还要经过一些后处理以提高产品的稳定性。这些处理可包括以下内容。

（1）过滤　在混合或乳化操作时，要加入各种物料，难免带入或残留一些机械杂质，或产生一些絮状物，这些都直接影响产品外观，所以物料包装前的过滤是必要的。

（2）均质　经过乳化的液体，其乳液稳定性较差，要再经过均质工艺，使乳液中分散相的颗粒更细小、均匀，得到高度稳定的产品。

（3）排气　在搅拌的作用下，各种物料可以充分混合，但不可避免地将大量气体带入产品。由于搅拌的作用和产品中表面活性剂等的作用有大量的微小气泡混合在成品中。气泡不断冲向液面的作用力，可造成溶液稳定性变差，包装时计量不准。一般可采用抽真空排气工艺，快速将液体中的气泡排出。

（4）静置 也可称为老化，将物料在老化罐中静置储存 24h，待其性能稳定后并检验合格后再进行包装。

二、洗发水配制注意事项

在各种洗发水制备过程中，除按照一般工艺条件进行操作外还应注意如下问题。

1. 高浓度表面活性剂（如 AES 等）的溶解

必须把表面活性剂慢慢加入水中，而不是把水加入表面活性剂中，否则会形成黏稠性极大的团状物，导致溶解困难。适当加热可加速溶解。加料的液面必须没过搅拌桨叶，以避免过多的空气混入。

2. 水溶性高分子

水溶性高分子物质如阳离子纤维素、阳离子瓜耳胶等，大都是粉末或颗粒，它们虽然溶于水，但溶解速率很慢。传统的制备工艺是长期浸泡或加热浸泡，造成能量消耗大，设备利用率低，某些天然产品还会在此期间变质。新的制备工艺是在高分子粉料中加入适量甘油，它能快速渗透使粉料溶解。方法是在甘油存在下，将高分子物质加入水相，室温搅拌 15min，即能彻底溶解；若加热，则溶解更快。当然加入其他助稀释剂也可起到相同的效果。

3. 珠光剂的使用

一般洗发中的珠光剂是硬脂酸乙二醇酯。珠光效果的好坏，不仅与珠光剂用量有关，而且与搅拌速度和冷却速度有关。快速冷却和快速搅拌会使体系暗淡无光。通常是在 70℃左右加入，待溶解后控制一定的冷却速度，可使珠光剂结晶增大，获得晶莹的珍珠光泽。

4. 黏稠度的调节

一般洗发中都有加入无机盐（氯化铵、氯化钠等）做增稠剂，合适用量为 0.8%，总加入量一般不超过 3%。过多的盐不仅会影响产品的低温稳定性，还会增加产品的刺激性。

5. pH 值的调节

pH 调节剂（如柠檬酸、酒石酸、磷酸和磷酸二氢钠等）通常在配制后期加入。当体系降温至 35℃左右，加完香精、赋香剂和防腐剂后，即可进行 pH 值调节。首先测定其 pH 值，估算缓冲剂加入量，然后投入，搅拌均匀，再测 pH 值。未达到要求时再补加，直到满意为止。对于一定容量的设备或加料量，测定 pH 值后可以凭经验估算缓冲剂用量，制成表格指导生产。另外，产品配制后立即测定的 pH 值并不完全真实，长期储存后产品 pH 值将发生明显变化，这些在控制生产时应考虑到。

三、常见质量问题及原因分析

1. 黏度问题

洗发黏度容易出问题，包括生产出料前黏度不稳定，货架期间黏度发生变化两种情况。

（1）生产出来黏度发生变化的主要原因

① 原料批次不稳定，如果表面活性剂有效物含量变化，或者其中含盐量变化，或者带入一些极性物质；

② 高温料乳化不好，原料分散不均匀；

③ 原料中水溶性植物油脂增溶不够；珠光剂在高温时乳化温度较低，珠光效果不良或消失；

④ 生产过程中配料的不准确；

⑤ 冷却速度和时间控制不好。

（2）货架期黏度发生变化的原因

① 制品 pH 值过高或过低，导致某些原料（如琥珀酸酯磺酸盐类）水解；

② 单用无机盐作增稠剂，体系黏度随温度变化较大；

③ 个别水溶性油脂或聚合物分离析出；

④ 配方中个别原料没有完全分散或溶解。

2. 混浊、分层

洗发水刚生产出来各项指标均良好，但经一段时间放置，出现混浊甚至分层现象。主要原因有：

① 体系中高熔点原料含量过高，低温下放置结晶析出；体系中油相太高，珠光严重变粗，悬浮力度不够；

② 温度变化，改变了表面活性剂的亲水性，一些物质产生固—液变化而分层；

③ 制品 pH 值过高或过低，表面活性剂水解；

④ 无机盐含量过高，低温下出现混浊。

3. 变色、变味

① 所用原料中含有氧化剂或还原剂，使有色制品变色；

② 某些色素在日光照射下发生褪色反应；

③ 防腐效果不好，使制品霉变；

④ 香精与配方中其他原料发生化学反应，使制品变味；

⑤ 受阳离子、阳离子聚合物用量的影响，在受热（35℃以上）产品会析出"胺"而变色或颜色变深；

⑥ 制品中铜、铁等金属离子含量高，与配方中某些原料如 ZPT、OCT 等发

生变色反应。

4. 刺激性大，产生头皮屑

① 表面活性剂用量过多，脱脂力过强；

② 防腐剂用量过多或品种不好，刺激头皮；

③ 防腐效果差，微生物污染；

④ 产品 pH 值过高，碱性过强，刺激头皮；

⑤ 无机盐或香精含量过高，刺激头皮；

⑥ 阳离子表面活性剂或阳离子聚合物含量过高，刺激头皮。

5. 泡沫不稳定

① 表面活性剂有效含量减少；

② 油酯和硅油没有分散或乳化完全，带来消泡作用；

③ 珠光剂没有很好析出而是被乳化成为油酯，具有消泡作用。

6. 珠光效果不好

① 珠光剂用量过少，表面活性剂增溶性太强；

② 体系油性成分过多形成乳霜等情况；

③ 加入珠光剂的温度过低，溶解不好；

④ 加入温度过高或制品 pH 值过低，导致珠光剂水解；

⑤ 冷却速度过快，或搅拌速度过快，未形成良好结晶；

⑥ 冷却到 50～60℃时，搅拌速度过慢。

第六章
护发产品

Chapter 06

第一节　护发产品概述

一、护发产品的发展和功能

护发化妆品是指具有收紧和抚平毛鳞片、滋润修护头发，滋养修护头皮，使头发柔软、亮泽、松爽的日用化学制品。

护发产品能改善干梳和湿梳性能，具有抗静电作用，能赋予头发光泽，能保护头发表面，增加头发的体感；能滋养、修护头皮，改善头部肌肤生理性能，维护头皮毛囊的健康生长。根据不同的需要，还有一些专门的功能：如改善卷曲头发的保持能力（定型作用），修复受损伤的头发，润湿头发和抑制头屑或皮脂分泌等。

二、护发产品的分类和特点

护发产品的品种繁多，常见的分类方法及品种如表 6-1 所示。

表 6-1　常见的护发产品分类

按透明度分类	按剂型分类	按发质分类	按功能分类	按照使用方法分类
透明型	乳液	正常头发用	定型作用	冲洗型
非透明型	膏霜	干性头发用	防晒作用	驻留型
	喷雾	受损头发用	祛头屑作用	外用设备辅助型
	精华液		修护作用	

护发产品的常见品种有：护发素、焗油膏/发膜、发乳、头发喷雾、发油等。不同品种的主要功能与研发侧重点是不同的。详见表 6-2。

除了常见的品种外，市场上还有倒膜、还原酸、软黄金、柔顺王、焗油宝、头发补水神器、巴西焗油膏（发膜）、马油、活力胶、护发精华（乳液）、发用焗油帽（巾）等护发产品，具体功能和效果见表 6-3。

表 6-2　常见的护发产品功能和研发侧重点

大类名称	分类名称	主要功能和效果	研发侧重点
护发素	漂洗型护发素	修护、柔软	修护头发、头皮
	免洗型护发素	修护、柔软	修护头发不厚重
焗油膏	免洗型焗油膏	滋养、修护、改善、光泽	护发不厚重
	冲洗型焗油膏	滋养、修护、改善、光泽	深度修护滋养
发乳	护理发乳	滋养、修护、柔软、光泽	护发不厚重
	定型发乳	定型、修护、改善、光泽	定型修护、不厚重
头发喷雾	透明头发喷雾	快速修护、柔软光亮	快速护理、不黏、不腻、爽滑不厚重
	乳白(非透明)头发喷雾	快速修护、柔软光亮	快速护理、不黏、不腻、爽滑不厚重
	双层头发喷雾	快速修护、柔软光亮	快速护理、不黏、不腻、爽滑不厚重
发油	单相发油	快速护滋润、爽滑有光泽	快速护理、不黏、不腻、油亮、爽滑不厚重
	双相发油	快速护滋润、爽滑有光泽	快速护理、不黏、不腻、油亮爽滑不厚重

表 6-3　市场上不同功能的护发产品归类、功能和侧重点

产品名称	归属类型	主要功能和效果	研发侧重点
倒膜	冲洗型焗油膏	深度较强的滋养修护	滋养修护
还原酸	冲洗型焗油膏	酸性较强的柔软修护	柔软修护
软黄金	漂洗型护发素	追求强烈的柔软发质	柔软顺滑
柔顺王	漂洗型护发素	追求强烈的绵柔发质	松爽绵柔
焗油宝	冲洗型焗油膏	深度滋养修护	滋养修护
头发补水神器	护发素	追求保湿较强的柔软发质	发质保湿
巴西焗油膏(发膜)	冲洗型焗油膏	柔软滋养绵柔修护	顺滑柔软光亮
马油	冲洗型焗油膏	深度滋养柔软修护	滋养柔软修护
活力胶	漂洗型护发素	中度滋养柔软修护	滋养柔软修护 顺滑不厚重
护发精华(乳液)	护理发乳	滋养修护、柔软光亮	快速护理不黏腻， 爽滑不厚重
发用焗油帽 (巾、袋)	冲洗型焗油膏	停留时间较长的深度滋养修护	滋养修护柔软光亮

第二节　护发素

一、护发素简介

护发素亦称润丝，是以阳离子表面活性剂、季铵盐类、油脂等主要成分组成护发产品。护发素属轻油类型护发化妆品，在使用过程中能有效铺展并停留

在头发表面而不被水冲走，能有效抚平头发表面翘起的毛鳞片，同时降低头发表面的负电荷强度，使头发表面光滑柔顺，赋予头发光泽，柔软和顺滑。

在洗发后使用护发素是为了增加头发的润滑程度和调整头发的表面状态，使之平滑柔顺。在使用肥皂洗发的时代，为除去碱和金属肥皂，曾经使用过配合有柠檬酸等的酸性护发素，现在这种护发产品主要在烫发和染发时使用。

1. 护发素的分类

根据使用的方式方法不同，护发素分为漂洗型护发素和免洗型护发素。漂洗型护发素是在洗发后将适量护发素均匀涂抹在头发上，轻揉 1min 左右，再用清水漂洗干净。免洗型护发素是在洗发后，将头发吹干，将适量护发素用手心均匀涂抹在头发上，轻揉至头发完全吸收，不需用清水漂洗。

2. 护发素的质量要求

① 外观均匀亮泽，洁白或半透、透明的乳液或膏霜；

② 香气怡人，稠度适宜，遇水易分散；

③ 保护头发的毛鳞片表面，防止产生静电，防止发尾的爆裂、分叉；

④ 赋予头发光泽、具有滋润的作用，使头发柔软、防止断裂，使头发不易打结。

3. 产品标准

护发素质量应符合 QB/T 1975—2013《护发素》；其感官、理化指标见表 6-4。

表 6-4　护发素感官、理化指标

项　　目		要　　求	
		漂洗型护发素	免洗型护发素
感官指标	外观	均匀,无异物(添加不溶颗粒或不溶粉末的产品除外)	
	色泽	符合规定色泽	
	香气	符合规定香型	
理化指标	耐热	(40±1)℃保持 24h,恢复至室温后无分层现象	
	耐寒	(−8±2)℃保持 24h,恢复至室温后无分层现象	
	pH (25℃)	3.0～7.0(不在此范围内的按企标行)	3.5～8.0
	总固体%	≥4.0	—

二、护发素的配方组成

护发素的配方组成如表 6-5 所示。

表 6-5　护发素的配方组成

组分	常见原料	用量/%
溶剂	水、甘油、丙二醇	适量
发用调理剂	油脂(酯)：羊毛脂衍生物、植物油脂、硅油等	1~3
	阳离子聚合物：山嵛酰胺丙基二甲胺，季铵盐-82	1~3
乳化剂	PEG-20 硬脂酸酯、西曲氯铵、硬脂基三甲基氯化铵	1~3
增稠剂	硬脂酸、十六醇、十六/十八醇、纤维素类、蜂蜡类等	3~10
发用功效剂	营养剂、保湿剂、护色剂、护卷剂、抗过敏剂等	适量
配方助剂	螯合剂、缓存冲剂、抗氧化剂、紫外线吸收剂等	0.1~1
感官调整剂	颗粒、闪粉、色素、植物提取液等	0.01~1
防腐剂	卡松、羟苯甲酯、羟苯丙酯等，以及无防腐体系	0.1~1
pH 调节剂	柠檬酸、乳酸、氢氧化钠、精氨酸、三乙醇胺等	适量
赋香剂	水溶性香精、油溶性香精、纯露、精油等	0.3~1

三、护发素的配方设计要点

1. 控制护发素的 pH 值

护发素 pH 值应与头皮 pH 值近似，过酸会损伤头皮和毛囊。护发素 pH 值应为 4.0~6.0，最佳范围为 4.5~5.5。产品在储存过程中 pH 不应有变化。

2. 调节护发素的黏度

通过增加多元醇、蜡类、硬脂酸以及聚合物调理剂来增加产品的黏度。以十六/十八醇与纤维素类配搭较多，黏度随着十六/十八醇与纤维素原料的用量增加而增加。黏度越高，料体在头发分散越差。一般配方中会增加 5%~20% 多元醇（甘油、丙二醇、甲基丙二醇等）来增加产品分散性和湿发良好性能。护发素的黏度依据不同种类、不同包装、不同用途、不同配方而定，一般漂洗型护发素生产内控为 20000~80000mPa•s，最佳范围为 30000~50000mPa•s。免洗型护发素生产内控为 10000~50000mPa•s，最佳范围为 15000~30000mPa•s。

3. 增强护发素的调理效果

（1）阳离子聚合物的选择　增加阳离子表面活性剂和阳离子聚合物的用量可以增强头发的柔软度。当阳离子表面活性剂和阳离子聚合物过多时，对头皮有刺激，洗后第二天头发会变硬、触摸时手感变粗糙。带阳离子性质的聚合物和化合物，在受热、光照、储存时间长等情况下易变黄，所以护发素外观一般会以黄色为主，尽量不要调成蓝色，因为蓝色会受到变黄影响而变成绿色。

（2）油脂的选择　增加硅油、合成油脂、植物或动物油脂可以增加产品的滑感和光亮度。但过多的硅油和动物油脂在增加头发的滑感与光亮度的同时，也会增加头发的厚重感，长期使用时会有累积效应。油脂一般是亲水改性油脂、合成油脂、硅油（包括挥发性硅油、乳化硅油、改性硅油、硅脂等）等相互配搭使用。

（3）蛋白的选择　蛋白质的天然氨基酸排列与头发的氨基酸结构能良好结合，在毛发上形成连续且牢固的蛋白膜，为毛发提供保湿、平滑以及亮泽等功效。角蛋白含有高浓度的胱氨酸可以清除由于污染和紫外线产生的自由基。常用的蛋白有蚕丝胶蛋白、月桂基二甲基铵羟丙基水解小麦蛋白等。

（4）漂洗型护发素和免洗型护发素的区别　漂洗型护发素产品标准中总固体要大于或等于4%。免洗型护发素产品标准中没有总固体要求，洗后要求不增加头发的厚重感，不黏腻、不黏手，同时让头发柔软、顺滑、亮泽。免洗型护发素产品一般总固体含量不会超过5%（含多元醇）。

四、护发素的生产工艺

护发素在市场上多为乳化型膏霜，乳化型护发素的生产工艺流程与焗油膏（发膜）相似，其生产工艺流程框图见图6-1。

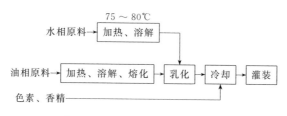

图6-1　护发素生产工艺流程框图

1. 准备工作

配制护发素的容器应是带水相锅、油相锅和有均质机的可抽真空乳化的不锈钢蒸汽加热机组，生产过程中应采用不锈钢或塑料的容器和工具。

2. 水相的制备

先将去离子水加入水相锅中，再将阳离子表面活性剂、水溶性成分如甘油、丙二醇、山梨醇等保湿剂，水溶性乳化剂等加入其中，开启蒸汽加热，搅拌下加热至约85℃，维持30min灭菌后待用。如配方中含有水溶性聚合物，应单独配制，将其溶解在水中，在室温下充分搅拌使其均匀溶胀，防止结团，如有必要可进行均质，在乳化前加入水相。要避免长时间加热，以免引起原料受热引发化学变化。

3. 油相的制备

将油、脂、乳化剂、其他油溶性成分等加入油相锅内，开启蒸汽加热，在不断搅拌条件下加热至 75~80℃，使其充分熔化或溶解均匀待用。要避免过度加热和长时间加热，以防止原料成分氧化变质。容易氧化的油分、防腐剂和乳化剂等可在乳化之前加入油相，溶解均匀，即可抽至真空乳化锅中进行乳化。

4. 乳化和冷却

上述油相和水相原料通过过滤器按照一定的顺序加入乳化锅内，在一定的温度（75~80℃）条件下，进行一定时间的搅拌、均质和乳化。冷却至约 45℃，搅拌加入香精、色素及"低温原料"或热敏的添加剂等，搅拌混合均匀。冷却到接近室温，取样检验，感官指标、理化指标合格后出料。

5. 陈化和灌装

静置储存陈化 2 天后，耐热、耐寒和微生物指标经检验合格后方可进行灌装。

五、典型配方与制备工艺

漂洗型护发素、免洗型护发素的典型配方见表 6-6、表 6-7。

表 6-6　漂洗型护发素的配方

组相	商品名	原料名称	用量/%	作用
A	去离子水	水	加至 100	溶解
	十六/十八醇	鲸蜡硬脂醇	7.00	增稠
	BAPDA	山嵛酰胺丙基二甲胺	2.00	发用调理
	1831	硬脂基三甲基氯化铵(70%)	3.50	发用调理
B	尿囊素	尿囊素	0.30	舒缓，保湿
	HHR-250	羟乙基纤维素	1.25	增稠
	去离子水	水	12.50	溶解
	QF-862	氨端聚二甲基硅氧烷	2.00	发用调理
	JS-85S	蚕丝胶蛋白、PCA 钠	2.00	保湿，修护
C	C200 防腐剂	2-溴-2-硝基丙烷-1,3-二醇，甲基异噻唑啉酮	0.10	防腐
	香精	香精	0.80	赋香
D	乳酸	乳酸	0.65	pH 调节

制备工艺：

① 往乳化锅中按配方加入去离子水，升温至 85℃，加入 A 相，均质搅拌均匀；

② 在搅拌下将 B 相倒入 A 相中乳化搅拌，均质搅拌均匀，搅拌下保温 20min；

③ 降温至 45℃，加入 C 相，搅拌分散均匀；

④ 加入 D 相搅拌均匀，调节 pH 值达标后出料。

配方解析：适合所有的人群使用，本产品能修复头发，改善头发的湿梳理性，使头发不会缠绕，此配方采用长碳链的阳离子调理剂，深层滋养头发，使头发柔软，顺滑富有光泽。

表 6-7　免洗型护发素的配方

组相	商品名	原料名称	用量/%	作用
A	去离子水	水	加至 100	溶解
	丙二醇	丙二醇	2.00	保湿
	尿囊素	尿囊素	0.30	抗敏,保湿
B	HHR 250	羟乙基纤维素	0.20	增稠
	去离子水	水	2.00	溶解
C	Guenquat SD 18	硬脂酰胺丙基二甲胺	1.50	发用调理
	DC 345	环五聚二甲基硅氧烷、环己硅氧烷	4.00	发用调理
	ABIL OSW 5	环五聚二甲基硅氧烷、聚二甲基硅氧烷醇	1.50	发用调理
	MP	羟苯甲酯	0.20	防腐
	PP	羟苯丙酯	0.10	防腐
D	Hygel LE 375C	聚季铵盐-37	2.00	发用调理
	JS-85S	蚕丝胶蛋白、PCA 钠	1.00	修护,保湿
	WQ PP	月桂基二甲基铵羟丙基水解小麦蛋白	1.00	修护,保湿
E	C200	2-溴-2-硝基丙烷-1,3-二醇、甲基异噻唑啉酮	0.10	防腐
	香精	香精	0.80	赋香
F	H308	聚季铵盐-37、$C_{13\sim16}$异链烷烃、十三烷醇聚醚-6	0.10	增稠、乳化
G	乳酸	乳酸	0.40	pH 调节

制备工艺：

① 将 A 相、C 相分别加热至 80℃，待完全溶解混合均匀；

② 将 C 相、预溶好的 B 相加入 A 相中，均质搅拌均匀；搅拌下保温 20min；

③ 将温度降至 60℃，加入 D 相，均质搅拌均匀；

④ 降温至 40℃，加入 E 相，搅拌均匀；

⑤ 加入 G 相搅拌均匀，调整 pH 值达标；

⑥ 加入 F 相搅拌均匀，调整黏度达标后出料。

配方解析：免洗护发可改善湿发与干发的梳理性能，增加发丝的丰满度。添加高分子量的硅油，解决头发的发尾分叉问题，修复受损发质，增加头发的光泽度。

六、常见质量问题及原因分析

1. 刺激大

原因可能是护发素的 pH 值过高与过低，或者阳离子调理剂过多。

2. 膏体变色

护发素一般在高温、光照情况下，油脂容易氧化变色，或者阳离子表面活性剂和阳离子聚合物、阳离子化合物因在高温、光照情况下阳离子聚合物会析出"氨（胺）"而引起。

第三节 焗油膏（发膜）

一、焗油膏（发膜）简介

焗油膏（发膜）是在护发素的基础上添加大量的润发油脂、蛋白质、维生素等对头发有修复功效的成分。

1. 焗油膏（发膜）的作用及机理

焗油膏（发膜）使用方法一般是在头发上抹上焗油膏（发膜）等，用特殊器具放出蒸汽加温，将头发温热，保湿处理 20～30min，然后清洗掉。焗油膏（发膜）在使用过程中，使头发体积膨胀，润发油脂和营养成分能有效地渗透到毛小皮和毛皮质，深入修护受损发质。焗油膏（发膜）能使头发抗静电，增加头发自然光泽，加强头发的韧性和弹力，使头发滋润柔软、易于梳理，对干、枯、脆等损伤头发有特殊的修复功能，让染发发色泽更加鲜明，能加强烫发的持久力。

发膜比焗油膏及护发素含有更多的调理成分。护发素一般针对正常发质人群，焗油膏针对受损发质人群，发膜针对发质受损严重人群。焗油膏（发膜）的调理作用比护发素强，尤其对烫过的或干性头发有效。早期，每次焗油需加热辅助完成，消费者感到不方便，2000 年后由于配方中大量使用硅油和聚季铵盐、阳离子聚合物、蛋白质等，焗油膏配方也可做到不用蒸汽加温也能达到焗油的效果。因而焗油膏成了比护发素档次更高，效果更好，更易被头发吸收的护发产品之一。

2. 焗油膏（发膜）产品执行标准

焗油膏（发膜）质量应符合 QB/T 4077—2010《焗油膏（发膜）》；其感官、理化指标见表 6-8。

表 6-8　焗油膏（发膜）感官、理化指标

项　　目		要求	
		免洗型焗油膏（发膜）	冲洗型焗油膏（发膜）
感官指标	外观	符合企业规定	
	色泽	符合企业规定	
	香气	符合企业规定	
理化指标	pH(25℃)	4.0～8.5	2.5～7.0
	总固体/%	≥4.0	≥8.0
	耐热	(40±1)℃保持 24h，恢复至室温后与试验前无明显差异	
	耐寒	−5～−10℃保持 24h，恢复至室温后与试验前无明显差异	

3. 焗油膏（发膜）质量要求

① 外观均匀无异物（符合样品要求、添加不溶颗粒或不溶粉末的产品除外），外观和颜色赏心悦目。

② 适当的黏度：一般冲洗型焗油膏/发膜 20000～80000mPa・s，免洗型焗油膏/发膜 10000～50000mPa・s。

二、焗油膏（发膜)的配方组成

焗油膏（发膜）的一般配方组成表 6-9 所示。

表 6-9　焗油膏（发膜）的配方组成

组分	常用原料	含量/%
溶剂	水、甘油、丙二醇	加至 100
发用调理剂	油脂(酯)：羊毛脂衍生物、植物油脂、硅油等	2～6
	调理剂：阳离子化合物、阳离子聚合物等	1～6
乳化剂	PEG-20 硬脂酸酯、西曲氯铵、硬脂基三甲基氯化铵	适量
增稠剂	高级脂肪酸、高级醇、纤维素类、蜡类、聚季铵盐类等	5～10
发用功效剂	修护、营养、保湿、护色、护卷、抗过敏等	适量
配方助剂	螯合剂、缓存冲剂、抗氧化剂、紫外线吸收剂等	0.1～1
感官调整剂	颗粒、闪粉、色素、植物提取液等	0.01～1
防腐剂	甲基异噻唑啉酮、卡松、羟苯甲酯、羟苯丙酯等，以及无防腐体系	0.1～1
pH 调节剂	柠檬酸、乳酸、氢氧化钠、精氨酸、三乙醇胺等	适量
赋香剂	水溶性香精、油溶性香精、纯露、精油等	0.3～1

三、焗油膏（发膜）的配方设计要点

早期配方主要是由发用调理剂、增稠剂、防腐剂、感官调整剂、赋香剂及其他活性成分组成。后期配方中因使用方法以及消费者和市场需求的变化，配方在头发修护、补充营养等基础上补充更多的柔软、修护、护肤、光亮等成分，形成与护发素、发乳、发膜同等功能。要光亮效果，可选用DC556（苯基聚三甲基硅氧烷），柔软效果可选DBQ（季铵盐-91、西曲铵甲基硫酸盐、鲸蜡硬脂醇），对于严重受损头发，配方可以优先选择乳化氨基硅油、50万黏硅油、蛋白类等原料。

四、典型配方与制备工艺

冲洗型和免洗型焗油膏（发膜）的配方见表6-10、表6-11。

表6-10 冲洗型焗油膏（发膜）的配方

组相	商品名	原料名称	用量/%	作用
A	去离子水	水	加至100	溶解
	十六/十八醇	鲸蜡硬脂醇	7.00	增稠、助乳化
	1831	硬脂基三甲基氯化铵(70%)	1.50	发用调理
	西曲氯铵	十六烷基三甲基氯化铵(70%)	1.50	发用调理
	BAPDA	山嵛酰胺丙基二甲胺	2.00	发用调理
	乳酸	乳酸	0.70	pH调节
	尿囊素	尿囊素	0.30	舒缓
	GP200	鲸蜡硬脂醇、PEG-20硬脂酸酯	0.50	乳化
B	HHR-250	羟乙基纤维素	1.30	增稠
	去离子水	溶剂	13.00	溶解
C	DC-1403	聚二甲基硅氧烷	2.00	发用调理
	QF-862	氨端聚二甲基硅氧烷	1.00	发用调理
	QF-1812	聚二甲基硅氧烷（和）聚二甲基硅氧烷醇	3.00	发用调理
	QF-3410	辛基聚甲基硅氧烷	1.00	发用调理
	QF-8835	氨端聚二甲基硅氧烷（和）西曲氯铵（和）十三烷醇聚醚-12	3.00	发用调理
	QSW-5	水解小麦蛋白PG-丙基硅烷三醇	0.50	修护,保湿
	M80	氨端聚二甲基硅氧烷、硬脂基三甲基氯化铵、异月桂醇聚醚-6	4.00	发用调理
	SC92	季铵盐-82、甘油油酸酯、椰油酰胺DEA、氢化卵磷脂	1.00	发用调理

组相	商品名	原料名称	用量/%	作用
D	JS-85S	蚕丝胶蛋白、PCA 钠	2.00	修护,保湿
	WQPP 蛋白	羟丙基三甲铵水解小麦蛋白	0.50	修护,保湿
E	柠檬酸	柠檬酸	0.06	pH 调节
F	C200	2-溴-2-硝基丙烷-1,3-二醇、甲基异噻唑啉酮	0.10	防腐
	香精	香精	0.80	赋香
G	H308	聚季铵盐-37. $C_{13\sim16}$ 异链烷烃、十三烷醇聚醚-6	0.50	增稠、乳化

制备工艺:

① 往乳化锅中按配方加入去离子水,加入 A 相,升温至 80℃,搅拌均匀;

② 搅拌下将 B 相倒入 A 相中乳化,均质搅拌均匀,搅拌下保温 20min;

③ 温度降至 45℃,加入 C、D 相,搅拌分散均匀;

④ 温度降至 40℃,加入 F 相,搅拌分散均匀;

⑤ 加入 E 相搅拌均匀,调节 pH 值达标;

⑥ 加入 G 相搅拌均匀,调节黏度达标后出料。

配方解析:使用多种氨端硅油以及硅乳液复配可以很好的深层修复受损发质,并且还能额外给头发提供营养和水分,让头发、头皮时常得到呵护,持久滋润,同时与多种蛋白的搭配,让头发持久保持弹性和色泽。

表 6-11 免洗型焗油膏（发膜）的配方

组相	商品名	原料名称	用量/%	作用
A	去离子水	水	加至 100	溶解
	丙二醇	丙二醇	2.00	保湿
	尿囊素	尿囊素	0.30	舒缓,保湿
B	HHR 250	羟乙基纤维素	0.20	增稠
	去离子水	水	2.00	溶解
C	Guenquat SD 18	硬脂酰胺丙基二甲胺	2.00	发用调理
	DC 345	环五聚二甲基硅氧烷、环己硅氧烷	5.00	发用调理
	ABIL OSW 5	环戊硅氧烷;聚二甲基硅氧烷醇	2.00	发用调理
	MP	羟苯甲酯	0.20	防腐
	PP	羟苯丙酯	0.10	防腐
D	Hygel LE 375C	聚季铵盐-37 十三烷基聚氧乙烯醚(6)	2.00	发用调理
	JS-85S	蚕丝胶蛋白、PCA 钠	1.00	修护,保湿
	WQ PP	月桂基二甲基铵羟丙基水解小麦蛋白	1.00	修护,保湿

续表

组相	商品名	原料名称	用量/%	作用
E	C200	2-溴-2-硝基丙烷-1,3-二醇、甲基异噻唑啉酮	0.10	防腐
	香精	香精	0.80	赋香
F	乳酸	乳酸	0.40	pH 调节

制备工艺：

① 将 A 相、C 相分别加热至 80℃，待完全溶解搅拌混合均匀；

② 将 C 相、预溶好的 B 相加入 A 相中，均质搅拌均匀，搅拌下保温 20min；

③ 将温度降至 60℃，加入 D 相，均质搅拌均匀；

④ 降温至 40℃，加入 E 相搅拌均匀；

⑤ 加入 F 相，调整 pH 值达标后出料。

配方解析：由四种发用调理剂组合能明显改善湿发与干发的梳理性能、发丝的丰满度、丰盈度；四种发用功效剂组合能解决头发的发尾分叉问题，修复受损发质，增加头发的光泽度。

第四节　发　　乳

一、发乳产品简介

1. 发乳产品特点

发乳是具有头发护理和定型功能的水包油乳状或膏状驻留型产品。发乳具有柔软、保湿、修护、营养等功效，能透过头发上的毛鳞片进入发丝中，帮助修复纤维组织，帮助头发恢复活力。

针对不同的发质，发乳的功效可有所侧重。对于受损的头发，发乳可使头发外部形成保护层，使其免受损伤，保持柔软、亮泽，使头发富有弹性。对于干枯敏感的发质，宜使用含高蛋白的滋润型发乳。对于极度纷乱、干燥的头发，可用具有定型功能的发乳深度滋养和平复因受损而难以打理的发质，令头发定型并恢复健康，柔软亮泽。

2. 发乳产品标准

发乳的质量应符合 QB/T 2284—2011《发乳》；其感官、理化指标见表6-12。

3. 发乳质量要求

① pH 值应为 4.5～7.5（建议：4.5～5.5），并要求在储存的过程中保持

不变；

②发乳的黏度依据不同种类、不同包装、不同用途、不同配方而定，一般发乳生产内控为 2000～50000mPa·s，最佳范围在 5000～30000mPa·s；

③发乳的一般总固体含量在 4.5％以下。

表 6-12　发乳感官、理化指标

项　　目		要　　求
感官指标	色泽	符合企业规定
	香气	符合企业规定
	膏体结构	细腻
理化指标	pH(25℃)	4.0～8.5
	耐热	(40±1)℃保持 24h,膏体无油水分离
	耐寒	−5～−15℃保持 24h,恢复至室温后膏体无油水分离

二、发乳的配方组成

发乳的配方组成见表 6-13。

表 6-13　发乳的配方组成

组分	常用原料	用量/％
溶剂	水	加至 100
发用调理剂	油脂(酯)：羊毛脂衍生物、植物油脂、硅油等	0.3～3
	调理剂：阳离子化合物、阳离子聚合物等	0.1～1
乳化剂	PEG-20 硬脂酸酯、西曲氯铵、硬脂基三甲基氯化铵	0.3～1
增稠剂	高级脂肪酸、高级醇、纤维素类、蜡类、聚季铵盐类等	0.1～3
发用功效剂	维生素 B₅、蛋白质类、甘草酸二钾、羟苯基丙酰胺苯甲酸、生物糖胶-1 等	适量
感官调整剂	颗粒、闪粉、色素、植物提取液等	0.01～1
防腐剂	甲基异噻唑啉酮、卡松、羟苯甲酯、羟苯丙酯等以及无防腐体系	0.1～1
pH 调节剂	柠檬酸、乳酸、氢氧化钠、精氨酸、三乙醇胺等	适量
赋香剂	水溶性香精、油溶性香精、纯露、精油等	0.3～1

三、发乳的配方设计要点

①发乳配方应在头发修护、补充营养等基础上补充更多的柔软、修护、护肤、光亮等成分，形成与护发素、焗油膏（发膜）同等功能。

② 对于定型功能的发乳是在发乳中增加成膜较硬的定型剂，需要选择不会出现"白屑"的定型剂，并要求用后发乳不黏手。

③ 发乳配方一般以轻、薄、松、软、硬（定型）为主。轻是指多用挥发性硅油（DC345、异构十二烷等）。薄是指在头发表面形成的"成膜层"不要厚重。软用阳离子聚合物（季铵盐-91 等）。

四、典型配方与制备工艺

护理型和定型功能发乳的配方见表 6-14、表 6-15。

表 6-14　护理型功能发乳的配方

组相	商品名	原料名称	用量/%	作用
A	去离子水	水	加至 100	溶解
	丁二醇	丁二醇	2.00	保湿
	尿囊素	尿囊素	0.30	舒缓,保湿
B	HHR 250	羟乙基纤维素	0.20	增稠
	去离子水	水	2.00	溶解
C	1831	硬脂基三甲基氯化铵	0.50	发用调理,乳化
	BAPDA	山嵛酰胺丙基二甲胺	0.50	发用调理
	DC 345	环五聚二甲基硅氧烷、环己硅氧烷	5.00	发用调理
	MP	羟苯甲酯	0.20	防腐
	PP	羟苯丙酯	0.10	防腐
D	Hygel LE 375C	聚季铵盐-37、十三烷基聚氧乙烯醚(6)	2.00	发用调理
	D 泛醇	泛醇	0.30	修护,保湿
	JS-85S	蚕丝胶蛋白、PCA 钠	1.00	修护,保湿
	WQ PP	月桂基二甲基铵羟丙基水解小麦蛋白	1.00	修护,保湿
E	C200	2-溴-2-硝基丙烷-1,3-二醇、甲基异噻唑啉酮	0.10	防腐
	香精	香精	0.80	赋香
F	乳酸	乳酸	0.40	pH 调节

制备工艺：

① 将 A 相、C 相分别加热至 80℃，待完全溶解搅拌混合均匀；

② 将 C 相、预溶好的 B 相加入 A 相中，均质搅拌均匀，搅拌下保温 20min；

③ 将温度降至 60℃，加入 D 相，均质搅拌均匀；

④ 降温至 40℃，加入 E 相搅拌均匀；

⑤ 加入 F 相搅拌均匀，调整 pH 值达标后出料。

配方解析：本品能明显改善湿发与干发的梳理性能，增加发丝的丰满度，丰盈度；解决头发的发尾分叉问题，修复受损发质，增加头发的光泽度。

表 6-15　定型功能发乳的配方

组相	商品名	原料名称	用量/%	作用
A	去离子水	水	加至100	溶解
	乳木果油	乳木果油	0.30	赋脂
	尿囊素	尿囊素	0.30	舒缓,保湿
	K-90(定型剂)	聚乙烯吡咯烷酮	0.30	成膜
B	HHR 250	羟乙基纤维素	0.20	增稠
	去离子水	水	2.00	溶解
C	Guenquat SD 18	硬脂酰胺丙基二甲胺	0.60	发用调理
	DC 345	环五聚二甲基硅氧烷、环己硅氧烷	4.00	发用调理
	ABIL OSW 5	环戊硅氧烷、聚二甲基硅氧烷醇	1.00	发用调理
	MP	羟苯甲酯	0.20	防腐
	PP	羟苯丙酯	0.10	防腐
D	Hygel LE 375C	聚季铵盐-37、十三烷基聚氧乙烯醚(6)	2.00	发用调理
	QF-862	氨端聚二甲基硅氧烷	0.30	发用调理
	JS-85S	蚕丝胶蛋白、PCA 钠	0.50	修护,保湿
	D 泛醇	泛醇	0.30	修护,保湿
	WQ PP	月桂基二甲基铵羟丙基水解小麦蛋白	1.00	修护,保湿
	SET	聚季铵盐-73	0.80	发用调理
E	C200	2-溴-2-硝基丙烷-1,3-二醇、甲基异噻唑啉酮	0.10	防腐
	香精	香精	0.60	赋香
F	乳酸	乳酸	0.40	pH 调节

制备工艺：

① 将 A 相、C 相分别加热至80℃，待完全溶解搅拌混合均匀；

② 将 C 相、预溶好的 B 相加入 A 相中，均质搅拌均匀，搅拌下保温 20min；

③ 将温度降至60℃，加入 D 相，均质搅拌均匀；

④ 降温至40℃，加入 E 相搅拌均匀；

⑤ 加入 F 相搅拌均匀，调整 pH 值达标后出料。

配方解析：本配方的 8 个调理剂可以有效改善头发的调理性能，使头发柔软顺滑，同时有一定的定型作用。4 个头发功效原料给头发深层滋养和修复头发，解决发尾分叉问题，赋予良好的光泽。

第五节　头发喷雾产品

一、头发喷雾产品简介

1. 头发喷雾产品特点

头发喷雾产品是指"非定型"发用喷雾产品。通过喷雾方式让头发快速有效达到修护、柔软、光亮、滋润、保湿的作用。最早的发用喷雾在 1951 年由芝加哥的 Liquinet 公司率先推出。后来随着更多带有先进喷雾器的泵式喷雾产品的出现，逐渐开发出了具有让头发快速有效的修护、多种护发性质、特性组合的头发喷雾产品。根据不同功能诉求，头发喷雾通常包括防晒头发喷雾，维生素头发喷雾，蛋白头发喷雾等。

2. 头发喷雾作用及机理

头发喷雾是通过雾化方法快速渗入头发、头皮，让有效成分能透过头发上的毛鳞片进入发丝中，帮助修复纤维组织和皮肤组织，帮助头发和头皮恢复活力。因使用方法变化、消费者和市场需求不同，头皮喷雾产品在设计配方时，除了添加具有头发修护、补充营养等基本的功效诉求的原料之外，通常还会补充更多的柔软、修护、护肤、光亮等成分，以实现与护发素、焗油膏、发膜同等柔软、顺滑、光泽的功能。

3. 二元包装头发喷雾产品

2016 年，中国化妆品市场出现了二元包装的头发喷雾产品，该产品不用推动剂和泵式喷雾，环保又安全，雾化效果更好，更能让有效成分快速均匀地分布在头发上。二元包装的头发喷雾产品由阀门、囊袋、铝罐或者铁罐组成的双层保护的包装系统。压缩空气注入铝罐或铁罐与真空囊袋之间空间，料液灌装在囊袋里面，当按动喷射按钮，压缩气体通过挤压囊袋，把囊袋里面的料液挤压喷射出来。由于二元包装的头发喷雾内容物与推进剂分离，真空包装，密封性好，无二次污染，因此，对内容物有更好的保护；另外，二元包装的头发喷雾产品具有双层保护，并且不受光照、冷热、氧化性以及污染等条件影响，产品的品质更有保障，相信未来会在市场上有很大的销售份额。

4. 头发喷雾产品标准

头发喷雾质量应符合 QB/T 2873—2007《发用啫喱（水）》，其感官、理化指标见表 6-16。

表 6-16　发用啫喱（水）感官、理化指标

项目		要求	
		发用啫喱	发用啫喱水
感官指标	外观	凝胶状或黏稠状	水状均匀液体
	香气	符合规定香气	
理化指标	pH(25℃)	3.5～9.0	
	耐热	(40±1)℃保持24h,恢复至室温后与试验前无明显差异	
	耐寒	−5～−10℃保持24h,恢复至室温后与试验前外观无明显差异	
	起喷次数/次(泵式)	≤10	≤5

二、头发喷雾的配方组成

头发喷雾可分为乳化型和非乳化型。也可分透明头发喷雾、双层透明的头发喷雾、乳化型的头发喷雾。透明头发喷雾主要成分是水、水溶性油脂、水溶性调理剂等。双层透明的头发喷雾需要选用密度相差较大的原料,一般上层是密度较小的油相,下层是密度较大的含多元醇的水相。乳化型的头发喷雾的配方组成见表6-17。

表 6-17　头发喷雾的配方组成

组分	常用原料	用量/%
溶剂	水、甘油、丙二醇	适量
发用调理剂	油脂(酯):羊毛脂衍生物、植物油脂、硅油等	0.3～1
	调理剂:阳离子化合物、阳离子聚合物等	0.3～1
乳化剂	GP200、甘油硬脂酸酯、西曲氯铵、硬脂基三甲基氯化铵	0.1～1
增稠剂	高级脂肪酸、高级醇、纤维素类、蜡类、聚季铵盐类等	0.1～0.5
发用功效剂	维生素 B_5、蛋白质类、甘草酸二钾、羟苯基丙酰胺苯甲酸、生物糖胶-1 等	适量
感官调整剂	色素、植物提取液等	0.01～1
防腐剂	甲基异噻唑啉酮、卡松、羟苯甲酯、羟苯丙酯等以及无防腐体系	0.1～1
pH 调节剂	柠檬酸、乳酸、氢氧化钠、精氨酸、三乙醇胺等	适量
赋香剂	水溶性香精、油溶性香精、纯露、精油等	0.3～1

三、头发喷雾产品的配方设计要点

① 原料要做到"量少功效强"的特点,用后快干、清爽、松爽、轻爽。一

般采用蛋白类原料、营养物质、保湿剂、季铵盐、聚季铵盐、挥发性硅油和护肤类轻薄油脂（酯）。

② 要做雾化效果好，要求原料的分子量较小，例如，选择分子量较小的挥发性硅油、水溶性小分子量的蛋白、小分子量的透明质酸等。

③ 乳化型的头发喷雾尽量选择液态、不黏腻、不厚重类型的乳化剂。设计二层（上层乳白、下层透明）头发喷雾时，油相原料不变的情况下，逐渐减少乳化剂用量，使其乳化能力不足而产生分层析出而成。

④ 发用喷雾配方设计时，如何做到让产品既有快速的修护效果又能减少产品在头发上的过度沉积，阳离子类型的选择以及阳离子聚合物原料配比是关键，除此之外，还可与不同营养功效原料配搭增效等。但这些原料在配伍时也可能造成发用喷雾外观分层、原料析出、破乳、油水分离等现象，要注意考察配方的稳定性。

四、乳化型头发喷雾产品的生产工艺

1. 准备工作

配制头发喷雾的容器应是带水相锅、油相锅和有均质机的可抽真空乳化不锈钢蒸汽加热机组，生产过程中应采用不锈钢或塑料的容器和工具。

2. 水相的制备

先将去离子水加水相锅中，再将阳离子表面活性剂、水溶性成分如甘油、丙二醇、山梨醇等保湿剂，水溶性乳化剂等加入其中，开启蒸汽加热，搅拌下加热至约85℃，维持30min灭菌，然后待用。如配方中含有水溶性聚合物，应单独配制，将其溶解在水中，在室温下充分搅拌使其均匀溶胀，防止结团，如有必要可进行均质，在乳化前加入水相。要避免长时间加热，以免引起原料受热引起变化。

3. 油相的制备

将油、脂、乳化剂、其他油溶性成分等加入油相锅内，开启蒸汽加热，在不断搅拌条件下加热至75～85℃，使其充分熔化或溶解均匀待用。要避免过度加热和长时间加热，以防止原料成分氧化变质。容易氧化的油分、防腐剂和乳化剂等可在乳化之前加入油相，溶解均匀，即可抽至真空乳化锅中进行乳化。

4. 乳化和冷却

上述油相和水相原料通过过滤器按照一定的顺序加入乳化锅内（乳化锅先抽真空，利用真空抽1/3水相原料到乳化锅，再利用真空趁管道热将油相原料全部抽到乳化锅，最后利用真空抽余下的水料，趁机冲洗管道中的油相至乳化锅），在一定的温度（如75～85℃）条件下，进行一定时间的搅拌、均质和乳化。冷却至约 45℃，搅拌加入香精、色素及"低温原料"或热敏的添加剂等，搅拌混合均匀。冷却到接近室温，取样检验，感官指标、理化指标合格后出料（耐热、耐寒和微生物指标在出料后静置期间检验）。

5. 陈化和灌装

静置储存陈化 2 天后，耐热、耐寒和微生物指标经检验合格后方可进行灌装。

五、典型配方与制备工艺

两相护发喷雾免洗护发喷雾的配方见表 6-18、表 6-19。

表 6-18　两相护发喷雾的配方

组相	商品名	原料名称	用量/%	作用
A	去离子水	水	加至 100	溶解
	VARISOFT 300	十六烷基三甲基氯化铵(70%)	3.00	发用调理
	AMYLOMER HA-CAT 75	羟丙基氧化淀粉丙二醇三甲基氯化铵	1.00	发用调理
B	ABIL OSW 5	环戊硅氧烷、聚二甲基硅氧烷醇	2.00	发用调理
	Performa V825 Polymer	合成蜡	0.50	赋脂
	DC 345	环五聚二甲基硅氧烷	13.00	发用调理
C	德敏舒	丁二醇、1,2-戊二醇、羟苯基丙酰胺苯甲酸	0.30	消炎,舒缓
	WQ PP	月桂基二甲基铵羟丙基水解小麦蛋白	1.00	修护,保湿
	D 泛醇	泛醇	0.30	修护,保湿
	N50	PCA 钠	1.00	修护,保湿
D	柠檬酸	柠檬酸	0.01	pH 调节
E	C200	2-溴-2-硝基丙烷-1,3-二醇、甲基异噻唑啉酮	0.10	防腐
	香精	香精	0.50	赋香

制备工艺：将 A 相、B 相分别搅拌，混合均匀；将 B 相加入 A 相，均质 1min；加入 C、E 相，搅拌均匀；加入 D 相，调节 pH 值达标后出料。

配方解析：两相外观护发喷雾，给消费者新的视觉，产品上层完全为乳白色，下层完全透明的喷雾，赋予发丝柔软顺滑的手感和亮感。

表 6-19　免洗护发喷雾的配方

组相	商品名	原料名称	用量/%	作用
A	去离子水	水	加至 100	溶解
	N50	PCA 钠	2.00	修护,保湿
	ABIL B 88183	聚乙二醇/聚丙二醇-20/6 二甲基烷硅氧烷	1.50	发用调理

组相	商品名	原料名称	用量/%	作用
B	ABIL OSW5	环戊硅氧烷、聚二甲基硅烷醇	4.00	发用调理
	TEGO CAREBOMER 341ER	卡波姆	0.15	增稠
	DC 345	环五聚二甲基硅氧烷、环己硅氧烷	2.00	发用调理
	TEGO CARE LTP	山梨聚糖月桂酸酯、聚甘油-4月桂酸酯、柠檬酸二月桂基酯	2.00	乳化
C	WQ PP	月桂基二甲基铵羟丙基水解小麦蛋白	1.00	修护
	德敏舒	丁二醇、1,2-戊二醇、羟苯基丙酰胺苯甲酸	0.30	消炎,舒缓
	尿囊素	尿囊素	0.30	抗敏,保湿
	DPO-65	椰油基葡糖苷、甘油油酸酯	0.50	乳化
	Reparage	谷氨酸、丝氨酸、羧甲基半胱氨酸、水解大米蛋白、聚乙二醇-90M、聚季铵盐-10	0.50	发用调理
	SOFT-6	瓜儿胶羟丙基三甲基氯化铵	0.10	发用调理
D	精氨酸	精氨酸	0.30	pH调节
E	C200	2-溴-2-硝基丙烷-1,3-二醇、甲基异噻唑啉酮	0.10	防腐
	香精	香精	0.50	赋香

制备工艺:

① 将A相、B相分别加热至80℃,完全溶解,搅拌均匀;

② 将B相加入A相中,均质搅拌均匀,保温20min;

③ 降温至40℃,加入C、E相,搅拌均匀;

④ 加入D相,调节pH值达标后出料。

配方解析:配方中的液体乳化剂给头发提供愉悦清爽的发感,修复受损发质,还赋予头发良好的光泽度,水性的硅氧烷（ABIL OSW5）,用后无残留,给予发质极强的保湿性和丝质般的柔滑。

第六节 发　油

一、发油产品简介

发油又称为头油,是一类无色或淡黄色透明的油性液体状化妆品。发油含油量高,不含乙醇和水,是全油型的护发化妆品。发油以油亮而不黏腻为佳。

1. 发油的发展历史及作用

我国妇女很早以来就习惯用"茶籽油"抹发,日本称为"椿油",实际就是一种发油。至今在我国南方少数山区，仍在沿用。而在欧美，习惯将"橄榄油""杏仁油"用作发油。

发油能透过头发上的毛鳞片进入发丝中，帮助修复纤维组织，帮助恢复头发活力，给头皮赋脂保湿、滋养，恢复洗发后头发所失去的光泽与柔软，防止头发及头皮过分干燥。它是一类既经济又有良好润滑作用的产品，但由于其有厚重的油腻感，使用者日益减少。

2. 发油的质量指标

发油的行业标准为 QB/T 1862—2011《发油》，其感官、理化指标见表 6-20。

表 6-20　发油的感官、理化指标

项　目		要求		
		单相发油	双相发油	气雾罐装发油
感官指标	清晰度	室温下清晰,无明显杂质和黑点	室温下油水相分别透明,油水界面清晰,无雾状物及尘粒	—
	色泽	符合规定色泽		
	香气	符合规定香型		
理化指标	pH(25℃)	—	水相 4.0～8.0	
	相对密度(20℃)	0.810～0.980	油相 0.810～0.980 水相 0.880～1.100	
	耐寒	−5～−10℃保持 24h,恢复至室温后无与试验前无明显差别		−5～−10℃保持24h,恢复至室温能正常使用
	喷出率/%	—	—	≥95
	起喷次数/次(泵式)	≤5		
	内压力/MPa	—		在 25℃恒温水浴中试验应小于 0.7

二、发油的配方组成

发油的配方组成见表 6-21。

表 6-21　发油的配方组成

组分		常用原料	用量/%
油脂类	动植物油类	橄榄油、蓖麻油、花生油、豆油、杏仁油等	1～10
	矿油	白油(异构烷烃含量较高者)	5～30
	其他油脂类	脂肪醇、脂肪酸酯、非离子型表面活性剂等	5～20

组分		常见原料	用量/%
油脂类	羊毛脂类	乙酸羊毛脂、羊毛脂异丙醇等羊毛脂衍生物	1～5
	脂肪酸酯类	肉豆蔻酸异丙酯、棕榈酸异丙酯等	5～50
	硅油	聚二甲基硅氧烷、苯基聚三甲基硅氧烷、氨端聚二甲基硅氧烷、环五聚二甲基硅氧烷、环己硅氧烷、环五聚二甲基硅氧烷、聚二甲基硅氧烷醇	1～50
其他添加剂		非离子表面活性剂、防晒剂、抗氧化剂、色素、香精	0.1～0.5

三、发油的配方设计要点

发油配方以油脂（酯）作为主要原料，配方设计要考虑以下几点：

① 一般选择合成油脂以增加产品的稳定性。为了达到修复效果可添加一些植物油脂，为防止植物油脂氧化酸败变色，可加入抗氧化剂 BHT 和油溶色素。

② 分子量低、易挥发的油脂易与塑料包装材料发生反应，生产前应该进行兼容性和密封性的产品稳定性测试。

③ 添加硅油，特别是苯基聚三甲基硅氧烷（DC556），可以使头发更加光亮；聚二甲基硅氧烷醇（DC1403）可增加头发的顺滑手感。

④ 发油的黏度是由不同黏度的油脂搭配确定，或用油相增稠剂增稠。

四、发油的生产工艺

1. 准备工作

配制发油的容器应是不锈钢蒸汽加热锅或耐酸搪瓷锅，避免采用铁的容器和工具。

2. 按配方称量、搅拌加热

在装有简单螺旋桨搅拌机的夹套加热锅中，按配方先加入各种油脂，搅拌加热至 40～50℃，完全熔化至透明，加入香精、色素，恒温搅拌至完全透明，开夹套冷却水，使物料冷却至 30～35℃，取样化验，10℃时应保持透明，同时将产品留样保存数月后观察，不能有成圆珠形的黄色香精沉于瓶底。

3. 静置过夜

在夹套锅内制造完毕的发油，送至发油储存锅静置过夜，使发油中可能存在的固体杂质沉积于储存锅底部。隔夜从放料管放出的发油即可送至装瓶。

4. 装瓶包装

要求包装玻璃瓶干净无水分。装瓶后的发油应清晰透明无杂质。

五、典型配方与制备工艺

传统护发发油、海甘蓝籽油滋养发油的配方见表 6-22、表 6-23。

表 6-22　传统护发发油的配方

组相	商品名	原料名称	用量/%	作用
A	异构十二烷	异十二烷	加至100	护发
	QF-1606	环五聚二甲基硅氧烷、聚二甲基硅氧烷醇	28.00	护发
	QF-656	苯基聚三甲基硅氧烷	2.00	护发
	DC-1403	聚二甲基硅氧烷醇、聚二甲基硅氧烷	30.00	护发
B	0.1%油溶紫	CI 60725	0.03	色素
C	VE	生育酚(维生素 E)	0.50	抗氧化
D	香精	香精	0.50	赋香

制备工艺：

① 将 A 相成分按配方比例添加，搅拌完全分散均匀；

② 称取 C 相成分，加入 A 相的混合成分中，搅拌分散完全；

③ 加入 D 相，搅拌均匀；

④ 加入 B 相，调整颜色达标，合格后采用干燥的 400 目过滤布出料。

配方解析：本配方添加很多硅油，使头发易梳理，使头发滋润，改善头发的梳理性，而且提供良好光泽度。

表 6-23　海甘蓝籽油滋养发油的配方

组相	商品名	原料名称	用量/%	作用
A	GTCC	辛酸/癸酸甘油三酯	加至100	油脂类
	海甘蓝籽油	海甘蓝籽油	10.00	护发
	SABODERM CSN	鲸蜡硬脂醇异壬酸酯	15.00	护发
B	VE	生育酚(维生素 E)	0.50	抗氧化
C	苯氧乙醇	苯氧乙醇	0.90	防腐
D	香精	香精	0.50	赋香
E	0.1%油溶紫	CI 60725	0.01	色素

制备工艺：

① 将 A 相按配方比例添加，搅拌分散均匀；

② 将 C 相加入 A 相中，加热至 45℃，至 C 相与 A 相完全分散均匀；

③ 降温至室温，加入 B 相、D 相，搅拌均匀；

④ 加入 E 相，调整颜色达标，检验合格后用干燥的 400 目过滤布出料。

配方解析：将植物油脂取代以硅油为基础原料的传统护发素，改变了传统的理念，更符合越来越受市场欢迎的"天然"理念产品，而且天然的植物油脂添加，用后清新优雅，头发柔软，发感舒爽。

六、常见质量问题及原因分析

发油的主要质量问题是透明度差和经过数月后有香精析出。主要原因：

① 白油或包装玻璃瓶中含有微量水分。

② 白油运动黏度高，含有少量蜡分。

③ 发油储存数月后有香精析出，是香精用量过多或香精在白油中溶解度差。

第七章
头发造型产品

Chapter 07

头发造型产品是能够提供头发造型或者辅助头发保型作用的日用化学产品。按照产品性状和能够提供的头发造型的特点来分类，头发造型产品通常可分为啫喱水、定型凝胶、喷发胶、摩丝、弹力素、发蜡和发泥等。

第一节　啫喱水

一、啫喱水简介

啫喱水外观为澄清透明状的水状液体，使用时，通过雾化喷头将啫喱水喷在头发上，进行梳理造型。在雾化喷头的剪切压力下，啫喱水形成细雾状的液滴，能够均匀地分散在头发上，干燥后，头发能够进行良好的造型。

1. 啫喱水的质量要求

① 在较宽的温度范围内保持透明外观，气味怡人，具有良好的稳定性，静置或存放时不会出现沉淀或絮状悬浮物；

② 喷雾细，喷射温和；

③ 形成的薄膜没有发黏感，能赋予头发天然光泽；

④ 形成的薄膜应具有一定的弹性，在全天候条件下有较好的头发卷曲保持能力；

⑤ 使用后头发上无明显白屑，无聚集，且易于被香波清洗；

⑥ 产品安全，对头皮无刺激。

2. 啫喱水执行标准

啫喱水的质量应符合 QB/T 2873—2007《发用啫喱（水）》，其感官、理化指标见表 7-1。

表 7-1　啫喱水的感官、理化指标

项目		要求
感官指标	外观	水状均匀液体
	香气	符合规定香气

项目		要求
理化指标	pH(25℃)	3.5～9.0
	耐热	(40±1)℃保持24h,恢复至室温后与试验前外观无明显差异
	耐寒	−5～−10℃保持24h,恢复至室温后与试验前外观无明显差异
	起喷次数/次	≤5

二、啫喱水的配方组成

啫喱水的配方组成见表7-2。

表 7-2　啫喱水的配方组成

组分	常用原料	用量/%
成膜剂	聚乙烯吡咯烷酮(PVP K30 系列)、丙烯酸酯类共聚物、VP/VA 共聚物	5～10
保湿剂	甘油、丙二醇、山梨糖醇等	2～5
溶剂	乙醇、水	70～90
中和剂	有机碱:三乙醇胺、氨基甲基丙醇 无机碱:氢氧化钠、氢氧化钾	0.4～1
香精	根据消费者喜好(果香,花香,海洋香型)	0.1～0.3
增溶剂	油醇醚-20、PEG-40 氢化蓖麻油、吐温-20	0.2～1.0
调理剂	泛醇、水溶性硅油、水解蛋白	0.1～1.5
增塑剂	甘露醇、山梨糖醇	0.1～0.3
螯合剂	EDTA 二钠	0.05～0.1
防腐剂	苯氧乙醇、苯甲酸钠	0.1～0.6

三、啫喱水类产品的原料选择要点

1. 成膜剂

① 成膜剂分子结构中亲水基与疏水基要有合理比例,以便成膜剂既有良好的溶解度,成膜后又有一定的憎水性能及抗潮湿能力。如果水溶性太差,导致头发聚集,长期使用会导致头发发硬无光泽。

② 成膜剂的种类、分子量及分布、使用浓度要适当。一般情况下,成膜剂分子量越大,成膜硬度也越高,白屑程度也会更严重一些,雾化效果相对差

一些。

③ 成膜剂聚合物要与配方中调理剂的配伍合理，否则会导致成膜剂聚合物絮凝析出。

2. 保湿剂

啫喱水中的保湿剂主要成分为多元醇类，主要有甘油、丙二醇以及山梨醇等。这些保湿剂特点都不同。甘油保湿效果较好，但是用量过多会导致成膜发黏，影响到成品的使用效果。丙二醇和山梨醇的保湿能力比甘油稍差，但可以降低成膜的黏性，提高成膜的塑形。因此，一般采取几个多元醇复配使用。另外，多元醇可以提高啫喱水的抗冻性和稳定性。

3. 调理剂

啫喱水中的调理剂通常包括水溶性油脂、水解蛋白等水溶性良好并且能够提高头发顺滑感、光泽度等性能的原料。调理剂对成膜剂在头发表面的成膜特性有影响，为了确保产品能有较好的成膜定型效果以及货架稳定性，建议谨慎并适量添加。

四、啫喱水的配方设计要点

啫喱水配方设计的关键是定型效果与调理效果的平衡。产品的保型作用和保湿作用有一定的冲突，即保湿性能越好，保型作用就会比较弱，反之亦然。配方设计时，一般先根据定型的要求，确定成膜剂，然后通过实验确定合适的多元醇作为保湿剂。

五、典型配方与制备工艺

啫喱水典型配方见表 7-3。

表 7-3　啫喱水典型的配方

组相	原料名称	用量/%	作用
A1	水	加至 100	溶解
A2	甲基丙烯酰基乙基甜菜碱/丙烯酸(酯)类共聚物	4.0	定型
A3	VP/VA 共聚物	5	定型
A4	山梨(糖)醇	2.0	保湿
A5	水解小麦蛋白	1.0	护发
A6	甘油	2.0	保湿
A7	苯氧乙醇	0.3	防腐
A8	乙基己基甘油	0.2	防腐
A9	乙二胺四乙酸二钠	0.1	螯合

组相	原料名称	用量/%	作用
B1	聚山梨醇酯-20	1.0	增溶
B2	香精	0.2	赋香

制备工艺：首先将 A9 相加入水中，搅拌溶解完全，再依次将 A 相中的其他原料加入，搅拌均匀，最后加入预先混合均匀的 B1 相和 B2 相。搅匀出料。

配方解析：本配方啫喱水选用了两性与非离子聚合物搭配组成成膜剂，适量添加甘油和山梨醇等多元醇保湿剂，配方简单，稳定，品质良好。产品在高温、高湿度环境中有较好的造型能力，发屑少，重复定型能力强。本配方为稀薄透明液体，pH 为 5.5～6.5。

六、常见质量问题及原因分析

啫喱水在放置过程中可能会陆续产生浑浊或絮状沉淀。可能原因有：

① 在生产过程中的不溶物没有过滤好，并逐渐聚集，变成大的不溶物，出现沉淀；

② 配方中原料之间配伍性不好，出现原料之间发生离子反应，生产沉淀；

③ 生产设备交叉使用，清洗不干净，导致异物带入而产生沉淀；

④ 香精的增溶不好，导致香精析出而产生浑浊和沉淀。

第二节　定型凝胶

一、定型凝胶简介

1. 定型凝胶分类特点

定型凝胶按照膏体的稠厚程度可分为啫喱（啫喱凝露）和啫喱膏，外观为透明或者半透明状的非流动性或半流动性凝胶体。使用时，直接涂抹在湿发或干发上，在头发上形成一层透明胶膜，直接梳理成型或用电吹风辅助梳理成型，具有一定的定型固发作用，使头发湿润，有光泽。发用凝胶的执行标准与啫喱水相同，为 QB/T 2873—2007《发用啫喱（水）》。

2. 理想的定型凝胶的特性

① 外观透明，香气怡人；在货架期内，具有良好的颜色、黏度稳定性；如果是膏状凝胶，从软管挤出时应保持圆柱形，有一定的牢固性，不坍塌，且有较好的流变性。如果是液状凝胶，应具有较高的黏度，便于控制剂量和使用。

② 有较好的剪切变稀的能力，易于均匀地分散涂布于干发或湿发的表面，

涂抹手感不太发黏。

③ 形成的薄膜应较有韧性，对头发有一定的亲和作用，不会因梳理产生明显的脱落碎片，也不会引起积聚，易用温水或香波清洗除去。

④ 形成薄膜没有发黏感，能赋予头发天然光泽，有较好的卷曲保持能力。

⑤ 配方温和，对皮肤无刺激。

二、定型凝胶的配方组成

定型凝胶的配方组成见表 7-4。

表 7-4　定型凝胶配方组成

组分	常用原料	用量/%
成膜剂	阴离子、非离子以及两性离子聚合物、聚乙烯吡咯烷酮（PVP K30系列）、丙烯酸酯类共聚物、VP/VA 共聚物	5～10
凝胶剂	丙烯酸聚合物类、卡波姆、羟乙基纤维素类	0.1～1.0
保湿剂	如甘油、丙二醇、山梨糖醇等多元醇类	2～5
溶剂	乙醇、水	60～80
中和剂	有机碱：三乙醇胺、氨基甲基丙醇等 无机碱：氢氧化钠、氢氧化钾	0.4～1
增溶剂	油醇醚-20、PEG-40 氢化蓖麻油、吐温-20 等	0.2～1.0
香精	随潮流变化	0.1～0.3
紫外线吸收剂	二苯（甲）酮-3、二苯（甲）酮-4	0.1～0.2
调理剂	泛醇、水溶性硅油、水解蛋白类调理剂	0.1～1.0
螯合剂	EDTA 二钠、EDTA 四钠、柠檬酸	0.1～0.2
色素	水溶性染料	适量

三、定型凝胶的原料选择要点

1. 凝胶剂

凝胶剂决定发用凝胶配方的稳定性，以及涂抹时的手感，因此它的选择非常重要。常用的凝胶剂有丙烯酸聚合物类、纤维素类以及硅酸镁铝无机凝胶剂等。

① 卡波姆作为凝胶剂的产品特点是涂抹轻盈，化水快，涂抹感觉较好，原因是卡波凝胶具有不耐电解质，遇到电解质黏度迅速下降的特点。

② 纤维素类特别是羟乙基纤维素，有较好的切变稳定性，因此涂抹过程中有较好的滑溜感。

③ 硅酸镁铝无机凝胶剂具有层型硅酸盐的特性，它有较高的触变性和塑变值，其溶液也会形成"纸盒式间格"，能有效地使乳液悬浮和稳定，它能与大多

数化妆品原料配伍，对电解质的容忍度也较高，能赋予最终产品以平滑、不黏、不油腻和良好的外观，增加其分散性。

实际应用时，一般是在卡波体系凝胶中可以加入少量长流变型的聚合物比如羟乙基纤维素，来提高卡波的稳定性以及涂抹时的滑爽感。

2. 中和剂

常用中和剂有有机和无机两大类，有机中和剂主要包括有机胺类比如三乙醇胺、氨基甲基丙醇；无机中和剂主要有氢氧化钠和氢氧化钾等。无机中和剂成本低，中和的成膜剂的定型硬度相对较高，而有机中和剂中和的成膜剂定型硬度偏软，弹性更好些。在选择中和剂时，除了要考虑中和剂本身的特点之外，原料中带入的潜在杂质对配方效果的影响也要进行评估。

3. 色素

定型发胶因其晶莹剔透的外观广为消费者喜欢，稳定而又柔美的色调也可以为产品的外观加分不少。选择色素时，常以较为稳定的蓝色调和橙色、黄色调为主，一般同时添加紫外吸收剂来延长颜色的褪色期。

四、典型配方与制备工艺

常见发用凝胶的典型配方见表 7-5、表 7-6。

表 7-5　发用凝胶的典型配方（一）

组相	原料名称	用量/%	作用
A1	VP/VA 共聚物	5.0	定型
A2	卡波姆	0.5	增稠
A3	三乙醇胺	0.4	pH 调节
A4	乙醇	15.0	溶解
A5	水	加至 100	溶解
A6	苯氧乙醇	0.3	防腐
A7	乙基己基甘油	0.2	防腐
B1	香精	0.2	赋香
B2	PEG-40 氢化蓖麻油	0.6	增溶

制备工艺：首先将 A2 相均匀分散于 A5 相中，形成均匀的水溶液，将 A1 相溶于 A4 相中，溶解完全后，两溶液混合，加入 A3 相中和调节黏度，最后加入预先混匀的 B1 相、B2 相，搅匀后出料。

配方解析：本配方凝胶澄清透明，涂抹过程中手感清爽不黏腻。配方中选用了剪切变稀良好同时耐电解质能力较弱的卡波姆作为凝胶剂，涂抹过程中，手上的电解质迅速降低卡波姆凝胶的黏度，使涂抹手感水润、清爽。乙醇既作为增塑剂，并作为溶剂提供产品的低温抗冻性和稳定性，也可以提高产品在涂抹过程中的清爽感。VP/VA 共聚物提供充满弹性的头发定型效果。

表 7-6 发用凝胶的典型配方（二）

组相	原料名称	用量/%	作用
A1	聚乙烯吡咯烷酮	3.0	定型
A2	丙烯酸(酯)类/$C_{10\sim30}$烷醇丙烯酸酯交联聚合物	0.4	增稠
A3	三乙醇胺	0.32	pH 调节
A4	甘油	1.0	保湿
A5	丙二醇	1.5	保湿
A6	水	加至 100	溶解
A7	苯氧乙醇	0.3	防腐
A8	乙基己基甘油	0.2	防腐
A9	EDTA 二钠	0.1	螯合
B1	香精	0.2	赋香
B2	PEG-40 氢化蓖麻油	0.6	增溶

制备工艺：

① 将 A2 相分散在 A6 相中，使之完全润湿，搅拌加入 A3 相，中和增稠，之后依次加入其他 A 相成分，搅拌均匀。

② B 相搅拌均匀，加入 A 相中，搅匀出料。

配方解析：本配方凝胶造型能力强，发束硬度较高，涂抹手感清爽，配方温和、稳定性良好。它的耐潮湿能力有待改进。在干燥气候的条件下，高聚合度的聚乙烯吡咯烷酮能够提供良好的发束硬度。本配方凝胶 pH 6.5 左右，黏度超过 10000mPa·s。

五、常见质量问题及原因分析

定型凝胶产品配方中常见质量问题见表 7-7。

表 7-7 定型凝胶产品配方中常见质量问题

常见质量问题	可能原因	解决方法
不透明,透明度不好	香精未增溶好	提高增溶剂的添加量； 更换增溶剂比例； 更换香精

常见质量问题	可能原因	解决方法
凝胶中有颗粒状物质	增稠剂未预先溶胀完全	设定生产工艺时,预留足够的时间预先溶胀分散增稠剂特别是卡波姆
使用后头发上白屑多	成膜较脆,弹性不够	选择低玻璃化温度(Tg)的聚合物;增加多元醇剂如丙二醇等的用量,有机中和剂代替无机中和剂
定型不持久	成膜剂耐潮湿性能差	选择耐湿性能好的成膜聚合物,复配阳离子型的调理聚合物
凝胶变稀	增稠剂货架期的黏稠度稳定性不高	调整生产工艺;增加防晒剂用量,延缓聚合物降解;增加长流变性的高分子化合物,提高凝胶体系的稳定性

第三节　喷发胶

一、喷发胶的简介

喷发胶是一种以固发作用为主的气溶胶型包装形式的发用化妆品。其特点是以喷雾形式将内容物附着在头发上,使其在头发表面形成具有一定柔软性、坚韧性、平滑性及耐湿性的黏附性薄膜,从而起到固定发型作用。

1. 气压容器

气压容器与一般化妆品的包装容器相比,其结构较为复杂,可分为容器的器身和气阀两个部件。器身一般采用金属、玻璃和塑料制成。较常采用的是以镀锡铁皮或铝材制成的气压容器。玻璃容器适宜于压力较低的场合。用塑料作为气压容器的材料既具有玻璃容器耐腐蚀等优点,又没有炸碎的危险,很有发展前途,但其应用还有待进一步研究。

气阀系统除阀门内的弹簧和橡皮垫外,全部可以用塑料制成。喷发胶的阀门以及喷头的结构示意如图 7-1 所示,由按头、阀门颈、阀门颈内衬、阀门杯、弹簧、阀门内室等组成。

2. 气溶胶工作原理

喷发胶产品包装容器内装有抛射剂和内容物。抛射剂在容器内被液化,与有效成分溶解或分散在容器的下层,为喷发胶提供动力。当气阀开启时,气体压缩含有效成分的液体通过导管压向气阀的出口喷射到容器的外面。由于液化气体的沸点远较室温为低,能立即汽化使有效成分喷向空气中形成雾状。工作

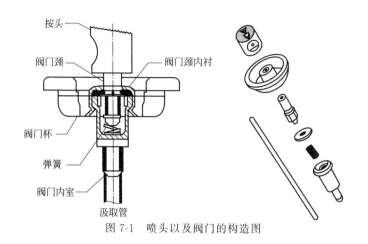

图 7-1　喷头以及阀门的构造图

示意如图 7-2 所示。

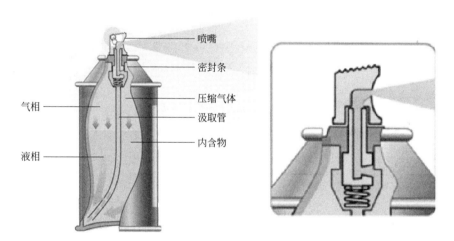

图 7-2　气压容器、气溶胶工作原理图

3. 发胶的执行标准

发胶的执行标准为 QB 1644—1998《定型发胶》，其感官、理化指标见表 7-8。

表 7-8　定型发胶的感官、理化指标

项目		要求
感官指标	色泽	符合企业规定
	香气	符合企业规定
理化指标	喷出率(气压式)/%	≥95
	泄漏试验(气压式)	在 50℃ 恒温水浴中，不得出现泄漏现象
	内压力(气压气)/MPa	在 20℃ 恒温水浴中，试验应小于 0.8MPa
	起喷次数(泵式)/次	≤5

4. 发胶的质量要求

① 雾化细腻，喷射温和，气味怡人，无明显乙醇味道；

② 质量稳定，按说明书操作，整瓶产品能顺利喷出；

③ 定型持久，能维持4～8h的造型，赋予头发光泽；

④ 干燥速度快，成膜后不发黏；

⑤ 发束定型后，有一定的弹性，日常活动中不会产生明显白屑；

⑥ 容易用香波清洗除去，长期使用，头发上无明显积聚；

⑦ 使用安全，不会刺激头皮使头发发痒等，不会伤害身体健康。

二、喷发胶的配方组成

喷发胶的配方组成见表7-9。

表7-9　喷发胶的配方组成

组分		常用原料	用量/%
成膜剂	阴离子聚合物	辛基丙烯酰胺/丙烯酸(酯)类/甲基丙烯酸丁氨基乙酯共聚物	3～6
	非离子聚合物	聚乙烯吡咯烷酮	3～10
	两性离子聚合物	甲基丙烯酰基乙基甜菜碱/丙烯酸(酯)类共聚物	3～8
抛射剂		丙烷/丁烷、二甲醚	25～60
溶剂		乙醇、水	30～80
中和剂	有机碱	三乙醇胺、氨基甲基丙醇	0.4～1
	无机碱	氢氧化钠、氢氧化钾	
添加剂		调理剂、增塑剂、香精等	0.1～1.5

三、喷发胶的原料选择要点

1. 成膜剂

（1）**成膜剂分类**　成膜剂根据结构分为非离子型、阳离子型、阴离子型、两性离子型成膜剂。非离子型聚合物受湿度的影响大，吸湿前的成膜坚硬，易发生剥落，高温高湿度时膜变得非常柔软，使毛发黏结。阳离子型成膜剂对头发的亲和性较好，但易受湿度的影响，刺激性较大，很少应用。两性离子型成膜剂耐湿性能较好，配伍性较好，成膜不发黏，发屑较少，同时溶液黏度低，适合用于喷雾产品。阴离子聚合物成膜剂受湿度的影响较小，其成膜一般较硬，定型能力强，但相对来说成膜偏脆，弹性偏弱，与头发的亲和性较弱，容易产生剥落现象。

（2）**成膜剂的复配**　在配方开发时，要根据喷发胶的具体诉求点来选择不同类型的定型成膜剂,可以单独使用,更多的时候,可进行复配来产生协同作用,体现良好的性能。

(3)啫喱水与喷发胶的成膜剂的区别 啫喱水主要考虑成膜剂与水的相容性。喷发胶主要考虑成膜剂与乙醇以及抛射剂的相容性。

2. 抛射剂

常用抛射剂主要有丙烷/丁烷组合和二甲醚,丙烷/丁烷组合是喷发胶中应用最多的抛射剂,其特点是价格相对便宜,能够达到较大的压强,压强可以达到 $2.0\sim7.4\text{bar}$（$1\text{bar}=100\text{kPa}=0.1\text{MPa}$）,而二甲醚产品的压强一般达到 4.3bar。根据抛射剂不同的特点,配方时可以选择不同类型的抛射剂。表 7-10 是选择不同的抛射剂能达到的雾化效果与最终成品效果的对应关系。

表 7-10 抛射剂能达到的雾化效果与最终成品效果对应关系

成品效果	抛射剂的用量、压强	雾化性能
雾化的美观性	压强低 压强高 复配高低压强的抛射剂	雾化弱 雾化细致 合适的美观性
持久力耐湿性好	低含量 压强低	雾化颗粒大 润湿喷雾,干燥慢
持久力耐湿性弱	高含量 压强高	雾化颗粒小 干爽喷雾,快干

在选择抛射剂时,除了以上考虑的雾化性能以及喷雾干燥快慢等指标外,抛射剂与溶解了成膜聚合物的溶剂体系的相容性是选择抛射剂时要考虑的一个重要指标。评价抛射剂相容性的一个重要指标是浊点:浊点是非离子聚合物从完全溶解转变为部分溶解,出现由透明转变为浑浊现象时的温度。在喷发胶配方选择抛射剂时,可以测试聚合物在不同抛射剂以及溶剂中的浊点情况,以此结果作为选择抛射剂的依据,保证产品品质的稳定。

3. 中和剂

大部分喷发胶中的成膜聚合物都能较好地溶解在乙醇和有机抛射剂中,有些相容性不好的成膜剂,比如,辛基丙烯酰胺/丙烯酸(酯)类/甲基丙烯酸丁氨基乙酯共聚物,在配方时需要用中和剂来中和以增加其在溶剂中的溶解度,通常的中和剂为碱。做中和剂作用的碱通常可分为有机碱和无机碱两类。相同的成膜聚合物用不同中和剂中和,产生的成膜的特性也不同。一般无机碱中和的成膜剂造型的发束比较硬,而有机的相对比较软。有机碱中和的成膜剂与抛射剂的相容性比无机的要好。其他的影响还包括成膜的塑化性,成膜黏附性,喷发剂配方的稳定性以及配方系统的 pH 值。因此,在确定配方时,要根据成膜剂的结构特点来选择合适的中和剂以及确定合适的中和度。

四、典型配方与制备工艺

喷发胶的典型配方见表 7-11、表 7-12。

表 7-11　喷发胶的胶典型配方（一）

组相	商品名	原料名称	用量/%	作用
A1	4910	辛基丙烯酰胺/丙烯酸（酯）类/甲基丙烯酸丁氨基乙酯共聚物	9.00	定型
A2	USP 950	氨甲基丙醇	0.30	中和
A3	A95	乙醇	55.00	溶解
A4	香精	香精	适量	赋香
B	LPG	丙烷、丁烷	38.50	抛射

制备工艺：将 A1 溶解在 A3 中，加入 A2 中和，再加入 A4 搅拌均匀即可。充填时，先将乙醇溶液充填在容器中，之后封盖，最后充填定量的 B 相即完成。

配方解析：本配方定型力很强，造型持久、清爽，喷雾性能良好，快速干燥。辛基丙烯酰胺/丙烯酸（酯）类/甲基丙烯酸丁氨基乙酯共聚物被配方中的中和剂中和后，能够部分溶于水中，一方面为成膜提供较好的柔韧性，另一方面能够保证成膜剂能够通过香波被清洗掉，乙醇作为溶剂成分保证了发胶使用后的快干效果，给予发型提供轻盈、持久的定型效果。LPG 可以提供优异的喷雾效果。

表 7-12　喷发胶的典型配方（二）

组相	原料名称	用量/%	作用
A1	甲基丙烯酰基乙基甜菜碱/丙烯酸（酯）类共聚物	15.00	定型
A2	去离子水	10.00	中和
A3	乙醇	45.00	溶解
A4	香精	适量	赋香
B	二甲醚	30.00	抛射

制备工艺：将 A1 相溶解在乙醇中，再加入 A4 相搅拌均匀，最后加入 A2 相搅匀即可。充填时，先将乙醇溶液充填在容器中，之后封盖，最后充填定量的 B 相即完成。

配方解析：本喷发胶含少量水，喷雾轻柔，定型自然，定型较为持久。甲基丙烯酰基乙基甜菜碱/丙烯酸（酯）类共聚物为两性成膜剂，兼具持久和弹性的造型效果，通过少量水与乙醇的搭配作为溶剂成分，保证了发胶使用后的较好快干效果，以及一定的保湿滋润效果。DME 作为抛射剂使喷雾效果较为轻柔。

五、常见质量问题及原因分析

定型产品配方中常见质量问题见表 7-13。

表 7-13　定型产品配方中常见质量问题

常见质量问题	引起原因	解决方法
定型效果弱,不持久	选用聚合物的种类不合适 聚合物复配效果不好 喷雾粒径太小等	选择更高分子量的聚合物 优化喷雾性能
发屑较多	喷雾粒径太大 选用聚合物种类不合适 聚合物复配效果不好 中和剂选用不当等	选择低玻璃化温度(T_g)的聚合物 增加增塑剂 有机中和剂代替无机中和剂
阀门堵塞	产品浊点太低 聚合物分散不好 抛射剂的比例不合适等	检查浊点 调整抛射剂的比例和用量 调整抛射剂的用量
配方不稳定性	聚合物复配的配伍性 聚合物和抛射剂的配伍性 抛射剂的比例 乳化剂的选用等	关注原料纯度以及质量 调整抛射剂的比例和用量 成膜聚合物与溶剂系统以及抛射剂体系相容性 添加剂与体系的配伍性

第四节　摩丝

一、摩丝简介

摩丝的名字源于拉丁文"mulsa"，意思是一种呈光滑泡沫结构的蜜糖和水的混合物。在发用造型领域，摩丝是一种以气溶胶型包装的，具有固发作用的发用化妆品。其特点是使用时以泡沫形式喷出，涂抹在头发上，梳理头发造型。其定型原理是：当泡沫中的溶剂蒸发后，在每根头发表面覆盖一薄层聚合物，这些聚合物膜将头发黏合在一起，起到固定发型作用。

1. 摩丝的工作原理

摩丝的工作原理和喷发胶相似，不同之处是容器内的内容物一般为乳液或悬浮液，阀门系统也不同。喷发胶内容物配方中一般水分较少或者根本没有水分，而摩丝内容物配方中一般含有大量的水，并且含有能发泡的乳化剂。喷发胶的阀门要能喷出细化喷雾，而摩丝的阀门则要求能够喷出丰富的泡沫。摩丝产品在使用时借助抛射剂的压力将内容物呈泡沫状物喷出，当内容物从阀门压出时，抛射剂汽化并膨胀，产生泡沫，见图7-3。

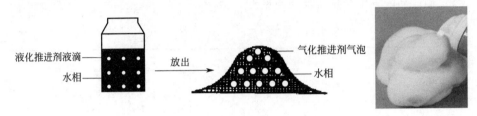

图 7-3　定型摩丝的起泡机理

2. 摩丝的执行标准

摩丝的执行标准应符合 QB 1643—1998《发用摩丝》，发用摩丝的感官、理化指标见表7-14。

表 7-14　发用摩丝的感官、理化指标

项目		要求
感官指标	外观	泡沫均匀,手感细腻,富有弹性
	香气	符合规定之香型
理化指标	pH	3.5～9.0
	耐热	40℃ 4h,恢复至室温能正常使用
	耐寒	0～5℃ 24h,恢复至室温能正常使用
	喷出率/%	≥95
	泄漏试验	在50℃恒温水浴中,不得出现泄漏现象
	内压力/mPa	在20℃恒温水浴中,试验应小于0.8

3. 定型摩丝的质量要求

① 具有较致密、丰满和柔软白色泡沫，香气怡人；

② 泡沫具有一定的初始稳定性，同时泡沫在施于皮肤和头发后，应较容易坍塌消失；

③ 基质表面张力较低，能均匀地涂布于头发表面；

④ 在头发上成膜应较有韧性和弹性，与头发有较好的亲和作用，无明显发屑；

⑤ 在头发上不会引起积聚，容易用香波清洗除去；

⑥ 赋予头发天然光泽和良好的保湿效果；

⑦ 配方温和，安全，无刺激。

二、摩丝的配方组成

摩丝的配方组成见表 7-15。

表 7-15　摩丝的配方组成

组分	常用原料	用量/%
成膜剂	聚乙烯基吡咯烷酮及其共聚物、乙酸乙烯酯/巴豆酸系列共聚物、丙烯酸/丙烯酸酯类共聚物等	0.5～5.0
乳化剂(发泡剂)	脂肪醇聚氧乙烯醚类及山梨醇聚氧乙烯醚类等非离子表面活性剂	0.1～3.0
溶剂	乙醇(质量分数 95%)、去离子水	加至 100
抛射剂	丙烷、丁烷、异丁烷、二甲醚	30～60
添加剂	水溶性硅油类、水解蛋白类、羊毛脂衍生物、香精	0.1～1.0
调理剂	季铵盐、二甲基硅氧烷、水解胶原等	0.5～3.0
pH 调节剂	AMP、三乙醇胺、柠檬酸等	适量
防腐剂	苯氧乙醇、苯甲酸钠、苯甲醇	0.1～0.8
其他添加剂	生育酚、乙酸酯、泛醇、双泛醇硫乙胺等	适量

三、摩丝的原料选择要点

1. 抛射剂

摩丝的抛射剂一般是丙烷、丁烷及异丁烷，最常用的是异丁烷，摩丝配方中抛射剂的用量相对较少，低压力条件下也能够产生较浓密的泡沫，要保证在抛射剂用量较少的情况下，全部内容物能够顺利地喷出，最终配方的喷出率要求不低于 QB 1643—1998 的要求，除了功能性指标外，环保因素也越来越被人们所关注。

2. 成膜剂

摩丝中定型成膜剂的选择对摩丝定型的性能起决定性的作用，成膜剂的选择要重点考虑树脂与抛射剂和发泡剂的配伍性能；摩丝配方中的水的含量相对比较多，选择成膜剂时要尽量选择水溶性比较好的成膜剂；考察成膜剂在相对高温和高湿度条件下的卷曲保持能力，配方中的成膜剂要求受天气环境影响小，保型效果持久；为了增强摩丝产品对头发的调理效果，配方中通常会添加部分阳离子聚合物做调理剂、抗静电剂，选择成膜剂时，也要充分实验配方中各种原料的配伍性问题。

根据产品配方的设计要求选择不同种类的成膜剂。配制高硬度强力定型的配方，可以优先考虑选择非离子或者阴离子类型的成膜剂，比如丙烯酸类型的共聚物，当要求配置弹性比较好的摩丝产品时，可以考虑两性或者阳离子型的成膜剂。摩丝中的成膜剂多采用合成的水溶性较好的高分子化合物，这类聚合物形成树脂状光滑的覆盖层。摩丝较易分散在湿发上，一般摩丝制品中聚合物用量为 0.5%～2.0%，有时可增至 5.0%。

3. 防腐体系

选择防腐剂时，主要是确保摩丝产品中定型溶液的防腐问题，尽量选择温和高效的防腐剂。摩丝产品属于停留型产品，应该根据最新的化妆品规范来选择既有良好防腐效果又要比较温和的防腐剂，比如在护肤品中常用的苯氧乙醇、苯甲酸钠、苯甲醇等。

四、摩丝的配方设计要点

摩丝产品的泡沫非常重要。摩丝要求有较好的初始泡沫稳定性，同时也要求与头发接触后，较易破灭分散，而且还要求泡沫较柔软，易于在梳理时分散，而不像含皂基的泡沫那样脆硬。配方设计应该考虑以下几点。

（1）抛射剂种类、内压力大小以及抛射剂与内容物比例的选择　抛射剂挥发快，在配方中量越多，使用产品后，干燥越快，头发感觉越轻盈，而内容物越多，雾化效果可能会弱一些，喷射液体颗粒会大一些，但造型能力会更强一些。

（2）选择合适的乳化剂　乳化剂主要起分散作用，在使用摩丝前，需摇动一下容器，使抛射剂在水相中呈小的液滴均匀地分散，形成暂时的均匀体系，使喷出的摩丝溶液均一。摩丝的乳化剂对于泡沫的相对稳定性和泡沫结实度有明显的作用。

（3）注意不同种类乳化剂的复配　常用的乳化剂一般选用脂肪醇聚氧乙烯醚类及山梨醇聚氧乙烯醚类等非离子表面活性剂，除了具有发泡作用外，还要与树脂有良好的相容性。

（4）增加摩丝泡沫的奶油感　可以在配方中适当增加少量地阳离子型调理聚合物，增加溶液的黏度，改善泡沫的质地。

五、典型配方与制备工艺

摩丝的典型配方见表 7-16。

表 7-16　摩丝的典型配方

组相	商品名	原料名称	用量/%	作用
A	P 16	聚季铵盐-16	5.00	定型，调理
	PVP/VA 735	VP/VA 共聚物	1.00	定型
	A25	鲸蜡醇聚醚-25	0.10	增溶香精，发泡
	A95	乙醇	10.00	溶解
	去离子水	水	加至 100	溶解

组相	商品名	原料名称	用量/%	作用
B	N 10	壬基酚聚醚-10	0.05	增溶香精,发泡
	香精	香精	0.2	赋香
C	PA	丙烷	30	抛射
	BA	丁烷	20	抛射

制备工艺：在搅拌下将 A 相中原料溶于去离子水中，待完全溶解后，加入预先搅匀的 B 相，出料，摩丝内容物完成配制。充填成品时，将内容物灌装在瓶中后，再充填 C 相原料。

配方解析：本摩丝配方能够提供头发弹性良好的造型效果，造型持久灵动不僵硬。配方选用阳离子性质的聚季铵盐-16 与 VP/VA 共聚物复配做成膜剂定型剂，提供良好的弹性造型效果，两种聚氧乙烯醚既作为香精增溶剂也能提供良好的摩丝发泡效果。

六、常见质量问题及原因分析

1. 泡沫不稳定
① 瓶内压力不够，料液与抛射剂比例异常；
② 抛射剂纯度不足。

2. 挤不出泡沫
① 使用不当，导致抛射剂提前喷完；
② 摩丝罐密封性能不足，发生泄漏导致喷射剂不足；
③ 喷嘴堵塞。

第五节　发蜡/发泥

一、发蜡/发泥简介

发蜡是全部以蜡或者主要以蜡并配合定型成膜剂来达到头发造型的膏状或者蜡状造型产品。发泥是全部以蜡加无机矿物粉或者主要以蜡并配合定型成膜剂加无机矿物粉来达到头发造型的泥膏状或者蜡状造型产品。

1. 发蜡
根据发蜡配方结构的不同，可分为纯油蜡基和乳化型发蜡。
纯油蜡基发蜡是软膏状或半固体状用于头发造型的日用化妆品，多为油、脂、蜡的混合物，其主要作用是修饰和固定发型，增加头发的光亮度，多以男性短发为代表的发型使用。由于这种发蜡黏性较高，油性较大，易黏灰尘，清洗较为困难，已逐渐被新型的头发造型产品所代替。

纯油性发蜡主要有两种类型：由植物油、蜡为主要原料的称为植物性发蜡；以矿物脂为主要原料的称为矿物性发蜡。采用植物油、脂、蜡制成的发蜡主要原料是蓖麻油和日本蜡，制成发蜡略带透明，透明程度要比脂制成的发蜡好一些。采用矿物脂制成的发蜡主要原料是在矿物脂中加入适量的 30 号机械油精制而成的白凡士林，其余是少量的香精和油溶性色素。

乳化型发蜡是最近比较流行的产品。乳化型发蜡包括 O/W 型和 W/O 型两种类型。乳化型发蜡的外观特点类似乳膏状的外观。与纯油蜡基相比，该产品的优点是配方较为清爽，体验感更好，容易清洗，配方中可以加入成膜剂来调整定型能力。

2. 发泥

发泥的外观特点是稠厚泥状，外观相对于发蜡来说要粗糙一些。发泥是在发蜡配方的基础上添加适量的高岭土、改性膨润土或者滑石粉等无机粉状物质而成，发泥相对于发蜡，其造型能力相对来说强一些。

发泥配方中含有一定量的无机土成分，如高岭土、滑石粉、膨润土、二氧化硅粉等。这些无机土成分在配方中可以作为介质作用，在配方中起到吸附配方中的油脂并在头发上提供支撑的作用，涂抹在头发上后，无机土成分与蜡和油脂协调作用起到良好的造型作用，并在头发上提供亚光的效果。由于发泥中无机土类成分的存在，发泥中添加的油脂和蜡的成分比发蜡配方中要多，因此，总体上来说，发泥配方的造型能力相比发蜡要强一些，而且造型后，可以随意地变换造型效果。

二、发蜡/发泥的配方组成

1. 蜡基发蜡

蜡基发蜡的配方组成见表 7-17。

表 7-17　蜡基发蜡的配方组成

组分	常用原料	用量/%
油类	液体石蜡等矿物油，蓖麻油、杏仁油等植物油	10～20
脂类	凡士林、松香	10～30
蜡类	日本蜡、石蜡、地蜡、鲸蜡；合成蜡类；聚氧乙烯衍生物等	50～80
其他成分	香精、色素、抗氧化剂	0.1～1.0

2. 蜡基发泥

发泥的配方组成与蜡基发蜡配方基本类似，不同在于发泥配方中常常加入粉体原料，比如高岭土、膨润土、滑石粉、改性膨润土等。这些粉体的作用主要是减弱蜡基发蜡的油腻感和不易冲洗的不足。这些粉体原料的添加量要根据配方中油脂用量的不同进行增减，液体油脂越多，粉类原料的添加量也可以多一些，一般添加量为15％左右。

3. 乳化型发蜡

乳化型发蜡的配方组成见表7-18。

表7-18　乳化型发蜡的配方组成

组分	常用原料	用量/％
油类	液体石蜡、蓖麻油、杏仁油等	2～5
脂类	凡士林、松香	2～15
蜡类	日本蜡、石蜡、地蜡、蜂蜡、小烛树蜡鲸蜡；合成蜡类；聚氧乙烯衍生物等	5～20
香精、防腐剂	根据产品设计要求加入；香精用量0.3％～1.0％赋予产品香气	0.5～1.0
乳化剂	鲸蜡聚醚-20、自乳化单甘酯	1.0～3.0
增稠剂	卡波姆、硅酸镁铝、丙烯酸聚合物	0.5～1.0
定型成膜剂	同啫喱凝胶中成膜剂一致	0.5～3.0

三、发蜡/发泥的原料选择要点

1. 蜡

发蜡中起造型作用的主要是蜡，在乳化体系中，被乳化的蜡类原料被涂抹在头发上，破乳后在头发上形成一层既含油脂又含蜡的薄膜，这层膜的性能决定了发蜡或者发泥对头发造型的性能。选择时要考虑以下因素。

① 蜡的熔点、酸值、批次间的稳定性。

② 不同熔点蜡的复配。高熔点的蜡给料体和造型提供较好的硬度，但用量不易多，否则在使用过程中会出现蜡屑状态。低熔点蜡或者脂比如蜂蜡、木蜡、矿脂等能够提供有弹性、柔软的造型。

③ 固体蜡与液体油脂的比例平衡。油脂太多不利于造型，油脂太少，造型后头发上容易出现细小的蜡屑状物质。

2. 增稠剂

增稠剂对于产品的造型能力和体验感具有很大的影响。配方中适当加入少量增稠剂并减少蜡的用量，可以增强发蜡的涂抹性能，减少用后头发发黏感，提升配方稳定性。增稠剂用量过多，虽然发蜡稠度也能达到要求，但膏体偏软，缺少"蜡"的体验感。常用的增稠剂有卡波类和硅酸镁铝类无机增稠剂。

3. 成膜剂

水溶性的定型成膜剂可以使发蜡或者发泥更好地在头发上成膜，形成发束，有利于发蜡或者发泥产品在头发上造型。最好选择不容易产生发屑的成膜剂，否则造型被破坏后，蜡屑与定型成膜剂两种类型的发屑叠加效果会产生比较严重的负面评价。

四、发蜡/发泥的生产工艺

1. 纯油发蜡的生产工艺

纯油发蜡生产工艺见图7-4。

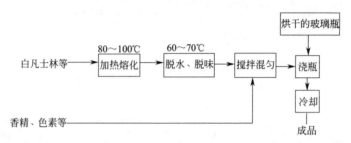

图7-4　发蜡生产工艺流程图

纯油发蜡的生产程序如下。

（1）准备工作及注意事项　配制发蜡的容器应采用不锈钢夹套加热锅，装有简单螺旋桨搅拌器，保持容器和工具清洁、干燥。

（2）配料、加热原料的搅拌　按配方准确配料，蓖麻油和日本蜡等植物油分别放在夹套加热锅中加热，为了避免植物油脂长时间的加热氧化问题，可以通过调节液体油和固体蜡的加料顺序以尽量缩短加热的时间。同时加入油溶性色素、香精、抗氧化剂，搅拌均匀，维持发蜡在比配方中最低熔点蜡适当高10℃左右，比如60~65℃，通过过滤器和管道即可浇瓶，要求配料搅拌和浇瓶包装在1~2h内完成，每锅配料控制在100~150kg为宜。

（3）浇瓶冷却　浇瓶后的冷却速度要快一些，植物发蜡的快速冷却过程中，"蜡"的结晶更细，有条件的工厂可以在浇瓶后的发蜡放入-10℃的冰箱或放置在-10℃专用的工作台上，与制造唇膏时的浇模后冷却要求相同。高温加工过程中的生产安全也要特别注意。

2. 乳化发蜡的生产工艺

乳化发蜡的生产工艺流程图，见图7-5。

乳化发蜡的生产程序如下。

（1）准备工作　蜡类原料应储藏在室内仓库，以免因包装漏气而渗入雨水，影响使用。配制发蜡的容器应采用不锈钢夹套加热锅，装有简单螺旋桨搅拌器，

图 7-5　乳化发蜡生产工艺流程图

保持容器和工具清洁，不能沾有水分。

（2）配料　分别加热水相原料和油相原料，按配方准确配料，蜡类原料和油脂等成分放在夹套加热油锅中加热，水相原料在水锅中加热。

加热油相时，不能长时间高温加热，否则会导致某些蜡类原料酸败变色，影响产品品质稳定。油相原料的溶解温度要特别注意控制，由于蜡类原料的添加量较多，所以对产品的加热溶解温度要求会比较高，可以考虑添加适当的抗氧化剂来预防油脂类原料的氧化问题，同时，对香精和防腐剂的选择也有较高的要求，能耐较高温度为首选。

（3）产品灌装　发蜡产品结膏温度一般都较高，灌装温度的设定也要适当高一些。灌装后，放置冷却至常温后再拧盖子，避免产品产生"出汗"的现象。

五、典型配方与制备工艺

矿物油发蜡典型配方见表 7-19，植物油发蜡典型配方见表 7-20，乳化型发蜡典型配方见表 7-21，强力造型发泥典型配方见表 7-22。

表 7-19　矿物油发蜡的典型配方

商品名	原料名称	用量/%	作用
15#白矿油	矿油	48.85	定型
石蜡	石蜡	20.00	定型
MERKUR 500	矿脂	30.00	定型
IRON BLACK	氧化铁黑	0.10	着色
香精	香精	1.00	赋香
BHT	丁羟甲苯	0.05	抗氧化

制备工艺：将矿脂预热后，加入矿油、石蜡和油溶性色素，冷却至 60～70℃，加入香精，搅拌均匀，过滤，趁热包装。注意在 60～70℃包装时要控制在 1～2h 完成，以保证香气的质量。包装完成后，将盒和瓶装发蜡放入 30℃ 的恒温室内慢慢冷却，需 12～18h，这样可使发蜡在瓶内不与玻璃壁产生空隙和

凹陷。

配方解析：本矿物油发蜡具备造型持久的功能，并能够多次反复造型，造型发束亮泽。配方主要通过调节液体油脂与固体油脂的比例来达到较好的产品硬度和使用感。

表 7-20　植物油发蜡的典型配方

商品名	原料名称	用量/%	作用
CASTOR OIL	蓖麻油	87.80	定型
BW 95	蜂蜡	8.00	定型
1521	合成巴西棕榈蜡	3.00	定型
IRON BLACK	氧化铁类	0.10	定型
香精	香精	1.00	赋香
BHT	丁羟甲苯	0.10	抗氧化

制备工艺：先将蓖麻油预热至 75℃后，加入丁羟甲苯溶解完全，另取出一部分与合成巴西棕榈蜡和蜂蜡混合，同样预热至木蜡完全熔化，再与蓖麻油混合（蓖麻油绝对不可用直火加热或长时间加热），降温至 60～65℃加入香精、氧化铁类等。静置至 45～55℃时加压过滤，然后装入玻璃瓶内，立即送入冷冻箱内（−5℃以下）进行急速冷却（约 20min），取出即得。

配方解析：本配方发蜡具备造型持久的功能，并能够多次反复造型。配方主要通过木蜡提供较好的固定头发效果，蓖麻油自身特点能为头发造型提供良好的支持。两种原料复配比例合适能够提供较好的头发造型效果。

表 7-21　乳化型发蜡的典型配方

组相	商品名	原料名称	用量/%	作用
A	BW 95	蜂蜡	5.00	定型
	1521	合成巴西棕榈蜡	3.00	定型
	微晶蜡 80	微晶蜡	5.00	定型
	MERKUR 500	矿脂	4.00	定型
	IPP	棕榈酸异丙酯	2.00	调理
	CS 73	鲸蜡硬脂醇	1.00	增稠
	GMS	甘油硬脂酸酯	0.50	乳化
	CS 20	鲸蜡硬脂醇聚醚-20	2.00	乳化
	PP	羟苯丙酯	0.10	防腐
B	去离子水	水	加至 100.00	溶解
	PG USP	丙二醇	4.00	保湿

组相	商品名	原料名称	用量/%	作用
	PVP K 90	聚乙烯吡咯烷酮	1.00	定型
B	EDTA-2Na	EDTA 二钠	0.10	螯合
	MP	羟苯甲酯	0.20	防腐
C	香精	香精	0.40	赋香
	PE 95	苯氧乙醇	0.40	防腐

制备工艺：将 A 相原料加入油锅，加热至 80℃；将 B 相原料加入水锅，加热至 75℃；将油相和水相抽入乳化锅乳化后降温，冷却至 55～60℃，加入 C 相原料，搅拌均匀，过滤，趁热包装。注意在 55～60℃ 时包装要控制在 1～2h 完成，以保证香气的质量。包装完成后，将盒和瓶装发蜡放入 30℃ 的恒温室内慢慢冷却，需 12～18h，这样可使发蜡在瓶内不与玻璃壁产生空隙和凹陷。

配方解析：本配方发蜡使用时涂抹感较为清爽，没有纯油性发蜡的油腻感，造型能力较强。配方中蜂蜡、棕榈蜡、微晶蜡等蜡类原料复配成膜剂聚乙烯吡咯烷酮，最终提供良好的造型能力，蜡类原料弥补了成膜剂耐潮湿能力差的不足，成膜剂能够明显提高造型发束发的硬度。

表 7-22　强力造型发泥的典型配方

组相	商品名	原料名称	用量/%	作用
A	BW 95	蜂蜡	5.0	定型
	1521	合成巴西棕榈蜡	3.0	定型
	CS WAX	合成小烛树蜡	5.0	定型
	MERKUR 500	矿脂	15.0	定型
	CS 73	鲸蜡硬脂醇	1.0	增稠、助乳化
	GMS	甘油硬脂酸酯	0.5	乳化（W/O）
	CS 20	鲸蜡硬脂醇聚醚-20	3.5	乳化（O/W）
	PP	羟苯丙酯	0.1	防腐
B	去离子水	水	加至 100	溶解
	PG-USP	丙二醇	4.0	保湿
	COLLIN 99	高岭土	10.0	吸油
	EDTA-2Na	EDTA 二钠	0.1	螯合
	MP	羟苯甲酯	0.2	防腐
	LAPONITE XLS	硅酸镁铝	1.0	调理
C	香精	香精	0.4	赋香
	PE 95	苯氧乙醇	0.4	防腐

制备工艺：将 A 相原料加入油锅，加热至 80℃；B 相原料加入水锅，加热至 75℃，加入高岭土，搅拌均匀，保温；将油相和水相抽入乳化锅乳化后降温，冷却至 55～60℃，加入 C 相原料，搅拌均匀，过滤，趁热包装。注意在 55～60℃ 时包装要控制在 1～2h 完成，以保证香气的质量。包装完成后，将盒和瓶装发蜡放入 30℃ 的恒温室内慢慢冷却，需 12～18h，这样可使发蜡在瓶内不与玻璃壁产生空隙和凹陷。

配方解析：本配方发蜡造型能力中等，使用感清爽，无明显发屑。配方中蜂蜡、棕榈蜡、小烛树蜡等蜡类原料，并复配凡士林作为成膜剂，提供良好的定型效果，鲸蜡硬脂醇、甘油硬脂酸酯和鲸蜡硬脂醇聚醚-20 作乳化剂性价比优异，并能提供良好的乳化效果，硅酸镁铝作为增稠剂，使发蜡涂抹性能更好。

六、常见质量问题及原因分析

1. 蜡基发蜡在冷天"脱壳"

① 发蜡浇瓶后，室温过低或保温条件不好，发蜡冷却速度过快，使发蜡收缩；

② 玻璃瓶不够干燥或内含有微量水分；

③ 白凡士林或者蜡的含量过多、过硬也会导致"脱壳"；

④ 包材密封效果不佳，在货架期内很容易导致乳化型发蜡产生干缩的情况，影响到发蜡的品质。

2. 蜡基发蜡在热天"发汗"

在热天室温较高时会导致发蜡表面有汗珠状油滴渗出，称为"发汗"。主要原因白凡士林中含有石蜡成分或白凡士林熔点过低。

3. 乳化型发蜡在热天"出水"

① 乳化剂的乳化能力不够，导致配方体系不稳定；

② 高温环境加快了配方不稳定趋势；

③ 发蜡配方中固体蜡的含量过高。

第六节　弹力素

一、弹力素简介

弹力素是给头发特别是卷发提供较好的保湿滋润，较为持久的，以及有一定弹性的头发造型产品。弹力素比发蜡更清爽，造型能力也更弱一些，通常用于烫卷的头发保型。弹力素配方中含有较多的护发硅油成分和阳离子聚合物，非常适合染烫卷发使用，提供头发柔软有弹性的造型效果，造型灵动不僵硬。

同时，配方中的油脂的添加赋予头发良好的滋润和光泽效果。

二、弹力素的配方组成

弹力素的配方组成见表 7-23。

表 7-23　弹力素的配方组成

组分	常用原料	用量/%
成膜剂	聚乙烯吡咯烷酮(PVP K30 系列)、丙烯酸酯类共聚物、VP/VA 共聚物	5～10
油类	液体石蜡等矿物油;硅油、合成油脂类	1～5
脂类、蜡类	霍霍巴酯、乳木果油;植物蜡、鲸蜡醇	0.5～2
乳化剂	非离子、阳离子乳化剂	0.5～2
调理剂	聚季铵盐-7、聚季铵盐-10、聚季铵盐-11、聚季铵盐-55	0.1～2
增稠剂	聚季胺盐-37、卡波姆	0.1～1.0
水	去离子水	80～95
多元醇	丁二醇、山梨醇、甘油	1～5
其他	防腐剂、水解蛋白类、螯合剂	0.1～1.0

其中油类的作用是作为油性基质;改善发蜡的光泽。脂类、蜡类的作用是增稠、调理作用，使产品稳定。

三、弹力素的原料选择要点

1. 成膜剂

弹力素配方中有一定量的油脂成分比如轻质油脂、硅油等，这些油脂给予头发一定的调理性，但对造型有不利影响，选择弹力素成膜剂时与其他水剂型产品比如啫喱水和啫喱膏产品的选择不完全一样。主要强调在一定量的油脂添加的配方中还能保持较为良好的头发保型效果，最好选择弹性比较好的成膜剂。

2. 聚合物调理剂

阳离子聚季铵盐既具有调理作用，又具有一定的成膜效果，提供头发良好的柔顺感和弹性，非常适合应用于弹力素配方中。尽量选择不容易在头发上积聚的阳离子聚季铵盐。比如聚季铵盐-7、聚季铵盐-10、聚季铵盐-11、聚季铵盐-55 等。

四、弹力素产品的配方设计要点

1. 使用感轻盈并且稳定的配方结构的搭建

弹力素的配方结构决定了产品的使用感，特别对产品在涂抹阶段的手感以及头发上的残留感有明显的影响，配方中尽量少加或者不加脂肪醇类物质，这类物质对配方的增稠有比较明显的作用，但是在免冲洗的护发产品中缺点很明显，比如容易带来发白感，涂抹黏腻感，在头发上的黏腻感等。最好选择能够起增稠作用的聚合物搭建起涂抹性能良好的配方结构，比如卡波姆、SC96等。

2. 头发调理性能与定型能力平衡关系

选择调理性油脂时最好选择清爽类的油脂，在选择头发成膜剂时优选弹性良好的原料，比如两性聚合物或者阳离子型聚合物。在确定成膜剂和调理型油脂用量时，要多开发、探索对成膜剂造型能力负面影响小的调理性油脂。

五、典型配方与制备工艺

弹力素的配方见表7-24。

表 7-24　弹力素的配方

组相	商品名	原料名称	用量/%	作用
A	DC345	环聚二甲基硅氧烷	3.00	调理
	BRIJ 2	硬脂醇聚醚-2	1.0	乳化(W/O)
	CS 73	鲸蜡硬脂醇	1.2	增稠、助乳化
	2231	山嵛基三甲基氯化铵	1.5	调理、乳化(O/W)
B	EDTA-2NA	EDTA 二钠	0.1	螯合
	BG 95	丁二醇	4.0	保湿
	去离子水	水	加至100	溶解
C	M 550	聚季铵盐-7	1.5	调理
	香精	香精	0.3	赋香
	PVP/VA 64	VP/VA 共聚物	2.0	定型
	苯氧乙醇	苯氧乙醇	0.3	防腐
	H300	聚季铵盐-37	0.8	调理
	WK	水解角蛋白	0.5	调理

制备工艺：分别将 A、B 相原料加热至 75℃，混合乳化 10min，降温至 45℃，依次加入 C 相原料。搅拌均匀，出料。

配方解析：本配方弹力素能够为卷发提供良好的卷曲保持效果，并有柔软顺滑等调理效果。配方中 PVP/VA 64 为成膜剂，使产品具有较为自然的定型保型能力。山嵛基三甲基氯化铵为阳离子乳化剂，也具有一定的调理作用并且性质温和，特别适合应用在卷发的打理产品中。

六、常见质量问题及原因分析

1. 弹力素保型弱，不持久

① 成膜剂保型能力差；

② 配方中调理型油脂添加量大；

③ 配方中阳离子聚合物用量偏少或者没加。

2. 产品不稳定、有液体析出

① 乳化剂选择不当；

② 增稠悬浮剂用量欠缺或者偏少；

③ 配方中部分原料之间配伍性差。

第八章
发用功效化妆品

Chapter 08

根据我国《化妆品卫生监督条例》，特殊用途化妆品是指用于育发、染发、烫发、脱毛、美乳、健美、除臭、祛斑、防晒的化妆品。发用特殊用途化妆品包括育发、染发、烫发、脱毛的化妆品。

第一节　染发剂

一、染发剂简介

染发剂是用来改变头发颜色，美化毛发的一种化妆品。人们对发色的追求因人而异，一方面，东方人天生为黑发，黑发代表年轻、活力，为了弥补某些人先天的不足或后天的遗憾，能使白发变乌发的染发剂便颇受追捧；另一方面，现代人为了突出个性，强调与众不同，通常将自己单一的发色染成红褐色、棕色、黄色等不同颜色。染发剂主要由染料组成，再辅以颜色稳定剂、氧化剂等。暂时性、半持久性染发剂色泽牢固性差，不耐洗涤，多用于临时性头发表面装饰。持久性染发剂染料能够有效地渗入头发的毛髓内部，发生化学反应使其着色，染发后耐洗涤，耐日晒，色泽持久，是普遍使用的一类染发剂。根据染发原理可以进行以下具体分类。

1. **染发剂的分类特性**

一般染发剂分类见图8-1。

（1）**永久性染发剂**　永久性染发剂是染发化妆品中最主要的品种，目前，在整个染发化妆产品中占有75%以上，是染发化妆品中产量最大的一类。所谓持久性染发剂，并不是指染发后永不褪色，而是比暂时性和半持久性染发剂效果持续时间长。它的染发色泽比较牢固、自然，耐洗涤、耐日晒，且受其他发用化妆品（发胶、摩丝等）的使用影响很小。此类染发剂要求染发的温度不能过高，对酸碱度、腐蚀性、毒性等要求都比较苛刻，这使高分子材料的渗入较为困难。染发后头发颜色效果一般可以保持1～3个月。但随着头发自然生长，还会出现新生发。

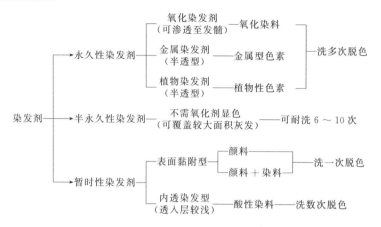

图 8-1 一般染发剂分类

（2）半永久性染发剂 半持久性染发剂以香波的形式较多，一般是指可以耐6～10次（有的制造商定为5～8次）香波洗涤才褪色，并且不需要过氧化氢作为显色氧化剂的染发剂。使用时将香波涂于头发上揉搓，让泡沫在头发上停留20～30min，使染料分子与头发进行渗透，染发后用水冲洗干净，即可上色。此类染发剂染料分子较小，能渗透进头发表层，部分进入皮质，比暂时性染发剂更耐香波的清洗。

半永久性染发剂可覆盖较大面积的灰发。在国外也流行一些不同色调的半永久性染是妇女喜欢使用焗油型半永久染发剂。

（3）暂时性染发剂 暂时性染发剂一般是用水溶性染料作用于头发表面染色，这类染发剂着色牢固度较差，容易冲洗干净，一般可用碱性、酸性、分散性大分子染料制成液状、膏状涂抹产品，还有将染料溶于含水高聚物的液体介质中而制作成喷雾状产品。因其附着在头发表面，对头发损伤极小，一般用于演出、化妆等。

暂时发染发剂根据剂型不同，主要有染发凝胶、染发条、染发喷剂、染发润丝等，常用于局部染发。

染发剂根据采用的染料不同也可以分为合成有机染料染发剂、天然有机染料染发剂、无机染料染发剂及头发漂白剂等。

2. 染发机理

染发剂按产品的形式分为液状、乳状、膏状、粉状、香波型等几种。一般都是以染发后色泽滞留在头发上时间的持久性，即染色的牢固程度来进行分类，并确定其用途。

暂时性染发剂颗粒较大，不能透过表皮进入发干，只是沉积在头发表面上，形成着色覆盖层，与头发结合力不强，易被洗去；半永久性染发剂是指分子量较小的染料分子渗透进入头发表皮，部分进入皮质，比暂时性耐香波清洗；永久性染发剂通常不使用染料，它是依靠氧化还原反应生成染料中间体，然后通过耦合或缩合反应生成稳定物质。染料中间体能深入头发内层，在发质内被氧化成不溶性有色大分子，固色持久。

染发实际上是染发化妆品（染发剂）从毛发表皮最外层接触润湿、吸附等界面反应开始，接着通过细胞膜的复合体到达毛发上皮和头发髓使其产生浸透、扩散现象，随情况不同而发生"聚合"反应，对头发产生作用而使头发改变颜色，见图8-2。

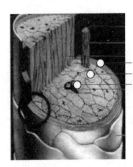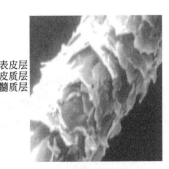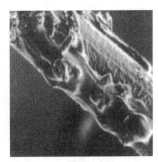

表皮层
皮质层
髓质层

(a) 正常头发　　　　　　　(b) 遇碱鳞片散开　　　　　　　(c) 染色后头发

图 8-2　染发剂对头发的作用

染发剂染色过程：在图 8-2 状态下，首先氧化剂、中间体、碱化剂反应产生活性氧，褪去原来发色；接着中间体在过氧化氢的作用下，被氧化发色；最后颜色物质进入深处，并在其他物质及环境下锚定着色。

3. 染发剂的执行标准

染发剂质量应符合 QB/T 1978—2016《染发剂》，其感官、理化指标见表 8-1。

表 8-1　染发剂的感官、理化指标

项目		要求					
		氧化型染发剂					非氧化型染发剂
		染发粉			染发水	染发膏（啫喱）	
		单剂型	两剂型				
			粉-粉型	粉-水型			
感官指标	外观	符合规定要求					
	气味	符合规定香型					

续表

项目		要求					
		氧化型染发剂					非氧化型染发剂
		染发粉			染发水	染发膏(啫喱)	
		单剂型	两剂型				
			粉-粉型	粉-水型			
理化指标	耐热	—				(40±1)℃保持6h,恢复至室温后,与试验前相比无明显变化	
	耐寒	—				(-8±2)℃保持24h,恢复至室温后,与试验前相比无明显变化	
	pH 染剂	7.0～11.5	4.0～9.0	7.0～11.0	8.0～11.0	7.0～12.0	2.5～9.5
	pH 氧化剂		8.0～12.0	2.0～5.0			—
	氧化剂含量	—	≤12.0%				
	染色能力	能将头发染至明示的颜色					

4. 染发剂要满足以下质量要求

① 安全性。永久性染发剂潜在的毒性相对比较大。要求其对发干、头发天然的组织结构,与皮肤接触时,不应具有毒性,不应引起急性皮肤刺激作用和致敏作用(包括致突变性、致癌性和致畸变性等)。

② 使头发能染上各种自然美观的色调,而不染上头皮,色调具有不同的持续时间。

③ 染发剂应具有较好的稳定性。在有效期内不会变质失效,一般为三年以上。

④ 使用方便性。着染所需的时间短,易分散涂布在头发上;剂量控制方便,不会滴流玷污其他部位和衣物。

⑤ 染料或中间体容易采购,质量稳定,价格有竞争性。

5. 染发剂的未来发展趋势

随着消费者对于健康生活的追求,采用苏木精等天然纯植物、中医药草类原料,无添加、无刺激的天然染发剂得到了更快速发展;近些年开发了染发、护发和养发合一的新型复合型染发产品;快速染发剂将染发时间从30min缩短到10min左右。

二、染发剂的配方组成与原料选择要点

(一)半永久性染发剂

半永久性染发剂的剂型包括染发香波、染发固发液、染发摩丝、染发凝胶、

 第八章 发用功效化妆品 195

染发润丝和护发素、染发膏和焗油等。

1. 配方组成

半永久性染发剂的配方组成见表 8-2。

表 8-2　半永久性染发剂的配方组成

组分	常用原料	用量/%	主要作用
着色剂	分散染料、硝基苯二胺类	0.1～3.0	着色
表面活性剂	椰油酰胺 DEA、月桂酰胺 DEA	0.5～5.0	润湿,乳化
溶剂	乙醇、二甘醇一乙醚、丁氧基乙醇	1.0～6.0	溶解
增稠剂	羟乙基纤维素	0.1～2.0	增稠
酸度调节剂	油酸、柠檬酸	适量	pH 调节
碱度调节剂	二乙醇胺、氨基甲基丙醇、N-甲基氨基乙醇	调节 pH 值为 8.5～10.0	调节碱度

2. 原料选择要点

半永久性染发剂多采用直接染料，为了增加染料向头发皮质里的渗透，可添加一些增效剂。增效剂主要包括一些溶剂和溶剂的混合物，例如，聚氧乙烯酚醚类、N-取代甲酰胺、苯氧基乙醇、乙二醇乙酸酯、N,N-二甲基酰胺 $C_{5\sim9}$ 单羧酸酯、N,N,N,N-四甲基酰胺 $C_{9\sim19}$ 二羧酸酯、二聚油酸、烷基乙二醇醚、苄醇和低碳羧酸酯或环己醇、尿素和苄醇及 N-烷基吡咯烷酮。

（二）染膏

1. 染膏配方组成

染膏配方组成见表 8-3。

表 8-3　染膏配方组成

组分	常用原料	用量/%	主要作用
色粉	染料中间体偶合剂	0.1～3.0	染色
表面活性剂	脂肪醇类、烷基乙醇酰胺、乙氧基化蓖麻油酯、烷基三甲基季铵盐、阴离子型脂肪酸铵类等	0.5～5.0	乳化,分散,匀染
油脂类	脂肪酸、脂肪醇、矿物油脂(蜡)	5.0～7.0	溶剂,分散剂,降低刺激
碱	氢氧化铵、乙醇胺、碳酸氢铵	适量	助染,渗透,溶胀、软化头发
溶剂	乙醇、异丙醇、乙二醇	1.0～6.0	溶解色粉,渗透
保湿剂	甘油、丙二醇、山梨醇	1.0～3.0	保湿,一定的均染作用
调理剂	水溶性油酯类:聚氧乙烯羊毛脂、水解蛋白类、水溶性硅氧烷等;高分子成膜剂类:聚二甲基硅氧烷类、聚季铵盐类等	0.5～3.0	调理

组分	常用原料	用量/%	主要作用
抗氧化剂 (氧化延迟剂)	亚硫酸钠 抗坏血酸和异抗坏血酸及其盐复配	0.2～0.5 0.2～0.5	抗氧化
金属螯合剂	EDTA 钠盐	0.2～0.4	螯合剂,减少金属离子的催化作用
香精		0.1	增香,遮掩氨气气味

2. 染膏原料选择要点

（1）色粉　色粉又称染料中间体,其结构一般至少有两个给电子基（如—OH、—NH_2）在对位或邻位取代的苯的衍生物;由于是邻、对位取代基通常使苯环活化,因此更易发生氧化反应。常用的染料中间体有:对苯二胺（PPD）、2,5-二氨基甲苯硫酸盐（2,5DTS）、2-氯-对苯二胺（2CPPD）、对氨基苯酚（PAP）、邻氨基苯酚（OAP）、N,N-双（2-羟乙基）-对苯二胺硫酸盐（NNBIS）、4,5-二氨基-1-（2-羟乙基）吡唑硫酸盐等。

偶合剂又称改性剂,属于芳香类化合物,主要是一些基团（如—OH、—NH_2）在间位取代的苯的衍生物,由于间位取代使苯环钝化,不易被 H_2O_2 氧化,但可与主要染料中间体的氧化产物偶合或缩合,生成各种色调的染料。另外一些弱给电子基,如—OCH_3、—$NHCOCH_3$ 和一些杂环取代基,如吡啶和喹啉也可引入这类化合物中。常用的有:间苯二酚（RCN）、2-甲基间苯二酚（2MR）、1-萘酚（NAP）、间氨基苯酚（MAP）、2,6-二氨基吡啶、2,4-二氨基苯氧乙醇盐酸盐（2,4DPS）、5-氨基-6-氯-2-甲基苯酚等。

（2）表面活性剂　在乳化型的染膏基质中,较常选用非离子、阳离子、阴离子的表面活性剂来作乳化剂,具有乳化、染料分散、匀染等作用;要求在较高碱性 pH 条件下稳定,不水解,与色粉的兼容性好,常用的有乙氧基化的脂肪醇类、烷基乙醇酰胺、乙氧基化聚甘油酯、烷基三甲基季铵盐、阴离子型脂肪酸铵类等。使用水溶性好的色粉做成透明啫喱,可以不用或少用表面活性剂,如水晶黑油,相反有一些做成洗发加染发二合一的,如一洗黑,则使用很多洗涤类阴离子、两性表面活性剂,这类产品对操作要求更加严格,具有存在更大刺激的隐患,消费者使用市场空间会慢慢减小。

（3）碱　多数染膏需要有较高的碱性（多数 pH 值在 8.8～10.8）,因为在碱性条件下,头发会溶胀和软化,这样有助于色粉往发干内部渗透扩散,可在较短时间内完成染色;其次多数色粉的氧化还原反应需要在较强碱性条件下进行。

色粉在中性或酸性条件下配制染膏,可调配的色调有限。常用的碱化剂有氢氧化铵、乙醇胺、碳酸氢铵等,氢氧化铵具有效果好、挥发快残留少、对头发伤害少等优点，但缺点是有较强的氨气刺激味；乙醇胺比氢氧化铵气味低，但挥发性差，对头发伤害较高，故二者通常复配使用，碳酸氢铵则主要用于搭配使用后形成缓冲体系，使体系的 pH 值相对稳定，便于控制产品的质量稳定性，氢氧化钠由于其刺激性和高强碱性，目前使用较少。

（4）调理剂　永久性染发剂的染发过程是在过氧化氢和较强的碱性条件下进行的，对头发的结构有一定程度的损伤，为了减少和修复部分损伤，通常在染膏基质中添加调理剂，如水溶性油酯类：聚氧乙烯羊毛脂、水解蛋白类、水溶性硅氧烷等；高分子成膜剂类：聚二甲基硅氧烷类、聚季铵盐类等。在洗发护发中用到的调理剂都可以尝试用到染膏中，但必须做必要的稳定配伍测试，要求它们必须在较高碱性 pH 条件下稳定，不水解，与色粉的兼容配伍性好。

（5）抗氧化剂（氧化延迟剂）　依据配方设计原则中，染膏必须有足够、合适的抗氧化稳定性，以实现产品在生产、静置、灌装、储存运输和使用等各个环节中的可操控性和稳定性，通常通过添加抗氧化剂来避免染膏在上述各环节发生严重氧化变色和中间体有效物浓度下降。常用的有亚硫酸钠、抗坏血酸和异抗坏血酸及其盐，通常复配使用，各自用量一般不超过 0.5％，还有巯基乙酸在染色延缓上色时效果更突出，而 PMP（1-苯基-3-甲基吡唑啉酮）因其分子结构较大，很难渗入头发，它的抗氧化作用不会影响到上色功能，但又能延缓膏体的变色，因此被常用于清水黑油、一洗黑等类似产品，使用这些产品在清洗过程中水依然是清色的，但头发已完成上色。

（6）香精　染膏的香精要求：能耐较高碱性，货架寿命内稳定；与色粉相容性好，不能发生反应；短时间内对过氧化氢稳定；掩盖氨气和色粉气味的能力强。

（三）双氧奶的配方

1. 双氧奶的配方组成

双氧奶配方中常根据过氧化氢百分含量命名，常见的有 3％、6％、9％、12％等分别对应 3 度、6 度、9 度、12 度等。双氧奶配方见表 8-4。

表 8-4　双氧奶的配方组成

组分	常用原料	用量/％	主要作用
双氧奶(9 度)	过氧化氢	9.0	定型
乳化剂	脂肪醇类、烷基乙醇酰胺、乙氧基化聚甘油酯、烷基三甲基季铵盐、脂肪醇聚醚硫酸酯钠	3.0～5.0	乳化
油酯	脂肪酸、脂肪醇、矿物油脂(蜡)、动植物油等	5.0～7.0	润湿,溶解,降低刺激

组分	常用原料	用量/%	主要作用
酸度调节剂	磷酸、磷酸二氢钠	0.5～3.0	pH 调节
调理剂	水溶性油酯类：聚氧乙烯羊毛脂、水解蛋白类、水溶性硅氧烷等 高分子成膜剂类：聚二甲基硅氧烷类、聚季铵盐类	2.0～3.0	调理，修复
金属螯合剂	EDTA-钠盐	0.2～0.4	螯合，稳定
香精		0.1	赋香

2. 双氧奶原料选择要点

（1）过氧化氢（俗名双氧水） 过氧化氢是双氧奶的活性成分，常见化学性质如下。

① 在较低温度和较高纯度时较稳定，酸性条件下比较稳定，在碱性条件下分解速率变快，$2H_2O_2 = 2H_2O + O_2$；

② 杂质、许多金属离子都能加速其分解，可通过配合、还原来抑制金属离子的活性；

③ 光、温度均能加快其分解，故存放时要避光、防高温；在符合运输、包装条件下，市售质量稳定性较好的 H_2O_2，其浓度下降应不超过原浓度的 3%。过氧化氢用途广泛，3% 浓度医药级的用作杀菌、消毒，90% 用作火箭燃料剂等，美发化妆品中用于烫发产品的定型剂，染膏中的双氧奶。

（2）乳化剂 在乳化型的双氧奶基质中，通常选用非离子、阳离子、阴离子的表面活性剂作乳化剂，要求它们必须在酸性 pH 条件下稳定，不水解，与过氧化氢的兼容性好，常用的有乙氧基化的脂肪醇类、烷基乙醇酰胺、乙氧基化聚甘油酯、烷基三甲基季铵盐，阴离子型脂肪醇聚醚硫酸酯钠也可用于乳化型双氧奶基质的乳化剂。

（3）油酯类 在双氧奶基质中，油酯类除了起到正常乳化体系油酯所起的作用外，同时还能降低过氧化氢对头发的伤害程度。要求它们必须在酸性 pH 条件下稳定，不水解、酸变等，同时对染料的扩散阻滞作用不能太强。常用的有脂肪酸、脂肪醇、矿物油脂（蜡）、一些稳定性较好的动植物油等。

（4）酸度调节剂 双氧奶需要有较高的酸性（多数 pH 值在 2～4），因为在酸性条件下，过氧化氢稳定性较高，不易分解出氧气。常用的有磷酸、磷酸二氢钠。

（5）调理剂 永久性染发剂的染发过程是在过氧化氢和较强碱性的条件下进行的，对头发的结构有一定程度的损伤，为了减少和修复部分损伤，通常在染膏基质和双氧奶中添加调理剂，如水溶性油酯类：聚氧乙烯羊毛脂、水解蛋白类、水溶性硅氧烷等；高分子成膜剂类：聚二甲基硅氧烷类、聚季铵盐类等。在洗发护发中用到的调理剂都可以尝试用到双氧奶中，但必须做必要的稳定配伍测试，要求它们必须在酸性 pH 条件下稳定，不水解，与过氧化氢的兼容配伍性好。

（6）金属螯合剂/稳定剂　通常使用的是羟基乙叉二膦酸，用量为 0.4%～0.8%。而 EDTA 在双氧奶的 pH 体系中其螯合能力非常有限，所以基本不被使用，另外锡酸钠也通常用于辅助双氧水的稳定，添加量通常为 0.1%左右；有的也添加非那西丁用于稳定和减低刺激，但若工艺控制不当，会使产品外观色泽变黄。

（7）香精　双氧奶的香精要求能耐较高酸性，货架寿命内稳定；与过氧化氢相容性好，不能发生反应，产生变色、变味；还须考虑与染膏混合后的气味混合效果。

（8）去离子水　作为水相溶剂，其水质要求同洗发、润肤类差不多，在染发的配方中重点要求的是重金属离子含量，重金属离子含量过高容易导致染膏膏体外观的变色，双氧奶的过氧化氢稳定性也会受影响，一般通过控制电导率小于 $20\mu s/cm$ 即可满足生产要求。另外在染膏的产品体系中微生物是很难存活的，所以配方中不需添加防腐剂。

三、染发剂的配方设计要点

1. 颜色的准确度

颜色的准确度对于染发剂十分重要，影响颜色准确度的因素很多，如发质、头发底色、染发操作等。做好配方颜色的稳定性和准确性，至少从以下几个方面着手。

① 氧化型染膏由于色粉在形成颜色的系列反应过程的复杂性，再加上氧化型染膏的配方一般都采用 3～6 种的色粉，很难根据组成的配比准确地预言最终产品的色调，应结合对各色粉性质的了解，配以经验，不断地实验试制和染色对比，调出最终的颜色配方和质量控制指标。

② 由于染发受发质状况的影响，因此在染发实验时使用相对统一和标准的头发是非常关键的，根据目标色选用 2～3 度的自然黑发/白发或漂浅 4 度以上的黄头发/白头发；并结合通常操作习惯来选用合适度数及配比的双氧奶用量来进行染色对板。

③ 由于染色对板受光线影响很大，如果采用自然光或普通日光灯作为对板光源，则天气和光线强度将会影响每次的视觉观察判断，因此一般会使用统一标准光源灯箱进行目测对板。

2. 头发的护理性及颜色的丰盈和持久度

染发后要求头发具有较好的护理性及颜色的丰盈和持久度，头发的掉色不会太快，这也染膏配方设计的难点。

① 选用几种质量较好的色粉，并合理搭配。

② 设计好基础配方体系，合理搭配各项组成，使配方具有较好的调理、护色功能。

四、典型配方与制备工艺

染膏（黑色）和双氧奶的配方见表 8-5、表 8-6。

表 8-5　染膏的配方（黑色）

组相	原料名称	用量/%	作用
A	鲸蜡硬脂醇	8.5	助乳化
	甘油硬脂酸酯	1.5	乳化(W/O)
	鲸蜡硬脂醇聚醚-25	1.2	乳化(O/W)
	西曲氯铵	1.2	乳化,调理
	矿油	1.0	润肤
	硬脂酸	1.0	润肤
	油醇	1.0	润肤
B	去离子水	50	溶解
	甘油	2.0	保湿
	羟乙基纤维素	0.2	增稠
C	色粉(对苯二胺、3,4 二氨基甲苯、间苯二酚、间氨基苯酚、邻氨基苯酚)	2.5 0.5 1.1 0.1 0.25	中间体,偶合
	EDTA 二钠	0.2	螯合
	抗坏血酸钠	0.3	抗氧化
	亚硫酸钠	0.5	抗氧化
	70~80℃热水	10	溶解
D	95%乙醇	7.0	溶解
E	氢氧化铵	5.0~8.0	碱化
	乙醇胺	1.0	碱化
	碳酸氢铵	0~4.0	碱化

组相	原料名称	用量/%	作用
F	$C_{30\sim45}$ 烷基聚甲基硅氧烷/氨基硅油	0~1.0	调理
	香精	0.3~1.0	赋香

制备工艺：

① 将 B 相分散匀，搅拌加热至 75~80℃；

② 将 A 相原料混合加热至 70~80℃，加入 A 相，乳化 6~10 min；降温到 60~65℃，加入用热水分散好的 C 相，充分搅拌，快速降温，保持真空；

③ 接着加入 D、E 相成分；

④ 45℃加入 F 相，充分搅拌均匀。

配方解析：色粉的用料及比例根据色号进行调配设计，碱化剂的用量依据色号做适当变动，一般颜色较浅的色号，碱化剂用量较多。以下列出几个简单颜色的色粉用料和比例。

表 8-6　双氧奶的配方

组相	原料名称	用量/%	作用
A	鲸蜡硬脂醇	4.5	助乳化、增稠
	甘油硬脂酸酯	1.5	乳化(W/O)
	鲸蜡硬脂醇聚醚-25	1.0	乳化(O/W)
B	甘油	1.0	保湿
	锡酸钠	0.1	稳定
	水	30.0	溶解
C	磷酸氢二钠	0.4	pH 调节
	乙二胺四乙酸二钠	0.5	螯合
	常温水	5.0	溶解
D	常温水	加至100	溶解
E	过氧化氢	9.0	氧化
F	$C_{30\sim45}$ 烷基聚甲基硅氧烷/氨基硅油	0~1.0	调理
	香精	0.2	赋香

制备工艺：

① 将 A 相与 B 相分别加热至 70~80℃，溶解均匀；

② 把 A 相加入 B 相中，均质 5min，降温；

③ 观察膏体成膏后可间断补 D 相；

④ 降温到 60℃以下加入 C 相，40℃左右缓慢加入 E 相，最后加入 F 相，搅拌均匀。

配方解析：过氧化氢的用量依据双氧奶的度数来确定，pH 控制在 2.5～3.5。该类型的工艺通常采用低能乳化法，控制好常温水及其他外相的补加速度和时机是工艺关键，如外相水全部用热水，做出的膏体可能反而很稀。

五、常见质量问题及原因分析

乳化型永久性染发剂除了有通常乳化膏体的质量问题外，还具有以下其他常见质量问题。

1. 香味改变

刚配制的成品香型在存放一段时间后发生明显差异性变化，甚至致使膏体外观颜色的变化。可能的原因如下。

① 主要是香精自我不稳定或与膏体不配伍引起。由于香精是多种天然和合成香料组成，或是有机化合物的复合体。因此成分比较复杂，其中的某些成分在存放中发生自我或与膏体成分发生缓慢的化学反应，从而产生变色、变味等现象。

② 油脂在体系中稳定性不好，造成氧化、酸败、水解等从而造成膏体的味道改变。

2. 染膏膏体颜色偏深、裸露于空气中变色快

刚做出来的染膏膏体外观颜色偏深或染膏裸露于空气中变色过快，导致进行正常的取样化验和灌装包装都难于进行。可能的原因如下。

① 抗氧化剂添加过少，前面的配方设计原则中提出，配方设计必须要有合理的抗氧化稳定性。抗氧化剂添加过少，膏体裸露于空气中变色快，影响灌装、染色操作等各个环节；抗氧化剂添加过多，影响染色上色。

② 生产工艺控制没有控制好。包括使用了已变质的色粉、抗氧剂，用料投量不准确，乳化工序没控制好致使膏体气泡过多，色粉、抗氧剂添加温度过高且搅拌时间过长等因素。

3. 双氧奶涨瓶

双氧奶在存储过程中，其包装瓶子会膨胀，甚至冒出内料，导致无法进行正常的存储、运输、销售。可能的原因如下。

① 配方设计不合理，活性成分过氧化氢在体系中不稳定，分解出氧气，在密闭的包装瓶中不断分解出的氧气形成正压，导致涨瓶、爆瓶、冒料等现象。

② 生产过程和工艺控制没有控制好。如使用的原料被交叉污染含有灰尘或杂质、使用的包装瓶含有明显灰尘，这些杂质或灰尘会导致过氧化氢稳定性下降；过氧化氢投料温度过高、水质严重不达标、生产卫生没控制好产生交叉污染或过程污染等这些都会导致过氧化氢稳定性下降。

4. 染膏铝管腐蚀

染膏在存储中出现铝管表面有小泡眼的腐蚀穿孔现象，可能的原因如下。

① 配方设计不合理。体系碱性过强、色粉和抗氧化剂搭配不合理、含量过高、溶剂过多等因素有可能导致铝管对这一配方体系不耐受，从而产生腐蚀穿孔现象。

② 铝管质量问题。铝管内涂层喷涂不均匀、内涂层韧性不行不耐挤压、内涂层材料不受腐蚀，这些因素有可能导致铝管产生腐蚀穿孔现象。

5. 染发色不对板

在染发完成后发生所染头发颜色与毛板的颜色（预期的颜色）产生较大偏差，可能的原因如下。

① 国产色粉质量参差不齐（如纯度、杂质含量等），会影响产品色调，选用时需注意。

② 配方问题。应通过充分的实验验证，确保产品在通常的染发操作规程下或其指定的染发操作规程下能达到其预期的颜色染色要求。

③ 工艺问题。色粉在生产配制时没有充分溶解或分散。

④ 染发操作不规范，这是最常见的导致染发色不对板的原因。由于现在的消费者多数是二次或多次染发，头发底色比较复杂，只有熟练运用和掌握好三原色原理及染色技巧，才能较好地完成染发，因此美发技师的染色知识和经验及其对发质的判断显得非常关键；另外染色时间不够、抗拒发质等因素也会导致颜色偏浅、色不对板等现象。

第二节　烫发剂

一、烫发剂简介

烫发剂是改变头发形态的一种手段，应用机械能、热能、化学能使头发的结构发生变化后而达到相对持久的卷曲、拉直。在过去烫发只仅指卷发，但现在通常包含直发和卷发。

1. 发展历史

早在公元前 3000 年，埃及人就把头发卷在棒上，涂上泥，在日光下晒干后，使头发变成弯曲状态，后来改进将头发卷在预先加热的圆筒上，用火加热金属钳子，夹住头发进行烫发，药液也由初期的硼砂换为氨或碳酸铵等。电烫能保持较长时间的卷曲。但易过热，使头发干枯，已被逐渐淘汰。

目前用亚硫酸钠加热到 40℃ 左右，巯基乙酸盐作为冷烫剂的冷烫发，在世界各国广泛使用并一直延续至今。

2. 烫发剂的分类

目前烫发产品种类繁多，从功能上分有卷发和直发两种，卷发功能烫发剂有：电发水、冷烫液、冷烫精、热塑烫、生化烫、陶瓷烫等；直发功能的烫发剂有离子烫、直发烫等。

3. 剂型

从产品的外观状态上，通常的包装为2剂，即第1剂为软化剂，第2剂为氧化定型剂，烫直发用的产品，其1、2剂通常为膏体状；烫卷发用的产品，1、2剂通常为水剂型或低黏乳剂，也有一些产品将软化剂分成两个包装的，使用时要按比例预先混合；另外也有一些将护发素、弹力素、精华素等与其包装在一起组成3剂或4剂装。

4. 使用方法

烫发操作方法很多，一般都是先将头发"软化"，再通过操作将头发"定型"。

（1）直发烫的使用方法　用普通洗发水把头发洗净，吹至七八成干。上第1剂分片涂抹均匀（离发根1cm），软化8～45min，用清水冲净，头发吹至七八成干，用电夹板拉直头发。上第2剂定型，时间20～25min，用塑料薄板固定头发，梳直、梳顺。定型完成后，温水冲净，可适量涂抹普通护发素，按摩2～5min后清水冲净。吹至八成干，再用电夹板粗略拉一遍，巩固效果。

（2）冷烫液的使用方法　首先水剂状态的将第1剂均匀涂于发卷上（乳剂状态的则涂于发片上），快速上卷；停留时间视发质，为10～40min，间隔试着卷，成型后冲水（不拆卷），再用毛巾将水分吸干。然后将第2剂（定型剂）均匀涂于发卷上，停留10～20min，视卷度成型后拆卷，再以清水冲净，吹干造型即可。不能马上用齿密梳子梳头，可用手稍微梳理。

5. 烫发的原理

头发主要由毛小皮，毛皮质和髓质层三个部分组成，毛皮质主要由众多纵向排列的角蛋白纤维组成，而组成这些角蛋白的肽链则通过各种化学键相互胶接起来以维持着头发的形态和强度。头发在湿润，碱性并且有巯基物质的环境中，二硫键被巯基物质打破，头发就变得柔软易于弯曲，失去了原有的轻度和韧性。

其反应式如下：

$$R—S—S—R'+Na_2SO_3 \longrightarrow R—S—SO_3Na+R'—SNa$$

含巯基化合物可在较低的温度下和二硫键反应，其反应式如下：

$$R—S—S—R'+2R''—SH \longrightarrow R—SH+R'—SH+R''—S—S—R''$$

在这种状态下，可以将头发改变成任何想要的形状，改变形状以后，头发角蛋白肽链之间发生位移，将残留的烫发液洗去，让头发恢复酸性，化学键中的盐键在新的位置被重建了起来。同时，再加入通过第2剂（定型剂）双氧水等氧化剂氧化，借助烫发工具，对头发进行拉直或卷曲，恢复二硫键，头发就变成了烫发达到的效果。

6. 烫发剂的理想性质

（1）第一剂的理想性质　烫发配方最核心要求达到满意的卷度、拉直效果外，还应达到烫后的头发有较好的光泽和柔顺度，对发质的伤害不能太强，要微小或不明显甚至是有一定的修复效果。

设计的配方产品应在合理的时间内能完成头发的软化要求，一般软化时间为 10～40min，软化过快会影响美发技师的操作控制，易导致软化过度，软化过慢不符合实际消费需求，还有空气中的氧气也会慢慢地将其还原，使通过加长时间来加深软化变得不可能。

（2）第二剂的理想性质　第二剂（定型剂）的配方设计主要考虑配方的稳定性、安全性（低刺激性）、定型时间的合理控制。一般定型时间为 10～25min，定型的快慢由氧化剂的渗透速度和浓度来决定。

7. 烫发剂的标准

烫发剂的标准见 GB/T 29678—2013《烫发剂》，烫发剂由烫卷剂（烫直剂）和定型剂两部分组成。

（1）烫卷剂（烫直剂）理化指标　烫卷剂（烫直剂）的理化指标如表 8-7 所示。

表 8-7　烫卷剂（烫直剂）的理化指标

指标名称	指标要求			
	受损发质(敏感发质)		一般发质	
	一般用	专业用	一般用	专业用
外观	水剂型(水溶液型):均一无杂质液体(允许微有沉淀) 乳(膏)剂型:乳状或膏状体(允许乳状或膏状体表面轻微析水) 啫喱型:透明或微透明凝胶状			
气味	符合规定气味			
pH(25 ℃)	7.0～9.5			
巯基乙酸含量/%	2.0～8.0		4.0～8.0	4.0～11.0

（2）定型剂理化指标　定型剂的理化指标如表 8-8 所示。

表 8-8　定型剂的理化指标

指标名称		指标要求
过氧化氢型	外观	水剂型(水溶液型):均一无杂质液体(允许微有沉淀) 乳(膏)剂型:乳状或膏状体(允许乳状或膏状体表面轻微析水) 啫喱型:透明或微透明凝胶状
	过氧化氢含量/%	1.0～4.0(使用浓度)
	pH	1.5～4.0

指标名称		指标要求
溴酸钠型	外观	水剂型(水溶液型):均一无杂质液体(允许微有沉淀) 乳(膏)剂型:乳状或膏状体(允许乳状或膏状体表面轻微析水) 啫喱型:透明或微透明凝胶状
	溴酸钠含量/%	≥6
	pH	4.0～8.0

二、烫发剂的配方组成

烫发产品都由两剂组成:A 剂为起还原作用;B 剂起氧化作用。

烫发产品目前主要有拉直发的离子烫(A、B 剂均为乳化膏体型)、烫卷发的电发水(A、B 剂为水剂型或黏稠度低、流动分散性很好的乳剂型)、烫卷发的陶瓷烫(A 剂为乳化膏体型,B 剂为水剂型或黏稠度低、流动分散性很好的乳剂型)。虽然产品功能和使用上略有区别,但配方原理一致,配方组成基本一致。

A 剂和 B 剂的配方组成见表 8-9、表 8-10。

表 8-9　A 剂的配方组成 (还原剂)

组分	常用原料	用量/%	作用
还原剂	含巯基化合物	5.0～11.0	还原
碱	氨水、乙醇胺、碳酸氢铵、磷酸氢二铵、氢氧化钠		pH 调节
护发剂	脂肪醇、羊毛脂、矿物油脂(蜡) 动植物油、水溶性油酯类、聚二甲基硅氧烷类、阳离子调离剂、改性的水解蛋白等	2.0～4.0	保护头发
乳化剂	脂肪醇类、烷基乙醇酰胺、乙氧基化聚甘油酯、烷基三甲基季铵盐、椰子油酰胺丙基甜菜碱等	3.0～5.0	乳化分散
增稠剂	羟乙基纤维素、聚乙二醇	2.0～3.0	增加稠度,防止流淌
稳定性剂	EDTA、羟基乙叉二膦酸	0.2～0.4	螯合
保湿剂	多元醇		保湿,防干枯
膨胀增效剂	尿素、低碳羧酸酯、N-烷基吡咯烷酮		膨胀,渗透
香精		0.1	赋香,遮掩

表 8-10　B 剂的配方组成 (氧化剂)

组分	常用原料	用量/%	作用
氧化剂	过氧化氢、过硼酸钠(固体) 溴酸钠	1.5～4.0 ≥7.0	氧化

组分	常用原料	用量/%	作用
乳化剂	乙氧基化的脂肪醇类、烷基乙醇酰胺、乙氧基化聚甘油酯、烷基三甲基季铵盐、椰子油酰胺丙基甜菜碱等	3.0~5.0	乳化分散
pH 调节剂	柠檬酸、磷酸氢二钠、磷酸二氢钠	0.5~3.0	pH 调节
增稠剂	羟乙基纤维素、聚乙二醇	1.0~3.0	增加稠度，防止流淌
油脂	脂肪醇、羊毛脂、矿物油脂(蜡) 动植物油、水溶性油酯类、聚二甲基硅氧烷类、阳离子调离剂、改性的水解蛋白等	2.0~4.0	保护头发
螯合剂	羟基乙叉二膦酸 EDTA	0.3~0.6 0.1	螯合
香精	香精	约 0.1	赋香
去离子水	水	加至 100	溶解

三、烫发剂的原料选择要点

（一） A 剂的原料选择要点

1. 还原剂

目前的烫发剂还原剂主要采用含巯基化合物，最常用的有巯基乙酸、半胱胺盐酸盐、巯基乙酸单甘油酯等。其中应用最广泛的含巯基化合物是巯基乙酸，其性能比较见表 8-11。

表 8-11　常用还原剂比较

原料	优点	缺点	应用
巯基乙酸	含量高，软化时间短，软化效果，溶解性好	有令人不愉快的气味；对头发的伤害也高	适合健康发质用
半胱胺盐酸盐	对肌肤的亲和性较好 卷发不散、不抛、持久性好	对头发的卷曲力较弱；对手和皮肤的刺激性大；使用后残留气味难闻；稳定性较差(可加入 0.5%左右巯基乙酸作稳定剂)	适合损伤的头发用
巯基乙酸单甘油酯	对发质基本没有损害	不耐水解，需单独包装，价格贵	适用范围广

含巯基化合物在空气中会被氧化，特别是在重金属（如铜、铁、锰等）存在的情况下氧化更快，在生产、储存过程中，常常会产生变色、pH 值下降和巯基浓度降低等情况，影响其使用效果，必须注意在生产工艺上要严格控制（包括对水

质和原材料的选择和控制）。生产中可采用搪玻璃、塑料设备、不锈钢乳化锅，不能使用带不锈钢弹簧泵头的包材，尽量选用密封性好、透气性较差的包材。

2. 碱

巯基乙酸铵等含巯基化合物在碱性条件下，使头发角蛋白膨胀，既有利于烫发有效成分渗入，也有利于切断二硫键的反应，还原作用均显著增加，从而提高了卷曲或拉直的效果，缩短了烫发的操作时间。pH 值和游离氨含量对巯基乙酸铵卷发效果的影响见表 8-12。

表 8-12　pH 值和游离氨含量对巯基乙酸铵卷发效果的影响

巯基乙酸铵含量/%	pH 值	游离氨含量/%	卷发效果
10	7.0	0.05	弱
10	8.8	1.0	一般卷曲
10	9.1	1.8	良好卷曲
10	9.4	2.5	强烈卷曲

可见，在相同巯基乙酸含量的情况下，一定范围内，pH 值和游离氨含量越高，卷发效果越好。以巯基乙酸铵为还原剂的烫发剂，其 pH 值一般控制在 8.5～9.5，游离氨含量控制在 1.0%～3.0%。

可用于烫发剂的碱类有氨水、乙醇胺、碳酸氢铵、氢氧化钠等，它们性能比较见表 8-13。配方设计时，应根据配方的特点和性能需求选择碱性化合物的用量，通常采用两种或两种以上的碱混合优化搭配，通过 pH 值和游离氨含量指标来控制碱性化合物的整体用量，优化烫发效果，提高产品质量，控制产品的稳定性。

表 8-13　常用碱性能比较

原料	优点	缺点	应用
氨水	作用温和,易渗透,卷发效果好,易挥发性,对头发损伤小	刺激、臭气	适用范围广
乙醇胺	卷发能力较强,对头发、皮肤渗透性良好,无臭气	不挥发,对皮肤刺激性较大	不适于易损发质
碳酸氢铵	pH 中性,刺激味及对皮肤的刺激性较小	不宜与强碱搭配 遇酸易冒料 波纹强度小	与上述碱复配
氢氧化钠	去离子水	难挥发,损伤头发	适用范围小

3. 护发剂

为防止或减轻头发由于化学处理所引起的损伤，可添加油酯成分、护发剂等，同时也可作为烫发产品制成乳液或膏体的必要油相成分，如脂肪醇、羊毛脂、矿物油脂（蜡）、一些稳定性较好的动植物油、聚二甲基硅氧烷类、阳离子调离剂等。一些经过改性的水解蛋白、多肽衍生物等能比较有效地修复损伤的头发，当用氧化剂处理时，会沉积在头发纤维上或纤维内部和头发中被还原的巯基作用形成混合的二硫化物，并和头发中的多肽形成内盐，可更好修复损伤头发。如加入3％的硅氧化水解角蛋白可使卷发更柔软且持久。

（二） B剂的原料选择要点

B剂起氧化作用，也称为定型剂，其配方组成如下。

1. 氧化剂

可用于烫发剂中的氧化剂有过氧化氢、溴酸钠、过硼酸钠（固体）。根据行业标准规定，过氧化氢用量为 1.5％～4.0％、溴酸钠用量为≥6.0％。定型的快慢是由氧化剂的渗透速度和浓度来决定。氧化剂的用量过多会加剧发质的损害，过少会影响烫发的定型效果。

溴酸钠对发质的影响比过氧化氢的小，而且稳定性较好，其活性物的含量在货架寿命内很稳定，但是体系pH可能会缓慢升高，配方设计时需设定适度的缓冲体系，但是溴酸钠较过氧化氢价高，二者不能复合搭配使用，否则会出现过氧化氢的分解涨瓶冒料现象。配方设计时要考虑过氧化氢活性物含量货架寿命内会有下降这一因素。

2. pH调节剂

用过氧化氢作氧化剂的定型剂pH控制在2～4，用溴酸钠作氧化剂的定型剂pH控制在4～7，用于调节pH值的有柠檬酸、磷酸氢二钠、磷酸二氢钠等，含溴酸钠的定型剂在储存过程中，pH值可能会缓慢升高，因此pH调节应有一个适度的缓冲体系，使其成品在储存期内pH值基本稳定。

四、烫发剂的配方设计要点

1. 配方的安全和合理搭配

① 合理的巯基化合物活性含量和pH值、游离氨含量的控制、碱类化合物的选择搭配，可做到软化能力与速度以及刺激性的平衡。

② 合理选择油脂与调理剂的种类与含量，降低产品的刺激性，达到与烫发效果的平衡。

2. 软化时间合理控制

烫发产品的定型时间一般为 10～25min。

① 应通过对巯基化合物活性含量和pH值、游离氨含量的控制、碱类化合物的选择以及基础乳化体系的搭配来合理设计出配方的软化能力和软化

时间。

② 合理确定第二剂的氧化剂的浓度。定型的快慢是由氧化剂的渗透速度和浓度来决定。

五、典型配方与制备工艺

冷烫液1剂（软化剂）见表 8-14，冷烫液2剂（定型剂）见表 8-15。

表 8-14　冷烫液 1 剂（软化剂）

组相	原料名称	用量/%			作用
		配方 1	配方 2	配方 3	
A	去离子水	加至 100	加至 100	加至 100	溶解
	巯基乙酸	8.5	0	1.0	还原
	巯基乙酸铵	0	10.5	0	还原
	半胱胺酸	0	0	9.0	还原
B	氨水(25%)	约8.0	3.0	3.0	pH 调节
	乙醇胺	约2.5	1.0	1.0	
	碳酸氢铵	1.0	0.5	0.5	
	氢氧化钠	0～1.0	0	0	
C	EDTA 二钠	0	0	0.2	螯合
	羟基乙叉二膦酸	0.3	0.3	0.3	
D	尿素	0	0	4.0	助渗透
	甘油	2	0	0	保湿
	丙二醇	0	1.0	2.0	
	聚季铵盐-39	2.0	2.0	1.0	
	HS-100	0～2	0～2	0～1	护发
	PEG-70 氢化羊毛脂	0～0.5	0～0.5	0～0.5	
	聚二甲基硅氧烷	0～2.0	0～2.0	0～2.0	
E	聚氧乙烯(30)油醇醚	0	0.3	0	表面活性,增溶
	椰油酰胺丙基甜菜碱	1.0	0	1.0	
	香精	0.1	0.1	0.1	赋香
	pH 值控制	8.9～9.3	8.9～9.3	8.4～8.9	

制备工艺：将 A 相加入锅中，搅拌均匀；一边搅拌，一边加入 B 相，注意碳酸氢铵最后加，否则会反应产生大量 CO_2 气泡，注意温度变化，必要时要开冷却水降温；分别加入 C 相、D 相，搅拌均匀；加入剩余水和其他辅料（香精要增溶后加入），搅拌使其溶解均匀。

表 8-15　冷烫液 2 剂（定型剂）

组相	原料名称	用量/%		作用
		配方 1	配方 2	
A	去离子水	加至 100	加至 100	溶解
	溴酸钠	7.5	0	氧化
	过氧化氢	0	2.5	氧化
B	EDTA 二钠	0.2	0	螯合
	羟基乙叉二膦酸	0	0.3	
	磷酸氢二钠	0.2	0	pH 调节
	磷酸二氢钠	0.2	0.4	
C	甘油	2.0	0	保湿
	丙二醇	0	1.0	
	PEG-70 氢化羊毛脂	0~0.5	0~0.5	护发
	氨基硅油乳液	0~2.0	0~2.0	
D	聚氧乙烯(30)油醇醚	0	0.3	表面活性/增溶
	椰油酰胺丙基甜菜碱	1.0	0	
	香精	0.1	0.1	赋香
pH 值控制		6.0~7.0	2.5~3.5	

制备工艺：

① 搅拌锅中先加适量（＞30%）的水，然后 A 相组分缓慢加入，搅拌均匀；

② 拌下加入 B 相组分，搅拌均匀；

③ 分别加入 C 相和 D 相，搅拌均匀；

④ 加入剩余水和其他辅料（香精要增溶后加入），搅拌使其溶解均匀。

六、常见质量问题及原因分析

烫发产品通常具有以下常见质量问题。

1. 香味改变

成品在放置过程中，香味发生明显变化。可能的原因如下。

① 主要是香精自身不稳定或与膏体不配伍引起。由于香精是多种天然和合成香料组成，或是有机化合物的合成，因此成分比较复杂。其中的某些成分在存放中发生自身变化或与膏体成分发生缓慢的化学反应，从而产生变色、变味等现象；

② 油脂在体系中不太稳定，发生氧化、酸败、水解等，从而造成膏体的味道改变或外观色泽的变化。

2. 产品外观色泽（颜色）改变

成品在放置过程中膏体颜色发生变化。如软化剂（第一剂）颜色变红或变紫黑，第二剂变黄等现象。可能的原因如下。

① 储存容器选用不当、包装瓶不洁净、灌装过程卫生防护不当，导致巯基乙酸遇铁等金属离子发生颜色变化；

② 软化剂中乙醇胺用量过高，游离的乙醇胺在存放较长时间后可能发生变黄现象；

③ 油酯及香精选择不当、生产工艺不当均有可能导致产品外观色泽（颜色）改变。

3. 活性物含量下降、pH 值波动

成品在存放一段时间后发生活性物含量下降、pH 值波动，这一现象与活性物自身稳定性有关，对于使用巯基乙酸、半胱胺酸、过氧化氢为活性物的体系是比较难以避免的。

配方设计应考虑以下两点：

① 添加足够量合适的金属离子螯合剂，增强活性物耐金属离子的稳定性；

② 设定适度的缓冲体系，减少 pH 的波动。

4. 产品出现浑浊、絮状物、结晶等沉淀物

对于水剂产品，除了常见的香精增溶问题引起的浑浊现象，还可能出现存放一段时间后有絮状物、晶体析出等现象，这在以半胱胺酸为主的第 1 剂烫发水中较为常见。可能的原因如下。

① 香精没有增溶好，使产品外观出现浑浊，絮凝物等。

② 对于以半胱胺酸为主的第 1 剂烫发水中出现这一问题，可能是半胱胺酸纯度不够、杂质过多、铁离子含量过高导致半胱胺酸自身的不稳定析出。

③ 添加的调理剂与体系不配伍，如加到体系中的一些高分子调理剂、硅油乳液等在存放一段时间后会发生分层、絮凝现象。

5. 烫后头发卷曲、拉直效果易反弹

在烫完头发的一个月内，明显发生卷曲、拉直效果反弹，与刚烫后头发时的效果差异明显。可能的原因如下。

① 美发技师经验不足、操作不规范。如头发软化不够（软化剂软化力不足导致无法把头发软化到符合烫发要求的程度或软化时间不够）就进行了下一步的定型操作；或定型时间不足，切断的二硫键没按照新的位置全部接上。

② 定型剂、氧化剂含量浓度不够，致使被切断的二硫键无法在定型时间内按照新的位置全部接上，虽然刚烫完头发时还可能表现出令人满意的卷发（直发）效果，但在维持一段时间后会产生头发卷曲、拉直效果的反弹。

6. 烫后头发毛燥、干枯、柔顺度差

在烫发完成后发质严重变差，如毛燥、干枯、柔顺度差、没光泽等。可能的原因如下。

① 美发技师经验不足、操作不规范。如头发已软化过度了才进行下一步的定型操作；或定型时间过长；或烫发过程中加热的温度过高、时间过长等，这些原因都会使头发的发质受到进一步的伤害。

② 配方设计不合理，如还原剂、氧化剂活性物含量过高，游离氨、pH 值过高，强碱用量过多等，应合理设计配方并做必要的测试实验来确定，同时添加适当的调理剂改善、提高其护理性。

第九章
面部美容化妆品

Chapter 09

面部用美容化妆品是指通过涂抹散布于人体脸部表面，以达到美化改善外貌又不影响机体结构与功能的物理性修饰产品。脸部美容化妆品具有遮盖性、修饰性，以及改善、美化皮肤肤色；并利用各种色彩效果，添加阴影以增加面部的立体感，调整面部轮廓、五官比例。脸部美容化妆品根据使用目的可分为两大类。

① 修容遮瑕类。用于遮盖皮肤瑕疵，起到调和肤色的作用。如隔离霜，粉底液（膏，棒）、散粉/粉饼、遮瑕棒等。

② 色彩类。通过光或色彩达到强调或削弱脸部的五官轮廓的作用，使其修饰得更加生动或柔和。如腮红。

第一节　底　　妆

底妆产品是指涂抹于面部，以改善提亮肤色，掩盖瑕疵，赋予肌肤光泽和弹性等为目的的产品。底妆是一切美丽的基础，如同楼房的地基，所有的彩妆都是画在底妆之上，是妆容是否干净的关键所在。起到让皮肤看起来更均匀、健康有光泽，提升气色的作用。亚洲人选用微微偏黄的颜色会比较适合，更容易获得裸妆的效果。伴随现代科学技术而生产的粉底具有更多的修饰效果，颗粒更细腻，并具有保湿、控油或防晒等多重功效，能轻易创造自然、光滑、晶莹的健康肤质。

重要的底妆产品有妆前乳（液）/霜，粉底液/霜棒、BB 霜、CC 霜、粉膏、粉饼，散粉等。底妆产品按状态主要可分为液态、膏状与粉块状三种，按剂型可分为乳化类、油基类和粉块类。目前市面上还有一些特殊外观的底妆产品，如啫喱状底妆、粉膏状底妆等，这些底妆产品根据其剂型及外观主要有 O/W 型、W/O 型以及油基型、粉块类等。

一、粉饼

（一）粉饼简介

粉饼是由多种粉体原料及黏合剂经混合、压制而成的饼状固体美容制品，具有遮盖、附着、铺展、赋色、定妆、控油、修饰的功能。

1. 粉饼的分类

① 根据使用方式，粉饼可分为干用、湿用及干湿两用型。干湿两用粉饼具有粉底和蜜粉的双重功效，是目前市场上粉饼类产品的主流。干湿两用粉饼的外观、型体与粉饼相同。但它除可干用外，亦可用润湿的海绵涂擦干燥的粉饼面，使得水分与粉饼发生乳化，海绵吸附粉乳后再用其涂抹面部。待皮肤上粉乳的水分蒸发后，在皮肤表面形成含有油分的防水粉料。因此，干湿两用粉饼的遮盖力及黏附力均较强，光泽好，且不易剥落。

② 根据粉饼的光泽效果，粉饼分为提亮粉饼和哑光粉饼。提亮粉饼上妆后，妆容比较有质感，并富有光泽。能通过光的折射缓解黑眼圈、眼袋、细纹等问题。哑光粉饼粉质很细腻，触感柔和舒适，妆效非常清新自然，令人难以觉察。

③ 根据粉饼的功效，粉饼可分为美白防晒型粉饼，保湿滋养型和清爽控油型粉饼。

2. 粉饼的执行标准

化妆粉饼的质量应符合轻工行业标准 QB/T 1976—2004《化妆粉块》，其感官、理化指标见表 9-1。

表 9-1　化妆粉饼的感官、理化指标

项目		要求
感官指标	外观	无异物
	香气	符合规定香型
	块型	表面应完整，无缺角、裂缝等缺陷
理化指标	涂擦性能	油块面积≤1/4 粉块面积
	跌落试验/份	破损≤1
	pH	6.0～9.0
	疏水性	粉质浮在水面保持 30min 不下沉

注：疏水性仅适用于干湿两用粉饼。

3. 粉饼的质量要求

① 颜色均匀，没有色点；

② 粉质细腻，没有颗粒感，能通过涂抹测试，不起粉，不飞粉，没有油块；

③ 贴服性好，上妆不浮粉，有一定的遮瑕作用；

④ 安全，不刺激，没有不愉悦的气味；

⑤ 运输不易破碎。

（二）粉饼的配方组成

普通粉饼和干湿两用粉饼的配方组成见表 9-2、表 9-3。干湿两用粉饼与普通粉饼结构大体一致，只是配方中使用的填充剂要选用经过疏水处理的，通常会考虑添加少量乳化剂，以帮助干湿两用粉饼在湿时使用。

表 9-2 普通粉饼的配方组成

组分	常用原料	用量/%
填充剂	滑石粉、云母、高岭土、淀粉等	≥50
着色剂	钛白粉、氧化铁系列等	0~20
黏合剂	粉：硬脂酸镁、硬脂酸锌、肉豆蔻酸镁、肉豆蔻酸锌等	1~7
	油脂：液体石蜡、凡士林、角鲨烷、硅油等	3~15
防腐剂	苯氧乙醇、羟苯甲酯、羟苯丙酯	适量
香精		适量

表 9-3 干湿两用粉饼的配方组成

组分	常用原料	用量/%
填充剂	疏水处理的(滑石粉、云母、高岭土、淀粉)等	≥50
着色剂	钛白粉、氧化铁系列	0~20
乳化剂	失水山梨醇倍半油酸酯	0.1~0.5
黏合剂	粉：硬脂酸镁、硬脂酸锌、肉豆蔻酸镁、肉豆蔻酸锌等	1~7
	油脂：液体石蜡、凡士林、角鲨烷、硅油等	3~15
	聚合物：甲基纤维素、羧甲基纤维素、聚乙烯吡咯烷酮	0~1
防腐剂	苯氧乙醇、羟苯甲酯、羟苯丙酯	适量
香精		适量

（三）粉饼的原料选择要点

1. 粉

① 考虑粉的粒径与结构。粒径越小，粉质越柔软，遮瑕度越低，粒径越大粉质越粗糙，遮瑕能力越好。比表面积越小吸油越低，比表面积越大吸油越高。片状结构比球状贴服，但球状比片状结构涂抹性好。

② 对干湿两用的产品，最好选择经过表面疏水处理的粉体原料，以增加粉饼的疏水性，湿用时表面不会结块，面妆也不会被汗水化开。

2. 油相

① 油相影响产品的肤感，一般采用硅油类或轻质的油脂，增加清爽性。

② 配方中的油相不能太少，因为由于粉饼含粉量高，易使皮肤干燥。一般选用滋润性强，成膜性较好的油脂，如液体石蜡、酯类，使之在皮肤表面形成轻微的"保护膜"，减少水分挥发。

③ 在油相中添加小量的 W/O 型乳化剂如失水山梨醇倍半油酸酯、鲸蜡基

PEG/PPG-10/1聚二甲基硅氧烷等有助于粉类原料的润湿，使油相与粉相混合均匀，特别是有助于湿两用的配方在湿用时的使用。

3. 黏合剂

黏合剂对压制成型有很大关系，它能增强粉块的强度和使用时的润滑性，但用量过多，粉块易出现黏模现象，而且制成的粉块不易涂敷，因此要慎重选择。黏合剂的种类大体上有水溶性聚合物、油脂、粉等几类。

（1）水溶性聚合物 包括天然和合成两类，天然的黏合剂有黄蓍树胶、阿拉伯树胶等。天然的由于受产地及自然条件的影响质量较不稳定，且常含有杂质，并易为细菌所污染，所以多采用合成的黏合剂如甲基纤维素、羧甲基纤维素、聚乙烯吡咯烷酮等，此类黏合剂多用在烤粉、水性、乳化型配方中。

（2）油脂黏合剂 一般的粉饼中会加入油脂，包括白矿油、凡士林、硅油、各种脂肪酯等。对于烤粉配方，还会加入水、乳化剂，事先做成乳化体，再与粉相进行混合。常采用失水山梨醇的酯类作乳化剂。

（3）粉类黏合剂 一些金属皂类的粉类原料，如硬脂酸锌、硬脂酸镁等也有助于粉体压制成型，也是一种黏合剂。制成的腮红细腻光滑，对皮肤的附着力好，但需要较大的压力才能压制成型，且对金属皂碱性敏感的皮肤有刺激。

（四）粉饼的生产工艺

粉饼的生产工艺流程见图9-1。

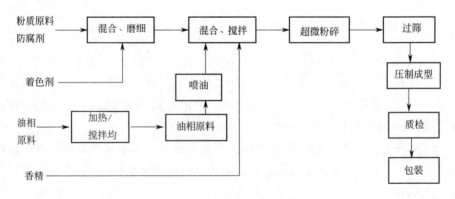

图 9-1 粉饼的生产工艺流程图

粉饼生产需要用到粉体搅拌机、粉碎机、压粉机。主要生产程序如下。

① 先把粉的基料，如填充剂及防腐剂按配方比例称好后放入搅拌锅，高速搅拌至分散均匀，没有颗粒。

② 粉基料完全分散后，加入着色剂，高速搅拌使色粉能完全分散均匀，没

有色点。

③ 将油相混合搅拌，如需要可加热溶解，使之成为液状且均匀。

④ 将预分散好的油相均匀喷洒到上述搅拌均匀的粉相，必须边喷油边搅拌。

⑤ 料体通过粉碎机粉碎并过 60 目筛网。

⑥ 压制成型。将规定重量的粉料加入模具内压制，用适当的压力压制成型。

（五）典型配方与制备工艺

几种常见有粉饼配方见表 9-4～表 9-6。

表 9-4　普通粉饼的配方

组相	原料名称	用量/%	作用
A	滑石粉	51.0	填充
	高岭土	10.0	填充
	氧化锌	2.0	填充
	云母	5.0	填充
	淀粉	10.5	填充
B	聚二甲基硅氧烷	5.0	润肤，黏合
	山梨醇倍半油酸酯(Span-83)	0.5	黏合
C	苯氧乙醇	适量	防腐
D	钛白粉	8.0	着色
	氧化铁红/黄/黑	4.5	着色
E	香精	适量	赋香

制备工艺：

① 将粉相中的滑石粉、高岭土、氧化锌、云母、淀粉、防腐剂加入搅拌锅高速分散 20 min。

② 在油相罐中加入聚二甲基硅氧烷及山梨醇倍半油酸酯（SPAN 83）加热熔化后备用。

③ 将混合好的 A 相原料及 C 相原料加入搅拌机混合搅拌 30 min，分散好后再分 3 次喷洒加入混合好的（A+C）相中，搅拌 20 min 直到均匀。加入香精混合搅拌 10 min。

④ 混合好的粉料去超微粉碎机中粉碎、磨细。灭菌 2～7 h 后，放入压粉机中压制。

配方解析：此款配方是一款大众粉饼配方，选用了普通的填充剂，少量的具有吸油性的淀粉，较高的着色剂，具备了粉饼的遮瑕控油效果，成本控制的比较低，性价比优势较高，适合低端产品线。

表 9-5 烤粉的配方

组相	原料名称	用量/%	作用
A	滑石粉	加至 100	填充
	绢云母	10.00	填充
	硬脂酸锌	5.00	黏合
	高岭土	5.00	填充
	氯氧化铋	10.00	提亮
B	液体石蜡	4.00	润肤
	凡士林	0.50	润肤
	山梨醇倍半油酸酯	1.50	润肤
C	钛白粉	8.00	着色
	氧化铁红/黄/黑	8.00	着色
D	苯氧乙醇	适量	防腐
	香精	适量	芳香
E	去离子水	99.85	溶解
	硅酸铝镁	0.1	成型
	羟苯甲酯	适量	防腐

制备工艺：烤粉类粉饼的生产配方稍微有点特殊，需要注意水相的分散，及压制产能较低，压制后需要注意烘烤到挥发完全。

① 在水相罐中制备胶质溶液，加入 E 相原料，加热搅拌均匀后备用。

② 在油相罐中制备脂质原料，将 B 相原料加热熔化后备用。

③ 将粉质原料 A 和 C 相原料加入搅拌机混合搅拌均匀，将 B 相的混合料加入搅拌机中混合搅拌均匀。再加入 D 相原料混合搅拌均匀。

④ 混合好的粉料过筛，于超微粉碎机中粉碎、磨细。灭菌后入库。

⑤ 压制前把溶剂相（E 相）与打好的粉相按 1∶1 混合搅拌，然后可以压制，压制后放入烤箱烘烤直至水分完全挥发。

配方解析：烤粉配方的优势在于可以打造不飞粉的立体效果，通过成型剂硅酸铝镁给配方带来良好的贴服性，及通过优秀的成型能力，可以打造成粉块立体造型，适合图形多变的设计风格。

表 9-6 干湿两用粉饼的配方

组相	原料名称	用量/%	作用
A	硅处理滑石粉	加至 100	填充
	硅处理云母	20.0	填充
	硅处理高岭土	6	填充
	硅处理硅石	6	抗结块

组相	原料名称	用量/%	作用
B	聚二甲基硅氧烷	3.5	润肤
	山梨醇倍半油酸酯(SPAN-83)	1.5	润肤
	液体石蜡	3.0	润肤
C	二氧化钛	10.00	着色
	氧化铁红/黄/黑	4.5	着色
D	苯氧乙醇	适量	防腐
E	香精	适量	赋香

制备工艺：干湿两用配方生产工艺与普通配方类似，在粉相原料的选择上面，全部选择了疏水处理的粉原料，在油相添加了乳化剂，有助于湿用时的使用。

配方解析：干湿两用配方是目前国内品牌比较流行的一款配方，所用填充剂都是经过表面疏水处理，带来较好的延展性及持妆性。其多孔性结构的硅处理硅石可以给产品带来优秀的控油持妆效果，在日常妆容比较容易达到8h以上的妆容，适用于高端产品。

（六）常见质量问题及原因分析

1. 粉饼过于坚实
主要原因是黏合剂不恰当或用量过多或压制粉饼时的压力过高。

2. 粉饼疏松容易碎裂
主要原因是粉的密度不均；黏合剂选择不当或用量过少；蓬松型粉末过多；压制粉饼时的压力过低。

3. 制粉饼时黏模子和涂擦时起油块
主要原因是油脂选择不合适，油相含量过高或者分散不均匀。

4. 凸粉现象
主要原因是粉块中含有空气，以及铝盘变形导致粉块凸起。

二、乳化类底妆

（一）乳化类底妆简介

乳化类底妆包括 BB 霜、CC 霜、粉底液等，以及气垫底妆产品（如气垫 BB 霜、气垫 CC 霜、气垫粉底液等）。

BB 霜（Blemish Balm Cream）主要运用在美容化妆上，明显遮盖、改善和弥补皮肤的各种缺陷，包括肤色暗沉，脸色发黄发黑，红血丝，斑点，毛孔粗大，轻度痤疮和皱纹，使皮肤看起来完美无瑕。因此而得名叫 BB 霜或遮瑕霜。

CC 霜（Color Correcting Cream），大多数的 CC 霜会利用光反射的原理去提亮暗沉的肤色。其遮盖力比 BB 霜要轻薄，但在水润度、轻薄度以及皮肤光泽度的提升上比 BB 霜具有更明显的优势。

粉底液（Liquid Foundation），与 BB 霜、CC 霜产品相比，BB 霜在妆效方面更强调自然裸妆，CC 霜更强调光泽以及提亮作用，而粉底液则主要在于其不强调裸妆但具有明显的遮盖力，同时具有提亮肤色的目的。而在外观形态上，粉底液相比 BB 霜和 CC 霜具有较低的黏稠度和流动性（气垫 BB 霜和 CC 霜因其特殊性除外）。

乳化类底妆的主要剂型有 O/W 型、W/O 型、硅油包水型（W/Si）以及硅油＋油包水型（W/Si＋O）。不同剂型乳化类底妆配方的对比见表 9-7。

表 9-7　不同剂型乳化型底妆的特点

产品剂型	产品优点	产品缺点
O/W 型	最清爽，易卸妆	持妆度差，防水抗汗性差，易脱妆
W/O 型	滋润，防水抗汗性佳，不易脱妆	相对较油腻，但较易出现溶妆现象
硅油包水型（W/Si）	较清爽，防水抗汗性佳，不易脱妆	相对偏干，易出现浮粉现象
硅油＋油包水型（W/Si＋O）	肤感介于 W/O 和 W/Si 之间，不易脱妆	配方体系复杂，稳定性影响因素较多

（二）乳化类底妆的配方组成

乳化类底妆的配方组成见表 9-8。

表 9-8　乳化类底妆的配方组成

组分		常用原料	用量/%
油脂		环五聚二甲基硅氧烷、聚二甲基硅氧烷、辛酸/癸酸甘油三酯、异十三醇异壬酸酯、$C_{12\sim15}$ 醇苯甲酸酯等	10～50
乳化剂	W/O 型乳化剂	鲸蜡基 PEG/PPG-10/1 聚二甲基硅氧烷、PEG-10 聚二甲基硅氧烷、PEG-9 聚二甲基硅氧乙基聚二甲基硅氧烷、聚甘油-4 异硬脂酸酯等	1～8
	O/W 型乳化剂	聚山梨醇酯类（如聚山梨醇酯-60）、甘油硬脂酸酯/PEG-100 硬脂酸酯、硬脂醇聚醚类（如硬脂醇聚醚-21）、鲸蜡硬脂基葡糖苷	
增稠悬浮剂		二硬脂二甲铵锂蒙脱石、蜂蜡、黄原胶、糊精棕榈酸酯等	0.1～5
保湿剂		甘油、丁二醇、丙二醇、透明质酸钠等	3～15
着色剂		二氧化钛、氧化铁系列	2～20
功能性粉末		氧化锌、硅粉（硅石）、云母、滑石粉、一氮化硼	0～10
成膜剂		VP/十六碳烯共聚物、三甲基硅烷氧基硅酸酯	0～5
防腐剂		苯氧乙醇，羟苯甲酯等	适量
香精及其他		日用香精及其他如防晒剂、活性成分等	适量

（三）典型配方与制备工艺

常见乳化类底妆的典型配方见表9-9～表9-11。

表9-9　O/W型BB霜的配方

组相	原料名称	用量/%	作用
A	去离子水	加至100	溶解
	丁二醇	5	保湿
	黄原胶	0.1	增稠
	羟苯甲酯	0.1	防腐
	丙烯酸（酯）类共聚物（SF-1）	0.5	悬浮
B	硬脂醇聚醚-21	1.5	乳化（O/W）
	硬脂醇聚醚-2	1.5	乳化（W/O）
	季戊四醇四（乙基己酸）酯（PTIS）	4.0	黏附
	棕榈酸乙基己酯（2EHP）	5.0	润肤
	鲸蜡硬脂醇	1.0	增稠
	聚二甲基硅氧烷	2.0	润肤、消泡
	异十三醇异壬酸酯	5.0	润肤
	云母（三乙氧基辛基硅烷处理）	4.0	肤感调节
	一氮化硼（三乙氧基辛基硅烷处理）	2.0	肤感调节
C	$C_{12\sim15}$醇苯甲酸酯	5.0	分散
	二氧化钛（CI 77891）（三乙氧基辛基硅烷处理）	12.0	遮瑕
	氧化铁类（三乙氧基辛基硅烷处理）	适量	着色
	聚羟基硬脂酸	0.5	助分散
D	三乙醇胺	适量	pH调节
E	苯氧乙醇,乙基己基甘油	适量	防腐
	香精	适量	赋香

生产工艺：

① 分别将A、B相原料加热到80～85℃，搅拌溶解分散均匀，保温备用；

② 将C相原料预先混合并搅拌润湿，用胶体磨或者三辊研磨机研磨使其均匀；

③ 将C相加入B相烧杯中，保温搅拌分散均匀；

④ 将（B＋C）相烧杯中物料倒入到A相烧杯中，保温搅拌，均质3min；

⑤ 加入适量D相物料，均质3min，调节物料使其pH值在5.5～7.5；

⑥ 搅拌降温至45℃以下，加入E相物料，搅拌均匀，降温至35℃出料。

配方解析：这是一款遮瑕度高，提亮效果好，肤感清爽易卸除的水包油型

BB霜产品，配方中的油脂选用铺展性好的异十三醇异壬酸酯，棕榈酸乙基乙酯增加产品的延展性，少量滋润性油脂季戊四醇四（乙基乙酸）酯保证产品润度，同时添加云母及以氮化硼类原料使得配方具有优异的提亮效果。

表9-10   W/O型粉底液的配方

组相	原料名称	用量/%	作用
A	鲸蜡基 PEG/PPG-10/1 聚二甲基硅氧烷(EM 90)	2.5	乳化
	聚甘油-4 异硬脂酸酯	1.0	乳化
	硅石(三乙氧基辛基处理)	2.0	控油
	辛酸/癸酸甘油三酯(GTCC)	5.0	润肤
	棕榈酸乙基己酯(2EHP)	3.0	润肤
	季戊四醇四(乙基己酸)酯(PTIS)	3.0	润肤
	甲氧基肉桂酸乙基己酯(MCX)	8.0	防晒
	蜂蜡	1.0	增稠
	VP/十六碳烯共聚物(V216)	1.0	成膜
	羟苯丙酯(PP)	0.1	防腐
B	$C_{12\sim15}$醇苯甲酸酯	5.0	分散
	二氧化钛(CI 77891)(三乙氧基辛基硅烷处理)	12.0	遮瑕
	氧化铁类(三乙氧基辛基硅烷处理)	适量	着色
	聚羟基硬脂酸	0.8	表面活性，助分散
C	去离子水	加至100	溶剂
	甘油	4	保湿
	丙二醇	4	保湿
	氯化钠	0.8	助稳定
D	苯氧乙醇、乙基己基甘油(9010)	适量	防腐
	香精	适量	赋香

制备工艺：

① 将A相原料加入烧杯后，搅拌分散均匀；

② 将B相原料预先混合并搅拌润湿，用胶体磨或者三辊研磨机研磨使其均匀；

③ 将B相加入A相，搅拌均匀并加热到80～85℃，保温备用；

④ 将C相原料搅拌溶解并加热到80～85℃，加入（A＋B）相中，连续搅拌乳化，均质3min；

⑤ 继续搅拌降温至45℃以下，加入D相物料，搅拌均匀，降温至35℃以下出料。

配方解析：这是一款高遮瑕滋润型具有防晒作用的粉底液产品。防晒剂的添加使得产品具有一定的抵御紫外线的能力，较大量滋润型油脂如季戊四醇四（乙基己酸）酯的使用使得配方整体润度较高，成膜剂VP/十六碳烯共聚物的添加使得产品的贴服性较好，一定程度上改善了油包水体系易溶妆的问题。

表 9-11　W/Si 型气垫 CC 霜的配方

组相	原料名称	用量/%	作用
A	PEG-10 聚二甲基硅氧烷	2.0	乳化
	PEG-9 聚二甲基硅氧乙基聚二甲基硅氧烷	2.0	乳化
	辛基聚甲基硅氧烷	5.0	润肤
	苯基聚三甲基硅氧烷	8.0	润肤
	聚二甲基硅氧烷	2.0	润肤
	聚二甲基硅氧烷,聚硅氧烷-11	5.0	肤感调节
	环五聚二甲基硅氧烷(D5)	6.0	润肤
	三甲基硅烷氧基硅酸酯	1.0	成膜
	二硬脂二甲铵锂蒙脱石	1.0	增稠悬浮
B	环五聚二甲基硅氧烷	5.0	分散
	二氧化钛(CI 77891)(聚二甲基硅氧烷处理)	10.0	遮瑕
	氧化铁类(聚二甲基硅氧烷处理)	适量	着色
	PEG-9 聚二甲基硅氧乙基聚二甲基硅氧烷	0.5	助分散
C	去离子水	加至 100	溶解
	甘油	6	保湿
	氯化钠	0.8	助稳定
	透明质酸钠	0.05	保湿
D	苯氧乙醇,乙基己基甘油(9010)	适量	防腐
	戊二醇	适量	防腐
	香精	适量	赋香

制备工艺：

① 将 A 相原料称量加入烧杯后，搅拌分散均匀；

② 将 B 相原料预先混合并搅拌润湿，用胶体磨或者三辊研磨机研磨使其均匀；

③ 将 B 相加入 A 相，搅拌均匀并加热到 80～85℃，保温备用；

④ 将 C 相原料称量加入到另一烧杯中，搅拌溶解并加热到 80～85℃，加入 (A＋B) 相中，连续搅拌乳化，均质 3min；

⑤ 继续搅拌降温至 45℃ 以下，加入 D 相物料，搅拌均匀，降温至 35℃ 以下出料。

配方解析：这是一款清爽轻薄型的气垫 CC 产品，清爽型硅油以及乳化剂的搭配使得配方具有极佳的延展性能，硅弹体（聚二甲基硅氧烷，聚硅氧烷-11）与遮瑕粉体二氧化钛的搭配，使得产品在具有较轻薄的遮盖作用的同时，具有较强的遮瑕效果，可以遮盖细纹以及毛孔，提高肌肤平整度。

（四）乳化类底妆的配方设计要点

乳化类底妆产品的妆效评估主要是评估产品的在试用者脸上使用后的妆效

特点，主要有遮瑕度、贴服度、光泽度以及持妆度等。

1. 遮瑕度

产品的遮瑕度主要是指产品对皮肤瑕疵的遮盖度，如遮盖毛孔、细纹、斑点等。产品在开发过程中的妆效设计应考虑以下两个要点。

（1）遮盖性原料的选择及搭配　钛白粉［二氧化钛（TiO_2），CI 77891］是常用的遮盖性原料，当其粒径在 $0.2 \sim 0.3 \mu m$ 时，二氧化钛具有最佳的反射和散射光的能力，达到最佳的遮盖力；当粒径变小时则由于粒子对光的穿透性增加从而使得遮盖力相对较弱。氧化锌（ZnO）可通过填充微米级二氧化钛间的空隙，来提高微米级二氧化钛的遮盖力。片状粉类原料如一些云母及滑石粉的搭配使用，可使皮肤具有更好的平整度，从而提高遮瑕力。

（2）具散射效果原料的选择及搭配　在配方中使用弹性体及弹性粉末，可以填充细纹和毛孔，从而达到较好的遮瑕度；在配方中添加硅粉及其他柔焦原料，通过光的散射所用，柔化毛孔、细纹、斑点等，提高配方的遮瑕度。

2. 贴服度

产品的贴服度是指产品在使用过程中能否迅速贴合人体皮肤，妆效自然。

① 选择疏水处理粉类原料，可防止在皮肤上的汗液等对粉类成分的溶解及聚集。

② 表面处理剂应尽可能是与配方中的油相匹配，如配方中含有较大量的硅油的时候，粉类原料应尽可能选用经聚二甲基硅氧烷等匹配度高的表面处理。

③ 添加适量挥发性成分及成膜剂。

④ 添加吸油性成分。可吸附产品及皮脂中的多余油脂，从而使配方具有更好及更长时间的帖服度。

3. 光泽度

产品的光泽度是指当产品使用在皮肤上时，对肤色的光亮度的提升，同时能够改善肤色暗哑等现象的能力。

① 选择折射率较高的油脂，如苯基聚三甲基硅氧烷，另外，吸收性差的油脂，如白矿油，对于光泽的持久性也有一定的帮助，可以适度添加。

② 选择片状粉，如云母、氮化硼、氯氧化铋等，能给皮肤带来柔和的光泽。

③ 添加成膜剂，能在皮肤表面形成平整的膜，提高产品的光泽度。

④ 添加亮光型弹性体，不仅能提供亮度，填充皮肤纹理和毛孔，提高皮肤的平整度，从而提升光泽度。

4. 持妆度

持妆度佳的产品，是指产品在使用后，随着时间的推移，不易出现脱妆、溶妆及浮粉现象。产品的持妆度设计应综合考虑以下因素。

（1）脱妆　产品是在使用一段时间后，其中某些原料起遮盖的作用减弱，导致整体妆效下降。改善的方法就是添加有成膜性能的原料可在皮肤表面整体形成一层薄的保护膜。这些成膜剂有三甲基硅烷氧基硅酸酯、VP/十六碳烯共聚物。

（2）溶妆　产品在使用一段时间后，由于人体皮肤分泌的油脂，溶解/分散了配方中起遮盖作用的粉类原料等，从而使得皮肤浮现油光、局部位置妆效下降，油性皮肤更明显。可添加具有吸油性的原料如硅石、聚甲基硅倍半氧烷；减少封闭性、难吸收、渗透性差的油脂的添加量如矿油、凡士林等从而改善溶妆。

（3）浮粉　浮粉是指产品在使用一段时间后，由于挥发性油脂的挥发，以及滋润型油脂的吸收，导致配方中的粉浮出，干性皮肤的人较易出现此类现象。调整配方中挥发性油脂的使用量，如低黏度易挥发的聚二甲基硅氧烷、异十二烷等；同时使用适量可在皮肤表面形成长效滋润的油脂以及软脂类原料如季戊四醇四（乙基己酸）酯、乳木果油等可改善此类现象。

（五）乳化类底妆的生产工艺

乳化类底妆的生产工艺与乳化体生产相似，需注意的事项如下。

1. 粉类原料的分散

粉类原料加入前要充分润湿，加入后搅拌，均质均匀。如果粉类原料分散不均匀，容易产生色素聚集析出、飘色的现象，严重情况下会出现色粉颗粒析出。

2. 乳化温度

产品的乳化温度较大的影响了产品的稳定性，常见乳化温度为 $80\sim85℃$，尤其当配方中含有固态的原料如蜡类等，在此温度下乳化会使分散相分散更好。而当产品中无蜡类原料并且含有较多挥发性的原料的时候，乳化温度较低的情况下，产品的稳定性更佳。

3. 均质速度及时间

当乳化完成时，需要开启均质机，使分散相以细小的颗粒状态存在于连续相中，此时一般需要开启高速均质 $10\sim15min$。若均质速度及时间不够，分散相粒径过大，将容易产生聚集现象从而影响稳定性。

（六）常见质量问题及原因分析

1. W/O 型底妆产品出油或破乳

① 乳化剂的选择与用量不合理。乳化剂的种类选择不合理，导致乳化剂与油脂、防晒剂等油相相容性不好。乳化剂的添加量过少，会使得分散相和连续相的界面膜较薄，引起分散相的聚集等从而导致破乳。

② 油相各原料的相容性不好。如配方中使用了大量的硅油及防晒剂，却未有添加适量的相容性的油脂。

③ 增稠悬浮成分的添加。如增稠悬浮剂的添加量不够易造成粉类的沉降从而导致配方体系的出油现象。

④ 低温测试破乳的情况下，可通过添加适量的无机盐及多元醇，帮助在分散相及连续相的界面形成双电子层，并且降低水相的冰点来改善。

⑤ 生产工艺中如果均质及乳化的时间及强度不够，易导致破乳，可通过在乳化的时候增大乳化强度，以及增加乳化时间来改善。

2. 色粉聚集与沉降

① 改善色粉的分散工艺，如使用胶体磨、研磨机等使得色粉在配方的油相中分散完全。

② 配方中使用油脂与色粉表面处理剂不相容时也会导致色粉的聚集，尽可能选用同色粉表面处理剂相容性好的油脂。

③ 配方的黏度偏低也容易导致色粉沉降，适当提高配方黏度可改善这种现象，可提高增稠悬浮剂的添加量、调整水相油相配比增加水相的量等方法。

三、油基类底妆

（一）油基类底妆简介

油基类的底妆产品的主要成分是油脂、蜡、颜料等。通过改变油、脂、蜡的种类和配比可得到不同硬度、肤感的产品。质地相对柔软，硬度不太高的可灌成盘状，即粉膏；如硬度比较高的，可通过模具，做成如唇膏一样的棒状产品，即粉棒。

油基类的底妆在皮肤上的附着力较好，因是全油蜡型，形成的涂膜具有耐水性，妆效不容易溃散，持久且产品覆盖力强。油基类底妆与乳化类底妆的特性的对比见表 9-12。

表 9-12　油基类底妆与乳化类底妆的特性

特点	剂型	
	粉底液	粉膏/粉棒
遮瑕	低————————————————→高	
水润	高————————————————→低	
质地	轻薄————————————————→厚重	
滋润度	低————————————————→高	
便携性	低————————————————→高	

（二）膏状油基底妆的配方组成

膏状油基底妆配方组成见表 9-13。

表 9-13　膏状油基底妆的配方组成

组分	常用原料	用量/%	作用
油剂	异十六烷、异十二烷、苯基聚三甲基硅氧烷、聚二甲基硅氧烷、环己硅氧烷、二异硬脂酸苹果酸酯、辛酸/癸酸甘油三酯、碳酸丙二醇酯、乙烯基聚二甲基硅氧烷/聚甲基硅氧烷硅倍半氧烷	60～80	润肤,增加膏体亮泽
蜡剂	地蜡、纯地蜡、聚乙烯、聚丙烯、合成蜡、微晶蜡、烷基聚二甲基硅氧烷	3～8	增稠,使配方固形
粉剂	硅石、氮化硼、锦纶-12、氯氧化铋	0～10	填充,填充细纹
成膜剂	VP/十六碳烯共聚物、三十烷基 PVP	5～10	成膜
悬浮剂	糊精棕榈酸酯、糊精硬脂酸酯、二甲基甲硅烷基化硅石	1～10	悬浮,增稠稳定
着色剂	二氧化钛、氧化铁类	5～8	着色
珠光剂	云母、氧化锡、氧化铁类、合成氟金云母、硼硅酸钙盐、铝	0～5	珠光,增加亮泽度,赋予闪亮效果
芳香剂	按照产品需求添加	0～0.2	赋香
皮肤调理剂	生育酚乙酸酯、透明质酸钠、抗坏血酸棕榈酸酯、神经酰胺、泛醇、莲花提取物	0～5	皮肤调理,改善皮肤问题
防腐剂	羟苯甲酯、羟苯乙酯、羟苯丙酯	0.01～0.1	防腐
抗氧化剂	丁基羟基茴香醚(BHA)、BHT、季戊四醇四(双-叔丁基羟基氢化肉桂酸)酯	0.01～0.1	抗氧化

膏状油基型底妆配方组成与棒状的类似，因膏状的硬度相对棒状的低，基本上只是油、蜡比例的差异，蜡的比例相对要低。

（三）膏状油基底妆的原料选择要点

1. 油脂

必须要轻盈无油腻感，在油剂型底妆配方中应该混合选用可相溶的极性和非极性油脂协调调整肤感。由于面部皮肤腺体分泌物是亲油的，油脂的选择不能选择过多的极性油脂增加溶妆的风险，选择原则可以使用亲肤的硅油配合少量极性油脂。加上可同时溶于极性油脂与非极性硅油的成膜剂。

2. 成膜剂

成膜剂对于油基型粉底非常重要。原因是，油剂型配方本身不如乳化型配方贴服，以及面部油脂分泌问题会加速油剂型底妆的溶妆。成膜剂分为疏水成膜剂或亲油脂成膜剂。疏水成膜剂硅树脂型成膜较薄但质地硬脆，成膜后表面干爽，上妆后出现紧绷感。而亲油脂成膜剂如三十烷基 PVP 等，成膜比较柔软，成膜后表面黏腻但有弹性。因此建议复配使用，增加成膜系统的韧性和贴服性，并减少黏腻。

3. 粉类原料的要求

肤感轻盈（不易结团）并需要有一定的填充毛孔效果。如硅石等粒径较小的填充剂。选用遮盖力较好，且不易形成凝胶。如氧化铝、氢氧化铝、硫酸钡。避免选用碳酸钙、高岭土遮盖力相对低，且在油脂中易形成凝胶，影响铺展性及稳定性。

棒状粉底与膏状全油型粉底相比硬度更高，与棒状唇膏的配方组成也类似，可参考相关内容，但具体原料及比例，要求与唇膏配方有差异，因棒状粉底需要整脸上妆，对易涂抹要求较高，需要配方顺滑度、延展性非常好。

（四）典型配方与制备工艺

油基型粉底液的配方见表 9-14。

表 9-14 油基型粉底液的配方

组相	原料名称	用量/%	作用
A	聚二甲基硅氧烷	5.00	润肤
	异十二烷	加至 100	润肤
	苯基聚三甲基硅氧烷	25.00	润肤
	环己硅氧烷	10.00	润肤
	二异硬脂酸苹果酸酯（222）	5.00	润肤
	碳酸丙二醇酯	15.00	润肤
	糊精棕榈酸酯	2.00	黏合
	三乙氧基辛基硅氧烷	5.00	润肤
B	硅石	3.00	填充
C	二氧化钛	3.00	色料
	氧化铁红/黄/黑	2.00	色料
D	维生素 E	适量	抗氧化
E	苯氧乙醇	适量	防腐

制备工艺：

① 将 A 相放到合适的容器中，升温到 85℃，搅拌使完全溶解。

② 将 B 相投入 A 相中，慢速搅拌直至均匀无颗粒，并停止加热。

③ 将温度降至 75℃，加入 C 相，使用均质机快速搅拌 30min 直至完全均匀。

④ 持续降温至 50℃ 依次加入 D 和 E 相，慢速搅拌直至均匀。

配方解析：油基型粉底液极容易溶妆，需要在配方中加入二异硬脂酸苹果酸酯等贴合性较强的油脂。并同时加入如糊精棕榈酸酯等贴合性较强的延展性较好的黏合剂，在固型油脂的同时也减少长期上妆后皮肤出油出现融妆的现象。

（五）生产工艺

油基型粉底生产工艺如图9-2所示。

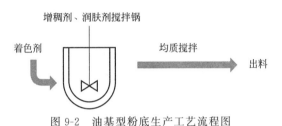

图9-2　油基型粉底生产工艺流程图

① 预分散色浆：将色料与分散油脂按合适的比例混合搅拌均匀，经三辊研磨机研磨均匀。

② 将增稠剂加入搅拌锅，加热至80～90℃直至增稠剂溶解，缓慢加入油相如润肤剂、黏合剂等，匀速搅拌并保持锅内温度维持在80～90℃。

③ 降温至70～80℃，加入填充剂，高速均质搅拌直至膏体均匀。

④ 保持温度在70～80℃，加入预先分散好的色料，高速均质搅拌直至膏体均匀。需检测并确保色料分散均匀，没有色点。

⑤ 对色，如需要调整颜色。

⑥ 降温至45℃，加入其他添加剂，搅拌均匀，出料送检。

生产工艺要点如下。

① 保证色料是分散均匀后才加入。

② 生产过程的温度符合工艺要求。设置灌装锅温度90～95℃，灌装出料口温度约100℃。

（六）常见质量问题及原因分析

1. 棒状粉底在灌装后，膏体表面出现杂色

主要原因是色料没有分散不好；灌装温度不合适。

2. 膏状粉底在灌装起模后膏体表面有裂纹

主要原因是灌装温度、冷却温度与时间不合适；或膏体太脆，缺少韧性。

3. 出汗

主要原因是灌装工艺设定不合适，没有形成细密，均匀的晶体；或油蜡选择不合适，相容性不好。

第二节 腮 红

腮红也称为胭脂。腮红是一种修饰、美化面颊、涂敷涂于面颊适宜部位，使面颊呈现立体感，呈现红润、艳丽、明快、健康气色的美容化妆品。古代，腮红是用天然红色原料，如朱砂、散沫花、红花、腮红虫等配成。常见腮红的颜色以红色系为主，主要有粉红色、玫红色以及橙红色等。不同颜色适合不同肤色的人群。

根据腮红的状态主要可分为液态、膏状与粉块状三种，按剂型可分为乳化类、油基类、水基类和粉块类。不同剂型的腮红的肤感和上色都有明显差异。

① 肤感方面。粉块腮红干爽，乳化类腮红比较滋润，而油基类腮红则肤感比较厚重。

② 上色方面。粉块腮红上色薄，乳化型腮红与油基型腮红更易上色，特别是水剂型的，染色比较明显。

好的腮红质地柔软细腻，色泽均匀，涂抹性好，在涂敷粉底后施用腮红，易混合协调，通透有光泽感，对皮肤无刺激，香味纯正、清淡，易卸妆。

一、粉块腮红

（一）粉质腮红简介

粉质腮红可细分为粉状、块状二种。但以粉块的居多。粉块的腮红有常规压制成型的，烤制成型的，还有现在比较新型的啫喱状的。粉块化妆腮红按行业标准 QB/T 1976—2004《化妆粉块》执行。

（二）粉块腮红的配方组成

粉块腮红的配方组成见表 9-15。

表 9-15 粉块腮红的配方组成

组分	常用原料	含量/%	作用
填充剂	滑石粉、云母、高岭土、淀粉等	≥60	基质，填充，调节肤感
着色剂	钛白粉、氧化铁系列、有机色粉系列	1～15	着色
黏合剂	粉：硬脂酸镁、硬脂酸锌、肉豆蔻酸镁、肉豆蔻酸锌等	1～7	黏合。帮助压粉，并防止粉饼干裂
	油脂：液体石蜡、凡士林、角鲨烷、硅油等	5～15	黏合，提供滋润度，帮助压粉，并防止粉饼干裂
防腐剂	苯氧乙醇、甲酯、丙酯	适量	防腐
香精	日用香精	适量	赋香

（三）粉块腮红的原料选择要点

粉块腮红用到的原料与粉饼是一致的，区别如下。

1. 着色剂

腮红的着色剂一般采用无机颜料和色淀。涂抹腮红的目的主要是为了提升气色，而颜色鲜艳的着色剂一般都是色淀，所以在腮红中采用的着色剂一般以有机红色色淀较为常见。

2. 粉体原料

腮红追求的妆效主要是通透而不是遮盖力，所以要求原料通透性比较高，如合成云母，可考虑选择粒径稍微大一点的粉体。而粉饼必须带有遮盖力，要求具有一定的遮盖力，钛白粉的比例要高。

3. 黏合剂

粉饼采用粉扑上妆，要求容易延展开来，一般采用黏度较低的油脂来做黏合剂，而腮红采用刷子定妆，对妆效不容易飞粉的要求比较高，会选用黏度稍高的油脂来作为黏合剂。

（四）粉块腮红的配方设计要点

按不同的产品对遮盖力、涂抹性能及细柔度的要求，可选择搭配不同粒径的钛白粉、色素、粉类原料，获得不同效果的配方。

1. 细腻度

调节配方中粉类原料的粒径可以改善配方中粉质细腻程度，越细的原料相对来说粉质越细软，粒径越大粉质则越粗糙。

2. 吸油性

相对而言，非纳米状态下，越细的原料其表面积越大，吸油性越高，在需要吸油性更强的同时，也可以选用多孔性球形粉末的原料。

3. 光泽与通透性

光泽与通透性通常是通过两个方面实现。

① 减少遮瑕度高的粉体原料的比例，如滑石粉。

② 添加云母、珠光。粒径越大的云母粉/珠光透明度效果较好。人工合成的云母比天然云母通透性更强。

4. 贴服性

通常，粒径越大贴服性越差。目前市场上的粉类原料有不同的粒径范围可选择。以常用的云母为例，一般平均粒径在 $10\mu m$ 左右的云母是贴服性较好，遮盖力也比较强，但光泽度较差；$50\sim120\mu m$ 范围的云母光泽一般比较好，贴服性及遮盖力都比较强。另外片状结构的粉比球状的相对好，但滑度相对差。

5. 颜色稳定性

因腮红主要是赋予面部色彩，使面色红润，所以应选用色泽比较明亮的有机色粉，需要注意的是这类着色剂光稳定性较差，配方中一般需添加适量的光保护剂，或选择包裹的色粉。

（五）典型配方与制备工艺

腮红典型配方见表 9-16。

表 9-16　腮红的典型配方

组相	原料名称	用量/%	作用
A	滑石粉	加至 100	填充
	硅处理氧化锌	10.0	填充
	硬脂酸锌	5.0	助压
	碳酸镁	6.0	助压
	高岭土	10.0	填充
B	凡士林	2.0	填充
	液体石蜡	2.0	润肤
	硅油	1.0	润肤
	无水羊毛脂	1.0	润肤
C	二氧化钛	3.0	着色
	Red 6 钡色淀	2.5	着色
D	苯氧乙醇	适量	防腐
E	香精	适量	赋香

制备工艺：
① 将 A 相混合搅拌均匀，加入 C 相，混合搅拌均匀、磨细、过筛。
② 将 B 相的黏合剂加热混熔均匀备用。
③ 将 B 相分 3 次喷入（A＋C）相，搅拌均匀。
④ 加入 D 相，搅拌均匀。
⑤ 喷入香精，物拌和均匀。
⑥ 经压制成型即得。

配方解析：腮红的一款经典配方，为保证产品的细腻性，产品不添加云母等有大颗粒粒径的原材料而是采用粒径小而肤感细腻的滑石粉，而硅处理的氧化锌可以给产品带来一定的遮盖，有效掩盖脸部瑕疵，且具有较好的贴肤性及持妆性，可以适合一年四季使用的产品。

（六）常见质量问题及原因分析

1. 腮红表面有油块、不易涂擦

① 压制时压力过大，使腮红过于结实，或因黏合剂用量过多。

② 黏合剂用量过多，或者不匹配。

2. 表面疏松容易碎裂

① 黏合剂使用不当。

② 包装不当，运输时震动过于强烈。

③ 黏合剂用量过少，压制粉饼时的压力过低。

3. 色差

① 色料分散不完全，不均匀。

② 对色方法不当。

③ 加入着色剂后搅拌时间过长，调色过程过长。

4. 褪色

主要原因是有机着色剂耐光、耐热性能差，随时间会出现褪色，变黄的现象。

二、乳化类腮红

（一）乳化类腮红简介

乳化类腮红是指用油、脂、蜡、颜料、水和表面活性剂通过乳化工艺制备的腮红产品。主要是膏霜状腮红、乳液状腮红。但其存在形式多样，如现在新出的气垫腮红（可分为海绵气垫腮红，以及网布气垫腮红）、气垫腮红笔等。其实气垫腮红、气垫腮红笔也是采用乳液状的膏体，只是采用了气垫形式的包材而已。乳化类腮红根据剂型可分为 O/W 型以及 W/O 型。O/W 型乳化类腮红在肤感清爽度与 W/O 型乳化类腮红相比具有一定的优势，但是在持妆度上同 W/O 型乳化类腮红相比，有明显的不足。主要是因为 W/O 型配方具有更优异的防水抗汗性，妆效相对来说会更容易保持。

（二）乳化类腮红的配方组成与配方设计

乳化类腮红和乳化类底妆产品的配方组成类似，主要的区别是使用的着色剂种类不同，虽然都是采用经过表面疏水处理的着色剂。乳化型底妆使用的着色剂主要是氧化铁系列（CI 77492、CI 77491、CI 77499），而在腮红类产品中，因其更鲜亮及多样的颜色，通常会使用着色剂如 CI 15850、CI 45410、CI 19140 等。部分产品出于对提亮效果的考虑，可能还会添加较大量的珠光成分等，当然，珠光颜料最好也是表面疏水处理的。

（三）典型配方与制备工艺

气垫腮红的配方见表 9-17。

表 9-17　气垫腮红的配方

组相	原料名称	用量/%	作用
A	鲸蜡基 PEG/PPG-10/1 聚二甲基硅氧烷(EM 90)	2.5	乳化
	聚甘油-4 异硬脂酸酯	1.0	乳化
	硅石(三乙氧基辛基硅烷处理)	2.0	控油
	辛酸/癸酸甘油三酯(GTCC)	3.0	润肤
	棕榈酸乙基己酯(2EHP)	3.0	润肤
	环五聚二甲基硅氧烷(D5)	8.0	润肤
	异十六烷	5.0	溶解
	聚二甲基硅氧烷,聚硅氧烷-11	4.0	肤感调节
	滑石粉(三乙氧基辛基硅烷处理)	5.0	填充
	二硬脂二甲铵锂蒙脱石	0.6	增稠悬浮
	VP/十六碳烯共聚物(V216)	1.0	成膜
	羟苯丙酯	0.1	防腐
B	$C_{12\sim15}$ 醇苯甲酸酯	3.0	分散
	二氧化钛(CI 77891)(三乙氧基辛基硅烷处理)	5.0	遮瑕
	CI 15850(三乙氧基辛基硅烷处理)	适量	着色
	聚羟基硬脂酸	0.8	表面活性,助分散
C	水	加至 100	溶解
	甘油	4	保湿
	丙二醇	4	保湿
	氯化钠	0.8	助稳定
D	苯氧乙醇、乙基己基甘油(9010)	适量	防腐
	香精	适量	赋香

制备工艺：先将 B 相原料混合并搅拌润湿 24h 以上，用胶体磨或者三辊碾磨机碾磨使其均匀并且要求细度达到 15µm 以下；将 A 相原料按要求称量，加入烧杯后，搅拌分散均匀；将预处理后的 B 相加入烧杯中，搅拌均匀并加热到 80～85℃，保温备用；将 C 相加入烧杯中，搅拌加热至 80～85℃，保温备用；搅拌时慢慢将 C 相物料倒入（A＋B）相的烧杯中，连续搅拌乳化；搅拌均质 3min；对色，如有需要进行调色。继续搅拌降温至 45℃ 以下，加入 D 相物料，搅拌均匀；继续搅拌降温至 35℃ 以下即可。

配方解析：这是一款新型的贴服性较好的气垫腮红产品。同传统剂型的腮红相比，具有上妆容易，防水性好显色度高的特点。三乙氧基辛基硅烷疏水表面处理的着色剂搭配成膜成分 VP/十六碳烯共聚物的使用，使得腮红具有防水抗汗的效果，持久不脱妆。

三、油基腮红

（一）油基类腮红简介

油基类腮红是指全油蜡相剂型的腮红。有腮红膏（胭脂膏）、腮红棒（胭脂棒），一般来说，膏状腮红的色彩会相对多样化、鲜艳、浓一些，可以突显红润的气色。因是全油蜡剂型，与乳化类腮红油膏类腮红相比，肤感会厚重一些，形成的涂膜耐水性好。

油基类腮红配方组成与面部用美容化妆品中油基类底妆产品接近。不同的是，油基类腮红因其特点，颜色更鲜亮及多样化，会使用有机颜料。

（二）油基腮红的原料选择要点

1. 填充剂

原则上选择延展性好的、不容易结块的、吸油值较大的粉剂作为填充剂。如常用硅石、乙烯基聚二甲基硅氧烷、聚甲基硅氧烷硅倍半氧烷交联聚合物等。另外在选择填充剂时还需要注意其粒径大小，选用一些微米级、纳米级的填充剂有助于提升产品延展性。

2. 蜡剂

应选用针入度较高、涂抹厚度不高、不容易被乳化的蜡剂，如聚乙烯、聚丙烯、地蜡等。

3. 防腐剂

由于油基类腮红为全油蜡产品，本身无水分、无糖分，水分活度值为零，微生物很难生长，一般不需要额外添加防腐剂，但考虑到产品在长期存放或者运输时可能会面对一些较恶劣的卫生环境，因此也可酌量添加一些防腐剂，一般如羟苯甲酯、羟苯丙酯等。

4. 油脂

由于腮红都是在底妆后上妆的，不能出现使用腮红后造成已上的底妆溶妆或晕妆，为避免这种情况出现，在选择油脂时可考虑选用一些难以被皮肤吸收的并与其他底妆类油脂不易相溶的油脂。

5. 色料

多采用色泽鲜艳的有机颜料，因即使采用一些无包裹的色粉也不易出现颜色在涂抹后变暗的问题，选择性相对比较广，只需要选择能提供所需的颜色即可。但前提是不会与配方中的其他组分起反应，且必须符合法律法规的要求。

（三）油基腮红的配方设计要点

油基类腮红配方由于需要加入大量的填充剂，油脂用量一般都较少。而在油脂比例小会导致色粉在配方中难以分散均匀。在配方中加入一定的增溶剂可以使色粉在少量的油脂溶剂中分散。一般可以选用羟基硬脂酸等类型的助分散原料。

粉类填充剂在油基类腮红配方中的比例很大，因此填充剂之间颗粒径的大小，各种粉剂的配比非常重要，应选用颗粒径在 $10 \sim 100 \mu m$ 的粉剂，并且大颗粒径与小颗粒径的比例维持在 7 : 3 比较好，这样不会使上妆时因填充剂较多而引起的结团、搓泥的现象出现。另外填充剂的配比与上妆后的折射率有关，如粉类原料的大小颗粒径配比不当，会减少上妆后的漫反射效果，使上妆后的油腻感增加。

为使妆容自然，棒状腮红上色度不能太高，也可考虑与少量珠光剂配合使用。棒状腮红不宜使用高折射率的油脂，以免影响底妆的妆效。

（四）典型配方与制备工艺

腮红膏与腮红棒的配方见表 9-18、表 9-19。

表 9-18　腮红膏的配方

组相	原料名称	用量/%	作用
A	聚乙烯	5.00	增稠
	合成蜡	8.00	增稠
B	棕榈酸乙基己酯(2EHP)	10.00	润肤
	异壬酸异壬酯	8.00	润肤
	辛酸/癸酸甘油三酯(GTCC)	加至 100	润肤
	$C_{12\sim15}$ 醇苯甲酸酯	5.00	润肤
	聚二甲基硅氧烷	10.00	润肤
C	硅石	5.00	填充
	淀粉辛烯基琥珀酸铝	15.00	填充
D	二氧化钛	4.00	着色
	Red 6 钡色淀	适量	着色
	FD&C Yellow 5 铝淀	适量	着色
	氧化铁红/黄	适量	着色
E	云母	2.00	珠光
	氮化硼	2.00	珠光
F	维生素 E 乙酸酯(合成)	适量	抗氧化
G	羟苯甲酯	适量	防腐

制备工艺：先均匀混合颜料，过三辊研磨机，制备成色浆备用。混合油、蜡基料，加热熔融，使其均匀。加入预先分散好的色浆，搅拌至分散均匀，加入珠光剂，搅拌均匀调色。脱气泡，加香料。过滤出料到干净、无水的容器内存储。

配方解析：这是一款延展性好，清爽不油腻的腮红膏配方。吸油作用的球型粉类原料硅石、淀粉辛烯基琥珀酸铝的添加，结合选用肤感清爽的油脂异壬酸异壬酯、辛酸/癸酸甘油三酯，有助提升涂抹性能，并减少对皮肤的黏附和油腻感。

表 9-19 腮红棒的配方

组相	原料名称	用量/%	作用
A	聚乙烯	10.00	增稠
	聚丙烯	10.00	增稠
B	乙基己基甘油棕榈酸酯	15.00	润肤
	氢化聚异丁烯	8.00	润肤
	二异硬脂酸苹果酸酯(222)	加至100	润肤
	苯基聚三甲基硅氧烷	10.00	润肤
	甲基丙烯酸甲酯交联聚合物	3.00	填充
C	硅石	5.00	填充
	二硬脂二甲铵锂蒙脱石	3.00	填充
D	二氧化钛	4.00	着色
	Red 6 钡色淀	适量	着色
	FD&C Yellow 5 铝色淀	适量	着色
	氧化铁红/黄	适量	着色
E	珠光剂	3.00	珠光
F	维生素E乙酸酯(合成)	适量	抗氧化
G	羟苯甲酯	适量	防腐

制备工艺：先均匀混合颜料，过三辊研磨机，制备成色浆备用。混合油、蜡基料，加热熔融，使其均匀。加入预先分散好的色浆，搅拌均匀。调色。脱气泡，加香料。过滤出料到干净、无水的容器内存储。

配方解析：腮红棒需要灌装呈固态棒状需要配方有一定的硬度，因此在成型方面选择聚乙烯、聚丙烯这类硬度较高、熔点较高，清爽的蜡剂。为减少棒状产品带来的不易涂抹的问题，配方中加入一些容易延展并且不容易堆积的粉体填充剂，如硅石、二硬脂二甲铵锂蒙脱石。

（五）常见质量问题及原因分析

1. 表面出现珠光纹
主要原因是油基类腮红中部分产品会加入珠光剂，含有珠光剂的油膏产品如灌装流速选择不当或温度过高，冷却速度太慢，均会导致产品外观出现珠光纹路。

2. 有色点或颜色不均
主要原因是色粉没有分散均匀。

3. 膏状腮红在灌装冷却后膏体表面有裂纹，离壁的现象
主要原因是灌装温度太高或冷却过快；或选择的蜡收缩性太大。

第三节　修容遮瑕产品

修容遮瑕产品是一种在面部局部或整体使用，起到美化面部容颜，调整皮肤色调，修整面部轮廓及五官比例作用的美容产品。修容遮瑕产品按作用分类，常见的有隔离类、提亮修饰类、遮瑕类等。

隔离类产品市售常见的有隔离霜、隔离乳、气垫隔离等，主要是在使用底妆前使用，以修正肤色为目的，大多数的隔离产品还会带有防晒的功能等；隔离类产品常见有紫色、绿色、粉色等。这几种颜色针对不同肤色的人群，达到不同的修正肤色的目的。一般黄色皮肤用紫色隔离霜，有红血丝皮肤用绿色隔离霜，白皮肤用粉色隔离霜。提亮/修饰类产品市售常见的有妆前提亮乳、高光、卧蚕、阴影等，主要在使用底妆前后在脸部的局部或者整体使用，起到提亮局部及整体的光泽、修饰脸型，突出轮廓感的作用等；遮瑕类常见的市售产品有遮瑕笔、遮瑕膏、遮瑕乳等，主要在使用底妆前使用，遮瑕局部瑕疵明显的部位，如斑点、痘印等。

一、粉类修容遮瑕产品

（一）散粉

散粉是化妆品中最广为人知的一种，消费者使用最多的是"定妆粉"，又名"蜜粉"。一般都含精细的滑石粉，有吸收面部多余油脂、减少面部油光的作用，可以全面调整肤色，提高粉底的持久性，令妆容持久清新、柔滑细致，并可防止脱妆。常用于彩妆的最后一步，刷好散粉，就代表妆容完成。此外，散粉还有助遮盖脸上瑕疵的功效，令妆容看上去更为柔和，尤其适用于日常生活妆。

1. 散粉的质量指标

散粉的质量应符合 GB/T 29991《香粉（蜜粉）》，其感官、理化指标见表 9-20。

表 9-20　香粉（蜜粉）的感官、理化指标

项目		要求
感官指标	色泽	符合规定色泽(同标准)
	香气	符合规定香型
	粉体	洁净,无明显色素点及黑点
理化指标	细度(0.125mm)/%	≤97
	pH	4.5～9.0

2. 散粉的配方组成

散粉的配方组成见表 9-21。

表 9-21　散粉的配方组成

组分	常用原料	含量/%
填充剂 功能性粉末	滑石粉、云母、高岭土、淀粉、绢云母、 尼龙粉、硅粉等	40～80 0～10
着色剂	钛白粉、氧化铁色素、珠光剂	0～30
润肤剂	液体石蜡、凡士林、角鲨烷、硅油系列	0～10
防腐剂	羟苯甲酯、羟苯丙酯、苯氧乙醇等	适量
抗氧化剂	BHA、BHT 等	适量
香精	香精	适量

3. 散粉的配方设计要点

（1）贴服性　散粉主要作用是定妆。因此，为了增加贴服性，一般配方中加入成膜性、附着力好的油脂、如羊毛脂、凡士林、氢化聚异丁烯 300（高黏度的）。同时，也可加入一定量的片状结构的，或添加一些金属皂粉体如硬脂酸锌、硬脂酸镁。

（2）细腻度　粉质是否幼滑、亲和，在使用散粉往皮肤上一扫的瞬间就能感觉到。所以选用的粉体原料，尽量选择球状的，粒径小的，且粒径分布平均的粉体原料。

（3）控油　定妆粉能吸走面上的油脂，令妆容不会随着时间暗沉，防止脱妆，延长妆容的持久度。可适当选用多孔性的粉末来吸收油脂，达到控油的效果。

4. 散粉的生产工艺

散粉生产工艺流程图，见图 9-3。

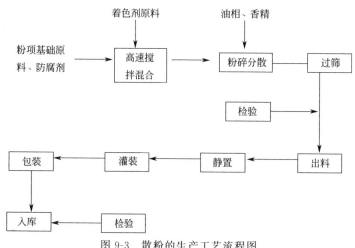

图 9-3　散粉的生产工艺流程图

（1）混合搅拌 混合搅拌均匀，外观无明显的杂色点或者其他颗粒物，粉质细腻。

（2）过筛 过筛的目的是避免料体里面有颗粒或部分料体分散不均匀，或死角里面的粉与黏合剂抱团而影响产品质量。因此过筛的次数连续两次或两次以上，保证粉料的细腻度，对颜料的均匀度和最后的产品质量都有很大帮助。

（3）储存 经过筛后，对色好后，就要进行密封打包入库，储存在温度不高于38℃的通风干燥仓库内。

5. 典型配方与制备工艺

散粉、强效控油定妆散粉配方见表9-22、表9-23。

表9-22 散粉的配方

组相	原料名称	用量/%	作用
A	滑石粉	加至100	填充
	云母	10.0	填充
	淀粉	10.0	抗结块
	硬脂酸锌	5.0	填充
	苯氧乙醇	适量	防腐
B	聚二甲基硅氧烷	5.0	润肤
	羊毛脂	1.0	润肤
C	氧化铁红/黄	适量	着色
	二氧化钛	7.5	着色
D	香精	适量	赋香

制备工艺：

① A相加入搅拌锅高速分散均匀。

② 将C相加入混合好的A相里面混合搅拌均匀。

③ 将B相在油罐中加热搅拌至熔解完全，备用。

④ 将B相分次喷入（A+C）相中，搅拌至均匀。

⑤ 喷入D相，搅拌均匀。

⑥ 将混合好的料体去超微粉碎机中粉碎、磨细。检验合格后入库。

配方解析：此款配方是常规的配方框架，粉质细腻并有一定控油效果。适合中性皮肤及冬天补妆使用。

表 9-23　强效控油定妆散粉的配方

组相	原料名称	用量/%	作用
A	硅处理滑石粉	加至100	填充
	硅粉	5.0	抗结块
	硬脂酸锌	5.0	填充
	聚甲基丙烯酸甲酯(PMMA)	5.0	抗结块
	苯氧乙醇	适量	防腐
B	聚二甲基硅氧烷	3.0	润肤
	羊毛脂	1.0	润肤
C	二氧化钛	6.0	着色
	氧化铁红/黄	1.0	着色
D	香精	适量	赋香

制备工艺：

① A 相加入搅拌锅高速分散均匀。

② 将 C 相加入混合好的 A 相里面混合搅拌均匀。

③ 将 B 相在油罐中加热搅拌至熔解完全，备用。

④ 将 B 相分次喷入（A＋C）相中，搅拌至均匀。

⑤ 喷入 D 相，搅拌均匀。

⑥ 将混合好的料体去超微粉碎机中粉碎、磨细。检验合格后入库。

配方解析：此款配方是一款强效控油定妆的散粉配方，多孔性粉末硅粉、聚甲基丙烯酸甲酯（PMMA）都具有较强的吸油止汗的效果，适合油性皮肤使用及夏天容易出汗的季节使用。

6. 常见质量问题的原因分析

（1）有黑点的主要原因　是原料或生产过程带入。需要加强原料入库检验，以及加强生产过程的卫生控制。

（2）油点分散不均匀的主要原因　是搅拌时间不够，分散不均匀。可以通过延长搅拌时间，或改善喷油的工艺来改进。

（二）粉块类修容产品

粉块类修容产品市场上最常见的，消费者接受度较高的主要有阴影粉、高光粉、定妆粉三大类。

1. 阴影粉

阴影粉是用在脸的侧面，形成一个阴影的区域的修容产品，可以在视觉上缩小脸型。阴影粉可以凸显脸部的轮廓，让五官看起来更立体。一般以棕色或者咖啡色为主，用处是修饰脸部轮廓。

阴影粉的质量标准参照化妆粉块的行业标准 QB/T 1976—2004《化妆粉块》执行。阴影粉块与配方组成与粉饼相似。不同的是着色剂一般是深色系氧化铁系列，油脂以清爽为主。阴影粉主要用于修饰，整个市场上使用率还相对较低，随着国内年轻专业消费群体的增长，这一款产品的使用率在明显增加。

2. 高光粉

高光粉的作用是局部提亮，比如说额头中间、鼻梁和颧骨等地方。让脸部最为凸显的位置显著提亮，使之看起来更立体。这类产品配方设计重点是体现高光泽感、通透性，所以通常需要加入大量的云母/珠光原料。由于大量珠光原料的加入容易造成压制困难，跌落不通过的问题，配方中需增加起黏合作用的粉体原料或油相。

3. 定妆粉

定妆粉一般是上好底妆后使用，作用是吸走面部多余的油脂，减少面部出油，让妆容更加持久、细致，令整个面部看起来更加的柔和，呈现出一个干净清爽的妆面。可分为散粉和蜜粉饼。定妆粉块要吸油性强，必须添加吸油功能强的原料，如硅粉，聚甲基丙烯酸甲酯（PMMA）等。定妆粉块一般是肤色或者透明色的细腻粉末状，不需要有上色度，色料只需添加很少或可以不加。

二、乳化类修容遮瑕产品

1. 乳化类修容遮瑕产品简介

乳化类修容遮瑕产品是指通过乳化工艺制备的修容遮瑕产品。其存在形式多样，如隔离霜、隔离乳、气垫隔离产品、妆前提亮产品、气垫卧蚕笔或提亮笔、气垫遮瑕乳、遮瑕霜（气垫类可分为海绵，网布类以及气垫笔等）等。乳化类修容遮瑕产品根据配方剂型可分为 O/W 型以及 W/O 型；乳化类修容遮瑕气垫产品根据剂型也可分为 O/W 型以及 W/O 型。

乳化类修容遮瑕产品的配方组成同乳化状底妆相似，区别如下。

（1）乳化类遮瑕产品强调的是突出优异的局部遮盖力

① 粉体的添加量更大。

② 因其使用手法的不同，遮瑕类产品要求在使用过程中迅速地贴合皮肤避免产品过度的铺展导致遮盖力降低，因此，此类产品中一般添加成膜剂的量也相对偏高。

③ 同样基于遮瑕类产品需要迅速地贴合皮肤，此类产品的配方中，可能含有一定的易挥发成分如挥发性油脂及乙醇，或者含有较大量的具有优异亲和性以及一定吸油值的粉体。

（2）乳化类修隔离产品，目的是修饰、调整肤色并具有一些保护皮肤的作用，如美白、防晒、抗氧化。

① 使用的着色剂不同，乳化类底妆使用的着色剂主要为氧化铁类，而在隔离类产品中，使用的着色剂主要是紫色以及绿色的着色剂如 CI 77007、CI 77288 等。

② 隔离产品的遮瑕度要求不高，所以粉体添加量不高。

③ 较多的隔离产品中通常添加有一定量的物理及化学防晒剂以同步达到隔离紫外线等的目的。或添加一些宣称的美白、抗氧化功效原料。

（3）乳化类提亮修饰产品，主要功能是提亮肤色，修饰脸型

① 通常在配方中添加了较大量的珠光颜料等，通过珠光颜料的反射及散射效果达到提亮和修饰的目的。

② 同底妆相比，着色度、遮瑕度要求都比较低，色料的添加量较少。同时，因此类产品对通透性要求较高，在粉质选择上可考虑颗粒度稍大的、片状的粉质原料。

2. 典型配方及工艺

隔离霜（紫色）、遮瑕乳、气垫提亮液的配方分别见表9-24～表9-26。

表 9-24 隔离霜（紫色）的配方

组相	原料名称	用量/%	作用
A	PEG-10 聚二甲基硅氧烷	1.5	乳化
	月桂基 PEG-9 聚二甲基硅氧乙基聚二甲基硅氧烷	1.5	乳化
	环五聚二甲基硅氧烷(D5)	5.0	润肤
	辛酸/癸酸甘油三酯(GTCC)	3.0	润肤
	甲氧基肉桂酸乙基己酯(MCX)	5.0	防晒
	辛基聚甲基硅氧烷	5.0	润肤
	氧化锌(三乙氧基辛基硅烷处理)	2.0	防晒
	异十六烷	2.0	溶解
	聚二甲基硅氧烷,聚硅氧烷-11	2.0	肤感调节
	滑石粉(三乙氧基辛基硅烷处理)	4.0	填充
	二硬脂二甲铵锂蒙脱石	1.0	增稠悬浮
	VP/十六碳烯共聚物(V216)	1.0	成膜
	羟苯丙酯(PP)	0.1	防腐
B	C$_{12\sim15}$醇苯甲酸酯	3.0	分散
	二氧化钛(CI 77891)(三乙氧基辛基硅烷处理)	4.0	遮瑕
	CI 77007(三乙氧基辛基硅烷处理)	适量	着色
	聚羟基硬脂酸	0.4	表活性,助分散

组相	原料名称	用量/%	作用
C	水	加至 100	溶解
	甘油	4	保湿
	丙二醇	4	保湿
	氯化钠	0.8	助稳定
D	苯氧乙醇、乙基己基甘油(9010)	适量	防腐
	香精	适量	赋香

制备工艺：

① 将 A 相原料称量加入烧杯后，搅拌分散均匀；

② 将 B 相原料预先混合并搅拌润湿，用胶体磨或者三辊研磨机研磨均匀，加入 A 相，搅拌加热至 80～85℃，保温备用；

③ 将 C 相原料称量加入另一烧杯中，搅拌溶解并加热至 80～85℃，缓慢倒入（A＋B）相的烧杯中，连续搅拌乳化，均质 3min；

④ 继续搅拌降温至 45℃，加入 D 相物料，搅拌均匀，降温至 35℃以下出料。

配方解析：这是一款兼具修正黄皮以及防晒霜作用的隔离霜。可以单用起到防晒以及提亮肤色的作用，也可作为底妆前使用的隔离类产品。配方采用 PEG-10 聚二甲基硅氧烷与月桂基 PEG-9 聚二甲基硅氧乙基聚二甲基硅氧烷搭配作为乳化剂，使配方清爽，不增加后续使用底妆的负担。

表 9-25　遮瑕乳配方

组相	原料名称	用量/%	作用
A	鲸蜡基 PEG/PPG-10/1 聚二甲基硅氧烷(EM90)	1.5	乳化
	PEG-10 聚二甲基硅氧烷	1.0	乳化
	硅石(三乙氧基辛基硅烷处理)	2.0	控油
	辛酸/癸酸甘油三酯(GTCC)	2.0	润肤
	环五聚二甲基硅氧烷(D5)	10.0	润肤
	异十六烷	5.0	溶解
	聚二甲基硅氧烷，聚硅氧烷-11	1.0	肤感调节
	滑石粉(三乙氧基辛基硅烷处理)	5.0	填充
	二硬脂二甲铵锂蒙脱石	0.5	增稠悬浮
	VP/十六碳烯共聚物(V216)	3.0	成膜
	羟苯丙酯(PP)	0.1	防腐
B	C12-15 醇苯甲酸酯	5.0	分散
	二氧化钛(CI 77891)(三乙氧基辛基硅烷处理)	15.0	遮瑕
	氧化铁类红/黄/黑(三乙氧基辛基硅烷处理)	适量	着色
	聚羟基硬脂酸	1.0	表面活性，助分散

续表

组相	原料名称	用量/%	作用
C	水	加至100	溶解
	甘油	4	保湿
	丙二醇	4	保湿
	氯化钠	0.8	助稳定
D	苯氧乙醇,乙基己基甘油(9010)	适量	防腐
	香精	适量	赋香
	乙醇	2.0	溶解

制备工艺：

① 将 A 相原料称量加入烧杯后，搅拌分散均匀；

② 将 B 相原料预先混合并搅拌润湿，用胶体磨或者三辊研磨机研磨使其均匀，加入 A 相，搅拌均匀加热至 80～85℃，保温备用；

③ 将 C 相原料称量加入另一烧杯中，搅拌溶解并加热至 80～85℃，缓慢倒入（A＋B）相的烧杯中，连续搅拌乳化，均质 3min；

④ 继续搅拌降温至 45℃，加入 D 相，搅拌均匀，降温至 35℃以下出料。

配方解析：这是一款具有极高遮盖能力，可以遮盖黑眼圈、斑点、痘印的遮瑕乳产品。采用较高比例的挥发性油脂如异十六烷，环五聚二甲基硅氧烷，使得产品极易在皮肤上涂抹均匀并且迅速贴肤，方便后续底妆产品的使用，成膜剂 VP/十六碳烯共聚物的添加是配方具有极好的成膜性能，保持妆效完整。

表 9-26　气垫提亮液配方

组相	原料名称	用量/%	作用
A	PEG-10 聚二甲基硅氧烷	2.5	乳化
	鲸蜡基 PEG/PPG-10/1 聚二甲基硅氧烷(EM90)	1.0	乳化
	辛酸/癸酸甘油三酯(GTCC)	3.0	润肤
	环五聚二甲基硅氧烷(D5)	5.0	润肤
	聚二甲基硅氧烷	5.0	溶解
	二硬脂二甲铵锂蒙脱石	0.8	增稠悬浮
	三甲基硅烷氧基硅酸酯	3.0	成膜
	羟苯丙酯(PP)	0.1	防腐
B	C₁₂~₁₅醇苯甲酸酯	2.0	分散
	二氧化钛(CI 77891)(三乙氧基辛基硅烷处理)	3.0	遮瑕
	CI 77492(根据产品颜色需求可选其他)(三乙氧基辛基硅烷处理)	适量	着色
	聚羟基硬脂酸	0.3	表面活性,助分散

组相	原料名称	用量/%	作用
C	辛基聚甲基硅氧烷	6	润湿分散
	云母(三乙氧基辛基硅烷处理)	6	珠光提亮
D	水	加至100	溶解
	甘油	4	保湿
	丙二醇	4	保湿
	氯化钠	0.8	助稳定
E	苯氧乙醇,乙基己基甘油(9010)	适量	防腐
	香精	适量	赋香

制备工艺:

① 将 A 相原料称量加入烧杯后,搅拌分散均匀;

② 将 B 相原料预先混合并搅拌润湿,用胶体磨或者三辊碾磨机碾磨使其均匀;

③ 将碾磨均匀后的 B 相物料加入烧杯中,搅拌均匀并加热到 80~85℃,保温备用;乳化前加入预先混合均匀的 C 相;

④ 将 D 相原料称量加入另一烧杯中,搅拌溶解并加热到 80~85℃,保温备用;

⑤ 搅拌时缓慢将 D 相物料倒入 A+B+C 相的烧杯中,连续搅拌乳化;

⑥ 开启均质,均质 3min;

⑦ 继续搅拌降温至 45℃以下,加入 E 相物料,搅拌均匀;

⑧ 继续搅拌降温至 35℃以下出料。

配方解析:这是一款具有极好延展性的提亮产品,可以在局部及全脸使用,提高肌肤亮度及通透度。清爽型乳化剂 PEG-10 聚二甲基硅氧烷与硅油和易铺展油脂辛酸/癸酸甘油三酯的混合搭配,使得产品整体肤感极为轻薄,妆前妆后使用不会增加皮肤的负担以及厚重感。珠光的反射及散射作用,使得皮肤具有较好的光泽以及透亮的效果。

三、油基修容遮瑕产品

1. 油基型修容遮瑕产品简介

油基型修容遮瑕是指由油脂、蜡组成骨架,加入色料配制而成的全油蜡基的配方体系。代表产品有修容膏/棒、遮瑕膏/棒。这类配方组成的产品耐水性好,油润,但质地相对乳化类、粉类的会厚重些。对于肤色不匀及瑕疵遮盖效果良好,可于浓妆时使用。用量不可过多,以免造成整个妆容显得不自然。油性肌肤建议少用,以防毛孔阻塞。

油基型修容遮瑕产品可细分为遮瑕产品、高光产品与阴影产品这 3 大类。按产品外观形状则主要分为乳状、膏状与棒状 3 大类。修容遮瑕棒状产品与棒状粉底的外观非常相似，但与棒状粉底需要整脸上妆不同，通常是局部使用。

油剂型高光，修容遮瑕产品是现时正慢慢受到消费者接受的产品，特别是修容棒、遮瑕棒。此类型配方与棒状唇膏的配方组成相似，但配方使用的原料以及比例与唇膏配方相比存在一定的差异。

修容遮瑕类油基产品，目前还没有完全对应的行标或国标。对于棒状的油剂类产品，因其配方组成与棒状唇膏十分类似，也有企业采用《唇膏》的行业标准 QB/T 1977—2004 执行。

2. 油基型修容遮瑕产品的配方组成

油基型修容遮瑕配方组成见表 9-27。

表 9-27　油基型修容遮瑕配方组成

组分	常用原料	用量/%	作用
油剂	氢化聚癸烯、棕榈酸乙基己酯、月桂酸己酯、十三烷醇偏苯三酸酯、异十六烷、异十二烷、苯基聚三甲基硅氧烷、聚二甲基硅氧烷、二异硬脂酸苹果酸酯、蓖麻油	30～50	润肤，增加膏体亮泽
脂类	矿脂、羊毛脂、氢化聚异丁烯、聚二甲基硅氧烷、三乙氧基辛基硅氧烷	5～25	黏合，增加膏体质感
成膜剂	VP/十六碳烯共聚物、三十烷基 PVP	1～5	成膜，增加持妆度
悬浮剂	糊精棕榈酸酯、糊精硬脂酸酯、二甲基硅烷基化硅石		悬浮剂，悬浮，增稠稳定
蜡剂	地蜡、纯地蜡、聚乙烯、聚丙烯、合成蜡、微晶蜡、烷基聚二甲基硅氧烷、蜂蜡、白峰蜡、小烛树蜡、巴西棕榈蜡	10～25	增稠，使配方固形
粉剂	滑石粉、高岭土、膨润土、锦纶-12、氮化硼、硅石	0～20	填充，填充细纹
着色剂	二氧化钛、氧化铁系列（CI 77492、CI77491、CI 77499）	10～25	着色
珠光剂	云母、氧化锡、氧化铁类、合成氟金云母、硼硅酸钙盐、铝	0～15（珠光剂仅用于高光修容棒）	珠光，增加亮泽度，赋予闪亮效果
芳香剂	按照产品需求添加	适量	赋香
皮肤调理剂	生育酚乙酸酯、透明质酸钠、抗坏血酸棕榈酸酯、神经酰胺、泛醇、氨基酸	适量	皮肤调理，改善皮肤问题
防腐剂	羟苯甲酯、羟苯乙酯、羟苯丙酯	0.01～0.1	防腐
抗氧化剂	BHA、BHT、季戊四醇四（双-叔丁基羟基氢化肉桂酸）酯	0.01～0.1	抗氧化

3. 油基型修容遮瑕产品的原料选择要点

（1）着色剂的选择　主要采用氧化铁系列的着色剂，如 CI 77491、CI 77499、CI 77492、CI 77718。高光产品则需要配合大量的珠光剂。

（2）油脂的选择　遮瑕类产品为满足高遮瑕的同时不会有干涩、难涂抹的现象，应选择挥发性较低、贴服性较好的油脂，如氢化聚异丁烯、双-二甘油多酰基己二酸酯-2 等。而修容类产品是在上底妆后使用的，并要求使用过程易涂抹、轻薄，故应选用易延展、肤感轻盈的油脂为佳，且应少用与底妆油脂相容性较好的油脂避免增加溶妆的风险，如苯基聚三甲基硅氧烷、聚二甲基硅氧烷等。

（3）成膜剂的选择　因需要防止与其他底妆叠加时晕妆，应该选用一些与配方相容性较好的油性成膜剂，如 VP/十六碳烯共聚物、聚二甲基硅氧烷交联聚合物。一些油脂如聚甘油-2 异硬脂酸酯、聚甘油-2 三异硬脂酸酯等也能在皮肤上有一定的成膜性。

（4）粉剂的选择　为获得良好的延展性，选择粉剂以延展性好、不易结团为原则，同时，为防止产品出现冒汗的情况，可适当添加有控油作用的粉体。如硅石等。

（5）蜡的选择　棒状产品对成型要求高，蜡剂应选用硬度或针入度较高的原料，同时需考虑其与配方中油相的相容性，相容性好可避免产品货架期内出现白雾、结晶、出油的情况。硬度较高的蜡会影响涂抹性，添加量不能太高。需要注意的是高光棒因珠光含量高，膏体硬脆，容易折断，需考虑减少脆性蜡的比例，提高硬度高且韧性好的蜡的比例。

4. 油基型修容遮瑕产品的配方设计要点

油基型修容遮瑕产品虽然含油性成分较高，但不应在使用时产生黏腻的感觉。在配方设计时应考虑各种油脂和蜡类的配合，色料与粉质原料的分散性，最好使用亲油处理的粉体，添加适量亲油表面处理的助乳化剂也有助于粉质原料在配方中的分散。

棒状与膏状的主要区别是棒状产品比膏状产品的成型要求更高，即硬度较高，故在蜡的含量上也相对更高。同样也是因为棒状产品的成型要求，应控制具有挥发性的油脂的添加，以免长期存放会导致膏体缩小或松软。为提高涂抹性，在粉体选择方面需考虑添加更多的有助于顺滑的球状粉体。

5. 典型配方与制备工艺

遮瑕棒、高光棒和阴影棒的配方分别见表 9-28～表 9-30。

表 9-28　遮瑕棒的配方

组相	原料名称	用量/%	作用
A	聚乙烯	15.00	增稠
B	聚甘油-2 三异硬脂酸酯	8.00	成膜
	硬脂酸乙基己酯	10.00	润肤
	山梨坦倍半油酸酯	8.00	润肤
	二异硬脂酸苹果酸酯	加至 100	润肤
	角鲨烷	3.00	润肤
	辛酸丙基庚酯	15.00	润肤
C	锦纶-12	2.00	填充
	三乙氧基辛基硅氧烷	5.00	填充
	硅石	3.00	填充

组相	原料名称	用量/%	作用
D	氧化铁黄/红/黑	适量	着色
	二氧化钛	8.00	着色
E	BHA	0.1	抗氧化
	羟苯甲酯(MP)	0.1	防腐

制备工艺：

① 预先将 D 相与 B 相中的二异硬脂酸苹果酸酯以 1∶1.5 的比例混合均匀后过三辊研磨机制备成色浆备用；

② 将 A 相加热至 95～100℃直至均匀澄清；

③ 将 B 相混合加热至 85～90℃，将 A 相缓慢加入 B 相中搅拌均匀并缓慢降温至 80～85℃；

④ 缓慢加入 C 相，慢速搅拌直至膏体均匀无颗粒；

⑤ 缓慢加入预分散好的 D 相，慢速搅拌直至膏体均匀无颗粒；

⑥ 降温至 70～75℃，加入 E 相搅拌均匀后降温至 70℃以下卸料。

配方解析：此遮瑕棒具有较高的遮盖力和对皮肤毛孔的填充功能，因此加入了吸油值较高，并且附着性好的硅石、三乙氧基辛基硅氧烷以避免出现延展性差、油腻的问题。同时因含有大量的着色剂，并加入一定量的山梨坦倍半油酸酯可有效防止出现膏体飘色的问题。

表 9-29 高光棒的配方

组相	原料名称	用量/%	作用
A	聚乙烯	10.00	增稠
	地蜡	5.00	增稠
B	苯基聚三甲基硅氧烷	15.00	润肤
	氢化聚异丁烯	8.00	润肤
	二异硬脂酸苹果酸酯(222)	加至100	润肤
	棕榈酸乙基己酯(2EHP)	10.00	润肤
	甲基丙烯酸甲酯交联聚合物	2.00	填充
	月桂酸己酯	10.00	润肤
C	珠光剂	20.00	珠光
	氧化铁红/黄/黑	1.00	着色
D	BHA	0.1	抗氧化
	羟苯甲酯(MP)	0.1	防腐

制备工艺：

① 预先将 C 相中的氧化铁系列色素与 B 相中的二异硬脂酸苹果酸酯以 1 ∶ 1.5 的比例混合均匀后过三辊研磨机制备成色浆备用；

② 将 A 相加热至 95～100℃直至均匀澄清；

③ 将 B 相混合加热至 85～90℃，将 A 相缓慢加入 B 相中搅拌均匀并缓慢降温至 80～85℃；

④ 缓慢加入预分散好的色浆及 C 相的珠光剂，慢速搅拌直至膏体均匀无颗粒；

⑤ 降温至 70～75℃，加入 D 相搅拌均匀后降温至 70℃以下卸料。

配方解析：此款配方是通过采用大量珠光剂的同时配合添加较高比例的具有高折射率的苯基聚三甲基硅氧烷以达到高光的效果，且配方中采用硬脆的蜡聚乙烯与柔韧性较好的地蜡协同作为蜡相，能有效避免因珠光剂含量高而导致难成型，疏松易折断的问题。

表 9-30　阴影棒的配方

组相	原料名称	用量/%	作用
A	石蜡	15.00	增稠
	地蜡	10.00	增稠
B	辛酸/癸酸甘油三酯(GTCC)	15.00	润肤
	聚异丁烯	2.00	润肤
	二异硬脂酸苹果酸酯(222)	加至 100	润肤
	棕榈酸乙基己酯(2EHP)	15.00	润肤
C	氧化铁系列(CI 77492、CI77491、CI 77499)	10.00	着色
	二氧化钛	5.00	着色
D	BHA	0.1	抗氧化
	羟苯甲酯	0.1	防腐

制备工艺：

① 预先将 C 相与 B 相中的二异硬脂酸苹果酸酯以 1 ∶ 1.5 的比例混合均匀后过三辊研磨机制备成色浆备用；

② 将 A 相加热至 95～100℃直至均匀澄清；

③ 将 B 相混合加热至 85～90℃，将 A 相缓慢加入 B 相中搅拌均匀并缓慢降温至 80～85℃；

④ 缓慢加入预分散好的 C 相色浆，慢速搅拌直至膏体均匀无颗粒；

⑤ 降温至 70～75℃，加入 D 相搅拌均匀后降温至 70℃以下卸料。

配方解析：阴影棒是在底妆上妆后使用，因此配方选用硬度不太高、刚性低的地蜡、石蜡作增稠，避免膏体难涂抹，粘连性过强。另外由于氧化铁类着色剂含量很高，选择包裹型的氧化铁类着色剂，能够一定程度减低出现产品飘色的问题。

6. **常见质量问题及原因分析**

高光棒中含有大量的珠光剂，在灌装方面很容易产生珠光纹路，需要视具体情况，通过控制灌装温度、速度减少纹路。灌装温度应控制在 95～110℃，灌装前将模具预热到 45～50℃可以降低膏体表面裂纹、气泡和珠光纹路的风险。灌装速度越慢会使膏体表面形成固定的位置的又长又深的珠光纹路，若灌装速度过快，灌装纹路会变得无定向并且数量较多，可以按照实质的产品的灌装情况选择合适的灌装速度。

第十章
唇部美容化妆品
Chapter 10

唇部美容化妆品是用于唇部，赋予唇部色彩效果、光泽效果，修饰唇部轮廓并同时提供滋润效果的彩妆产品。它的种类繁多，不同分类方法、种类及特点见表10-1。

表 10-1　唇部美容化妆品的分类

分类依据	细分	产品	特点
使用目的	色彩类	唇膏、唇彩/唇蜜、唇釉、唇乳、唇粉、唇染液	赋予唇部色泽，修饰，美化唇型，唇色并有一定的滋润性
	护理类	润唇膏和唇部护理液	护理，滋润唇部皮肤
外观形状	固态唇部产品	棒状唇部产品：唇膏/润唇膏 笔状唇部产品 盘状唇部产品：唇膏/润唇膏、唇粉	使用方便，色彩饱和度高，颜色遮盖力强。便于勾画唇形
	液态唇部产品	唇彩/唇蜜、唇釉、唇乳、唇染液、唇部护理液	一般需要通过工具涂抹，有流动性，易延展。赋予唇部色彩

第一节　唇膏/润唇膏

一、唇膏/润唇膏简介

唇膏是唇部用化妆品中最典型、最原始、最常见的，市场占比最大的，外观为棒状的产品。唇膏分为口红和口白两种。口红是将无毒的色素分散于油蜡基中经铸型制成的棒状物，我国自汉代起已有口红，至今仍在使用。使用唇膏勾描唇形赋予唇部色彩，得到丝绒哑光、水亮、金属等不同的妆效，令唇部整体妆容更鲜亮突出。并且由于唇膏本身多为油蜡体系，对唇部皮肤有一定的滋润效果，能起到护唇的作用。而口白也就是常用的润唇膏，其作用是护理唇部，可增加唇部的光泽，滋润唇部皮肤。绝大部分的润唇膏是不添加着色剂，也有少部分润唇膏添加少量的着色剂和珠光剂赋予唇部轻微的妆效，令唇色显得更健康，一般含有润滑唇部肌肤的成分，也会添加一些有营养作用的功效原料，如微量的维生素。

1. 唇膏/润唇膏的分类

棒状唇部产品根据用途的不同，可分为有色唇膏和润唇膏。唇膏根据功能性不同，可分为传统型、乳化型、变色型、防水型、不沾杯防水型和防晒型。

（1）唇膏　它是最普遍的一种类型，有各种不同的颜色，常见的有大红色、桃红色、橙红色、玫红色、朱红色等，通过添加无机颜料、有机颜料和金属色淀等着色剂，可获得不同颜色和不同深浅的色调。现代唇膏的色彩更是紧随流行时尚服饰的潮流，强调匹配，突出个性。另外，唇膏中经常添加具有高光泽的珠光颜料，称为金属（珠光）唇膏，涂抹后唇部可显现闪烁的光泽，充满青春的魅力，能提高化妆效果。这都属于传统唇膏的类型。

（2）乳化唇膏　传统唇膏主要是以油、脂、蜡等油性原料为主体，即为不含水的油蜡型唇膏，但近年来考虑到唇膏对唇部的护肤作用和唇部的湿度平衡因素，研制出了由油蜡原料、着色剂，配合水、保湿剂及乳化剂，经过乳化作用而制得的乳化唇膏。这种乳化唇膏含有水分和保湿剂，对唇部皮肤具有更好的保湿和护肤作用，且清爽，无油腻感。乳化唇膏属于 W/O 型乳化体，当唇膏的水分挥发后，其光泽会受到一些影响。

（3）变色唇膏　市面上还有一类唇膏，这种唇膏涂抹在唇部，无论其原来是什么颜色，其色泽最终都会在很短的时间内变成玫瑰红色，故称为变色唇膏。变色唇膏常用的着色剂主要以溴酸红染料为主，也辅助少量的其他色料。溴酸红染料（四溴荧光素），其色泽是淡橙色，会随 pH 值、湿度而变化。pH 值高于 4.5 颜色会向红、向深变化，而嘴唇是中性的，唾液一般是弱碱性的，唾液沾在嘴唇上，嘴唇也变成了弱碱性的，所以，当这种唇膏接触唇部后，其色泽随着唇部 pH 值的变化由淡橙色变成玫瑰红色，所以称为变色唇膏。

（4）防水型唇膏　消费者涂抹了唇膏后，在日常喝水，吃饭时会发现杯壁、碗边常留有唇膏的印记，为解决消费者的这种烦恼，开发了专门有高防水功能的防水唇膏。这种唇膏为达到比常规唇膏更高的防水能力，配方中添加了更多、更好抗水性的成膜剂，配合有防水性能的硅油成分，涂布后可形成防水性的薄膜，以减轻因饮水（饮料）时唇膏脱落。防水性能更强，能达到喝水、吃饭没有脱落，甚至没有任何印记的效果，称为不沾杯防水型。

（5）润唇膏　一般不加任何色素或少量添加色素，其主要作用是滋润柔软嘴唇、防裂、增加光泽。润唇膏中含有较多的植物油脂，有助于滋养唇部的作用。

2. 唇膏/润唇膏的执行标准

唇膏与润唇膏的产品标准不同，唇膏的质量应符合 QB/T 1977—2004，其感官、理化指标见表 10-2。润唇膏的质量应符合 GB/T 26513—2011，其感官、理化指标见表 10-3。

表 10-2　唇膏的感官、理化指标

项目		要求
感官指标	外观	表面平滑无气孔
	色泽	符合规定色泽
	香气	符合规定香型
理化指标	耐热	(45±1)℃保持 24h,恢复至室温后无明显变化,能正常使用
	耐寒	−5～−10℃保持 24h,恢复至室温后能正常使用

表 10-3　润唇膏的感官、理化指标

项目		要求	
		模具型	非模具型
感官指标	外观	棒体表面光滑、无气孔及无肉眼可见外来杂质	棒体顶部表面光滑,棒体无凹塌裂纹,无气孔及肉眼可见外来杂质
	色泽	符合规定色泽,颜色均匀一致	
	香气	符合规定香气,无油脂气味	
理化指标	耐热	(45±1)℃,24h,无弯曲软化,能正常使用	
	耐寒	−5～−10℃,24h,恢复室温后无裂纹,能正常使用	
	过氧化值/%	≤0.2	

3. 唇膏/润唇膏的质量要求

① 表面光滑，颜色均匀，没有气孔、色点、颗粒、无油斑等异常。

② 色泽饱和，易涂抹，附着力强、不晕染，持久。

③ 香气清新自然。

④ 产品在货架期内稳定性好，不变色、形状变化、高温不析油，低温不变粗。

⑤ 润唇膏润护效果明显，可改善唇部的皮肤状态，减轻如干燥、开裂、脱皮等不良现象。

⑥ 安全无毒，无刺激。

二、唇膏/润唇膏的配方组成

唇膏与润唇膏之间的组成成分大致相同，唇膏主要用于赋予唇部色彩令唇部更加美观,而润唇膏主要用于使唇部滋润,对色彩的要求较低,因此配方中油脂选择上虽仍是以合成油脂和植物油脂进行配搭使用,但一般植物油脂的用量较高,而着色剂的用量一般较少。两者的配方组成见表10-4。

表 10-4 唇膏/润唇膏的配方组成

组分	常用原料	用量/%		作用
		唇膏	润唇膏	
油剂	氢化聚癸烯、棕榈酸乙基己酯、月桂酸己酯、十三烷醇偏苯三酸酯、异十六烷、异十二烷、苯基聚三甲基硅氧烷、聚二甲基硅氧烷、二异硬脂酸苹果酸酯、蓖麻油、油橄榄果油、霍霍巴油、向日葵籽油、白池花籽油、澳洲坚果油、低芥酸菜籽油、辛甘醇、己二酸二异丙酯、辛基十二醇	30～60		润肤,增加膏体亮泽
脂类	矿脂、羊毛脂、氢化聚异丁烯、植物甾醇酯类、植物甾醇类	5～25		黏合,增加膏体质感
蜡剂	地蜡、纯地蜡、聚乙烯、聚丙烯、合成蜡、微晶蜡、石蜡、烷基聚二甲基硅氧烷、蜂蜡、白峰蜡、小烛树蜡、巴西棕榈蜡、木蜡、氢化植物油类	10～25		增稠,使配方固形
成膜剂	VP/十六碳烯共聚物、三十烷基 PVP	2～5	0～2	成膜,提高持妆度
增稠剂	糊精棕榈酸酯、糊精硬脂酸酯、二甲基甲硅烷基化硅石	1～3	1～3	增稠,悬浮
弹性体	聚二甲基硅氧烷交联聚合物、聚二甲基硅氧烷/乙烯基聚二甲基硅氧烷交联聚合物、乙烯基聚二甲基硅氧烷/聚甲基硅氧烷硅倍半氧烷交联聚合物	1～3	1～3	改善肤感
粉剂	滑石粉、绢云母、膨润土、锦纶-12、氮化硼、硅石、甲基丙烯酸甲酯交联聚合物、淀粉	0～20	0～5	填充,填充细纹
颜料/染料	CI 15850、CI 77891、CI 77007、CI 45380、CI 45410、CI 77491、CI 77492.、CI 77499、CI 77718、CI 15985	5～15	0～2	着色
珠光颜料	云母、氧化锡、氧化铁类、合成氟金云母、硼硅酸钙盐、铝	0～10	0～2	珠光,增加亮泽度,赋予闪亮效果
芳香剂	果香、花香	适量		赋香
皮肤调理剂	生育酚乙酸酯、透明质酸钠、抗坏血酸棕榈酸酯、神经酰胺、泛醇、氨基酸	适量		皮肤调理,改善皮肤问题
防腐剂	羟苯甲酯、羟苯乙酯、羟苯丙酯、羟苯丁酯	0.01～0.1		防腐
抗氧化剂	BHA、BHT、季戊四醇四(双-叔丁基羟基氢化肉桂酸)酯	0.01～0.1		抗氧化

三、唇膏/润唇膏的原料选择要点

1. 基质组分

唇膏的基质俗称蜡基，是由油、脂、蜡类原料组成的，含量一般为70%~85%。除对染料的溶解性外，还必须具有一定的触变特性，易涂抹，不外溢并能形成均匀的薄膜，能使嘴唇滋润有光泽，舒适无油腻感。基质组分的选择要考虑。

① 耐高温稳定性好，不易变色、变味的油脂。

② 肤感轻盈不油腻、延展性极好，能有效分散色料，如含多羟基的油脂、二异硬脂酸苹果酸酯。

③ 油脂蜡相容性好，使唇膏能经得起温度的变化，高温不析油，低温不析出结晶。

④ 软硬蜡搭配使用，做到硬度与韧性的平衡，便于使用。

2. 着色剂

着色剂的作用是令唇部着色，是配方的重要成分。唇膏用色素可分为三类：溶解性染料、不溶性颜料和珠光颜料。唇膏中应用的着色剂，应按我国关于可食用色素的规定执行。唇膏中很少单独使用一种色素，多数为两种或多种调配而成。

3. 成膜剂

因唇膏/润唇膏是蜡基结构，成膜剂必须为与油相相溶的油性成膜剂或硅树脂类成膜剂。如：配方中含有较多的极性油脂则选用油性成膜剂，配方中含有硅油原料较多则选用硅树脂类成膜剂较为容易成膜。

4. 香精

唇膏选用的香精常为淡花香，水果香和流行混合香型。由于唇膏直接与人的嘴唇接触，对香精的要求如下。

① 安全无毒和无刺激作用，一般要求是食品级香精。

② 不刺鼻，能遮盖油脂的气味，且香气宜人。

③ 香精应较稳定，并可与其他组分匹配。

四、唇膏/润唇膏的配方设计要点

1. 唇膏光亮度

唇膏的光亮度很重要，影响因素如下。

① 折射率较高的油脂光亮度高。

② 某些封闭型油脂如矿油等，因其较差的吸收度，可提高产品光泽的持久性。

③ 如果油脂、蜡相容性不好，易引起唇膏冒汗及蜡晶析出的现象，降低光亮度。

④ 某些功能性原料，如珠光原料、片状云母，具有较好的光泽，增加光亮度。

⑤ 成膜剂能在皮肤表面形成平整的膜，可提高光泽度。

⑥ 亮光型的弹性体，不仅能提供亮度，同时通过对皮肤纹理和毛孔的填充，进一步提升光泽度。

2. 唇膏的持妆度

持妆度主要通过成膜剂来实现，由于每种成膜剂的快干性、成膜的软硬度，韧性均不同，选用2种或2种以上的成膜剂相互配搭成膜效果更好。另外，添加有吸油作用的原料，如硅石，可吸附产品及皮脂中的多余油脂，从而提升配方的贴服度与持久性。某些油脂，特别是软脂类，如聚甘油类油脂、乳木果油等，涂抹在皮肤上能在表面形成薄膜，有成膜性，也有助提升持妆效。

五、唇膏/润唇膏的生产工艺

唇膏/润唇膏的生产工艺包括配制工艺与灌装工艺。

1. 膏体配制工艺

膏体配制工艺流程图见图 10-1。其生产程序如下。

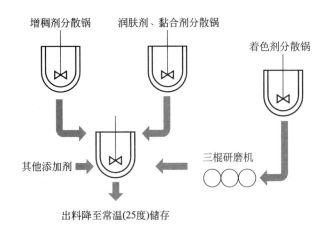

图 10-1　唇膏配制工艺流程图

① 制备色浆。在不锈钢混合机内加入颜料，再加入适量用于分散色料的油，搅拌并充分湿润后，过三辊机研磨，一般要求达到色浆颗粒直径 ≤12μm。

② 将蜡加入原料熔化锅，加热至90℃左右，熔化并充分搅拌均匀。

③ 将油脂加入原料熔化锅，恒温在90℃左右，充分搅拌均匀。

④ 将色浆加入原料熔化锅，搅拌至均匀，尽量避免搅拌过程中带入空气，必要时可抽真空。如配方中含有珠光原料，不能研磨珠光颜料。

⑤ 检测膏体涂抹感及颜色，并按要求调色。

⑥ 依次添加防腐剂、功效原料、香精。

⑦ 过滤出料。

2. 膏体灌装工艺

膏体灌装工艺流程图见图10-2。其生产程序如下。

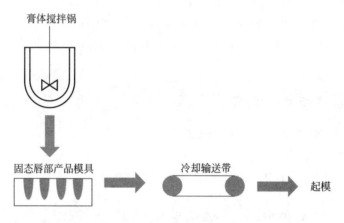

图 10-2　唇膏灌装工艺流程图

① 准备工作：所有使用到的设备，工具必须清洗干净、消毒、干燥。预热模具至35℃左右，并对其擦油，有助于脱模。

② 膏体加热：将膏体加入搅拌锅，按工艺要求的灌装温度升温搅拌直到均匀。

③ 保温浇铸：浇铸过程要保温（约80℃）搅拌，使浇铸时颜料均匀分散，但搅拌速度要慢以避免混入空气。唇膏一次灌装的时间最好控制在4h内，否则香味容易变坏。

④ 冷冻成型：待膏体稍冷后，刮去模具口多余的膏料，置于冷冻台上冷却。急冻是很重要的，这样可获得较细的、均匀的结晶结构，膏体表面的光泽度也更好。

⑤ 将唇膏套插入容器底座，注意插正、插牢（戴皮指套，以防唇膏表面损坏），注意不要造成膏体变形。然后插上套子，贴底贴，就可装盒了。

六、典型配方与制备工艺

光亮型唇膏、变色唇膏、植物润唇膏的典型配方见表 10-5～表 10-7。

表 10-5　光亮型唇膏的配方

组相	原料名称	用量/%	作用
A	地蜡	10.00	增稠
	蜂蜡	6.00	增稠
	聚乙烯	2.00	增稠
B	氢化聚癸烯	12.00	润肤
	新戊二醇二(乙基己酸)酯	12.00	润肤
	聚异丁烯	8.00	润肤
	棕榈酸乙基己酯(2EHP)	10.00	润肤
	月桂酸己酯	15.00	润肤
	十三烷醇偏苯三酸酯(TDTM)	加至100	润肤
C	十三烷醇偏苯三酸酯(TDTM)	5.000	润肤
	二氧化钛	1.50	着色
	Red 6 Ba	1.0	着色
	Yellow 5 Al	2.00	着色
	Red 27 Al	0.15	着色
	Red 6	0.25	着色
D	硅石	5.00	填充
E	维生素 E 乙酸酯(合成)	0.1	抗氧化
F	羟苯丙酯	0.1	防腐

制备工艺：

① 将 C 相搅拌均匀后，过 3 次三辊研磨机，直至符合要求。

② 将 A 相加入主容器中，加热到 90℃，恒温搅拌至澄清。

③ 加入 B 相，温度搅拌，直至澄清。

④ 搅拌加入 C 相，恒温搅拌 3～4min 直至色浆分散均匀，没有色点。

⑤ 搅拌加入 D 相，直至分散均匀。

⑥ 降温到 75℃后，搅拌加入 E 相，直至分散均匀。

⑦ 将膏体灌入清洁的模具，放到冰箱急冻 15～20min，起模。

配方解析：本配方 B 相中加入了大量折射率高的油脂，实现亮光效果。

表 10-6　变色唇膏的配方

组相	原料名称	用量%	作用
A	聚乙烯	10.00	增稠
	微晶蜡	5.00	增稠
B	二异硬脂酸苹果酸酯(222)	加至 100	润肤
	季戊四醇四异硬脂酸酯(PTIS)	12.00	润肤
	二聚季戊四醇六羟基硬脂酸酯/六硬脂酸酯/六氢化松脂酸酯	10.00	黏合
	双-二甘油多酰基己二酸酯-2	8.00	黏合
C	棕榈酸乙基己酯(2EHP)	20.00	润肤
	柠檬酸	0.015	pH 调节
D	红 27 色淀	0.15	着色
E	维生素 E 乙酸酯(合成)	0.1	抗氧化
F	羟苯丙酯	0.1	防腐
G	香精	0.05	赋香

制备工艺：

① 将 A 相水浴加热到 90～95℃，边加热边搅拌，直到澄清。

② 将 B 相搅拌加热至 90℃，直到澄清。

③ 将 C 相加热到 95℃，高速搅拌约 40min；用 200 目滤网过滤；降温至 90℃。然后加入 B 相，搅拌至溶解。

④ 将（C＋B）相加入 A 相，恒温搅拌直到均匀。

⑤ 加入 D 相原料，搅拌 30～45min 直到色料分散均匀。

⑥ 降温到 75℃，逐个搅拌加入 D、E、F、G 相，搅拌均匀。

⑦ 将膏体灌入清洁的模具，放到冰箱急冻 15～20min。起模即可。

配方解析：这是一款变色唇蜜。采用溴酸红染料（四溴荧光素）为着色剂，利用其随 pH 值而显示不同颜色的作用。

表 10-7　植物润唇膏的配方

组相	原料名称	用量/%	作用
A	日本木蜡	10.00	增稠
	蜂蜡	12.00	增稠
	小烛树蜡	1.00	增稠

组相	原料名称	用量/%	作用
B	牛油果树果脂	5.00	皮肤调理
	油橄榄果油	15.00	皮肤调理
	白池花籽油	20.00	皮肤调理
	向日葵籽油	加至100	皮肤调理
	霍霍巴籽油	5.00	皮肤调理
	澳洲坚果油	8.00	皮肤调理
	欧洲李籽油	2.00	皮肤调理
C	维生素E乙酸酯(合成)	0.1	抗氧化
D	羟苯丙酯	0.1	防腐

制备工艺：

① A相加入主容器中搅拌加热到85℃，直到均匀澄清。

② 加入B相，恒温搅拌直到澄清。

③ 降温到75℃，加入C相，搅拌至均匀。

④ 搅拌加入D相，直到均匀。

⑤ 将膏体灌入清洁的模具，放到冰箱急冻15～20min，起模。

配方解析：配方中采用大量植物来源的原料，质感厚重的油脂牛油果树果脂、油橄榄果油，与轻质油脂白池花籽油、向日葵籽油等配合使用能够更容易使皮肤吸收，真正有效滋润皮肤。

七、常见质量问题及原因分析

1. 膏体表面出汗

① 油脂蜡相容性不好，易造成出汗。

② 在生产过程中，浇模温度或冷却速度过慢，形成大而粗的结晶，易出现发汗现象。

③ 颜料色淀颗粒和油蜡之间存有空气，存在空气间隙，就可能因这种毛细现象渗出油脂。

2. 膏体表面有色带

配方分散性能不足，色料未经润湿、分散处理，导致色料在油蜡里分散不均匀，不完全，造成色素聚集。

3. 膏体的韧性和硬度不够，易断裂

① 油脂与蜡的比例不当；

② 配方中没有足够的蜡增塑剂如长链烃或酯时，配方中每种蜡的熔点之间

的差异太大，黏性不好并容易破裂；

③ 填充剂（高岭土、二氧化硅、云母、硅粉、合成填料）过量，口红棒脆易断。

4. 耐热 40℃ 24h 唇膏变形

主要原因是配方中的各种蜡用量比例不够协调，或蜡用量不够，熔点不够高。

5. 耐寒 0℃ 24h 恢复室温后不易涂擦

主要原因是配方中硬蜡用量过多，使唇膏质量带有硬性，不易涂擦。

6. 唇膏有哈喇味

① 配方中的植物油脂杂质较多，抗氧化性差，造成唇膏长期放置后变质。

② 膏体制备或灌装过程在高温时间太长。

第二节　液态唇部产品

液态唇部产品与固态的相比，受欢迎程度稍低，但提供给妆容多一类选择，为唇部增添光彩，使双唇看上去饱满，润泽并同时提供滋润作用。液态唇部产品按功能可分为唇蜜、唇彩、唇釉、唇乳、唇染液、唇部护理液。液态唇部产品通常需要用工具上妆。

一、唇彩/唇蜜

1. 唇彩/唇蜜简介

唇蜜与唇彩是传统的液态唇部化妆品，是一种修饰唇形、唇色的稍稠密的液体。此类型产品的光泽度极高，上色度一般，并且大部分的唇彩/唇蜜会加入少量珠光剂，增加产品的亮泽。唇彩/唇蜜与唇膏一样都是油蜡基配方，但油脂含量更高，蜡的含量相对低，对唇部的滋润度更好，缺点是质地比较黏稠，有油光感，上妆后黏腻感也较强。易溢出唇纹，使嘴唇轮廓模糊。近年来市场接受度越来越低。

唇蜜外观一般颜色都很淡，晶莹剔透，柔嫩水润，它可以营造水亮的效果，又想给嘴唇最大限度地修饰，最佳用法是配合唇膏使用，在涂抹唇膏后再涂一层唇蜜，可起到提亮、调色的效果。缺点是颜色太淡，遮盖力差。唇彩外观颜色多为鲜艳夺目，也有浅淡剔透和无色透明的。遮盖力较强，色彩也相对丰富。缺点是持妆差，质感油。

2. 产品标准

唇彩/唇蜜的质量应符合 GB/T 27576—2011，其感官、理化指标见表 10-8。

 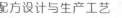

表 10-8　唇彩/唇蜜的感官、理化指标

项目		要求	
		液体唇彩	膏体唇彩
感官指标	外观	细腻均一的黏稠液体 (灌装成特定花纹的产品除外)	细腻均一的冻胶状膏体
	色泽	符合规定色泽,颜色均匀一致	
	香气	符合规定香气,无油脂气味	
理化指标	耐热	(45±1)℃,24h,恢复至室温后,无浮油,无分层,性状与原样保持一致	(45±1)℃,24h,恢复至室温后,性状与原样保持一致
	耐寒	−5~−10℃,24h,恢复室温后性状与原样保持一致	−5~−5℃,24h,恢复室温后性状与原样保持一致

3. 唇彩/唇蜜的配方组成

唇彩/唇蜜的配方组成见 10-9。

表 10-9　唇彩/唇蜜的配方组成

组分	常用原料	用量/%
蜡剂	地蜡、纯地蜡、聚乙烯、合成蜡、微晶蜡、烷基聚二甲基硅氧烷、蜂蜡、白峰蜡、小烛树蜡、巴西棕榈蜡	2~10
润肤剂	氢化聚癸烯、棕榈酸乙基己酯、月桂酸己酯、十三烷醇偏苯三酸酯、异十六烷、异十二烷、苯基聚三甲基硅氧烷、聚二甲基硅氧烷、二异硬脂酸苹果酸酯、蓖麻油	40~80
填充剂	锦纶-12、氮化硼、氢氧化铝	0~2
黏合剂	矿脂、羊毛脂、氢化聚异丁烯	10~20
成膜剂	VP/十六碳烯共聚物、三十烷基 PVP	0~8
增稠剂	糊精棕榈酸酯、糊精硬脂酸酯、二甲基甲硅烷基化硅石	1~3
弹性体	聚二甲基硅氧烷交联聚合物、聚二甲基硅氧烷/乙烯基聚二甲基硅氧烷交联聚合物、乙烯基二甲基硅氧烷/聚甲基硅氧烷硅倍半氧烷交联聚合物	1~3
着色剂	CI 15850、CI 77891、CI 77007、CI 45380、CI 45410、CI 77491、CI 77492、CI 77499、CI 77718、CI 15985	5~10
珠光剂	云母、氧化锡、氧化铁类、合成氟金云母、硼硅酸钙盐、铝	0~10
芳香剂	按照产品需求添加	0~0.2
皮肤调理剂	生育酚乙酸酯、透明质酸钠、抗坏血酸棕榈酸酯、神经酰胺、泛醇、氨基酸	0~2
防腐剂	羟苯甲酯、羟苯乙酯、羟苯丙酯、羟苯丁酯	0.01~0.1
抗氧化剂	BHA、BHT、季戊四醇四(双-叔丁基羟基氢化肉桂酸)酯	0.01~0.1

4. 唇彩/唇蜜的配方设计要点

（1）稳定性的设计　唇彩/唇蜜属于液态产品，具有良好的流动性，不宜添加过多的着色剂、珠光剂。配方中需要添加适量的增稠剂，如糊精棕榈酸酯和蜡。在蜡的选择上，不宜采用硬度较高的蜡剂，以免影响唇彩/唇蜜的流动性，以及因分散不均匀导致产品结块。

（2）油脂的选择　要按照配方不同的需求搭配。考虑主要因素有：

①选择折射率高的油脂使产品有光泽；

②选择有成膜作用、防水性好的油脂，如聚甘油-2异硬脂酸酯、聚甘油-3异硬脂酸酯；或者添加适量的油溶性成膜剂；

③考虑产品的肤感和延展性，选择易涂抹，轻薄的油脂，如常用聚二甲基硅氧烷。

5. 唇彩/唇蜜生产工艺

生产一般用可加热的搅拌锅即可。唇彩/唇蜜生产程序如下：

①将蜡加入原料熔化锅，加热至90℃左右，熔化并充分搅拌均匀。

②将原料油脂加入原料熔化锅，恒温在90℃左右，充分搅拌均匀。

③将色浆加入原料熔化锅，搅拌至均匀，此时应尽量避免在搅拌过程带入空气。必要时可通过真空去泡，如配方中含有珠光原料，注意不能研磨珠光颜料。

④检测膏体涂抹感及颜色，并按要求调色。

⑤依次添加防腐剂、功效原料、香精，搅拌溶解。

⑥过滤出料。

6. 典型配方与制备工艺

唇彩与唇蜜的配方见表10-10～表10-12。

表 10-10　传统亮光唇彩

相	组分	用量/%	作用
A	蜂蜡	2.00	增稠
	地蜡	1.00	增稠
	微晶蜡	2.00	增稠
B	氢化聚异丁烯	15.00	黏合
	蓖麻籽油	20.00	润肤
	矿油	30.00	润肤
	十三烷醇偏苯三酸酯	加至100	润肤
C	二氧化钛	1.50	着色
	D&C Red 7 Ca Lake	0.50	着色
	氧化铁红/黄	0.75	着色
D	珠光剂	2.00	珠光
E	维生素E乙酸酯（合成）	0.10	抗氧化
F	羟苯丙酯	0.10	防腐

制作工艺：

①A相加热至95℃溶解透明，同时将B相搅拌加热至90℃溶解。

② 将 B 相加入 A 相，恒温在 90℃并搅拌均匀。

③ 加入预先分散好的 C 相，恒温搅拌均匀至色料分散完全。

④ 降温到 80℃，加入 D 相，搅拌均匀。

⑤ 加入 E 相，搅拌均匀。

⑥ 加入 F 相，搅拌均匀后即可出料待用。

配方解释：唇彩是有流动性的，添加了少量蜂蜡，地蜡这些硬度不高且延展性较好的蜡做增稠剂，使唇彩能够容易涂抹但也不会出现颜色外溢的现象。高折射率的黏合剂如氢化聚异丁烯提供较好的亮光妆效。

表 10-11　金属亮彩唇彩的配方

组相	原料名称	用量/%	作用
A	蜂蜡	3.00	增稠
	地蜡	1.00	增稠
	小烛树蜡	1.00	增稠
B	氢化聚异丁烯	20.00	黏合
	二异硬脂酸苹果酸酯(222)	20.00	润肤
	十三烷醇偏苯三酸酯(TDTM)	加至 100	润肤
C	二氧化钛	0.5	着色
	D&C Red 7 Ca Lake	0.3	着色
D	锦纶-12	3.00	填充
	云母	10.00	珠光
E	维生素 E 乙酸酯(合成)	0.10	抗氧化
F	羟苯丙酯	0.10	防腐

制作工艺：

① A 相加热至 95℃溶解透明，同时将 B 相搅拌加热至 90℃溶解。

② 将 B 相加入 A 相，恒温在 90℃并搅拌均匀。

③ 加入预先分散好的 C 相，恒温搅拌均匀至色料分散完全。

④ 降温到 80℃，加入 D 相，搅拌均匀。

⑤ 加入 E 相，搅拌均匀。

⑥ 加入 F 相，搅拌均匀后即可出料待用。

配方解析：因是金属亮光唇彩，配方中加入了大量的珠光剂，珠光剂会对涂抹产生影响，为解决这种问题配方中加入有悬浮能力的、肤感柔滑的悬浮剂锦纶-12。

表 10-12　变色唇蜜的配方

组相	原料名称	用量/%	作用
A	微晶蜡	3.00	增稠
	合成蜡	5.00	增稠
B	双-二甘油多羟基己二酸酯-2	5.00	黏合
	氢化蓖麻油二聚亚油酸酯	10.00	黏合
	氢化聚异丁烯	10.00	黏合
	甘油三(乙基己酸)酯(TIO)	15.00	润肤
	异十六烷	加至100	润肤
	二异硬脂酸苹果酸酯(222)	20.00	润肤
	聚甘油-2异硬脂酸酯	5.00	成膜
C	柠檬酸	0.01	pH调节
D	红28色淀	0.10	着色
	红30色淀	0.10	着色
E	维生素E乙酸酯(合成)	0.10	抗氧化
	羟苯丙酯	0.10	防腐

制作工艺：

① A相加热至95℃溶解，同时将B相搅拌加热至90℃溶解。

② 将B相加入A相，恒温在90℃并搅拌均匀。

③ 加入预先分散好的C相，恒温搅拌均匀至色料分散完全。

④ 降温到80℃，加入D相，搅拌均匀。

⑤ 加入E相，搅拌均匀。

⑥ 加入F相，搅拌均匀后即可出料待用。

配方解析：这是一款变色唇蜜。采用溴酸红染料（四溴荧光素）为着色剂，利用其随pH值而显示不用颜色的作用。而为防止配方在储存时变色，失去涂抹后变色的功能，配方中加入pH调节剂柠檬酸，能够在配方中起到缓冲作用，防止此问题的发生。

7. 常见质量问题及原因分析

唇彩/唇蜜配方较稳定，但是偶有配方分层的现象发生，其最主要原因是：

① 配方中的油脂相容性较差，或体系的悬浮力差，长期存放后部分油脂析出；

② 生产过程中加热时间太长，可能出现油脂变味或增稠剂结团的现象，导致产品配方不稳定。

二、唇釉

唇釉近年来出现的一类新的液态唇部化妆品。唇釉与唇彩/唇蜜的配方外观较为相似，它可改善传统唇彩、唇蜜产品的缺点，上色度更高，色彩更饱和，持妆效果好，肤感更清爽的新型产品。可以说唇釉是由固态唇膏转化的液态产品。唇釉因体系结构与唇彩、唇油类似，其执行标准可用《唇彩、唇油》GB/T 27576—2011。

1. 唇釉的配方组成

唇釉的基本配方组成见表 10-13。

表 10-13　唇釉的配方组成

组分	常用原料	用量/%
蜡剂	地蜡、纯地蜡、聚乙烯、聚丙烯、合成蜡、微晶蜡、烷基聚二甲基硅氧烷、蜂蜡、白蜂蜡、小烛树蜡、巴西棕榈蜡	0～6.5
润肤剂	肉豆蔻酸异丙酯、氢化聚癸烯、棕榈酸乙基己酯、月桂酸己酯、十三烷醇偏苯三酸酯、异十六烷、异十二烷、三山嵛精、苯基聚三甲基硅氧烷、聚二甲基硅氧烷、二异硬脂酸苹果酸酯、氢化聚异丁烯、异硬脂酸、双甘油(癸二酸/异棕榈酸)酯	40～80
填充剂	锦纶-12、司拉氯铵水辉石、硅石、硼硅酸钙、氮化硼、氢氧化铝、氧化铝	0～2
成膜剂	VP/十六碳烯共聚物、三十烷基 PVP	10～20
增稠剂	糊精棕榈酸酯、糊精硬脂酸酯、二甲基甲硅烷基化硅石	1～3
弹性体	聚二甲基硅氧烷交联聚合物、聚二甲基硅氧烷/乙烯基聚二甲基硅氧烷交联聚合物、乙烯基聚二甲基硅氧烷/聚甲基硅氧烷硅倍半氧烷交联聚合物	1～3
着色剂	CI 15850、CI 77891、CI 77007、CI 45380、CI 45410、CI 77491、CI 77492、CI 77499、CI 77718、CI 15985	5～15
珠光剂	云母、氧化锡、氧化铁类、合成氟金云母、硼硅酸钙盐、铝	0～10
芳香剂	按照产品需求添加	0～0.2
皮肤调理剂	生育酚乙酸酯、透明质酸钠、抗坏血酸棕榈酸酯、神经酰胺、泛醇、氨基酸	0～2
防腐剂	羟苯甲酯、羟苯乙酯、羟苯丙酯、羟苯丁酯	0.01～0.1
抗氧化剂	BHA、BHT、季戊四醇四(双-叔丁基羟基氢化肉桂酸)酯	0.01～0.1

2. 唇釉的配方设计要点

唇釉与唇彩/唇蜜的配方结构相似。

① 唇釉配方要求较高的上色度，着色剂添加量较多，而高含量的着色剂、珠光剂会导致配方不稳定，在配方中添加填充剂可以对其稳定性起到一定的

作用。

② 与唇彩相比，在使用感方面大大改善了其黏性强，油腻不舒服的缺点，在油脂选择上，多采用清爽油脂比例会更高些，如异壬酸异壬酯，硅油类。

③ 与唇彩相比，唇釉更有质感，柔滑感，配方会添加大量硅弹体或弹性粉末，同时也对配方的清爽度有帮助。

④ 与唇膏相比，蜡的含量相对减少。

3. 典型配方与制备工艺

高上色唇釉、亮光唇釉、不沾杯唇釉的配方见表 10-14～表 10-16。

表 10-14　高上色唇釉

相	组分	用量/%	作用
A	地蜡	2.00	增稠
	微晶蜡	4.00	增稠
B	氢化聚异丁烯	3.00	黏合
	双-二甘油多羟基己二酸酯-2	10.00	黏合
	聚甘油-2异硬脂酸酯	3.00	成膜
	异壬酸异壬酯	15.00	润肤
	二异硬脂酸苹果酸酯	20.00	润肤
	辛基十二醇	30.00	润肤
	季戊四醇四异硬脂酸酯(PTIS)	加至100	润肤
C	硅石	2.00	填充
	高岭土	3.00	填充
	滑石粉	2.00	填充
D	氧化铁红	2.50	着色
	二氧化钛	3.00	着色
	D&C Red 7 Ca Lake	0.60	着色
	氧化铁黄	2.20	着色
	氧化铁棕	1.50	着色
E	BHA	适量	抗氧化
	羟苯丙酯	适量	防腐

制作工艺：

① A 相加热至 95℃溶解透明。

② 将 B 相搅拌加热至 90℃溶解。

③ 将 B 相加入 A 相，恒温 90℃并搅拌均匀。

④ 恒温加入 C 相，搅拌均匀。

⑤ 加入预先分散好的 D 相，恒温搅拌均匀至色料分散完全。

⑥ 降温到 80℃，加入 E 相，搅拌均匀后过滤出料。

配方解析：这是一款高上色易涂抹的唇釉，配方中除了添加大量的着色剂，还配合添加有覆盖唇部皮肤纹理的滑石粉、高岭土，提高上色的效果，且添加了有滑爽作用的硅石，提升延展性。

表 10-15　亮光唇釉的配方

组相	原料名称	用量/%	作用
A	地蜡	2.00	增稠
	合成蜡	4.00	增稠
B	甲基丙烯酸甲酯交联聚合物	3.00	黏合
	双-二甘油多羟基己二酸酯-2	10.00	黏合
	双甘油(癸二酸/异棕榈酸)酯	3.00	黏合
	VP/十六碳烯共聚物	1.00	成膜
	异壬酸异壬酯	10.00	润肤
	二异硬脂酸苹果酸酯	15.00	润肤
	辛酸/癸酸甘油三酯(GTCC)	10.00	润肤
	季戊四醇四异硬脂酸酯(PTIS)	加至 100	润肤
C	硅石	2.00	填充
	聚甲基硅倍半氧烷	3.00	填充
	磷酸氢钙	2.00	填充
D	氧化铁棕	0.40	着色
	D&C Red 7 Ca Lake	1.00	着色
	氧化铁红	0.65	着色
	二氧化钛	0.50	着色
	CI 77492 铁黄	0.13	着色
	FD&C Yellow 5 Al Lake	0.85	着色
E	BHA	适量	抗氧化
	羟苯丙酯	适量	防腐

制备工艺：

① 将 A 相加热至 95℃溶解透明。

② 将 B 相搅拌加热至 90℃溶解。

③ 将 B 相加入 A 相，恒温 90℃并搅拌均匀。

④ 恒温加入 C 相，搅拌均匀。

⑤ 加入预先分散好的 D 相，恒温搅拌均匀至色料分散完全。

⑥ 降温到 80℃，加入 E 相，搅拌均匀，过滤出料。

配方解析：这是一款亮光不黏腻唇釉。配方中选用大量折射率较高，肤感清爽，延展性的油脂如异壬酸异壬酯以达到亮光，不黏腻的效果。成膜剂 VP/十六碳烯共聚物（V216）的添加可提升配方的持久性并对光亮度的提升有协同作用。

表 10-16　不沾杯唇釉的配方

组相	原料名称	用量/%	作用
A	微晶蜡	2.00	增稠
	聚丁烯	4.00	增稠
B	氢化聚异丁烯	2.00	黏合
	二聚季戊四醇四羟基硬脂酸酯/四异硬脂酸酯	12.00	润肤
	聚甘油-2 三异硬脂酸	3.00	成膜
	VP/十六碳烯共聚物	1.00	成膜
	异壬酸异壬酯	10.00	润肤
	碳酸丙二醇酯	18.00	润肤
	辛酸/癸酸甘油三酯(GTCC)	加至100	润肤
C	司拉氯铵水辉石	2.00	填充
	硅石	1.00	填充
	聚甲基硅倍半氧烷	1.00	填充
D	D&C Red 7 Ca Lake	0.65	着色
	D&C RED 27 Al LAKE	1.00	着色
	氧化铁红	0.80	着色
	氧化铁棕	0.1	着色
	D&C Red 6 Na Salt	0.09	着色
	FD&C Yellow 5 Al Lake	1.00	着色
E	BHA	0.10	抗氧化
	羟苯丙酯	0.10	防腐

制备工艺：

① 将 A 相加热至 95℃溶解透明。

② 将 B 相搅拌加热至 90℃溶解。

③ 将 B 相加入 A 相，恒温 90℃并搅拌均匀。

④ 恒温加入 C 相，搅拌均匀。

⑤ 加入预先分散好的 D 相，恒温搅拌均匀至色料分散完全。

⑥ 降温到 80℃，加入 E 相，搅拌均匀后过滤出料。

配方解析：此配方中采用成膜能力，软硬程度不一的成膜剂 VP/十六碳烯共聚物聚与甘油-2 三异硬脂酸配合，达到成膜快、持妆久的效果。

4. 常见质量问题及原因分析

① 唇釉比传统的唇蜜、唇彩比更注重在使用的肤感，轻薄，丝滑感好，不黏腻，在稳定性上就有些欠缺，常有分层、出油的现象。油脂之间的相容性欠佳是最主要原因，可考虑加入助溶剂使其更稳定，也可适量加入一些吸油值较高的粉剂使产品减少出油，增加稳定性。

② 一般唇釉对光照比较敏感，在光照下容易褪色、变色，需要在密封、避光的环境下保存，一般建议采用完全避光的包材。

三、其他

（一）唇乳

唇乳分为 O/W 型和 W/O 型两种类型。其配方组成与液态底妆产品相似，主要由溶剂、润肤剂、乳化剂、着色剂、填充剂、皮肤调理剂、防腐剂组成。唇乳所含色素比液态底妆更鲜艳，色彩更多。由于唇乳中含有水相，相比于其他油剂型的唇部化妆品的质地要轻薄，上妆后的油腻感要低。

唇乳含有大量着色剂，易产生水油分离、生成絮状物等不稳定的现象，配方设计要考虑着色剂种类选择及比例控制。唇乳的上色度与唇膏、唇釉比相对有欠缺，配方设计要考虑唇乳配方中添加适量的水溶性色素、成膜剂等。唇乳的典型配方见表 10-17。

表 10-17　唇乳的配方

组相	原料名称	用量/%	作用
A	去离子水	加至 100	溶解
	EDTA 二钠	0.05	螯合
	黄原胶	0.10	黏合
	丁二醇	4.00	保湿
B	环五聚二甲基硅氧烷	5.00	润肤
	苯基聚三甲基硅氧烷	5.00	润肤
	辛基十二醇	8.00	润肤
	二异硬脂醇苹果酸酯	10.00	润肤
	氢化聚异丁烯	4.00	黏合
	蜂蜡	1.00	黏合
	鲸蜡基 PEG/PPG-10/1 聚二甲基硅氧烷	2.00	乳化（W/O）
	山梨坦异硬脂酸酯	2.00	乳化

组相	原料名称	用量/%	作用
C	二异硬脂醇苹果酸酯	1.00	润肤,分散色料
	氧化铁黑	0.10	着色
	二氧化钛	0.30	着色
	氧化铁黄	0.50	着色
D	CI15850(D&C红6钡色淀,D&C红7钙色淀、D&C红6钠盐)	2.00	着色
	CI45410(D&C红27钡色淀)	1.00	着色
	CI77007(群青)	0.50	着色
E	苯氧乙醇	0.10	防腐
	生育酚	0.05	抗氧化

制备工艺:

① 将 C 相混合并用三棍研磨机研磨 3 次直至均匀;

② 将 A 相高速搅拌混合均匀,然后缓慢加热至 80℃,直至澄清透明;

③ 将 B 相混合加热至 80℃,搅拌直至料体溶解并呈澄清透明;

④ 将预分散的 C 相加入 B 相中高速搅拌均匀,并降温至 75℃待用;

⑤ 将 (B+C) 相缓慢加入 A 相中,均质搅拌,直至呈均匀的乳状液后开始停止加热;

⑥ 搅拌降温至 45℃,加入 D 相搅拌均匀,依次加入 E 相原料搅拌均匀后出锅。

配方解析:这是一款典型的唇乳配方。配方中水相、油相都添加了着色剂,保证产品的着色能力。

(二)染唇液

染唇液是涂抹在唇部上,颜色比较轻薄但染色力很强,颜色保留时间长,卸妆需用专门的卸妆产品的一种液体唇部产品。染唇液主推颜色持久不掉的概念,而保持颜色持久是基于将皮肤表层染色,有些消费者不能接受。

染唇液质量要求外观均匀,无杂色;质地水、薄、轻盈、快干,染色力强;安全无刺激。染唇液通常是水剂型的。配方主要由溶剂、黏合剂、着色剂等组成。见表 10-18。

表 10-18 唇染液的配方组成

组分	常用原料	用量/%
溶剂	水、甘油、丙二醇、二丙二醇、乙醇、变性乙醇、1,2-戊二醇、己二醇、乙基己基甘油、乙基己二醇	80～95
黏合剂	羟乙基纤维素、羟丙基瓜儿胶、黄原胶、卡波姆	1～3
乳化剂	山梨坦硬脂酸酯、聚山梨醇酯-60、聚山梨醇酯-20、聚山梨醇酯-80、山梨坦油酸酯	1～5
螯合剂	EDTA 二钠、EDTA 四钠	1～3
着色剂	CI 15850、CI 77891、CI 77007、CI 45380、CI 45410、CI 77491、CI 77492、CI 77499、CI 77718、CI 15985	1～5
芳香剂	按照产品需求添加	0～0.2
皮肤调理剂	山茶花提取物、山茶籽提取物、蜂王浆提取物、阳桃叶提取物、乳酸杆菌/豆浆发酵产物滤液、紫苏叶提取物物、野山楂果提取物	0～2
防腐剂	苯氧乙醇、羟苯甲酯	0.01～0.1
抗氧化剂	生育酚乙酸酯	0.01～0.1

配方中会适当添加助乳化剂帮助色料分散。由于染唇液的基底配方为水溶性，所以在着色剂选择上不能使用油溶性着色剂，应选用水溶性染料。如用油溶性的着色剂，加热会导致产品立即分层，并且有变色的风险。而水溶性着色剂本身由于分子量小，容易通过唇部皮肤的渗透压作用使到小分子着色剂渗入皮肤角质层，形成染色的效果，但水溶性着色剂也不宜添加过多。典型的染唇液配方见表 10-19。

表 10-19 染唇液的配方

组相	原料名称	用量/%	作用
A	去离子水	加至 100	溶解
	羟乙基纤维素	3.00	黏合
	乙醇	8.00	溶解
B	丁二醇	3.00	保湿、溶解
	二丙二醇	3.00	保湿、溶解
	黄原胶	0.50	黏合
	聚山梨醇酯-60	2.00	乳化
	EDTA 二钠	1.00	螯合
	EDTA 四钠	1.00	螯合
C	CI45410、CI16035	2.00	着色
D	苯氧乙醇	0.10	防腐

制备工艺：

① 将 A 相预分散后加热至 80～85℃直至完成溶胀，降至常温备用。

② 将 B 相常温预分散备用。

③ 常温混合 A、B 相直至均匀澄清透明。

④ 恒温加入 C 相缓慢搅拌直至均匀。

⑤ 恒温加入 D 相搅拌均匀，出锅。

配方解析：这是常规的水剂型染唇液配方。增稠体系选用乙基纤维素与黄原胶搭配，有助调配有一定黏度、有助涂抹、滑而不黏的合适黏稠的膏体。

（三）唇部护理液

唇部护理液是一种液态型唇部护理产品。功能与润唇膏一样，对唇部皮肤提供养护、滋润、补水防止唇部干裂的作用，减低因外界环境对唇部引起的损害。唇部护理液一般比较有质感，有一定的流动性，相比润唇膏更易涂抹，可更充分覆盖唇部包括唇部细纹，起到物理性覆盖唇部防止唇部水分的蒸发流失。

唇部护理液的配方组成与唇彩、唇油类似，执行标准可用《唇彩、唇油》GB/T 27576—2011。唇部护理液的配方由蜡剂、润肤剂、黏合剂、皮肤调理剂、防腐剂、抗氧化剂组成。其配方组成与唇彩/唇蜜等流动性较高的液态型唇部化妆品类似，由于其作用主要为护理唇部，所以极少或不添加着色剂、珠光剂。亦如润唇膏一样，唇部护理液需添加大量的皮肤调理剂。

传统唇部护理液的配方见表10-20，淡唇纹护理液的配方见表10-21。

表 10-20 传统唇部护理液的配方

组相	原料名称	用量/%	作用
A	蜂蜡	2.00	增稠
	地蜡	1.00	增稠
	巴西棕榈蜡	1.00	增稠
B	氢化聚异丁烯	15.00	黏合
	矿脂	20.00	黏合
	矿油	30.00	润肤
	十三烷醇偏苯三酸酯(TDTM)	加至100	润肤
C	生育酚	0.50	抗氧化
D	苯氧乙醇	0.10	防腐

制备工艺：

① 将 A 相加热至95℃溶解透明，同时将 B 相搅拌加热至90℃溶解。

② 将 B 相加入 A 相，恒温90℃并搅拌均匀。

③ 降温到80℃，加入 C 相，搅拌均匀。

④ 加入 D 相，搅拌均匀后过滤出料。

配方解析：这是传统的唇部护理液配方。相对比较简单，以滋润性油脂为主，通过用生育酚这类传统的皮肤调理剂提供护理效果，同时也增加配方的抗氧化功能。

表 10-21　淡唇纹护理液的配方

组相	原料名称	用量/%	作用
A	地蜡	10.00	增稠
	微晶蜡	2.00	增稠
B	牛油果树果脂	2.00	皮肤调理
	聚二甲基硅氧烷	15.00	润肤
	辛甘醇	3.00	润肤
	二异硬脂酸苹果酸酯(222)	加至100	润肤
	苯基聚三甲基硅氧烷	10.00	润肤
	油橄榄果油	8.00	皮肤调理
C	膨润土	2.00	填充
	聚二甲基硅氧烷交联聚合物	3.00	填充
	硅石	2.00	填充
	锦纶-12	3.00	填充
D	燕麦仁油	1.00	增稠
E	生育酚	0.10	抗氧化
	苯氧乙醇	0.10	防腐

制备工艺：

① 将 A 相加热至 95℃溶解透明，同时将 B 相搅拌加热至 90℃溶解。

② 将 B 相加入 A 相，恒温 90℃，搅拌均匀。

③ 恒温加入 C 相，搅拌均匀。

④ 降温到 75℃，依次加入 D 相、E 相，搅拌均匀后过滤出料。

配方解析：本配方中附着性高、流动性较好的油脂二异硬脂酸苹果酸酯，配合有填充、柔焦效果的粉末膨润土、硅石、高聚物聚二甲基硅氧烷交联聚合物，起到即时填补唇部皮肤不平整的问题。

第三节　笔类唇部产品

笔类唇部化妆品的外形是笔状，更方便描画唇部轮廓，改善唇型细节，修饰/弥补嘴唇缺陷，为唇部提供色彩与光泽，显示立体感。笔类唇部产品最为常见的有唇膏笔与唇线笔两大类。唇线笔的颜色相对唇膏通常略深，以突出唇形。

笔类唇部产品与常见唇膏最大的差异在于包材以及成型的粗细（直径）。

笔类唇部产品的质量要求是：

① 外观色泽均匀，无油斑，无白点；

② 易上色，易涂抹，持久性好；

③ 笔芯不易折断，触感舒适；

④ 安全，无刺激。

一、笔类唇部产品的分类

笔类唇部产品目前市场上主要有非活动型（铅笔型）和活动笔型（管型）。

1. 铅笔型唇膏笔

铅笔型唇膏笔/唇线笔为传统型产品，多用于唇线勾勒。它与铅笔类似，是将油脂、蜡和色素混合、研磨、压条而制成笔芯后，黏合于木杆中，可用刀片/卷笔刀把笔尖削尖使用。但由于肤感干涩、上妆及使用不太方便，已经逐渐在市场上淘汰。铅笔型唇膏笔/唇线笔的制造工艺与眉笔类产品类似。铅笔型唇膏/唇线笔要求笔芯软硬适度、描画容易、色彩自然、不易断裂，并且要与木制包材贴合，要求配方不能因长期存放而出现渗油现象。

2. 管型唇膏笔

管型唇膏笔是近年来出现的新型唇膏类化妆品，包材通常比常规的唇膏管长一些。常见的有笔型外观圆管状的，按压式的细长圆管状的（也叫按钮式唇膏）。配方要求膏体硬度不能太低，膏体稳定性好，不易出油，特别是采用按压式包材的，因为膏体是直接灌注入包材中的，膏体与包材之间是高度贴合的，容易因稳定性不好产生的出油的现象，通过包材边缘流出，污染包材的现象。

二、笔状唇膏/唇线笔的配方组成

笔状唇膏/唇线笔的配方组成及生产工艺与棒状唇膏相似。其配方组成见表 10-22。

表 10-22　笔状唇膏/唇线笔的配方组成

组分	常用原料	用量/%	作用
油剂	氢化聚癸烯、棕榈酸乙基己酯、月桂酸己酯、十三烷醇偏苯三酸酯、异十六烷、异十二烷、苯基聚三甲基硅氧烷、聚二甲基硅氧烷、二异硬脂酸苹果酸酯、蓖麻油、己二酸二异丙酯、辛基十二醇	30~50	润肤,增加膏体亮泽
脂类	矿脂、羊毛脂、氢化聚异丁烯、植物甾醇酯类、植物甾醇类	5~20	黏合,增加配方的稠度与质感
蜡剂	地蜡、聚乙烯、聚丙烯、蜂蜡、白峰蜡、小烛树蜡、巴西棕榈蜡	15~25	增稠,使配方固形

续表

组分	常用原料	用量/%	作用
成膜剂	VP/十六碳烯共聚物、三十烷基 PVP	2～5	成膜,提高持妆度
增稠剂	糊精棕榈酸酯、糊精硬脂酸酯、二甲基甲硅烷基化硅石	1～3	增稠,悬浮
弹性体	聚二甲基硅氧烷交联聚合物、聚二甲基硅氧烷/乙烯基聚二甲基硅氧烷交联聚合物、乙烯基聚二甲基硅氧烷/聚甲基硅氧烷硅倍半氧烷交联聚合物	1～3	改善肤感
粉剂	滑石粉、高岭土、膨润土、锦纶-12、氮化硼	5～20	填充,填充细纹
着色剂	CI 15850、CI 77891、CI 77007、CI 45380、CI 45410、CI 77491、CI 77492、CI 77499、CI 77718、CI 15985	5～15	着色
珠光剂	云母、氧化锡、氧化铁类、合成氟金云母、硼硅酸钙盐、铝	0～10	珠光,增加亮泽度,赋予闪亮效果
芳香剂	按照产品需求添加	适量	赋香
皮肤调理剂	生育酚乙酸酯、透明质酸钠、抗坏血酸棕榈酸酯、神经酰胺、泛醇、氨基酸	适量	皮肤调理,改善皮肤问题
防腐剂	羟苯甲酯、羟苯乙酯、羟苯丙酯、羟苯丁酯	0.01～0.1	防腐
抗氧化剂	BHA、BHT、季戊四醇四(双-叔丁基羟基氢化肉桂酸)酯	0.01～0.1	抗氧化

三、笔状唇膏/唇线笔的配方设计要点

笔状唇膏/唇线笔的配方设计主要考虑硬度,以及油脂的相容性。

① 由于唇膏/唇线笔的笔芯一般比较细小,产品要求硬度较高,可通过加入的蜡的量和熔点来调节笔芯的硬度。但唇部比较敏感,需同时考虑涂抹舒适感的问题。

② 木杆型唇膏笔由于笔芯与木杆包材是直接接触的,因此还需要考虑到木杆和笔芯之间的相容性。一般在配方中不宜使用渗透性较好的油脂,以免引起油脂被木杆吸收。

四、典型配方与制备工艺

常见唇膏笔与唇线笔芯的配方见表10-23、表10-24。

表 10-23　唇膏笔的配方

组相	原料名称	用量/%	作用
A	聚乙烯	8.00	增稠
	石蜡	10.00	增稠
	小烛树蜡	5.00	增稠

组相	原料名称	用量/%	作用
B	辛酸/癸酸甘油三酯(GTCC)	15.00	润肤
	矿油	20.00	润肤
	氢化聚癸烯	20.00	润肤
	异十六烷	加至 100	润肤
	氢化聚异丁烯	5.00	润肤
	三异硬脂精	5.00	黏合
C	硅石	3.00	填充
D	二氧化钛	1.0	着色
	氧化铁红/黄	适量	着色
	D&C Red 7 Ca Lake	适量	着色
	FD&C Yellow 5 Al Lake	适量	着色
E	BHT	0.10	抗氧化
	羟苯甲酯	0.10	防腐

制备工艺：

① 将 C，D 相用混合机充分混合。

② 将 A，B 相混合加热到 85℃左右熔解搅拌均匀。

③ 加入混合好的（A＋B）相，充分搅拌混合至均匀。

④ 降温到 60℃左右依次加入 E 相里的原料，搅拌均匀。

⑤ 出料冷却后过研磨机。

⑥ 通过挤压机制成芯、夹到木杆中，制成唇膏笔（铅笔状）。

配方解析：这是一款木杆唇膏笔配方。选用的都是与木质相容性不高的油脂，减少串色、木杆变软的问题。因笔芯是包裹在木杆中，因此选用如小烛树蜡这类硬脆的蜡剂较容易提高配方硬度，有助提高爽滑感。

表 10-24　唇线笔芯的配方

组相	原料名称	用量/%	作用
A	氢化植物油	46.8	润肤
	氢化棉籽油	2.70	润肤
B	日本蜡	14.70	增稠
	蜂蜡	7.70	增稠
C	膨润土	2.80	填充

组相	原料名称	用量/%	作用
D	氧化铁红	2.22	着色
	珠光颜料	21.16	着色
	氧化铁黄	1.69	着色
	氧化铁棕	0.11	着色
	锰紫	0.02	着色
E	羟苯甲酯	0.1	防腐

制备工艺：

① 将 D 相用混合机充分混合；

② 将 A、B 相混合加热到 85℃左右熔解搅拌均匀；

③ 加入 C 相，充分搅拌混合至均匀；

④ 加入混合好的 D 相，充分搅拌混合至均匀；

⑤ 降温到 60℃左右加入 E 相里的原料，搅拌均匀；

⑥ 出料冷却后过研磨机，待灌装。

配方解析：这是一款柔润稳定性好的唇线笔配方。配方选用日本蜡为主成型剂，日本蜡本身吸油值较强、且不容易产生在储存时因重结晶导致笔芯表面有霜状白色微粒的问题。膨润土的添加有助成型外还有利于提升笔芯的柔润性，改善涂抹的触感。

第十一章
眼部美容化妆品

Chapter 11

眼部化妆品是指涂敷在眼睛周围（眼皮、睫毛、眼皮边缘和眼眉等），起到美化眼睛，修饰眼部轮廓，突出眼部层次感的产品。眼部化妆品的色调千变万化，通过涂抹在眼部产生阴影和各种色调，赋予眼部色彩效果、光泽效果，显示出眼部效果，使眼睛具有生气和活力，赋予整体妆容立体感，突出个性，是年轻消费者喜爱的化妆品品类。

眼部化妆品按其使用部位，可划分为以下几类。见表11-1。

表 11-1　眼部化妆品分类

使用部位	产品类型	代表产品
眼皮/眼睑	眼影产品	块状眼影,眼影粉,眼影膏,眼影棒,眼影笔
眼皮边缘	眼线产品	眼线液,眼线笔,眼线膏
睫毛	睫毛产品	睫毛膏,睫毛液,睫毛滋养/护理品

第一节　眼影

眼影是涂敷于上眼睑（眼皮）及外眼角，产生阴影色调反差，形成阴影而美化眼睛的化妆品。利用眼影可重新塑造眼部，扩大眼睛轮廓，使眼眶下凹，产生立体美感，达到强化眼神，使眼睛显得更美丽动人。

眼影的色调是彩色化妆品中最为丰富多彩的，从黑色、灰色、青色、褐色等暗色到绿色、橙色及桃红等鲜艳色调，还可以添加珠光。从光泽上可分为哑光、亮光。眼影是很富有时代感的一类化妆品，其颜色随流行色调而变化，应注意配合肤色、脸形、服饰以及场合等，以使产生最佳的整体化妆效果。

根据剂型的不同，眼影可分为块状、粉状、膏状、笔状、棒状、液状。其

中以块状为主，其次为粉状和膏状。块状一般采用铝盘或者塑料盘，压制成各种颜色和形状；散粉状的眼影直接灌装在盒子里，采用毛刷上妆；液体状的眼影大多数采用软管来装，采用挤压的方式上妆；棒状主要为眼影棒，采用塑壳包材，采用削铅笔的方法保持笔端的细度来上妆。眼影膏的色彩没有眼影粉丰富，但涂后有滋润感觉。眼影笔是全油蜡结构，相对偏油一些，但使用方便。

一、块状眼影

（一）块状眼影简介

块状眼影是目前市场最流行的，用马口铁或铝质金属制成底盘，压制成各种颜色和形状。通常会将深、浅色调与主色调配套包装于一塑料盒内，便于搭配使用并提供更多的选择。

块状眼影的质量要求如下。

① 颜色均匀，无杂色，涂抹色与外观色一致。

② 无异味，无颗粒感，颜色稳定。

③ 易涂抹，不掉粉，贴服性好，好上色。

④ 不晕妆，持久性好。

⑤ 运输不易碎裂。

⑥ 安全，不刺激。

眼影执行的是化妆粉块的行业质量标准 QB/T 1976—2004，其感官、理化指标见表 11-2。

表 11-2　眼影的感官、理化指标

项目		要求
感官指标	外观	无异物
	香气	符合规定香型
	块型	表面应完整,无缺角、裂缝等缺陷
理化指标	涂擦性能	油块面积≤1/4 粉块面积
	跌落试验/份	破损≤1
	pH	6.0～9.0

（二）块状眼影的配方组成

块状眼影的配方组成见表 11-3。

表 11-3 块状眼影的配方组成

组分	常用原料	用量/%	作用
填充剂	滑石粉、云母、尼龙-12、氮化硼、氯氧化铋等	10~70	填充,调节肤感
着色剂	无机颜料、有机颜料、珠光剂	0~60	着色
黏合剂	粉:硬脂酸镁、硬脂酸锌、肉豆蔻酸镁、肉豆蔻酸锌	1~6	黏合,防止粉饼干裂
	油脂:白油、凡士林、角鲨烷、硅油	3~35	润肤,黏合,防止粉饼干裂
防腐剂	苯氧乙醇、羟苯甲酯、羟苯丙酯	适量	防腐
香精	日化香精	适量	赋香

（三）块状眼影的原料选择要点

1. 滑石粉

滑石粉是使用最普及的填充剂，可以根据妆效的需求来选择滑石粉，如果需要高遮盖力的粉，则选择较小粒径的滑石粉；如需求提亮效果的眼影粉，则需要选择粒径相对大些的滑石粉，会比较透亮，不容易掩盖珠光剂的亮度。

2. 防腐剂

防腐剂要求：不对产品的性质、颜色、气味造成影响；配伍性好，不影响产品的稳定性；安全无刺激。眼影配方的组成基本是粉末与油脂，几乎不含水，建议选择粉末或油溶的防腐剂。目前常用防腐剂有苯氧乙醇、羟苯甲酯、羟苯丙酯等。

3. 着色剂

全球大部分国家对着色剂的使用都有限制，需要注意每个国家及地方的法规限制。眼部中用的着色剂包括无机颜料、有机颜料和珠光颜料。无机颜料如氧化铁棕、氧化铁红、群青、氧化铁黄等色粉在全球的使用率比较普及，全球大部分国家都可以使用，重点关注为无机色粉里面的重金属含量不能超标。有机色粉的使用率在全球的区别较大，部分在国内与欧洲可以使用的有机色粉，但在美国、日本是不能使用的，此类色粉的使用在眼影产品需要注意出口国家。

（四）块状眼影的配方设计要点

1. 着色力

一般是指涂抹在皮肤上不应看到下面皮肤颜色，同时也需要将眼部的瑕疵有效遮盖，所以可以添加有遮盖力的成分，选择着色力比较强的着色剂，如钛白粉、珠光剂。调节着色剂在配方中用量，从而得到不同遮盖力效果；调节配方中粉类原料的粒径可以改善配方中粉质柔软度，越细的原料相对来说粉质越细软，粒径越大粉质则越粗糙。

2. 贴服性

指涂抹在皮肤上贴合度好，不会出现浮粉的问题，看起来自然附着在皮肤上，越自然越好。这可以从几个方面着手：一是选取粒径小的粉，越小越容易贴附在皮肤的纹路里，一般粒径在 $5\sim60\mu m$ 贴服比较好。慎用纳米级别的粉原料，纳米级别的粉因比表面积大，分子间静电作用，高活性的化学键等特性，容易团聚，使用起来比较涩，反而容易降低产品的贴服性。二是选择较为贴服的油脂来改善产品的贴服性，比如羊毛脂类的油脂。三是可选经过表面处理的亲肤性好的粉，如聚二甲基硅氧烷处理过的粉。四是适当选择及添加一些片状的粉，如硫酸钡。

3. 延展性

指眼影帮涂抹粉的时候能容易的在眼皮上分散均匀，不会出现干涩，涂抹不开的问题。这可通过适当增加眼影粉里面的球形粉末来改善。

4. 持久性

是指产品上妆后颜色不易脱落，保留时间长，理论上讲，妆效持续越长越好，但如果过度追求产品的持久性会影响产品的其他性能，目前常通过适当提高黏度高的油脂的比例，选用在皮肤上能形成薄膜的油脂改善眼影的持久性。

（五）块状眼影的生产工艺

1. 生产工艺流程

块状眼影的生产工艺流程见图 11-1。

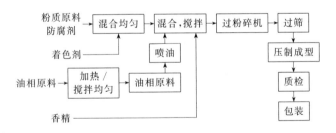

图 11-1　块状眼影的生产工艺流程图

2. 生产工艺程序

眼影生产必须用到粉体搅拌机，粉碎机。要经过混合、粉碎和过筛，为了使眼影压制成型，必须加入有黏合作用的油相，添加附着力强的粉类原料也有助于眼影压制成型。

（1）混合

① 先把粉的基料，按配方比例称好后放入搅拌锅，高速搅拌至分散均匀。

② 加入着色剂（除珠光外），高速搅拌使色粉能完全分散均匀，没有色点。如需添加珠光粉，不能破坏其颗粒的大小，以免影响其光泽剂色泽特点，需要视具体的粉碎机的剪切速度和力度确定是在粉体过完粉碎机后还是前添加，且搅拌采用慢速为宜。

（2）喷油　将油相混合搅拌，如需要可加热溶解，使为液状且混合均匀。油相加入保证喷洒均匀，必须边喷油边搅拌。喷油的速度与喷嘴的选择必须合适，以能均匀液化为佳。喷油不宜一次完成，可分三次左右完成，每次喷完都需要搅拌均匀，有利于油相在粉体表面分布均匀。

（3）粉碎　料体通过粉碎机粉碎并过 40 目筛网。

（4）压制成型　压制要点与粉饼的一致，可参考相关内容。如采用的工艺是粉浆注射的，需要将粉相与一定比例的溶剂（水、丙二醇）先混合均匀，一般采用的比例是 2∶3，可根据具体情况调整，然后将混合浆注射到塑料粉盒，通过抽真空吸出其中的溶剂相，粉盒中只留所需粉相，可做多种彩色图案。

（六）典型配方与制备工艺

眼影两个配方见表 11-4、表 11-5。

表 11-4　块状眼影（哑光）配方

组相	原料名称	用量/%	作用
A	滑石粉	加至 100	填充
	云母	30.0	填充
	高岭土	5.0	填充
	尼龙粉	3.0	抗结块
	硅石	2.0	抗结块
B	白油	3.0	润肤
	聚二甲基硅氧烷	2.0	润肤
C	二氧化钛	5.0	着色
	氧化铁红/黄/黑	15.0	着色
D	苯氧乙醇	适量	防腐
E	香精	适量	赋香

制备工艺：

① 将 A 相中的原料加入搅拌锅高速分散 20min。

② 将 B 相原料加入油相锅中，加热混合后备用。

③ 将混合好的粉质原料和 C 相加入搅拌机混合搅拌 30min，分散好后再喷入混合好的黏合剂，边喷边搅拌至均匀。加入 D 相混合搅拌 10min。

④ 加入 E 相混合搅拌 10min。

⑤ 混合好的粉料去超微粉碎机中粉碎。检验合格后可以压制。

配方解析：此款配方是一款丝绒触感的亚光眼影配方，选用尼龙粉可以给配方带来丝绒触感，另外配方还添加了硅石，可以有效增加产品的延展性，涂抹性。

表 11-5　高珠光眼影的配方

组相	原料名称	用量/%	作用
A	滑石粉	加至 100	填充
	高岭土	5.0	填充
	尼龙粉	3.0	抗结块
	硅石	2.0	抗结块
B	白油	5.0	润肤
	聚二甲基硅氧烷	5.0	润肤
	羊毛脂	1.0	润肤
C	二氧化钛	1.0	着色
	苯氧乙醇	适量	防腐
D	二氧化钛（CI77891）、氧化锡（CI77861）、云母	40.0	珠光
E	香精	适量	赋香
F	硼硅酸钠钙、二氧化钛（CI77891）、氧化锡（CI77861）	10.0	玻璃珠光

制备工艺：

① 将 A 相中的原料加入搅拌锅高速分散至均匀。

② 在油相罐中制备黏合剂：加入 B 相原料加热混合后备用。

③ 将混合好的 A 相原料和 C 相原料加入搅拌机混合至色料分散完全，没有色点。

④ 加入 D 相，搅拌均匀后分次将混合好的黏合剂喷入，搅拌至均匀。

⑤ 加入香精混合搅拌 10min。

⑥ 将混合好的粉料在超微粉碎机中粉碎。

⑦ 再加入 F 相放到搅拌机后慢速搅拌至均匀，然后用 40 目筛网过筛，检验合格可以压制。

配方解析：这是一款高含量的珠光眼影配方。因珠光含量很高，所以油相含量相对较高，且选用白油，羊毛脂作为油相，有助成型避免易碎风险。

（七）常见质量问题与原因分析

1. 涂抹不到颜色

主要原因是选择黏合剂用量过多或压制时的压力过高。

2. 疏松容易碎裂

主要原因是黏合剂选择不当或用量过少，珠光剂用量过多，压制时的压力过低。

3. 涂抹时候有色素点及油点

主要原因是油脂黏性强或分散不够好；色粉的分散不均匀。

4. 液态粉净含量不稳定/不足

主要原因是粉浆注射工艺所用的模具精确度不够/配合差/密封度不好，或注射压力不当容易导致溢料，灌不满，粉浆泄漏而造成净含量的问题。

二、眼影粉

（一）眼影粉简介

眼影粉就是粉末状的眼影，与眼影粉块的使用用途及生产工艺基本一样，区别在于不用压制成型，一般使用塑壳或者透明塑壳装，所以配方的组成，所用的原料大体一致，最大的差异就是着色剂及珠光剂的使用量会更大，填充剂的比例更低。眼影粉使用不方便，且易飞粉，消费者接受度不高，市面也不常见。

与普通压粉眼影相比较，眼影散粉没有粉块容易破裂的风险，而且色泽可以更饱和，需要使用毛刷匹配上妆。相对普通块状眼影的缺点是上妆的手法要求比较专业，而且更容易掉粉。在配方的设计上偏重于用高含量的珠光粉来直接达到着色效果，也有100％全珠光的眼影散粉，在黏合剂的选择上通常选择黏性低的油脂，不易结团，在生产过程中可以很好地分散。

眼影粉的质量要求是：

① 颜色均匀，无色点与杂色，无令人不愉悦的气味；

② 粉体细腻，无颗粒；易涂抹，易上色，不掉粉，贴服性好；安全，无刺激。

（二）眼影粉的配方组成

眼影粉的配方组成，见表11-6。

表 11-6 眼影粉的配方组成

组分	常用原料	用量/％
填充剂	云母粉、滑石粉、高岭土、硬脂酸镁/锌、硅粉	0～30
着色剂	氧化铁系列、有机色粉（适量）	适量
珠光剂	珠光原料，如合成云母、硼硅酸铝盐珠光颜料	10～90
油相	硅油、白油、辛酸/癸酸甘油三酯等	0～15
防腐剂	羟苯甲酯、羟苯丙酯、苯氧乙醇	适量
芳香剂	日用香精	可不添加或适量

与普通压粉眼影相比较，眼影粉没有粉块容易破裂的风险，而且色泽可以更饱和，需要使用毛刷匹配上妆。相对普通块状眼影的缺点是上妆的手法要求比较专业，而且更容易掉粉。在配方的设计上偏重于用高含量的珠光粉来直接达到着色效果，也有100%全珠光的眼影散粉，在黏合剂的选择上通常选择黏性低的油脂，不易结团，在生产过程中可以很好的分散。

（三）典型配方与制备工艺

常见的眼影粉配方有珠光眼影见表11-7，全珠光眼影见表11-8。

表 11-7　珠光眼影的配方

组相	原料名称	用量/%	作用
A	滑石粉	加至100	填充
	高岭土	5.0	填充
B	白油	5.0	润肤
	聚二甲基硅氧烷	5.0	润肤
C	苯氧乙醇	适量	防腐
D	二氧化钛(CI77891)、氧化锡(CI77861)、云母	60	珠光
E	香精	适量	赋香

制备工艺：

① 将 A 相中的原料加入搅拌锅高速分散 20min。

② 在油相罐中制备黏合剂，加入 B 相原料加热混合后备用。

③ 将混合好的 A 相原料和 C 相原料放到搅拌机混合搅拌 30min，分散好后再加入 D 相原料混合搅拌 10min。

④ 然后分次喷入混合好的黏合剂搅拌 20min 直到均匀。

⑤ 混合好的粉料去超微粉碎机中粉碎、过筛。检验合格后可以分装。

配方解析：此配方是一款不压制的眼影散粉配方，采用粉盒装置，优势在于可以添加高比例的珠光剂，可以打造更加饱和的色彩。此配方目前在国内流行的比较少，多见于欧盟的品牌。

表 11-8　全珠光眼影的配方

组相	原料名称	用量/%	作用
A	二氧化钛(CI77891)、氧化锡(CI77861)、云母	加至100	珠光
B	白油	5.0	润肤
	聚二甲基硅氧烷	5.0	润肤
C	苯氧乙醇	适量	防腐
D	香精	适量	赋香

制备工艺:

① 将 A 相原料加入搅拌锅,中速搅拌均匀。

② 在油相罐中制备黏合剂,加入 B 相原料加热混合后备用。

③ 将 B 相原料喷入混合好的 A 相中,搅拌 20min。加入 C 相混合搅拌 10min。

④ 加入 D 相,搅拌均匀。

⑤ 混合好的粉料去超微粉碎机中粉碎,过筛。检验合格后可以分装。

配方解析:此款眼影散粉配方,为打造极限饱和与纯净的金属色彩,添加了高比例珠光剂的含量,并不添加任何常规如滑石粉之类的填充剂,避免因填充剂导致色彩暗哑,不纯净的问题。

(四)主要质量问题及原因分析

1. 有色点,杂色点

主要原因是色粉或者珠光粉的分散不均匀。

2. 上色度差

主要原因是黏合剂选择不当或用量过多导致难以取粉。

3. 涂抹容易掉粉

主要原因是黏合剂选择不当或用量过少导致粉体缺少黏性。

三、眼影膏

(一)眼影膏简介

眼影膏大部分属于油蜡体系,是颜料粉体均匀分散于油脂和蜡基的混合物,也有少量的乳化体系配方。眼影膏不如粉状眼影块流行,但颜色浓郁,其带妆的持久性较好,防水性强。眼影膏多数为油剂型,不含水,更适用于干性皮肤。

(二)眼影膏的配方组成

眼影膏的配方组成见表 11-9。

表 11-9　眼影膏的配方组成

组分	常用原料	用量/%	作用
油脂/润肤剂	白油、高碳烃类如凡士林、异十二烷、硅油、植物油脂等	30~60	润肤、贴服性及持久性
蜡剂	巴西棕榈蜡、小烛树蜡、地蜡、聚乙烯蜡、蜂蜡等	5~15	塑性及稳定
粉剂	滑石粉、云母、硅粉等	0~10	吸汗,改善涂抹性

组分	常用原料	用量/%	作用
着色料	氧化铁系列、钛白粉等无机色粉,有机色料,珠光粉	5～30 (按需求)	着色
成膜剂	油性成膜剂,如/十六碳烯共聚物	0～10	持妆,防晕
防腐剂	苯氧乙醇、甲酯、丙酯	适量	防腐
香精	日用香精	适量	赋香

(三)眼影膏的配方设计要点

眼影膏配方设计要考虑:添加一定比例的挥发性油脂,达到快速成型的效果;添加适量的粉质原料,达到贴服、易涂抹的效果;添加适量有成膜效果的原料来达到妆效持久;添加大量的珠光以达到闪亮的效果。在珠光的选择上,如需要透明度高,闪烁高的宜用颗粒度大的珠光,如需要的是缎面,丝滑的亮光的则易采用颗粒度小的珠光。

(四)眼影膏的生产工艺

1. 生产工艺程序

因眼影膏大部分是油剂型配方,生产工艺以油剂型为例。生产必须用到熔料搅拌锅,粉碎机、碾磨机。经过混合、碾磨和高温溶解。

眼影膏生产工艺流程见图11-2。

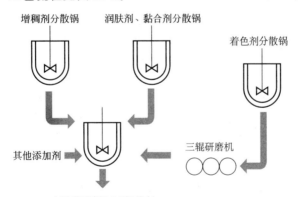

图 11-2　眼影膏生产工艺流程

① 预分散色浆:将色料与分散油脂按合适的比例混合搅拌均匀,经三辊研磨机研磨均匀。

② 将油脂及蜡加入搅拌锅,加热至 80～90℃直至加热溶解。

③ 再将碾磨分散好的粉浆加入里面进行搅拌分散,匀速搅拌并保持锅内温度维持在 80～90℃。

④ 降温至 70～80℃，加入珠光剂等粉质原料，高速搅拌直至膏体均匀。

⑤ 对色，如需要调整颜色。

⑥ 降温至合适的温度，加入其他添加剂，搅拌均匀，送检合格后出料保存或灌装。

2. 灌装工艺注意事项

同样，灌装工艺也以油剂型为例。

① 脱泡。眼影膏的含粉量比较高，且很多含有珠光，消除气泡或真空脱泡后再进行灌装，可以防止气泡出现，影响膏体外观。所以灌装前及过程中保温低速搅拌很重要。搅拌桨应尽可能靠近锅底，一般采用锚式搅拌桨，以防止颜料下沉。同时搅拌速度要慢，以免混入空气。

② 灌装。灌装嘴的位置需要尽可能地接近铝盘，减少料体下落产生的气泡，控制浇铸温度很重要，一般控制在高于产品熔点10℃时浇铸。

③ 眼影膏一次灌装的总灌装量最好控制在一定的数量范围，以 4h 内灌装完毕为宜，否则保温浇模时间过久（＞ 80℃），香味、功效物容易挥发或变质。另外眼影膏因珠光含量高，灌装比较容易出现珠光纹路，需要注意控制灌装的温度与搅拌速度。

（五）典型配方与制备工艺

常规眼影膏配方见表 11-10。

表 11-10　常规眼影膏的配方

组相	原料名称	用量/%	作用
A	白油	加至100	润肤
	凡士林	5.0	润肤
	小烛树蜡	5.0	增稠
	巴西棕榈蜡	3.0	增稠
	棕榈酸乙基己酯(2EHP)	5.0	润肤
	VP/十六碳烯共聚物(V216)	2.0	成膜
	苯氧乙醇	适量	防腐
B	二氧化钛	5.0	填充
	氧化铁棕/黑	适量	着色
C	滑石粉	5.0	填充
D	二氧化钛(CI77891)、氧化锡(CI77861)	10	珠光

注：此配方可以用于盘装眼影膏也可以用于灌装棒状的眼影笔。

制备工艺：

① 预分散色浆：将色料与棕榈酸乙基己酯按合适的比例混合搅拌均匀，经

三辊研磨机研磨均匀。

②将剩余的油脂及蜡（A相）加入熔料锅，高温熔解，搅拌均匀。

③将碾磨分散好的粉浆加入熔料锅里面进行搅拌分散至均匀，保持锅内温度维持在80~90℃。

④将C相投入锅内，搅拌均匀。

⑤将珠光剂（如有）投入到熔料锅里面搅拌分散均匀。

⑥取样灌装检验颜色、物理指标、肤感，符合标准后出料按要求入库保存。

配方解析：此款配方通过添加高含量油脂的比例来打造贴服性极佳的眼影，添加蜡来塑性保证产品的稳定性，用VP/十六碳烯共聚物（V216）提升配方的持久性。因油含量较高，还具有较强的滋润作用，适合干性皮肤使用。

第二节　睫毛膏/液

一、睫毛膏简介

睫毛膏、睫毛液是涂在眼睫毛上，能修饰美化并促进其生长睫毛的液态或半固态化妆品。睫毛膏能带给睫毛浓密、纤长或卷翘三种妆效。目前也有一些睫毛膏产品加入纤维或通过上妆睫毛膏后叠加纤维达到增加妆效的效果。一般传统的产品为黑色或深棕色，现在为符合消费者对时尚的需求，市场上出现了多种色彩的睫毛膏、睫毛液，如蓝色。某些新型产品还加入了珠光剂使产品有闪亮的金属效果。

1. 睫毛化妆品分类

睫毛膏/液的配方按照剂型可分为乳化型、油剂型、水剂型三种。相对而言，油剂型是防水性最好的，乳化型也有一定的耐水性，水剂型的因黏稠度低，只见于睫毛生长液。

2. 睫毛化妆品的质量要求

①膏体均匀，有适当的光泽和硬度，不结团，颜色均匀，无异味。

②膏体干燥速度适当，干燥后不会黏下眼皮，不感到脆硬，但应有时效性，有一定耐久性。

③刷染时附着均匀，不会结块和粘连，也不会渗开、流失和玷污，干燥后不会被汗液、泪水和雨水等冲散。

④易卸妆。

⑤无微生物污染；无毒性和刺激性，即便不慎进入眼中，也不会伤害眼睛。

⑥稳定性好，有较长的货架寿命，不会沉淀分离，结块和酸败。

3. 睫毛膏/液的执行标准

睫毛膏的执行国家标准 GB/T 27574—2011，见表 11-11。

表 11-11 睫毛膏的感官、性能及理化指标

检验项目		标准要求
感官指标	外观	均匀细腻的膏体
	色泽	符合规定色泽，颜色均匀一致
	气味	无异味
性能指标	牢固度	无脱落
	防水性能（防水型）	无明显印痕
理化指标	pH 值（O/W 型）	5.0～8.5
	耐热	（40±1）℃保持 24h，恢复至室温后能正常使用
	耐寒	−5～−10℃保持 24h，恢复至室温后能正常使用

二、乳化型睫毛膏/液

（一）乳化型睫毛膏简介

乳化型睫毛膏/液可细分为 W/O 型与 O/W 型。O/W 型睫毛膏使用感比较轻薄，是现在市场上最常见、最受欢迎的剂型。上妆后在睫毛上形成一层均匀柔软的膜，使睫毛变粗、变长。这类产品通常具有一定的耐水功能，对眼睛刺激性小，可以用温水、眼唇卸妆液、卸妆液使成膜剂剥落使其卸妆。W/O 型睫毛膏因配方因外相是油相，相比水包油型的睫毛膏，防水性好但油腻感较强，快干性较差，成膜时间慢，形成的膜也比较厚重，难卸妆，不太适合日常化妆而适用于专业化妆，市面也较少见此类产品。油包水型睫毛膏一般质地比水包油睫毛膏要浓稠，适合配制浓密或多效的睫毛膏。

（二）乳化型睫毛膏的配方组成

O/W 型睫毛膏和 W/O 型睫毛膏的配方组成见表 11-12、表 11-13。

表 11-12 O/W 型睫毛膏配方组成

组分	常用原料	用量/%	作用
溶剂	去离子水、甘油、乙醇、丙二醇、二丙二醇、丁二醇、1,2-戊二醇	40～60	水相主要原料
黏合剂	羟乙基纤维素、黄原胶、阿拉伯胶	1～5	水相增稠
增稠剂	蜂蜡、白峰蜡、小烛树蜡、巴西棕榈蜡、鲸蜡醇、羊毛脂醇、硬脂酸、山嵛酸	2～4	油相增稠

组分	常用原料	用量/%	作用
润肤剂	异十二烷、异十六烷、矿油、辛酸/癸酸甘油三酯、异壬酸异壬酯	10～30	油相、滋润光泽
填充剂	锦纶-12、云母、硅石	0～5	提供涂抹浓稠度、质感
亲水乳化剂	PEG-40 硬脂酸酯、硬脂醇聚醚-20、异鲸蜡醇聚醚-20、聚山梨醇酯-80	1～5	增强乳化的稳定性
成膜剂	聚丙烯酸酯乳液、聚氨酯、聚乙酸乙烯酯	10～30	成膜，增加持妆度
着色剂	氧化铁类、炭黑	按颜色要求	提供睫毛膏色彩效果
防腐剂	羟苯甲酯、羟苯丙酯	适量	防腐
抗氧化剂	季戊四醇四（双-叔丁基羟基氢化肉桂酸）酯、抗坏血酸四异棕榈酸酯	适量	抗氧化

表 11-13　W/O 型睫毛膏配方组成

组分	常用原料	用量/%	作用
溶剂	去离子水、甘油、乙醇、丙二醇、二丙二醇、丁二醇、1,2-戊二醇	40～60	水相主要原料
黏合剂	羟乙基纤维素、黄原胶、阿拉伯胶	3～8	水相增稠
增稠剂	蜂蜡、白峰蜡、小烛树蜡、巴西棕榈蜡、鲸蜡醇、羊毛脂醇、聚乙烯	2～4	油相增稠
润肤剂	异十二烷、异十六烷、矿油、辛酸/癸酸甘油三酯、异壬酸异壬酯、环聚二甲基硅氧烷	10～30	油相、滋润光泽
填充剂	锦纶-12、云母、硅石	0～5	提供涂抹浓稠度、质感
亲油性乳化剂	山梨坦倍半油酸酯、硬脂醇聚醚-2、山梨坦三硬脂酸酯	1～5	增强乳化的稳定性
成膜剂	聚丙烯酸酯乳液、聚氨酯、聚乙酸乙烯酯	10～30	成膜，增加持妆度
着色剂	氧化铁类、炭黑	按颜色要求	提供睫毛膏色彩效果
防腐剂	羟苯甲酯、咪唑烷基脲、羟苯丙酯	适量	防腐
抗氧化剂	季戊四醇四（双-叔丁基羟基氢化肉桂酸）酯、抗坏血酸四异棕榈酸酯	适量	抗氧化

（三）乳化型睫毛膏的原料选择要点

1. 增稠剂

是主要的配方骨架，起成型作用。一类是蜡基，如蜂蜡、小烛树蜡有助提高膏体的硬度、稠度；另外一类是皂基，即脂肪酸经加入碱皂化，形成皂基，同样可以增加膏体的硬度。常用的脂肪酸有肉豆蔻酸、棕榈酸、硬脂酸。碳链越长，饱和度越高，形成的皂基越硬，因选择硬度过高的蜡类或高级脂肪酸，否则容易出现在配制时膏体乳化不完全，膏体存放一段时间后结团的现象，消费者使用上妆就会产生诸如颗粒、苍蝇腿的问题，所以通常会搭配使用。皂化用的碱一般选用钠盐，钾盐和铵盐，形成的脂肪酸皂的硬度是脂肪酸钠＞脂肪酸钾＞硬脂酸铵。填充剂：可以增加配方的浓密度，上妆时增加涂抹的厚度。部分填充剂如硅石、锦纶-12等延展非常好，可以提升配方的顺滑度。

2. 成膜剂

水溶性成膜剂市面上一般有丙烯酸类和聚氨酯类两大类，可使用在乳化型睫毛膏配方中。配合各种不同成膜剂的特性调节配方成膜的软硬、延展。并且水性成膜剂的快干性也极佳，可以使配方在睫毛上快速成型。

3. 乳化剂

配制O/W睫毛膏配方需要选择HLB值较高的非离子乳化剂，增加配方的固型效果；而配制W/O睫毛膏配方则选用HLB值较低的表面活性剂使配方延展性增加。

（四）乳化型睫毛膏的配方设计要点

① 睫毛膏/液产品因其使用特点，要求有适度的快干性，故水相黏合剂、溶剂的用量需要严格控制，黏合剂和润肤剂少快干性相对更好，但不好上妆，容易出现在睫毛上起颗粒、苍蝇腿的现象；黏合剂和润肤剂多干的时间长，睫毛容易粘连，下榻。同时可考虑添加合适的挥发性的溶剂或润肤剂，如乙醇、异十二烷等原料，增加其快干性，达到目标要求。

② 对于现时新型的叠加纤维的睫毛膏/液产品，叠加型纤维需要控制纤维的长度与直径。过长或直径太小的纤维容易在存放时打结无法上妆。纤维最好做表面预处理，在纤维表面包覆如矿油、硅油等，使其易于叠加并减少结团的风险。

（五）典型配方与制备工艺

O/W和W/O两款睫毛膏配方见表11-14～表11-16。

表 11-14 O/W 睫毛膏配方

组相	原料	用量/%	作用
A	水	To 100%	溶解
	EDTA二钠	0.05	螯合
	羟乙基纤维素	0.20	黏合
	甘油	3.00	溶解
B	硬脂酸	3.50	增稠
	巴西棕榈蜡	4.00	增稠
	硬脂醇聚醚-10	0.10	乳化
	甘油硬脂酸酯	3.500	乳化
	辛酸/癸酸甘油三酯（GTCC）	6.00	润肤
	异十六烷	6.00	润肤

组相	原料	用量/%	作用
D	炭黑分散液	15.00	色料
	聚丙烯酸酯乳液	30.00	成膜
	生育酚	0.50	皮肤调理
C	三乙醇胺（TEA）	1.0	pH 调节
E	锦纶-12	0.10	填充
F	防腐剂	0.10	防腐

制备工艺：

① 将 A 相预分散均匀后加热至 80~85℃，保持温度慢速搅拌。

② 将 B 相加热至 80~85℃直至澄清透明。

③ 将 B 相缓慢加入到 A 相中，用均质机高速分散乳化 3min 左右直至膏体细腻无颗粒。

④ 缓慢加入 C 相，用均质机高速分散直至均匀，开始降温。

⑤ 待降温至 50℃左右可以缓慢加入 D 相，缓慢搅拌直至膏体均匀。

⑥ 缓慢加入 E 相，边搅拌边降温。

⑦ 加入 F 相，缓慢搅拌直至膏体均匀，并降温到 40℃以下出锅。

配方解析：这是一款浓密型水包油睫毛膏配方。配方中填充剂锦纶-12 的添加起到增加涂抹量并有助顺滑的作用，成膜剂聚丙烯酸酯乳液的添加使配方有较强的防晕能力。

表 11-15 O/W 睫毛膏的配方（可叠加纤维的）

组相	原料名称	用量/%	作用
A	蜂蜡	3.00	增稠
	硬脂酸	1.00	增稠
	硬脂醇聚醚-20	4.00	乳化
	异鲸蜡醇聚醚-20	2.00	乳化
	矿油	12.00	润肤
	异十二烷	10.00	润肤
B	去离子水	加至 100	溶解
	黄原胶	0.30	黏合

组相	原料名称	用量/%	作用
C	炭黑分散液	18.00	着色
	乙醇	5.00	润肤
	三乙醇胺(TEA)	1.00	pH调节
D	聚乙酸乙烯酯	30.00	成膜
	聚丙烯酸酯乳液	5.00	成膜
E	生育酚	0.50	抗氧化
F	苯氧乙醇	0.10	防腐
G	锦纶-66(纤维)	0.50	填充
	硅石	0.10	填充

制备工艺:

① 将B相预分散均匀后加热至80～85℃,保持温度慢速搅拌。

② 将A相加热至80～85℃直至澄清透明,将A相加入B相,均质乳化3min。

③ 降温至50℃以下,缓慢加入C相,用均质机高速分散直至均匀,开始降温。

④ 待降温至45℃左右可以缓慢加入D相,缓慢搅拌直至膏体均匀。

⑤ 缓慢加入E相,边搅拌边降温。

⑥ 加入F、G相,缓慢搅拌直至膏体均匀,并降温到40℃以下出锅。

配方解析:这是一款含纤维的睫毛膏配方。纤维选用较粗并且较硬的锦纶-66(纤维),防止纤维在配方中打结,避免上妆时出现苍蝇腿的问题。成膜剂选用黏附性高的聚丙烯酸酯乳液,大大提升配方的防晕能力的同时还有助纤维的附着。

表 11-16　W/O睫毛膏配方

组相	原料名称	用量/%	作用
A	蜂蜡	3.00	增稠
	小烛树蜡	1.00	增稠
	硬脂酸	4.00	增稠
	山梨坦异硬脂酸酯(司盘120)	4.00	乳化
	硬脂醇聚醚-2	4.00	乳化
	异十二烷	10.00	润肤
	碳酸二辛酯	10.00	润肤
	氢化聚异丁烯	5.00	润肤
B	水	加至100	溶解
	羟乙基纤维素	0.20	黏合

组相	原料名称	用量/%	作用
C	炭黑分散液	13.00	着色
	氧化铁分散液	5.00	着色
D	聚乙酸乙烯酯	20.00	成膜
	聚丙烯酸酯乳液	15.00	成膜
	乙醇	5.00	溶解
E	硅石	5.00	填充
	锦纶-12	2.00	填充
F	生育酚	0.50	抗氧化
	苯氧乙醇	0.10	防腐

制备工艺：

① 将 B 相预分散均匀后加热至 80～85℃，保持温度慢速搅拌。

② 将 A 相加热至 80～85℃直至澄清透明。

③ 将 A 相缓慢加入 B 相中，用均质机高速分散乳化 3min 左右直至膏体细腻无颗粒。

④ 降温到 50℃以下，缓慢加入 C 相，用均质机高速分散直至均匀，开始降温。

⑤ 待降温至 45℃左右可以缓慢依次加入 D 相，缓慢搅拌直至膏体均匀。

⑥ 依次缓慢加入 E 相、F 相，搅拌均匀后降温到 40℃以下出锅。

配方解析：这是一款油包水睫毛膏配方。小烛树蜡使配方成型的同时可提供均匀浓厚的上妆效果，使睫毛浓密。添加硅石，锦纶-12 可缓解浓厚感带来的难涂抹、黏结的问题。乙醇的添加起到调整膏体涂抹的快干性并有助缓解低温结块。

（六）常见质量问题及原因分析

1. 乳化型睫毛膏在低温环境存放一段时间后膏体变硬、变干

① 包材密封性不好，或包材的材质不合适，膏体挥发，造成失重。

② 在制造过程乳化不完全，或蜡剂析出的原因会导致的膏体部分结团。

2. 膏体粗糙，有颗粒

主要原因是生产过程乳化不完全，或降温速度过快，过急容易出现此现象。

3. 膏体放置一段有白色絮状物

主要原因是成膜剂选择不适当，或蜡析出。

三、油剂型睫毛膏/液

（一）油剂睫毛膏/液简介

油剂型睫毛膏、睫毛液为防水型产品。配方为全油基型，通过添加大量的油溶性成膜剂使配方在睫毛上快干成膜，但是这类型的产品在睫毛上形成的膜比乳化型睫毛膏硬，并且容易成团结块，而且难卸妆，需要用卸妆油才能卸干净，因此在化妆品市场上不太流行。优点是油溶性配方容易添加色彩鲜艳的油溶性色浆，配制出消费者喜欢的颜色鲜艳的彩色睫毛膏/液产品，近年来出现的彩色睫毛膏大多数为油剂型产品。

（二）油剂型睫毛膏/液的配方组成

油剂型睫毛膏/液的配方组成见表 11-17。

表 11-17　油剂型睫毛膏/液的配方组成

组分	常用原料	用量/%
蜡剂	地蜡、纯地蜡、聚乙烯、聚丙烯、合成蜡、微晶蜡、烷基聚二甲基硅氧烷、蜂蜡、白峰蜡、小烛树蜡、巴西棕榈蜡、硬脂酸、山嵛酸	0~10
润肤剂	异十六烷、异十二烷、苯基聚三甲基硅氧烷、聚二甲基硅氧烷、二异硬脂酸苹果酸酯、氢化聚异丁烯、三乙氧基辛基硅氧烷	40~80
填充剂	锦纶-12、硅石、硼硅酸钙、氮化硼、氢氧化铝、氧化铝	0~2
成膜剂	聚二甲基硅氧烷交联聚合物、聚二甲基硅氧烷交联聚合物	10~20
着色剂	炭黑、氧化铁	5~10
防腐剂	羟苯甲酯、羟苯丙酯、羟苯丁酯	0.01~0.1
抗氧化剂	BHA、BHT、季戊四醇四（双-叔丁基羟基氢化肉桂酸）酯	0.01~0.1

（三）油剂型睫毛膏/液的配方设计要点

① 油剂性睫毛膏、睫毛液配方所用的原料大部分与乳化型睫毛膏配方用到的区别不大，要注意的是因配方是全油相的，不含水，选用的成膜剂、增稠剂必须是油性的。

② 选择填充剂不宜选用太多易聚团的填充剂，如高岭土、膨润土等，可以选择一些包裹的亲油的填充剂，如聚甲基硅倍半氧烷、司拉氯铵水辉石，减少聚团，结块现象。

③ 油剂型成膜剂一般成膜较硬，可以通过加入少量不挥发润肤剂缓解成膜过硬的问题。但是不挥发润肤剂会使睫毛膏上妆的快干性变差，需要注意用量。

（四）典型配方与制备工艺

油剂型睫毛膏配方见表 11-18。

表 11-18　油剂型睫毛膏的配方

组相	原料名称	用量/%	作用
A	聚乙烯	3.00	增稠
	地蜡	1.00	增稠
	小烛树蜡	2.00	增稠
B	二聚季戊四醇四羟基硬脂酸酯/四异硬脂酸酯	12.00	润肤
	聚甘油-2 三异硬脂酸	3.00	成膜
	VP/十六碳烯共聚物	1.00	成膜
	聚二甲基硅氧烷交联聚合物	10.00	成膜
	聚二甲基硅氧烷交联聚合物三乙氧基辛基硅氧烷	18.00	成膜
C	异十二烷	加至 100	润肤
	司拉氯铵水辉石	2.00	填充
	硅石	1.00	填充
	聚甲基硅倍半氧烷	1.00	填充
D	炭黑	15.00	着色
	氧化铁黑	5.00	着色
E	BHA	0.10	抗氧化
	羟苯甲酯	0.10	防腐

制备工艺：

① 将 A 相加热至 80～90℃ 直至膏体完全溶解澄清透明。

② 将 B、D 相加热到 80℃ 左右后，缓慢加入 A 相当中，开启均质机高速分散均匀。

③ 将膏体降温至 55～60℃，缓慢加入 C 相直至搅拌均匀。

④ 持续搅拌降温至 45℃ 以下，加入 E 相搅拌至均匀后出锅。

配方解析：本配方中运用硅树脂和油性成膜剂两种不同类型共 4 个成分配合使用，达到很好的防晕防水效果。

（五）常见质量问题及原因分析

膏体常存放过程变干，难涂抹或涂抹时呈块状难以均匀上妆的问题原因是存放膏体的容器密封性都不太好，造成膏体中含有的挥发性油脂挥发，需要控制从膏体制造完成合格后应尽快安排灌装，时长最好不超过 1 个月。另外油剂型的产品灌装过程是采用高温灌装的形式，温度高达 50℃，灌装过程如密封性控制不好易造成挥发性油脂挥发，要严格按照灌装工艺操作，灌装设备必须带密闭功能。

四、水剂型睫毛膏/液

水剂型睫毛膏、睫毛液相比其他剂型的同类产品来说妆效最弱，仅能达到使睫毛黑亮的效果。这类配方在市场上接受度低，但因很多有利于睫毛生长的提取物为水性，故采用这种剂型的大多都是宣称可令睫毛增长的护理类品类，如睫毛增长液。

1. 水剂型睫毛膏/液的配方组成

水剂型睫毛液的配方组成见表11-19。

表 11-19 水剂型睫毛液的配方组成

组分	常用原料	用量/%
溶剂	水、甘油、丙二醇、二丙二醇、乙醇、变性乙醇、1,2-戊二醇、己二醇、乙基己基甘油、乙基己二醇	80~95
水溶性增稠剂	乙基纤维素、羟丙基瓜儿胶、黄原胶、卡波姆	1~3
螯合剂	乙二胺四乙酸二钠、乙二胺四乙酸四钠	0.05~0.5
成膜剂	聚丙烯酸酯乳液、聚氨酯、聚乙酸乙烯酯	1~5
皮肤调理剂	日本獐牙菜提取物、水解胶原	适量
防腐剂	苯氧乙醇、丁羟甲苯	适量
抗氧化剂	生育酚乙酸酯	适量

2. 水剂性睫毛膏/液的配方设计要点

水剂性睫毛膏的基质结构比较简单，主要靠水性增稠剂配合水相成形。再配合不同硬度、延展性的水相成膜剂增加成形效果，加强睫毛膏需求的妆效。而溶剂、水性增稠剂均是不易干的原料并且会产生黏腻感，因此需要在水相中加入可挥发性的原料提升速干度，减低黏腻性。

3. 典型配方与制备工艺

睫毛滋养液的配方见表11-20。

表 11-20 睫毛滋养液的配方

组相	原料名称	用量/%	作用
A	去离子水	加至100	溶解
	乙二胺四乙酸二钠	0.05	螯合
	黄原胶	1.00	黏合
	卡波姆	2.00	黏合
	丁二醇	12.00	溶解

组相	原料名称	用量/%	作用
B	聚乙酸乙烯酯	20.00	成膜
	聚丙烯酸酯乳液	20.00	成膜
C	日本獐牙菜提取物	15.00	皮肤调理
D	生育酚乙酸酯	0.10	抗氧化
	苯氧乙醇	0.10	防腐

① 将 A 相混合均匀，高速搅拌加热至 85℃，维持温度 10min 等待 A 相充分溶胀后呈透明无颗粒状。

② 停止加热并降温至 40℃ 以下

③ 将 B 相加入锅内，并高速搅拌均匀。

④ 将 C 相、D 相分别依次加入锅内，搅拌直至均匀后出料。

配方解析：这是一款水剂型睫毛滋养液配方。配方用黄原胶、卡波姆协同增稠，并有助固型作用，采用的成膜剂聚乙酸乙烯酯、聚丙烯酸酯乳液都是水溶性的，起到定型、防晕妆的效果。日本獐牙菜提取物、生育酚乙酸酯提供滋润睫毛的作用。

4. 常见质量问题及原因分析

① 稳定性不好，耐寒或耐热出现结团、结絮问题，甚至干结呈胶体状而无法上妆。注意选择合适的成膜剂。

② 速干性差，导致膏体极难变干成型。

第三节　眼线液

一、眼线液简介

眼线液是涂于眼皮下边缘，沿上下睫毛根部，由眼角向眼尾描画的眼部化妆品。眼线液主要是用于勾勒和加深眼部轮廓，使眼睛更黑亮有神。

1. 眼线液的包材

传统眼线液是灌装于有沾取式刷子的瓶子包材中，通过细长的刷头沾取后上妆，上妆不好控制，如果刷子沾料不均匀会影响了上妆，因此沾取式眼线液在化妆品市场的占有率已经逐渐减少。

而现时的市面上最受消费者欢迎的则是眼线液笔。原理类似写字用的钢笔，是将液体内料直接灌注到笔型包材里面，密封性比沾取式眼线液产品高，使用时液体从笔尖均匀出液，使用方便，容易勾勒形状。

2. 眼线液的分类及特点

眼线液有溶剂型和乳化剂型两种，前者涂描眼睑处，干燥后形成一韧性薄膜，且具剥离性，优点是易于卸妆；后者则无剥离性，卸妆时需用化妆水、清洁霜洗除、且抗泪水与汗水性能较差，有易被冲失、污染眼部之弊，但它具有使用时无异物感的优点。

水剂型眼线液配方轻薄、不容易在上妆时产生颗粒，可以在眼部迅速成膜，快干性极好。在绝大部分的眼线液包材中均可使用。配方的关键在于选择水性成膜剂及其配比。而乳化型眼线液配方比溶剂型要浓稠，适合在沾取型眼线液包材或包材出水芯出水量较大的眼线液笔包材。乳化型眼线液由于表面张力较高并且快干性一般，上妆时容易产生颗粒。配方的关键是调整配方的表面张力，并且加入一定的可挥发性溶剂加快成膜。

眼线液笔配方通常采用水剂型，也有少量的乳化型配方，但在市场上不多，消费者的接受度也不高。

3. 眼线液（膏）的产品标准

眼线液（膏）的质量指标必须符合国家标准 GB/T 35889-2018 的要求，见表 11-21。

表 11-21　眼线液（膏）的感官、理化和性能指标

指标名称		要求	
		眼线液	眼线膏
感官指标	外观	可流动液体	膏状
	色泽	与对照样一致,均匀一致	
	气味	与对照样一样	
理化指标	pH	4.0～8.5	—
	耐热	(40±1)℃保持24h,恢复至室温,与实验前比较性状无明显差异,能正常使用,产品应无渗漏	
	耐寒	(5±2)℃保持24h,恢复至室温,与试验前比较性状无明显差异,能正常使用	(−8±2)℃保持24h,恢复至室温,与试验前比较性状无明显差异,能正常使用
性能指标	使用性能	涂抹流畅,易上色	
	防水性能	通过测试	

4. 眼线液的质量要求

① 流动性好，颜色均一，颜料不沉降，不分离的液体，无异味。

② 涂抹性好，易上色且均匀，不断液（眼线液笔还必须不漏液）。

③ 速干，不晕妆，不渗色，不干裂。

④ 笔触舒适，软硬适中，不易开叉。容易卸妆。

⑤ 安全，无刺激，无污染。

二、水剂型眼线液的配方组成

水剂型眼线液的配方组成分别见表 11-22。

表 11-22　水剂型眼线液的配方组成

组分	常用原料	用量/%
溶剂	去离子水、甘油、二丙二醇、乙醇、变性乙醇、1,2-戊二醇、己二醇、乙基己基甘油、乙基己二醇	60～80
增稠剂	乙基纤维素、羟丙基瓜儿胶、黄原胶、卡波姆	1～3
螯合剂	EDTA 二钠、EDTA 四钠	0.05～0.5
乳化剂	山嵛醇聚醚-30	1～5
pH 调节剂	三乙醇胺、氨甲基丙醇	适量
成膜剂	聚丙烯酸酯乳液、聚氨酯、聚乙酸乙烯酯	10～25
着色剂	炭黑分散液、氧化铁类分散液	10～35
防腐剂	苯氧乙醇、苯甲酸钠、羟苯甲酯、羟苯丙酯	适量
抗氧化剂	生育酚乙酸酯	适量

三、溶剂型眼线液的原料选择要点

1. 颜料

眼线液产品黑色占比最大，有部分深棕色、棕色，也有少量彩色。这些眼线液的配方通常会使用炭黑、氧化铁类、二氧化钛类分散浆配制。炭黑分散浆在原料市场上较为普遍，稳定性也极高。而氧化铁类、二氧化钛类的分散浆则容易发生沉降，长期放置会令上妆颜色不均一或有堵塞包材出水口的风险。所以在分散剂选择方面应选择包裹处理的氧化铁类、二氧化钛类分散浆或在配方中添加一些有助于悬浮分散浆的表面活性剂，可以解决分散浆沉降问题。

2. 增稠剂

① 眼线液产品的黏度一般通过添加水溶性的黏合剂增稠，如黄原胶、阿拉伯胶，这类黏合剂添加量多肤感黏性会增加，同时会影响快干性，甚至会因黏性强引起眼部不适。

② 水性眼线液的增稠剂多采用纤维素衍生物如甲基纤维素、羟乙基纤维素等天然高分子化合物，以及水溶性的聚乙烯醇（PVA）等合成高分子化合物，还常以乙醇为溶液剂，使成膜快速干燥。

3. 成膜剂

水性成膜剂是溶剂型眼线笔中配方成形的关键。用在眼线笔中的溶剂型眼线液中的水性成膜剂不宜选择一些成膜较硬、柔韧性差的原料。此类原料容易在上妆后形成块状膜剥落，甚至在剥落后有入眼的风险。

四、溶剂型眼线液的配方设计要点

眼线液的黏度很低，特别是眼线笔的，一般大概在数十厘泊。要注意以下几点。

① 需要兼顾配方极低黏度与色料悬浮双方面的平衡。体系稀容易出颜料沉降的问题，因此，色料的添加比例不能太高，同时降低颜料的密度和缩小颜料的粒径是最重要的。

② 眼线液笔的配方必须注意与包材的匹配性。液体太稀容易漏液，太稠难出水，不流畅。

五、溶剂型眼线液的生产工艺

溶剂型眼线液的生产工艺见图 11-3。

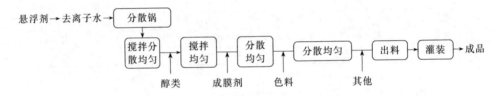

图 11-3　溶剂型眼线液的生产工艺

无论是纯水剂型还是纯油型或乳化型，生产与其他同类型的化妆品配方没有多大的差异，重点是色料前期要分散好，成膜剂避免在高温下加入。因此类配方一般黏度很低，灌装注意事项与工艺与常规的没有大的区别，只是需要用到针状灌装嘴。

六、典型配方与制备工艺

溶剂型眼线笔配方见表 11-23。

表 11-23　溶剂型眼线笔配方

组相	原料名称	用量/%	作用
A	去离子水	加至 100	溶解
	黄原胶	1.00	黏合
	丁二醇	2.00	溶解
B	乙醇	3.00	溶解
	1,2-己二醇	2.00	润肤
C	EDTA 二钠	适量	螯合

组相	原料名称	用量/%	作用
C	三乙醇胺(TEA)	适量	pH 调节
	山萮醇聚醚-30	3.00	乳化
D	苯乙烯/丙烯酸(酯)类共聚物	25.00	成膜
	炭黑分散液	20.00	着色
E	生育酚乙酸酯	0.10	抗氧化
	苯氧乙醇	0.10	防腐

制备工艺：将黏合剂与溶剂预先分散均匀，缓慢加入成膜剂，慢速搅拌直至均匀。最后加入抗氧化剂和防腐剂搅拌均匀后卸料待用。

配方解析：溶剂型的眼线液成膜性、快干性会比乳化型眼线液好，由于配方中无加入任何油脂，在上妆后溶剂部分自然挥发，只留下一层轻薄和不溶于油脂的膜。由于人体的眼睑部分的分泌物为油溶性，因此溶剂型眼线液的持久性也会相对较佳。但是由于此类型眼线液配方的表面张力较小，容易引起产品出料过多或者涂抹时在画的线条边缘有料体外渗的现象。

第四节　眼线膏

一、眼线膏简介

眼线膏为固态眼部化妆品。此种产品通常灌装于小容量的广口密封瓶中，需要通过专业的眼线刷子沾取膏体后上妆。眼线膏膏体有优秀的防水作用，但是眼睑皮肤的分泌物为油溶性物质，眼线膏上妆后与眼部分泌物接触会容易晕妆。因此眼线膏的配方不宜选择太多的极性油脂，降低眼线膏的晕妆风险。

1. 眼线膏的分类

眼线膏通常为全油蜡体系。眼线膏有两个特点，一是质感表现力强，妆效浓郁亮泽。因配方是全油蜡架构，可加入大量的非水溶性的着色剂，如：炭黑、氧化铁类等，这类型着色剂均能带给产品卓越的上色效果，再加上全油型产品的膏体附着力强，因此妆效极明显。而且，眼影膏可以做出珠光、哑光、金属光泽等不同的质地效果。二是眼线膏是最长效的眼产品，防水性能较好、不易脱妆，所以很多专业化妆师的化妆箱里都会备有眼线膏，打造专业妆容。

2. 眼线膏的质量要求

① 膏体细腻，均匀，颜色浓郁，无异味。

② 密者性，延展性好，易涂抹，不结团。

③ 不晕妆。

④ 安全无刺激。

3. 眼线膏的执行标准

眼线膏的质量指标必须符合 GB/T 35889—2018《眼线液（膏）》的要求，见表 11-24。

表 11-24　眼线膏的感官、理化和性能指标

指标名称		要求	
		眼线液	眼线膏
感官指标	外观	可流动液体	膏状
	色泽	与对照样一致,均匀一致	
	气味	与对照样一样	
理化指标	pH	4.0～8.5	—
	耐热	(40±1)℃保持 24h,恢复至室温,与实验前比较性状无明显差异,能正常使用,产品应无渗漏。	
	耐寒	(5±2)℃保持 24h,恢复至室温,与试验前比较性状无明显差异,能正常使用	(－8±2)℃保持 24h,恢复至室温,与试验前比较性状无明显差异,能正常使用
性能指标	使用性能	涂抹流畅,易上色	
	防水性能	通过测试	

二、眼线膏的配方组成

油剂型眼线膏的配方组成见表 11-25。

表 11-25　油剂型眼线膏的配方组成

组分	常用原料	用量/%	作用
蜡剂	地蜡、纯地蜡、聚乙烯、聚丙烯、烷基聚二甲基硅氧烷	10～25	增稠剂,使配方固形
油剂	异十二烷、苯基聚三甲基硅氧烷、聚二甲基硅氧烷、三乙氧基辛基硅氧烷、辛基聚甲基硅氧烷、环五聚二甲基硅氧烷	30～50	润肤、溶剂,增加亮泽
粉剂	高岭土、膨润土、甲硅烷基化硅石、羟基磷灰石	0～20	填充剂,填充细纹
成膜剂	三甲基硅烷氧基硅酸酯、聚二甲基硅氧烷交联聚合物三乙氧基辛基硅氧烷、聚二甲基硅氧烷交联聚合物	5～25	成膜
着色剂	炭黑、铁黑、氧化铁类	0.1～15	着色
皮肤调理剂	生育酚乙酸酯、泛醇、氨基酸	0～5	皮肤调理,改善皮肤问题
防腐剂	羟苯甲酯、羟苯丙酯、羟苯丁酯	适量	防腐
抗氧化剂	BHA、BHT、季戊四醇四(双-叔丁基羟基氢化肉桂酸)酯	适量	抗氧化

三、眼线膏的配方设计要点

眼线膏产品要求快干性极佳、涂抹顺畅和上色度极佳，其中对润肤剂、成膜剂和填充剂的要求都很高。

① 快干性。润肤剂选择可挥发性强的油脂，且添加量一般超过20%，但必须十分注意可挥发性油脂的闪点，因为产品通常是在高温加热条件下灌装的，应避免选用闪点很低的油脂，以免发生安全问题。

② 建议选用干爽、轻薄的硅树脂成膜剂，避免采用大量的油溶性成膜剂，因为油溶性成膜剂一般黏稠性较强，产品涂抹在眼皮下会有比较强的粘连感，容易导致不适。

③ 填充剂的添加是帮助提升上色度及涂抹性能。可选用一些覆盖性较强的粉剂及有助改善涂抹性的球形粉体，如：羟基磷灰石、膨润土，甲硅烷基化硅石等，达到涂抹顺滑，不结块的上妆效果。

四、典型配方与制备工艺

油剂型眼线膏的配方见表11-26。

表 11-26　油剂型眼线膏的配方

组相	原料名称	用量/%	作用
A	地蜡	10.00	增稠
	微晶蜡	2.00	增稠
B	膨润土	3.00	填充
	羟基磷灰石	3.00	填充
	异十二烷	加至100	润肤
	苯基聚三甲基硅氧烷	10.00	润肤
	三乙氧基辛基硅氧烷	10.00	润肤
	三甲基硅烷氧基硅酸酯	20.00	润肤
	聚二甲基硅氧烷交联聚合物	10.00	成膜
C	氧化铁黑	15.00	着色
D	BHA	适量	抗氧化
	羟苯甲酯（MP）	适量	防腐

制备工艺：将增稠剂、润肤剂混合加热至100℃，搅拌均匀直至澄清透明，缓慢加入填充剂、着色剂，搅拌均匀后开始高速均质，降温到90℃，加入成膜剂并高速均质至均匀。持续降温至85℃，加入抗氧化剂和防腐剂直至均匀后出锅待用。

配方解析：眼线膏不同于眼线液，比眼线液更难成膜更容易晕妆。本配方中添加大量挥发性油脂将其干燥速度加快以达到防晕妆的效果。

五、眼线膏的配制工艺

眼线膏的配制工艺见图 11-4。

① 将蜡剂类的增稠剂与润肤剂、成膜剂分别加热到 80～90℃直至膏体溶解澄清透明。

② 将两相混合保持锅内温度 80～90℃并匀速搅拌，直至两相均匀。

③ 将膏体降温至 70～80℃，加入着色剂、填充剂以及其他添加剂加入锅内搅拌直至均匀。

④ 降温至 60℃以下，卸料送检。

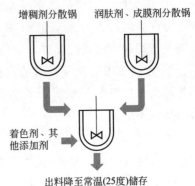

图 11-4　眼线膏的配制工艺

六、常见质量问题及原因分析

1. 膏体存放过程变干，难涂抹

① 包材密封性差，造成膏体中含有的挥发性油脂挥发；

② 油剂型的灌装过程是采用高温灌装的形式，温度高达 90℃，灌装过程没有密封造成挥发性油脂挥发。

2. 含珠光剂的产品出现表面珠光不明显甚至无珠光的现象

主要原因是配方中添加的某些珠光剂颗粒径过大或密度较大，在灌装中容易沉于产品底部，导致产品表面无珠光剂。

第十二章
眉部用美容化妆品

Chapter 12

眉部化妆品是专指用于眉毛部位的彩妆类化妆品。画眉之风起于战国，在还没有特定的画眉材料之前，妇女用柳枝烧焦后涂在眉毛上。古代妇女画眉所用的材料，随着时代的发展而变化。从文献记载来看，最早的画眉材料是黛，黛是一种黑色矿物，也称"石黛"。除了石黛，还有铜黛、青雀头黛和螺子黛。眉部产品主要用于勾画眉毛的轮廓，提供色彩与光泽，显示立体感，使眉毛显得更生动，更具有生气和活力。眉部化妆品分类如下：

	笔类	活动型（木杆笔）、非活动型（自动眉笔）
固体眉笔	膏类	眉笔、染眉膏
	粉类	粉末眉粉、粉块眉粉
液体眉笔		液体眉笔、液体染眉笔

眉笔类方便快捷，适宜于勾勒眉形、描画短羽状眉毛、勾勒眉尾，可画出眉毛的立体感，不足之处是描画的线条比较生硬，因为含有蜡，在温热和潮湿的环境下，相对容易脱妆。眉粉需要用眉粉刷蘸点上妆，涂在眉毛上，增加眉毛的量，相对要自然些，但体现不出立体感。眉膏则颜色浓郁，更为滋润，容易上妆。

第一节　固体眉笔

眉笔是用于勾画和强调眉部轮廓的产品。眉笔用于描画眉毛，使眉部显得自然，有色泽。眉笔主要以黑色和棕色系为主。目前市场眉部产品以固体眉笔、眉膏为主流。

一、固体眉笔

固体眉笔指的是笔芯是固体状，由各种油、脂、蜡、粉类原料与颜料配制，经过研磨挤压，成型或其他方式制成的用于眉部的化妆品。

1. 眉部笔类产品的分类及特点

眉部笔类产品，按剂型分有固体与液体两大类。

目前市面上眉笔仍以固体眉笔为主流，固体眉笔有非活动型笔（木杆笔）与活动型笔（自动眉笔）两大类。非活动型笔（木杆笔）与铅笔类似，是将圆条笔芯黏合在木杆中，用刀片、笔刨把笔尖削尖使用。自动眉笔是将笔芯装在细长的金属或塑料管内，使用时通过旋转或按压的方式将笔尖推出即可。笔头形状多样化，如三角型、刀锋型、一字型等。

2. 眉笔的执行标准

固体眉笔的产品标准必须符合标准 GB/T 27575—2011《化妆笔、化妆笔芯》的要求。其感官、理化指标见表 12-1A、表 12-1B。

表 12-1A　眉笔的感官指标

指标名称	指标要求	
	活动型化妆笔,非活动型化妆笔	活动型化妆笔芯
笔芯外观	笔芯无断裂,无明显气孔及异色斑点	
笔杆外观	笔杆表面若有漆膜或涂层,应均匀一致,无脱落、开裂;笔杆标志字迹清晰、易辨认	—
色泽	符合规定色泽	
气味	符合规定香气,无异味	

注：在不影响产品使用性能的情况下，蜡基化妆笔笔芯表面允许出现霜状蜡结晶。

表 12-1B　眉笔的理化指标

指标名称	指标要求	
	活动型化妆笔,活动型化妆笔芯	非活动型化妆笔
使用性能	输芯性能良好;笔芯涂抹效果良好	笔芯外包裹材料容易去除;笔芯涂抹效果良好
耐热	(45±1)℃,保持24h,恢复至室温后无明显性状变化,能正常使用	
耐寒	—10～—5℃,保持24h,恢复至室温后无明显性状变化,能正常使用	

3. 眉笔的质量要求

① 在眉毛上颜色不结团，不掉渣；

② 涂抹顺滑，延展性好；

③ 笔触舒适，软硬适中，无不适感；

④ 不易断，不起颗粒，不出汗；

⑤ 安全，无刺激。

二、固体眉笔的配方组成

固体眉笔的配方组成见表 12-2。

表 12-2　固体眉笔的配方组成

组分	常用原料	用量/%	作用
蜡剂	地蜡、纯地蜡、聚乙烯、合成蜡、微晶蜡、巴西棕榈酸蜡、小烛树、鲸蜡硬脂醇、日本蜡	30～50	增稠,使配方固形
油剂	苯基聚三甲基硅氧烷、二异硬脂酸苹果酸酯、辛酸/癸酸甘油三酯、氢化大豆油、氢化植物油、液态石蜡,氢化聚癸烯,棕榈酸乙基己酯	10～40	润肤,增加亮泽
粉剂	硅石、氮化硼、滑石粉、PMMA	0～10	填充
着色剂	二氧化钛、氧化铁类	10～30	着色
珠光剂	云母、氧化锡、氧化铁类、合成氟金云母、硼硅酸钙盐、铝	0～5	增加亮泽度,赋予闪亮效果
防腐剂	羟苯甲酯、羟苯乙酯、羟苯甲酯、羟苯丙酯、羟苯丁酯、苯氧乙醇	适量	防腐
抗氧化剂	BHA、BHT、季戊四醇四(双-叔丁基羟基氢化肉桂酸)酯	适量	抗氧化

三、固体眉笔的原料选择

眉笔的配方结构与唇膏相似，最重要的原料仍然是油脂蜡。油脂应考虑与蜡相的相容性问题，选择兼容性好的油脂。尽量避免选用渗透性高的油脂以避免油脂渗入木杆。而蜡的选择方面，因高碳醇或高碳酸容易造成笔芯长期存放后或在短期温差极大的环境中容易出现蜡晶析出，泛白的问题，不宜添加过多。眉笔笔芯比较细长，应考虑软硬蜡搭配，使整个蜡相硬而不脆，收缩性低。

四、固体眉笔的配方设计要点

1. 提高着色力

① 增加色剂的添加量；

② 调整配方中软硬蜡的比例，如在保证笔芯的硬度的情况下将硬蜡的含量降低，软蜡的含量增加；

③ 增加一些有附着性的粉体的比例，如滑石粉，使着色力提升；

④ 添加一些有助于着色剂的分散的油脂，使着色剂分散完全。

2. 提高延展性

延展性好就是好涂抹，不容易堆积，没有涂抹不开的问题。可适当增加眉笔里面的轻质油脂的含量或添加适量的球形粉末，如 PMMA、硅粉。

3. 提高持妆性，不晕染

眉笔的基本要求是上妆后最少能持续 4h 不脱妆，不晕染。眉笔的持妆性主要是要防止被汗水侵蚀。配方中用的粉状原料应选择疏水性较好的；油脂类建议加入疏水性能较好的油脂，比如硅油类；添加油性成膜剂。

五、固体眉笔的生产工艺

固体眉笔的制作工艺有浇制及挤压工艺两种，见图 12-1。

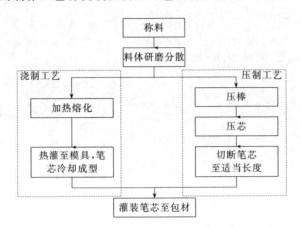

图 12-1 固体眉笔的生产工艺流程图

1. **浇制法**

先将颜料，油脂混合，通过三辊研磨机研磨均匀，成为颜料浆，待用，将全部油脂蜡在锅内加热熔化，再加入上述研磨好的颜料浆搅拌均匀，浇入模子里制成笔芯。

热熔法制笔芯和用压条机制笔芯，软硬度有所不同，因为热熔法是脂、蜡的自然的结晶，而压条机则是将自然结晶的笔芯粉碎后再压制成形的。因此，压条机挤压出的笔芯较软且韧，但在放置一段时间后，也会逐渐变硬。

2. **挤压成型法**

挤压型配方固体含量高，在高温下也很稠厚，且高颜料含量，低油类原料含量，颜料不好润湿，所以一般不进行研磨。

将全部油脂和蜡类混合熔化后，加入颜料，搅拌 3～4h，搅拌均匀后，倒入盘内冷凝，切成薄片，经研磨机研轧两次，再经压条机压制成笔芯，并黏合在两块半圆形木条的中间，呈铅笔状。

3. **工艺注意事项**

① 做挤压工艺的配方，通常要求料体有一定的硬度（熔点高的成分如蜡和酯的比例相对较高），这样才能保证挤压出来的笔芯能成型。

② 挤压工艺的配方主要是形成非晶态蜡状结构，刚挤压出来的时候棒条是比较软的，不可立刻装配，需要经过一段时间，蜡基重新结晶，笔芯开始变硬。这段时间取决于配方，一般历时 6～48h。

③ 做浇制工艺的配方，通常需要流动性比较好的料体。因为笔芯模具通常

比较小，虽然会通过加压灌注，但如果料体流动性差笔芯会由于料体不连续而产生的气泡。

④ 同一个配方如果能满足压制和浇制的条件的话，是可以分别2种工艺制作的。相同的配方用压制出来的笔芯，相对浇制出来的笔芯，肤感会较软，上色会较好。原因是压制是通过压力改变了料体的形状，破坏了料体内部本来的结构，笔芯内部结构会相对比较松散。浇制是高温溶化后快速冷却成型，笔芯内部结构比较紧密。

六、典型配方与制备工艺

挤压型和浇制型的铅笔式眉笔笔芯的典型配方见表12-3、表12-4。浇制型和挤压型的自动笔芯的经典配方见表12-5、表12-6。

表 12-3　铅笔式眉笔笔芯（挤压型）的配方

组相	原料名称	用量/%	作用
A	巴西棕榈蜡	5.0	增稠
	蜂蜡	15.0	增稠
	地蜡	4.0	增稠
	小烛树蜡	6.0	增稠
	白油	3.0	润肤
	凡士林	20	润肤
B	滑石粉	加至100	填充
C	钛白粉	5.0	着色
	氧化铁红/黄/黑	适量	着色
D	BHA	适量	抗氧化
	苯氧乙醇	适量	防腐

制备工艺：将氧化铁棕、滑石粉、钛白粉、用混合机充分混合（粉体）。在用白油、凡士林与粉相研磨均匀，将其他成分混合加热溶解后，加入研磨均匀料体体，充分混合，做成芯、夹到木杆中，制成眉笔（木杆笔）。

配方解析：这是一款挤压成型的笔芯配方，需要好的韧性和高的硬度，故蜡相比例较高且其中蜂蜡的含量为主。另外在配方里面添加了凡士林等固体油脂可以增加产品的涂抹性，且有助上色。

表 12-4　铅笔式眉笔笔芯（浇制型）的配方

组相	原料名称	用量/%	作用
A	氢化聚癸烯	21.70	润肤
	棕榈酸乙基己酯	15.00	润肤

组相	原料名称	用量/%	作用
A	蜂蜡	10.00	增稠
	聚甘油-3 二异硬脂酸酯	8.00	润肤
	日本蜡	8.00	增稠
	聚乙烯蜡	5.00	增稠
	小烛树蜡	5.00	增稠
B	云母	加至 100	填充
C	氧化铁系列	适量	着色
	二氧化钛	18.10	着色
D	苯氧乙醇	0.30	防腐
	生育酚乙酸酯	0.20	润肤

制备工艺：

① 将 C 相用打粉机进行搅拌分散均匀成粉相；

② 将 B 相搅拌均匀；

③ 然后将 A 相与 B 相混合搅拌均匀，用研磨机进行研磨分散；

④ 再将其他的成分放到熔料锅加热溶解后，加入研磨均匀的料体里，搅拌均匀后浇入模子里制成笔芯。

配方解析：这是一款浇筑成型的铅笔型眉笔配方。配方中添加低黏度油脂如棕榈酸乙基己酯（2EHP），有助避免料体浇注过程过快凝结而难以灌注入长而窄的容器中，且有助在生产环节更好脱泡。蜡相添加硬而熔点较高的聚乙烯蜡有助提升笔芯的硬度与涂抹的爽滑性。

表 12-5　自动笔芯（浇制型）的配方

组相	原料名称	用量/%	作用
A	石蜡	加至 100	增稠
	凡士林	10.0	润肤
	羊毛脂	10.0	润肤
	蜂蜡	18.0	增稠
	日本蜡	5.0	增稠
	白油	3.0	润肤
	可可脂	7.0	增稠
B	滑石粉	10.0	填充
	氧化铁红/黄/黑	适量	着色
C	苯氧乙醇	适量	防腐

制备工艺：将颜料和适量凡士林、白油在三辊机中研磨均匀成为颜料浆，将全部油、脂、蜡在锅内加热熔化，再加入颜料浆，搅拌均匀后浇入模子里制成笔芯。

配方解析：这是一款浇筑成型的自动眉笔配方。配方总体蜡相含量高是有助提升硬度，及令笔芯有更高的折断力，日本蜡的添加可减低笔芯表面随时间出现白色雾状结晶的现象。滑石粉的添加是帮助提高眉笔的上色能力。

表 12-6　自动笔芯（挤压型）的配方

组相	原料名称	用量/%	作用
A	小烛树蜡	19	增稠
	巴西棕榈树蜡	17	增稠
	地蜡	6	增稠
	辛酸/癸酸甘油三酯	5	润肤
	蜂蜡	4	增稠
	羊毛脂	4	润肤
B	云母	加至100	填充
C	氧化铁黑	15	着色
	氧化铁黄	5	着色
	氧化铁红	10	着色
	二氧化钛	8	着色
D	苯氧乙醇	0.5	防腐

制备工艺：

① 将粉相C相用混合机充分混合（粉体）；

② 将A相加热混合搅拌均匀；

③ 用油相（A相）与粉相（B相）研磨均匀；

④ 将其他成分混合加热溶解后，加入研磨均匀料体体，充分混合，作成芯，装到包材里面，作成眉笔。

配方解析：配方里面添加较大比例的蜡含量，增大折断力，保证眉笔的硬度，防止配方容易折断。另外还添加了少量的辛酸/癸酸甘油三酯GTCC，让眉笔的肤感更加滋润顺滑。

七、常见质量问题及原因分析

1. 不上色

主要原因是色素含量不够或蜡的比例过高或硬蜡的含量过高。

2. 笔芯断裂

① 黏合剂选择不当或用量过少，软硬蜡的选择/比例不当；

② 挤压/浇制过程混入气泡；

③ 消费者使用方法不当；

④ 包材结构有缺陷，如自动笔也可能是包材结构的卡位与笔芯连接不牢。

3. 笔芯表面有颗粒，冒白

因眉笔含蜡量较高，覆盖在表面薄薄的一层的白雾是在行业是允许的，但严重起白色颗粒是不接受的。主要原因是：

① 配方中油相与蜡的相容性差，导致蜡体结晶析出来；

② 灌装条件选择不合适，如冷却慢，导致结晶粗糙，配方稳定性差。

4. 晕妆

配方的油用到的油脂极性不够，可换一些疏水极性强一些的油脂；填充剂、着色剂的疏水处理的不好，导致部分着色剂被汗水侵蚀而溶妆。

第二节　眉粉

一、眉粉简介

目前粉类眉部产品还是主流，主要是以块状为主，也有散粉状的。一般用马口铁或铝质金属或塑料制成底盘。颜色以棕黑色为主调，也常会将几种各种深浅颜色搭配成套盒，便于搭配使用。

眉粉的使用，用眉粉刷蘸点眉粉均匀地涂在眉毛上，从眉头向眉尾方向涂，轻轻的，力要匀，比用眉笔画来的自然。

1. 粉类眉部产品的分类

粉类眉部产品，按成型分有块状与散粉状两大类。块状眉粉目前大部分采用铝盘装，也有少部分用塑壳或者马口铁来装。散粉状眉粉目前大多装在塑料盒里，采用眉刷上粉，此类产品市场上比较少，因使用过程比较容易掉粉，消费群体对块状的眉粉接受程度要高很多。

目前市场上眉粉粉以块状的为主流，使用方面，相比散粉类的在更容易上妆，使用过程出现掉粉的情况较少。

2. 粉类眉部产品的执行标准

块状眉粉必须符合行业标准 QB/T 1976—2004《化妆粉块》的要求。粉状眉粉的标准很多企业都采用国家标准 GB/T 29991—2013《香粉（蜜粉）》或企业制定自己的企业标准。

3. 眉部产品的质量要求

① 安全，不刺激，无微生物污染；

② 易着色，易涂抹，颜色均匀，不掉粉；

③ 良好的贴服度和持状效果，不晕染；

④ 块状眉粉表面没有油斑、色点或难取粉的现象。

二、眉粉的配方组成

块状和散粉状的眉粉的配方组成见表 12-7。

表 12-7　眉粉的配方组成

组分	常用原料	用量/%	
		块状	散粉
填充剂	滑石粉、云母、高岭土、淀粉、硅粉等	≥50	≥65
着色剂	钛白粉、氧化铁系列等	10~25	10~30
黏合剂	粉：硬脂酸镁、硬脂酸锌、肉豆蔻酸镁、肉豆蔻酸锌等	1~7	0~1
	油脂：白油、凡士林、角鲨烷、硅油等	8~15	0~3
防腐剂	苯氧乙醇、甲酯、丙酯	适量	
香精	日用香精	适量	

三、眉粉的配方设计要点

1. 易着色性

易着色指的是涂抹在眉毛上颜色容易呈现出来，比较容易看到与原眉毛颜色的差异。这可以从提高色剂的用量或适当的调整云母粉的比例或者减少黏合剂的比例方面考虑。而散粉状的配方因油含量比较少，一般会通过增加滑感比较强的球形粉末，达到好出粉的效果，也会把云母的含量增加到较大比例，提升好上色的效果。

2. 持久性

持久性好指涂抹后眉毛颜色保持时间长，不会因为时间长及出汗容易掉妆的现象。可以从以下几个方面提升这个性能。

① 粉质上面可以选用部分纳米级别的原料增加对皮肤的贴服力，但纳米原料也容易出现团聚现象，且在很多地区的使用有争议，需慎用。

② 选择有表面处理的亲肤的粉类原料，如月桂酰赖氨酸。

③ 添加油性成膜剂。

3. 附着性

附着性好指涂抹到眉毛上没有掉渣的情况，贴服性好，自然不突兀。增加高黏度的油脂来提升对皮肤的黏附性。产品使用过程出现粉飘落，掉到脸上的情况，原因之一是过度追求上色度，眉粉配方质地设计得比较松散，这种情况下需要调整配方里面的黏合剂含量，综合考虑上色效果及不掉粉渣之间的平衡，达到最佳的使用效果。

四、眉粉的生产工艺

眉粉的生产工艺流程图见图 12-2。

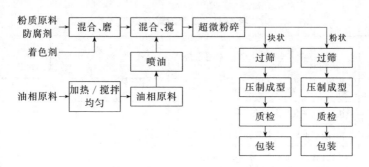

图 12-2　眉粉的生产工艺流程图

眉粉的生产工艺和要点与粉饼/散粉接近，必须使用粉体搅拌机、粉碎机。眉粉的生产程序主要有混合、磨细和过筛。为了使粉饼压制成型，必须加入有黏和作用的油相，添加附着力强的粉原料也有助于压制成型。

五、典型配方与制备工艺

块状和散粉状眉粉的经典配方分别见表 12-8、表 12-9。

表 12-8　眉粉（块状）的配方

组相	原料名称	用量/%	作用
A	滑石粉	加至 100	填充
	高岭土	10.0	填充
	云母	5.0	填充
	淀粉	10.5	抗结块
	氧化锌	2.0	填充
B	白油	10.0	润肤
	凡士林	0.5	润肤
C	二氧化钛	10.0	着色
	氧化铁红/黄/黑	适量	着色
D	苯氧乙醇	适量	防腐

制备工艺：
① 将粉相（A 相）加入搅拌锅高速分散 20min。

② 在油相罐中制备黏合剂，将 B 相加入，加热熔化后备用。

③ 将混合好的粉质原料和色料加入搅拌机混合搅拌 30min，分散好后分几次喷入预先混合好的黏合剂，搅拌均匀。

④ 加入 D 相，搅拌均匀。

⑤ 混合好的粉料去超微粉碎机中粉碎、磨细，放入压饼机中压制。

配方解析：眉粉的设计要点是上色、不飞粉及持妆。此配方通过添加 10% 的钛白粉提升上色能力；而添加凡士林，可以增加附着性，有效降低飞粉程度；淀粉的添加，可吸附眉部产品的油脂，抗汗吸油，令妆效更持久。

表 12-9　眉粉（散粉状）的配方

组相	原料名称	用量/%	作用
A	滑石粉	加至 100	填充
	高岭土	10.0	填充
	云母	51.0	填充
	氧化锌	2.0	填充
	硅粉	8	抗结块
B	白油	10.0	润肤
	凡士林	0.5	润肤
C	氧化铁红/黄/黑	适量	着色
	二氧化钛	10.0	着色
D	苯氧乙醇	适量	防腐

制备工艺：

① 将粉相（A 相）加入搅拌锅高速分散 20min；

② 在油相罐中制备黏合剂，加入白油及凡士林加热熔化后备用；

③ 将混合好的粉质原料和着色剂氧化铁红加入搅拌机混合搅拌 30min，分散后在加入混合好的黏合剂搅拌 20min；

④ 混合好的粉料去超微粉碎机中粉碎、磨细，检验合格后可以灌装。

配方解析：配方中添加了大比例的云母粉，保证眉粉的取粉量及产品的着色力。另添加了 8% 的硅石，提升配方的延展性及持妆度。

六、常见质量问题及原因分析

1. 块状眉粉

① 起油斑，结块，不上色。主要原因为：选择黏合剂不恰当，或用量过多或压制时的压力过高。

② 疏松容易碎裂。主要原因为：黏合剂选择不当或用量过少；云母粉、硅

粉等蓬松粉体用量过多；压制时的压力过低。

2. 粉状眉粉

① 有色点，油点，分散不均匀。主要原因为：搅拌时间不够，分散不均匀。控制方法：延长搅拌时间。

② 掉渣。主要原因为：眉刷的匹配性不够好；粉的贴服性不够好，黏合剂不够多；化妆的手法不对。

第三节　其他眉部产品

一、液体眉笔

近几年随着液态眼线笔的流行，市面上也陆续出现了液态眉笔，确切来说应该是染眉笔。液体眉笔可以细致地描绘出一根根自然的眉毛。在普及度上虽然不如眉笔、眉粉，但相比于传统的眉笔，显色度不错，速干，液体眉笔笔尖细小，更便于描绘，美观；不易脱色，自然持久，即使碰上水、皮脂、汗也不必担心。缺点是没有固体眉笔好把控，一旦画错难以修改。液体眉笔配方常会宣称不脱色，是因为常加入一些晒黑剂，使用后不容易卸妆。

液体眉笔的包装材料按结构分有直饮式与棉芯式 2 种，好的液体笔应该出水流畅，不漏，正常使用不堵塞，使用舒适，安全，不刺痛，不刺激。液体眉笔的质量要求如下：

① 安全，无刺激；

② 笔触舒适，不易开叉，容易勾勒形状；

③ 颜色均匀，易上色，出水流畅；

④ 不漏液，不断水；

⑤ 不晕染，不渗色。

液态眉笔与水剂型眼线液笔基本一致，区别在于：采用着色剂以氧化铁系列为主，用炭黑的比较少；液态眉笔一般会有染色的作用，通常会添加适量的自晒黑剂，如二羟丙酮。此类原料能与皮肤角蛋白的氨基酸和氨基酸基团发生反应形成褐色聚合物，使眉部的皮肤产生一种人造褐色素，并能维持较长的妆效。液态眉笔的配方组成见表 12-10，其典型的配方见表 12-11。

表 12-10　液态眉笔的配方组成

组分	原料名称	用量/%
溶剂	去离子水、甘油、二丙二醇、乙醇、变性乙醇、1,2-戊二醇、己二醇、乙基己基甘油、乙基己二醇	60～80

组分	原料名称	用量/%
增稠剂	乙基纤维素、羟丙基瓜儿胶、黄原胶、卡波姆	1~3
螯合剂	EDTA 二钠、EDTA 四钠	0.05~0.5
乳化剂	山嵛醇聚醚-30	1~5
pH 调节剂	三乙醇胺、氨甲基丙醇	适量
成膜剂	聚丙烯酸酯乳液、聚氨酯、聚乙酸乙烯酯	1~5
着色剂	氧化铁类分散液、炭黑分散液	10~15
晒黑剂	二羟丙酮	0~3
防腐剂	苯氧乙醇、苯甲酸钠、羟苯甲酯、羟苯丙酯	适量
抗氧化剂	生育酚乙酸酯	适量

表 12-11　液态眉笔的典型配方

组相	原料名称	用量/%	作用
A	去离子水	加至 100	溶解
	二羟丙酮	8.00	晒黑
	二丙二醇	5.00	溶解
	EDTA 二钠	0.05	螯合
B	甲基葡糖醇聚醚-20	1.00	乳化
	丁二醇	2.00	溶解
	PEG-60 氢化蓖麻油	1.00	乳化
	聚山梨醇酯-60(吐温 60)	1.00	乳化
C	聚丙烯酸酯乳液	5.00	成膜
	氧化铁黑分散液	10.00	着色
D	BHA	0.1	抗氧化
	苯氧乙醇	0.1	防腐

制备工艺：将 A 相、B 相各自预先分散均匀，将分散好的 B 相加入 A 相，加入 C 相，充分搅拌均匀，缓慢加入成膜剂，慢速搅拌直至均匀。最后加入抗氧化剂和防腐剂搅拌均匀后卸料待用。

配方解析：配方中添加乳化剂甲基葡糖醇聚醚-20、PEG-60 氢化蓖麻油、聚山梨醇酯-60 协同作用，调整表面张力，保证涂抹时液体不易渗透扩散的同时也不会有液滴聚团，造成干后有细小颗粒出现的情况。成膜剂聚丙烯酸酯乳液的添加可提升配方的持妆性能，二羟丙酮的作用则是令配方有染色的作用，达到涂抹后眉毛着色时间长的效果。

二、染眉胶

染眉胶也是近来新出的一种眉部用产品，使用的时候用刷子涂抹，和日常用眉粉填色相似，然后如撕拉式面膜一样，等一段时间成膜之后，将膜撕去，颜色就留在眉毛上，加深眉毛的颜色。市面上的染眉胶产品基本都是凝胶状的。染眉胶的配方组成见表 12-12，典型配方见表 12-13。

表 12-12　染眉胶的配方组成

组分	常用原料	用量/%
溶剂	去离子水、甘油、二丙二醇、乙醇、变性乙醇、1,2-戊二醇、己二醇、乙基己基甘油、乙基己二醇	60～80
增稠剂	乙基纤维素、羟丙基瓜儿胶、黄原胶、可溶性胶原	1～5
螯合剂	EDTA 二钠、EDTA 四钠	1～3
乳化剂	山萮醇聚醚-30	1～5
pH 调节剂	三乙醇胺、氨甲基丙醇	适量
成膜剂	聚丙烯酸酯乳液、聚氨酯、聚乙酸乙烯酯	1～5
着色剂	炭黑分散液、氧化铁类分散液	5～10
晒黑剂	二羟丙酮	3～5
防腐剂	苯氧乙醇、苯甲酸钠、羟苯甲酯、羟苯丙酯	适量
抗氧化剂	生育酚乙酸酯	适量

染眉胶的配方组成与水剂眉笔相似。由于染眉膏需要在眉毛上形成一层极快干的膜，通过撕拉去除膜，而配方中的着色剂停留在眉部皮肤；染眉有胶有染色的作用，通常会添加适量的晒黑剂，如二羟丙酮；与眼线液笔配方相比，配方中需要加入快干性、柔韧性较好的增稠剂作为成型剂，但增稠剂不宜选择成膜性太强，附着性太好的，如丙烯酸类成膜剂，否则在产品涂抹成型后难以撕拉，导致皮肤、眉毛受损。

表 12-13　染眉胶的典型配方

组相	原料名称	用量/%	作用
A	去离子水	加至 100	溶解
	乙二胺四乙酸二钠	1.00	螯合
	可溶性胶原	3.00	增稠,有成膜作用
B	二羟丙酮	10.00	晒黑
	1,2-戊二醇	2.00	助防腐
	CI 77491	10.00	着色
	鲸蜡醇聚醚-20	1.00	乳化

组相	原料名称	用量/%	作用
C	生育酚乙酸酯	适量	抗氧化
D	苯氧乙醇	适量	防腐
E	变性乙醇	10.00	溶解

制备工艺：将 A 相混合，加热到约 60℃，搅拌均匀，直至可溶性胶原充分膨胀。将 B 相原料依次加入膨胀后的胶原中搅拌均匀，降温至 45℃ 后加入抗氧化剂和防腐剂搅拌均匀。再降温到 35℃，加入变性乙醇搅拌均匀后出锅待用。

三、眉膏

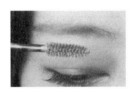

眉膏是涂在眉毛上，修饰美化眉型，增加眉毛的浓密感，赋予眉毛颜色的霜膏状化妆品。这类霜状的眉部用产品主要以染眉膏为主。比较浓黑的眉毛一般可以用浅色一点的染眉膏来染，这样眉毛会自然不会显得太厚重，而如果眉毛比较稀疏的话，用深色一点的染眉膏可以使得眉毛看起来比较均匀浓密一点。染眉膏通常采用自带刷头的包材，可以很好地梳理好眉毛。并且染眉膏易上色，持久力好，可以很好地固定眉形，一整天也不脱妆。

染眉膏的一般配方组成见表 12-14，典型配方见表 12-15。

表 12-14　染眉膏的配方组成

组分	常用原料	用量/%	作用
蜡剂	地蜡、纯地蜡、聚乙烯、聚丙烯、微晶蜡	10~25	增稠，使配方固形
油剂	异十二烷、苯基聚三甲基硅氧烷、聚二甲基硅氧烷、三乙氧基辛基硅氧烷、辛基聚甲基硅氧烷、环五聚二甲基硅氧烷	30~50	润肤，增加产品亮泽
粉剂	高岭土、膨润土、甲硅烷基化硅石、羟基磷灰石、硅石	0~20	填充，使配方涂抹厚度增加，填充细纹
成膜剂	三甲基硅烷氧基硅酸酯、VP/十六碳烯共聚物、三十烷基 PVP	5~25	成膜，增加持妆度
着色剂	炭黑、铁黑、氧化铁类	0.1~15	着色
珠光剂	云母、氧化锡、氧化铁类、合成氟金云母、硼硅酸钙盐、铝	0~5	珠光，增加眉部亮泽度
皮肤调理剂	生育酚乙酸酯、泛醇、氨基酸	0~5	皮肤调理，改善皮肤问题
防腐剂	羟苯甲酯、羟苯乙酯、羟苯丙酯、羟苯丁酯	适量	防腐
抗氧化剂	BHA、BHT、季戊四醇四(双-叔丁基羟基氢化肉桂酸)酯	适量	抗氧化

其配方组成与结构同油剂型睫毛膏基本类似。染眉膏的配方与睫毛膏的配方区别如下。

① 与油溶性睫毛膏不同，快干性要求不高，但是染眉膏要求能在眉毛、眉部皮肤上妆贴服，没有颗粒感。成膜剂的选择多数以亲油性成膜剂为主，另外附加少量硅树脂成膜剂混合使用。与睫毛膏相似，悬浮剂的选择不应选择较易结团的高岭土、膨润土等粉剂。

② 染眉膏采用的着色剂比睫毛膏多，着色剂的选择也较多，不仅局限于炭黑、氧化铁类着色剂。

表 12-15 染眉膏的典型配方

组相	原料名称	用量/%	作用
A	石蜡	2.00	增稠
B	异十二烷	加至 100	润肤
	糊精棕榈酸酯	2.00	黏合
C	甲基聚三甲基硅氧烷	10.00	润肤
	环五聚二甲基硅氧烷(D5)	10.00	润肤
	十三烷醇偏苯三酸酯(TDTM)	10.00	润肤
	碳酸丙二醇酯	10.00	润肤
	二硬脂二甲铵锂蒙脱石	2.00	填充
	聚甲基硅倍半氧烷	1.00	润肤
D	氧化铁红/黄/黑	10.00	着色
	二氧化钛	1.5	着色
E	BHA	适量	抗氧化
F	羟苯甲酯(MP)	适量	防腐

制备工艺：

① 预分散好 D 相。

② 将 B 相混合，加热到 80℃，熔解搅拌均匀。

③ 将 A 加热至 85℃熔解完全后加入 B 相，搅拌均匀。

④ 将 C 相加热至 80℃，搅拌混合均匀后加入（A＋B）相，搅拌均匀后，加入预分散好的 D 相，搅拌直到色料分散均匀。

⑤ 降温至 45℃后加入抗氧化剂和防腐剂搅拌均匀。再降温到 35℃后出锅待用。

配方解析：这是一款上色好，不结团且有快干效果的眉膏配方。虽为膏状，也可以带来眉粉的使用感。

第十三章
甲用美容化妆品
Chapter 13

指甲油是一类保护指甲、美化指甲、使指甲光亮健美、增添美感用来修饰指甲增加其美观的美容化妆品，同时还具有保护手指末端软组织的功能。指甲用化妆品包括指甲的清洁、护理和化妆美化指甲的制品，主要有指甲油、指甲油清除剂、指甲抛光剂和指甲保养剂等。

第一节　溶剂型指甲油

一、指甲简介

1. 指甲的构造

指甲系由皮肤衍生而来，是由胚胎体表外胚层和侧板壁层及其体节生皮节的间充质在胚胎9周以后逐渐分化形成的。指（趾）甲分为甲板、甲床、甲皱、甲母、甲根、甲弧影等部分（图13-1）。甲板相当于皮肤角质层，甲皱是皮肤弯入甲母部分，甲床由相当于表皮的辅层、基底层及真皮网状层构成，其下与指骨骨膜直接融台。后甲母覆盖甲根移行于甲上皮。甲床前为甲下皮。甲床甲皱不参与指甲板生长，指甲生长是甲根部的甲基质细胞增生、角化并越过甲床向前移行而成。但甲床控制着指甲按一定形状生长，甲床受损则指甲畸形生长。甲床及甲根部有着丰富的血管，这些为指甲再生提供了丰富的营养。

健康的指甲应该是光滑、亮泽、圆润饱满、呈粉红色，指甲每个月生长3mm左右，新陈代谢周期为半年。指甲的生长速度随季节发生变化，一般夏季生长速度较快，冬季较缓慢。

2. 指甲的作用

指甲作为皮肤的附件之一。有着其特定的功能。首先，它有"盾牌"作用，能保护末节指腹免受损伤，维护其稳定性。增强手指触觉的敏感性。协助手抓、挟、捏、挤等。甲床血供丰富，有调节末梢血供、体温的作用。其次，指甲又

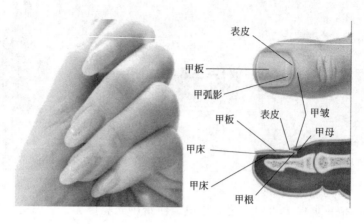

图 13-1　指甲的构造图

是手部美容的重点，漂亮的指甲增添女性的魅力。

指甲是由硬的角蛋白为主要成分的甲板构成的皮肤附属器官，在指的末端对手指起着保护作用。

二、指甲油简介

1. 指甲油的质量要求

① 指甲油必须是安全的，对皮肤和指甲无害，不会引起刺激和过敏；

② 指甲油涂抹容易，干燥成膜快，形成的膜要均匀，无气泡；

③ 颜色均匀一致，光亮度好；

④ 有牢固的附着力，不易剥落，不开裂，能牢固地附着在指甲上；

⑤ 有较长的货架寿命，质地均匀，不会分离和沉淀，不会变色，不会氧化酸败，微生物不会引起变质。

2. 指甲油的执行标准

指甲油质量应符合 QB/T 2287—2011《指甲油》，其感官、理化指标见表 13-1。

表 13-1　指甲油感官、理化指标

项目		要求	
		（Ⅰ）型	（Ⅱ）型
感官指标	外观	透明指甲油：清晰，透明。有色指甲油，符合企业规定	
	色泽	符合企业规定	
理化指标	牢固度	无脱落	—
	干燥时间	≤8	

三、指甲油的配方组成

指甲油配方组成见表 13-2。

表 13-2 指甲油配方组成

组分		常用原料	用量/%	作用
成膜剂		硝化纤维、乙酸纤维素、乙酸丁酸纤维素、乙基纤维素、聚乙烯以及丙烯酸甲酯聚合物	5～15	成膜,持久硬度、附着力和耐摩擦
增塑剂		樟脑、蓖麻油、苯甲酸苄酯、磷酸三丁酯、磷酸三甲苯酯、邻苯二甲酸二辛酯、柠檬酸三乙酯、柠檬酸三丁酯	1～20	使涂膜柔软、持久,减少膜层的收缩和开裂
树脂		醇酸树脂、氨基树脂、丙烯酸树脂、聚乙酸乙烯酯树脂和对甲苯磺酰胺甲醛树脂、虫胶、达马树脂	0～25	提供厚度、光亮度、流动性、附着力和抗水性
增稠剂		二甲基甲硅烷基化硅石、有机改性膨润土	0.5～2	增稠,悬浮,防止沉淀
溶剂	主溶剂	乙二醇一乙醚(溶纤剂)、乙二醇二丁醚(丁基溶纤剂)、乙酸乙酯、乙酸丁酯、丙酮、丁酮、二甲醇单甲醚和二甘醇单乙醚	5～40	溶解成膜剂、树脂、增塑剂
	助溶剂	乙醇、丁醇等醇类		
	稀释剂	甲苯、二甲苯等烃类		
着色剂		CI 15850、CI 77891、CI 77007、CI 45380、CI 45410、CI 77491、CI 77492、CI 77499、CI 77718、CI 15985	0～5	赋色
珠光剂		云母、氧化锡、氧化铁类、合成氟金云母、硼硅酸钙盐、铝	0～2	提供光泽度和闪亮度
芳香剂		按照产品需要添加	0～0.2	赋香

四、指甲油的原料选择要点

为了保证指甲油具备上述性质与较好的质量,指甲油的主要原料都有较严格限制,主要原料有成膜剂、黏合剂、增塑剂、溶剂和颜料等。

1. 成膜剂

成膜剂是指甲油中的主要基础材料,是指甲油涂搽后能在指甲上形成一层薄膜的物质，能涂在指甲上形成薄膜的物质很多，有硝化纤维、乙酸纤维素、乙酸丁酸纤维素、乙基纤维素、聚乙烯以及丙烯酸甲酯聚合物等，其中硝化纤维是最常用的成膜剂。

硝化纤维是由纤维素经硝化而制得，是软毛状白色纤维物质，是易燃物质，储存和使用时要特别注意防火、防爆。现常用在指甲油中的硝化纤维其质量运动黏度为 $1/2 \sim 1/4 cm^2/s$，氮元素含量为 $11.5\% \sim 12.2\%$，且易溶于酯类和酮类等溶剂中，这时其成膜的物理性质良好。

硝化纤维在成膜的硬度、附着力和耐摩擦等方面都显得较为优良，其缺点是容易收缩变脆，光泽较差，附着力还不够强，因此需加入树脂以改善光泽和附着力，加入增塑剂增加韧性和减少收缩，使涂膜柔软、持久。

2. 树脂

树脂能增加硝化纤维薄膜的亮度和附着力，是指甲油成分中不可缺少的原料之一。指甲油用的树脂有天然树脂（如虫胶）和合成树脂，由于天然树脂质量不稳定，所以近年来已被合成树脂代替，常用的合成树脂有醇酸树脂、氨基树脂、丙烯酸树脂、聚乙酸乙烯酯树脂和对甲苯磺酰胺甲醛树脂等。其中对甲苯磺酰胺甲醛树脂对膜的厚度、光亮度、流动性、附着力和抗水性等均有较好的效果。

3. 增塑剂

增塑剂是为了使涂膜柔软、持久、减少膜层的收缩和开裂现象，在选择指甲油所使用的增塑剂时，要求增塑剂与溶剂、硝化纤维和树脂的溶解性好，挥发性小，稳定、无毒、无臭味，且要与所使用的颜料间的溶解性好。增塑剂含量过高会影响成膜附着力。指甲油中的增塑剂有磷酸三甲苯酯、苯甲酸苄酯、磷酸三丁酯、柠檬酸三乙酯、邻苯二甲酸二辛酯、樟脑和蓖麻油等，常用的是邻苯二甲酸酯类。比较理想的增塑剂是樟脑和柠檬酸酸类物质。

4. 溶剂

溶剂是指甲油中的主要成分，占 $70\% \sim 80\%$。指甲油用的溶剂必须能溶解成膜剂、树脂、增塑剂等，能够调节指甲油的黏度获得适宜的使用感觉，并要求具有适宜的挥发速度。挥发太快，影响指甲油的流动性、产生气孔、残留痕迹，影响涂层外观；挥发太慢会使流动性太大，成膜太薄，干燥时间太长。能够满足这些要求的单一溶剂是不存在的，一般使用混合溶剂。

指甲油使用的溶剂必须能溶解硝化纤维、树脂、增塑剂等。

指甲油的溶剂成分由主溶剂、助溶剂和稀释剂三部分组成。

① 主溶剂又称为"真溶剂"，用该溶剂时对某物具有真正溶解作用的溶剂，按溶剂沸点的高低，真溶剂可分为低沸点溶剂、中沸点溶剂和高沸点溶剂三类，

真溶剂的分类及特点见表13-3。

表13-3　真溶剂的分类及特点

沸点分类	沸点温度	原料种类	特点	缺点
低沸点溶剂	100℃以下	丙酮、乙酸乙酯和丁酮	蒸发速度快	硝化纤维溶液黏度较低,皮膜干燥后,容易"发霜"变浊
中沸点溶剂	100～150℃	乙酸丁酯、二甘醇单甲醚和二甘醇单乙醚	流展性好	硝化纤维溶液黏度较高,能抑制"发霜"变浑现象
高沸点溶剂	150℃以上	乙二醇一乙醚(溶纤剂)、乙酸溶纤剂、乙二醇二丁醚(丁基溶纤剂)	不易干,涂膜光泽好	硝化纤维溶液黏度高,流展性较差,密着性高,不会引起"发霜"变浊

② 助溶剂与硝化纤维有亲和性,单独使用时没有溶解性,但与主溶剂加合使用时,增加对硝化纤维的溶解性,有提高使用感的效果。常使用的助溶剂有乙醇、丁醇等醇类。

③ 稀释剂单独使用时对硝化纤维完全没有溶解力,但配合到溶剂中可增加对树脂的溶解性,还可调整使用感,常用的有甲苯、二甲苯等烃类,稀释剂价格低,增加它可降低成本。

5. **色素**

颜料除给指甲油以鲜艳的色彩外,还能起不透明的作用,一般采用不溶性的颜料和色淀。可溶性染料会使指甲和皮肤染色,一般不宜选用。如要生产透明指甲油,则一般选用盐基染料。有时为了增加遮盖力,可适当加一些无机颜料如钛白粉等。产品中若使用适量的珠光颜料,可使指甲油产生珍珠光泽效果。

液体状指甲油含有不溶性颜料和少量二氧化钛。有机颜料从FDA所规定的色素中选择,无机颜料也要控制重金属的含量。下列色素允许用于指甲油,见表13-4、表13-5。

表13-4　不透明指甲油用色素

FD&C 或 D&C(食品/药品/化妆品级色粉或药品/化妆品级)		
FD&C 或 D&C 蓝 NO.1 铝色淀	FD&C 或 D&C 红 NO.2	FD&C 或 D&C 红 NO.3
FD&C 或 D&C 蓝 NO.2 铝色淀	FD&C 或 D&C 红 NO.2	FD&C 或 D&C 黄 NO.6 色淀
FD&C(食品/药品/化妆品级色粉)		
FD&C 红 NO.4 铝色淀	FD&C 黄 NO.5 铝色淀	
D&C(药品/化妆品级)		

D&C 黄 NO. 5 锆—铝色淀	D&C 红 NO. 8 钠	D&C 红 NO. 27 铝色淀
D&C 橙 NO. 4 铝色淀	D&C 红 NO. 9 钡	D&C 红 NO. 28
D&C 橙 NO. 5 铝色淀	D&C 红 NO. 10 钠	D&C 红 NO. 30
D&C 橙 NO. 10 和 NO. 17 铝色淀	D&C 红 NO. 12 钡	D&C 红 NO. 31 钙
D&C 橙 NO. 11	D&C 红 NO. 13 锶	D&C 红 NO. 33
D&C 红 NO. 6 钠和钡	D&C 红 NO. 19 铝色淀	D&C 红 NO. 34 钙
D&C 红 NO. 7 钙	D&C 红 NO. 21 铝色淀	D&C 黄 NO. 7 铝色淀
D&C 红 NO. 11 钙		
无机色素		
炭黑	氧化铁	氧化铬
群青	金属粉（金、青铜、铝、铜）	胭脂虫红

表 13-5　透明指甲油用色素（色素溶于溶剂中）

色素		
D&C 红 NO. 7	D&C 绿 NO. 6	D&C 紫 NO. 2
D&C 黄 NO. 11	D&C 红 NO. 19 染料（溶解度较低）	D&C 红 NO. 37（溶解度较低）
D&C 棕 NO. 1		

五、指甲油的配方设计要点

指甲油由固液组成，属于热力学不稳定的悬浮体系，需要从以下几方面考虑。

① 二氧化钛比有机颜料重，比氧化铁稍重，容易先沉淀，使整瓶指甲油自上而下显出不同的颜色，珠光色素相同原理。为了避免这种现象，二氧化钛采用与含有水溶性色素的水溶液混合，加入水溶性树脂干燥，取干燥的残渣与亚麻子油按一定的比例调和。制作出浆状色素与指甲油混合防止颜料沉淀。

② 加入溶剂甲苯或其他至少含有一个卤族元素的溶剂，使配方有亲油性，能使指甲油产生较高的触变性和良好的灌装稳定性。

③ 加入部分能互溶的树脂，提供指甲油的耐光性能，防止变色功能，例如，聚酰胺或聚酰胺和聚甲基丙烯树脂的混合物，常采用丙烯酸共聚树脂。

④ 采用膨润土、蒙脱土 $[(Mg, Ca) Al_2Si_5O_{16}]$ 加工阳离子化制成，增加体系的稠度，对防止颜料沉淀效果显著，被生产上所采用。

六、指甲油的生产工艺

生产工艺流程如图 13-2 所示。

指甲油的配制主要包括原料预处理润湿、混合、色素碾磨、搅拌过滤、包装

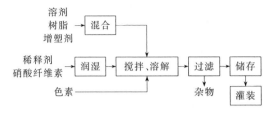

图 13-2　指甲油生产工艺流程

等工序。指甲油其制作方法可以分为以下几步。

① 润湿：用稀释剂或助溶剂将硝化纤维润湿；

② 混合、搅拌、溶解：另将溶剂、树脂、增塑剂混合，并加入硝化纤维中，搅拌使其完全溶解；

③ 色素碾磨：将色素加入球磨机中碾磨均匀，然后加入颜料浆，灌装小样品对色；

④ 搅拌过滤：经压滤机或离心机处理，去除杂质和不溶物，储存静置；

⑤ 包装：静置后的料体，开始灌装和包装，灌装到正确的包材中，多数为玻璃瓶包材。

指甲油的生产过程对安全性要求很高，特别注意以下事项。

1. 颜料分散设备、碾磨设备要求

颜料的颗粒必须碾磨得较细，以使其悬浮于液体中，常用球磨机或辊磨机粉碎颗粒。研磨的方法是把颜料、硝化纤维、增塑剂和足够的溶剂混合成浆状物，然后经研磨数次以达到所需的细度。

2. 生产过程中环境和安全要求

指甲油的主要原料是纤维状的硝化纤维。它属特级危险品，稍加摩擦所产生的热量或遇到火星都极易燃烧，所以生产硝化纤维的工厂，将其加入溶剂中溶解成液体后才能运输，而且操作者要经过训练，掌握有关知识和操作技术。

配料场地要有通风设备，使室内溶剂气味降低到最小的限度。通风设备和研磨颜料的球磨机电机均应采用封闭式的，照明灯要有防爆装置，工厂要配制有防爆仓库和防爆车间，保障其生产的安全性。

指甲油是一种易燃物，在整个生产过程中要注意安全，采取有效的防燃、防爆措施，防止意外。

3. 指甲油包装要求

指甲油的包装一般是装在带有刷子的小瓶里，其主要问题是对密封性的要求。稍不密封，溶剂很快挥发，指甲油就会干缩，影响使用。并且对安全有妨碍。

七、典型配方与制备工艺

两个典型的指甲油的配方见表 13-6、表 13-7。

表 13-6　指甲油配方

组相	原料名称	用量/%	作用
A	硝化纤维	15.0	成膜
	丁醇	6.0	助溶
	甲苯	31.0	稀释
B	丙烯酸树脂	9.0	树脂
	柠檬酸乙酰三丁酯	5.0	增塑
	乙酸乙酯	20.0	溶解
	乙酸丁酯	14.0	溶解
C	红色 7 号色锭	适量	着色

制备工艺：

① 将 A 相润湿，用胶体磨或者三辊碾磨机碾磨使其均匀；

② 将 B 相混合溶解，搅拌分散均匀，加入 A 相混合物，搅拌使其完全溶解；

③ 加入 C 相继续搅拌使溶解，混合均匀；

④ 将 A、B、C 相混合物抽入板框式压滤机过滤。

配方解析：此款配方是一款常规配方，使用传统的成膜剂，成膜性比较稳固，低沸点和中沸点的溶剂搭配，优点在于蒸发速度快，流动性好。

表 13-7　指甲油的配方

组相	原料名称	用量/%	作用
A	异丙醇	5.20	助溶
	硝化纤维	13.50	成膜
	邻苯二甲酸酐/偏苯三酸酐/二元醇类共聚物	8.00	成膜
B	乙酸乙酯	40.55	溶解
	乙酸丁酯	18.20	溶解
	乙酰柠檬酸三丁酯	6.50	增塑
C	司拉氯铵水辉石	3.00	悬浮
	柠檬酸	0.05	pH 调节
D	红色 7 色锭	0.50	着色
	红色 6 号色锭	1.60	着色
	钛白粉	0.50	着色
E	珠光颜料	2.4	珠光

制备工艺：

① 将 A 相润湿，用胶体磨或者三辊碾磨机碾磨使其均匀；

② 将 B 相混合溶解，搅拌分散均匀；

③ 加入 C 相，搅拌使其完全溶解；

④ 取部分（A+B+C）相加入 D 相碾磨均匀，再加入剩余的（A+B+C）相，混合均匀，用板框式压滤机过滤；

⑤ 将 E 相加入到混合物中，搅拌分散均匀。

配方解析：此款配方是一款国际性品牌比较流行的配方，使用的悬浮剂能够达到相对的稳定性，使用多元醇类共聚物来提升成膜性能，容易达到双重的固化效果，产品涂抹后更加靓丽和持久。

八、常见质量问题及原因分析

1. 黏度不适当，过厚或太薄

① 各类溶剂配比失当，引起硝化纤维黏度变化；

② 硝化纤维含氧量增加，黏度也增加，但放置时间长久后，黏度会减小，这就引起指甲油黏度的变化。

2. 黏着力差

① 涂指甲油时，事先未清洗指甲，上面留有油污或配方不够合理。

② 硝化纤维与树脂配合性不好。

3. 光亮度差

① 指甲油黏度太大，流动性就差，涂抹的不均匀，表面不平，光泽就差；

② 黏度太低，造成颜料沉淀，色泽不均匀，涂膜太薄，光泽变差。

③ 树脂与硝化纤维配合不当，颜料不细，也影响亮度。

4. 甲油分层

主要原因为甲油中的树脂黏度不够，悬浮剂的量不够。

第二节 水性指甲油

一、水性指甲油简介

水性指甲油是以水和丙烯酸乳液为基础原料制作而成的指甲油，质地比较稀，流动性大，好涂抹颜色均匀。水性指甲油卸妆用水冲洗即可卸掉，干后成膜状即黏附于指甲表面。

水性指甲油相比普通油性指甲油持久性比较弱，如果注意配方设计和搭配，也是可以提高耐磨度的。

水性指甲油的优点主要有以下。

① 水为溶剂，不含有机溶剂和酯、铜，不含甲醛等有毒物质，环保健康，不伤害指甲。

② 干燥速度快，固含量特别高，光泽非常亮，与着色剂的相容性很好。

③ 含有丰富的天然植物维生素、活性物、精华素，可以代替传统的指甲油。

④ 容易卸妆，不留下痕迹。

水性指甲油分类可分为可剥离水性指甲油和不可剥离水性指甲油，剥离是由其成膜物质水性指甲油树脂乳液决定的。

二、水性指甲油的配方组成

水性指甲油的配方组成见表 13-8。

表 13-8　水性指甲油的配方组成

组分	常用原料	用量/%
成膜剂	聚氨酯、聚丙烯酸酯、水性树脂乳液,丙烯酸树脂,丙烯酸(酯)类共聚物	5～15
溶剂	水、甘油、丙二醇、二丙二醇、乙醇、变性乙醇、1,2-戊二醇、乙基己基甘油、乙基己二醇、己二醇	1～80
悬浮剂	乙基纤维素、羟丙基瓜儿胶、卡波姆,膨润土、羟丙基纤维素、羟乙基纤维素、羟乙基纤维素钠、卡拉胶	1～10
皮肤调理剂	天然植物维生素、活性物、精华素、尿囊素、生育酚、辣薄荷油、薄荷醇、水解蛋白、钙化剂等	1～5
防腐剂	苯甲醇、苯酚、羟苯甲酯、羟苯丙酯、羟苯丁酯	0.01～0.1
着色剂	CI 15850、CI 77891、CI 77007、CI 45380、CI 45410、CI 77718、CI 15985、CI 19410、CI 42090、CI 16035	0～5
珠光剂	云母、氧化锡、氧化铁类、合成氟金云母、硼硅酸钙盐、铝	0～2
芳香剂	按照产品需要添加	0～0.2

三、水性指甲油的原料选择要点

1. 成膜剂

水性指甲油主要采用聚氨酯、聚丙烯酸酯等水性树脂乳液作为指甲油成膜剂，起到附着、光亮、黏合、保护等作用，对水性指甲油的性能具有决定性的作用。水性树脂乳液不含任何苯、醛、脂、酮、醇类、香蕉水、DBP 等有毒化学物质，对健康和环境没有危害。产品无毒无味、快干持久，涂上后如丝绸般均匀亮泽，与指甲表面水平贴合，让指甲有高度透气空间，易涂好洗，长期使用也不伤甲。

2. 珠光剂

珠光化妆品是现代人追求的理想产品。指甲油中的珠光剂一般选择天然矿物珠光粉，它使指甲油美丽动人而对皮肤没有任何毒副作用，具有无毒、绚丽的天然珍珠光泽。

3. 环保水性色浆

以水为介质添加表面活性剂分散而成的颜填料浆称为水性色浆。纯水为原料保障了产品的环保和健康特性。

四、典型配方与制备工艺

水性指甲油和水性可剥离指甲油的配方见表 13-9、表 13-10。

表 13-9　水性指甲油的配方

组相	原料名称	用量/%	作用
A	水	10.00	溶解
	己二醇	10.00	助溶
	硅氧烷消泡剂	0.10	消泡
B	丙烯酸/丙烯酸丁酯/甲基丙烯酸甲酯共聚物三乙醇胺盐乳液(30%含固量)	71.20	成膜
	邻苯二甲酸二乙酯	5.00	增塑
	膨润土	0.50	悬浮
C	红色 40 色锭(水溶性)	3.00	着色
D	香精	0.10	赋香
E	苯甲醇	0.10	防腐

生产工艺：

① 将 A 相混合溶解，搅拌分散均匀；

② 将 B 相混合溶解，搅拌分散均匀；

③ 加入 A、B 相混合物，搅拌使其完全溶解，依次加入 C、D、E 相继续搅拌使溶解，混合均匀；

④ 用板框式压滤机过滤出料。

配方解析：此款配方是一款常规水性指甲油配方，使用多重丙烯酸共聚物来提升成膜性能、产品抗水、耐磨及黏附性能，保湿效果良好，产品表面光亮度较好。

表 13-10　水性可剥离指甲油的配方

组相	原料名称	用量/%	作用
A	去离子水	50.50	溶解
	PVP	12.40	成膜
	甘油	2.50	保湿
B	三乙醇胺	0.60	中和
	丙烯酸(酯)类共聚物	32.20	增塑
C	香精	0.20	香味
	水溶性红色6号	0.20	着色
	水溶性红色7号	0.30	着色
D	珠光颜料	1.00	珠光
E	5-氯-2-甲基异噻唑啉-3-酮盐酸盐	0.10	防腐
F	水溶性香精	0.20	赋香

制备工艺：

① 将 A 相加热混合溶解，溶解为透明液体，搅拌分散均匀；

② 将 B 相混合溶解，搅拌分散均匀；加入 A 相，搅拌使其完全溶解；

③ 加入 C 相搅拌溶解，用板框式压滤机过滤；

④ 将 D、E 相加入混合物中，搅拌分散均匀；

⑤ 将 F 相加入混合物中，搅拌分散均匀，在静置釜中静置储存。

配方解析：此款配方是一款市面流行的水性可剥离指甲油，成膜剂使用量比较大，丙烯酸（酯）类共聚物作为增塑性作用，赋予产品涂抹表面光亮度较好，成膜快速，持久，耐磨等，特点是卸除时，湿水可整张剥离。

第三节　指甲油清除剂

一、指甲油清除剂简介

指甲油清除剂是专用于清除指甲油的用品。一般来说，指甲油是不容易被肥皂和水洗去的，必需用溶解硝化纤维和树脂的溶剂类混合物清除。指甲油清除剂在溶解、清除指甲油时，也会同时除去指甲上的脂质，为此指甲油清除剂中多配用脂肪酸脂或羊毛脂衍生物等脂肪物质。它是一种去除指甲上的指甲油膜的专用剂，即指甲油的卸妆品，与指甲油配套使用。

指甲油清除剂分为有丙酮和无丙酮指甲油清除剂。指甲油清除剂一般是由丙酮、乙酮、乙醇等构成的强效有机溶剂，称之为丙酮的指甲油清除剂，会对指甲造成很大的损害。无丙酮的指甲油清除剂，因对指甲无脱脂作用，被国内外普遍的采用。

理想指甲油清除剂产品的要求如下。

① 产品不会损伤指甲，安全无毒无刺激。

② 指甲油清除剂清除容易，祛除指甲彻底。

③ 不含有机溶剂，不含甲醛等有毒物质。

二、指甲油清除剂的配方组成

指甲油清除剂的配方组成见表13-11。

表 13-11　指甲油清除剂的配方组成

组分		常用原料	用量/%
润肤剂		羊毛脂、肉豆蔻酸异丙酯、蓖麻油	5～15
溶剂	主溶剂	乙二醇一乙醚(溶纤剂)、乙酸溶纤剂、乙二醇二丁醚(丁基溶纤剂)	5～80
	助溶剂	乙酸丁酯、二甘醇单甲醚和二甘醇单乙醚	
	稀释剂	丙酮、乙酸乙酯和丁酮 乙醇、丁醇等醇类	
着色剂		CI 15850、CI 77891、CI 77007、CI 45380、CI 45410、CI 77718、CI 15985、CI 19410、CI 42090、CI 16035	0～5
芳香剂		按照产品需要添加	0～0.2

三、指甲油清除剂的配方设计要点

指甲油清除剂是以去除指甲油涂膜为目的的专用制品，其主要成分是各种溶剂，由于溶剂有脱脂及脱水作用，为补充油分、减少指甲干燥感，常添加少量的油、脂、蜡及保湿成分等。

配方中常使用润肤剂作为保护指甲的有效成分。清除指甲上的指甲油，安全有效的溶剂使得配方有功能性的提升和效果。

1. 溶剂的选择

配方中要求选择安全有效的溶剂作为挥发溶剂来卸除指甲上面的指甲油，溶剂可以选择的范围比较窄，通常选择乙酸乙酯和乙酸丁酯作为主要的溶剂，开发安全有效的指甲油仍然需要新型的原材料，传统还是选用相似相溶的材料来作为主要材料。

2. 润肤剂相容性

润肤剂的主要作用是保护指甲，可以提高指甲油的安全性。主要考虑相容性的问题，一般配方中添加无水乙醇或丙酮作为助溶剂和稀释剂，才能与配方中的其他有机溶剂相溶解。

四、典型配方与制备工艺

指甲油清除剂典型配方见表 13-12。

表 13-12　指甲油清除剂典型配方

组相	原料名称	用量/%	作用
A	乙酸乙酯	加至 100	溶解
	乙酸丁酯	25.0	溶解
	丙酮	10.0	助溶
	乙基乙二醇醚	10.0	助溶
B	肉豆蔻酸异丙酯	12.0	润肤
	羊毛脂	9.0	润肤
C	香精	适量	赋香
	CI 19410	适量	着色

制备工艺：

① 将 A 相混合溶解，搅拌分散均匀；

② 将 B 相混合溶解，搅拌分散均匀；

③ 加入混合物，搅拌使其完全溶解，依次加入 C 相继续搅拌使溶解，混合均匀；

④ 将混合物抽入板框式压滤机中，进行过滤，去除杂物后，在静置釜中静置储存。

配方解析：此款配方是一款常规指甲油清除剂产品，主要采用指甲中溶剂来卸除指甲油，特点是卸除指甲油溶解快速，同时有保湿成分油脂添加，不干涩，不伤害指甲。

第四节　指甲护理剂

一、指甲护理剂简介

指甲护理剂的主要作用是防止指甲变脆，对指甲和指尖进行护理，缓解外来因素引起的指甲变脆，保持水分，供给养分，使指甲富有弹性，其制品包括指甲用膏霜、乳液和护甲油。这类指甲护理剂一般在就寝前使用，将指甲油除去，将手用温肥皂水浸泡，再将水分完全擦去后，涂上指甲护理剂，然后，反复进行按摩，这样效果较好。可根据指甲的情况，每周对指甲进行 2～3 次的护理最合适。

二、指甲油护理剂的配方组成

此类配方的设计剂型多数是以霜类为主，配方中以活性物、功能性修复原料为辅助，达到修复指甲效果。指甲护理剂配方组成见表13-13。

表 13-13 指甲护理剂配方组成

组分	常用原料	用量/%
乳化剂	单硬脂酸甘油酯、蜂蜡、Tween-80	5～15
溶剂	水，甘油、丙二醇、二丙二醇、乙醇、变性乙醇、1,2-戊二醇、乙基己基甘油、乙基己二醇、己二醇	1～80
润肤剂	羊毛脂、白蜡、凡士林、白油、植物油、可可脂、天然植物维生素、活性物、精华素、尿囊素、生育酚、辣薄荷油、薄荷醇、水解蛋白、胆甾醇和卵磷脂等	1～5
防腐剂	苯甲醇、苯酚、羟苯甲酯、羟苯丙酯、羟苯丁酯	0.01～0.2
芳香剂	按照产品需要添加	0～0.2

三、指甲油护理剂的配方设计要点

指甲护理膏霜和乳液的主要成分与一般护肤制品相近，它主要包括羊毛脂、羊毛脂吸收基、可可脂、蜂蜡、白蜡、凡士林、白油、植物油、十六醇、胆甾醇和卵磷脂等，还可添加各种营养成分和活性成分。

配方的结构一般与膏霜的护肤品类似，一般来说，指甲油护理剂配方简单搭配到达护肤指甲油指尖的功效。通过乳化来实现这些功能。

四、典型配方与制备工艺

指甲护理膏霜配方的结构一般与护肤膏霜的护肤品类似。主要成分也相近，主要是羊毛脂、羊毛脂吸收基、可可脂、蜂蜡、白蜡、凡士林、白油、植物油、十六醇、胆甾醇和卵磷脂等，还可添加各种营养成分和活性成分。

护甲霜的两个典型配方见表13-14、表13-15。

表 13-14 护甲霜配方（一）

组相	原料名称	用量/%	作用
A	去离子水	加至100	溶解
	甘油	2.00	保湿
	丙二醇	3.00	保湿

组相	原料名称	用量/%	作用
B	蜂蜡	3.70	乳化
	羊毛脂	20.0	润肤
	白油	16.0	润肤
	单硬脂酸甘油酯	5.00	乳化
C	香精	0.30	赋香
D	苯甲醇	适量	防腐

制备工艺：

① 将 A 相搅拌加热至 80～85℃，溶解；

② 将 B 相搅拌加热至 80～85℃，溶解均匀，加入 A 相，均质 3min；

③ 搅拌降温至 50～60℃时，加入 C 相和 D 相，搅拌均匀；

④ 搅拌降温至室温，出料。

配方解析：此款配方是一款传统产品，主要采用结构简单的配方体系，特点是滋润指甲，成本低，操作简单。

表 13-15　护甲霜配方（二）

组相	原料名称	用量/%	作用
A	去离子水	加至 100	溶解
	山梨醇	2.00	保湿
	甘油	2.00	保湿
B	Tween-80	4.00	乳化
	氢化羊毛脂	13.00	润肤
	S-羧甲基半胱氨酸	2.00	润肤
	胆甾醇棕榈酸酯	10.00	润肤
	胆甾醇	2.00	润肤
	甲状腺素	0.02	润肤
	维生素 A 棕榈酸酯	0.50	抗氧化
	单硬脂酸甘油酯	10.0	乳化
C	香精	0.10	赋香
D	苯甲醇	适量	防腐

制备工艺：

① 将 A 相搅拌加热至 80～85℃，溶解；

② 将 B 相搅拌加热至 80～85℃，溶解均匀，加入 A 相，均质 3min；

③ 搅拌降温至 50～60℃时，加入 C 和 D 相，搅拌均匀；

④ 搅拌降温至室温，出料。

配方解析：本配方是一款保湿修复的护甲产品，主要采用保湿性能好的材料，修复长期涂抹指甲油带来的指甲油干裂、缺水、指甲变黄等问题，特点是快速修复，保湿性能好，有效物含量高。

芳香类化妆品也称为赋香化妆品，主要是以香气为功用的化妆品，如香水、古龙水、花露水、固体香水、香粉等。芳香化妆品的特点是香气透发、细致优雅、和谐、留香好，能引起人们的喜爱。除了香气的效果还可有爽肤、抑菌、消毒等多种功用。

1. 芳香产品的分类及特点

芳香化妆品根据形态可划分为液态、固态或半固态。

液态芳香化妆品包括香水、古龙水和花露水。它们均以精制乙醇和蒸馏水为溶剂，所以称为液态芳香化妆品。其中，香水是最常见且最名贵者。

香膏，英文为 balsam，别名固体香水，主要成分是蜂蜡和香精，是将香精溶解或吸附在固化剂中，有棒状和粒状香膏。携带和使用方便，但香气不及液体香水来得幽雅。在香气持久性方面，固体香水比液体香水留香时间长。

市场上一般以液态的芳香制品为主。

2. 芳香产品的质量要求

芳香化妆品的感官、理化指标应符合表 14-1 的要求。使用的原料应符合卫法监发【2002】第 229 号规定。

表 14-1　芳香化妆品的感官、理化指标

项目		要求
感官指标	色泽	符合规定色泽
	香气	符合规定气味
	清晰度	液体清澈,不应有明显杂质和黑点
理化指标	相对密度	规定值±0.02
	浊度	5℃液体清澈,不浑浊
	色泽稳定性	(48±1)℃保持24h,维持原有色泽不变

第一节 香　　水

一、香水的发展史

香水是香料的乙醇溶液，具有令人愉快的气味，可喷涂在人体身上，赋予身体香气，满足人们对精神和艺术的追求。

香水的英文为 Perfume，它的拉丁语原词含义是"透过烟雾"。这是因为最早期使用的香料是乳香（Frankicense）和没药（Myrrh），人们通过加热它们得到弥漫萦绕的熏香雾，用以在教堂中表达自己对天神的尊敬并做祈祷。古埃及人在沐浴时加些香油和香膏，早期的香料都是未加工过的动植物发香部分。中世纪初期阿拉伯人发明了植物蒸馏法，即通过水蒸气蒸馏植物的根、茎、花或叶来获取香精油，例如玫瑰花精油（Rose oil）和迷迭香精油（Rosemary oil）。直到欧洲文艺复兴时期，法国的格拉斯地区（Grasse）凭借其独特的工艺，适宜植物生长的地理环境和无限的创造性，一举成为香水之都，确立法国香水的宝座地位。

我国先民应用各种天然动植物原料来香身除秽有着悠久历史。汉代用熏香的办法使官服沾上香气，五代时期有用桂花油、茉莉油、蔷薇水的记载。到了明晴时期，制作芳香花露的方法相当普遍，而且流行富贵人家自己蒸制。清人顾仲《养小录》中就介绍了制作"诸花露"的方法："仿烧酒锡甑、木桶减小样，制一具，蒸诸香露。"李渔《笠翁偶集》"熏陶"中也提到："花露者，摘取花瓣入甑，酝酿而成者也。蔷薇最上，群花次之。""然用不须多，每于盥浴之后，挹取数匙入掌，拭面拍体而匀之，此香此味，妙在似花非花，是露非露，有其芬芳而无其气息，是以为佳。不似他种香气，或速或沉，是兰是桂，一嗅即知者也。"这样的花露非常名贵"富贵人家，则需花露"。清朝后期，芳香类化妆品的使用已经普及百姓之家，主要产品是香粉、宫粉和香发油。

在近现代，香水工业的发展突飞猛进，天然精油的多样化和合成香料的使用，从天然花果香型到幻想香型的出现，别具匠心的香水瓶设计，大规模的工业化生产，与时尚品牌的跨界合作……无一不彰显香水的独特魅力。现在每年国际香水 Fifi 大奖都会颁布年度最佳男女香水等奖项，堪称香水界的奥斯卡。受欢迎的香水香型，还会被广泛运用到个人清洁护理产品、洗涤用品，甚至是家居用品中，可见香水香型在各类日用化学品产品的香气主导上有时起到了风向标的作用。

香水除了有赋香价值，还有观赏收藏价值。某些大品牌的香水瓶都是精心设计的水晶瓶，还有些是限量版发行，极具收藏价值。德国著名香精香料公司德乐满（Drom Fragrance）拥有自己的香水博物馆，博物馆的珍品收藏超过3000 件，有些藏品甚至有 6000 年的历史，从古埃及的艺术品到现代艺术的作品，从盛放精油的容器到各式各样的香水喷瓶，其展现出人类用香的历史，展现出香水瓶的设计艺术，是启发灵感的绝佳场所。

二、香水的分类

香水的主要原料是香精和乙醇。经典香水分类见表 14-2。

表 14-2　经典香水分类（H&R Book of Perfume）

香水类别		香精含量/%	乙醇含量/%
香精	Parfume	15～30	90～95
浓香水	Eau de Parfume	8～15	80～90
淡香水	Eau de Toilette	4～8	约 80
古龙水	Eau de Cologne	3～5	约 70
喷雾型古龙水	Splash Cologne	1～3	
清新香水	Eau Fraiche	约 3	约 80

随着现代香水的发展，品牌效应的扩散和普遍加香量的提高，现代香水的分类有所变化，见表 14-3。

表 14-3　现代香水分类

香水类别		香精含量/%
香精	Parfume	20～30
浓香水	Eau de Parfume	15～20
淡香水	Eau de Toilette	5～15
古龙水	Eau de Cologne	3～5

香水的馥郁度一般与香精的含量有关系，香精含量越高，香气的馥郁度越高。同时，香气的馥郁度也与香水的香型有关系。

三、香水的香气香型与香气结构

香气是指令人感到愉快舒适的气息的总称，它是通过人们的嗅觉器官感觉到的。

1. 香型

香型是指香水香气的主体结构，即香水的主题，尽管同一香型下的香水可以各具特点，但它们通常有相近的中调和基调。香水香型可分为柑橘香型、果香香型、花香香型、馥奇香型、素心兰香型、木香香型和东方香型。

（1）柑橘香型　是指由香柠檬、柠檬、柑橘等柑橘系水果，以及橙花或其他清新爽朗香料构成的香气，其气味如同鲜榨柑橘一般带来清新和干净的感觉。古龙水就属于此香型。

（2）果香香型　多使用苹果、梨、桃、草莓等甜美多汁的水果配合花香，勾勒出活泼可爱的异国形象。例如安娜苏（Anna Sui）的香水系列。

（3）花香香型　包括两种，一种是单一的花香，例如玫瑰、茉莉花等；另一种是复合的花香，如盛开的花束花篮，繁花似锦。花香永远是创作的泉源。例如迪奥的真我香水（Dior J'adore）。

（4）馥奇香型　来源于法语 fougere，是一种复合的幻想型香型，多用于男士香水。其结构由柑橘和薰衣草带来清新的前调，天竺葵混合海洋香调带来中调，并由橡树苔、广藿香叶和黑香豆带来后调。例如，大卫杜夫的冷水（Davidoff Cool water）。

（5）素心兰香型　来源于法语 chypre，也是一种复合的幻想型香型，多用于女士香水。其基本结构由香柠檬带来清新的前调，玫瑰花配以不同的花卉组成的复合花香为中调，再以广藿香叶等木香与甜琥珀作为后调。素心兰香型很受现代女性的喜欢。例如香奈儿的可可小姐香水（Chanel Coco mademoiselle）。

（6）木香香调　多用于男士香水，常与辛香料配合一起使用，增加木香的层次感。木香型的香水彰显男性的刚毅与成熟。例如，宝格丽的 BLV 男士香水（Bvlgari BLV Pour Homme）。

（7）东方香型　最早起源于中东和印度等地，所以香气比较浓郁醇厚，含有大量的香草兰、安息香脂等粉香膏香。与我国人们理解的清新香气的东方概念相差甚远。例如 CK 的激情（Calvin Klein Obsession）。

2. 香气结构

香水能够带给人们感官的享受，是因为嗅觉系统能够接收和分辨出香气，组成香水的香原料属于挥发性物质，每个香原料对应的分子量和饱和蒸气压决定了它们的挥发程度，因为每个分子的挥发性不一样，所以在闻香水的时候，就会产生出气味的层次感。这就是著名的香水香气金字塔结构（Fragrance pyramid），如图 14-1 所示。

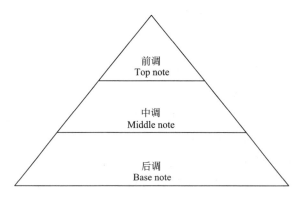

图 14-1　香水香气金字塔结构

（1）前调　又名初调或者头香（Top note）。香气给人的第一印象，是人们首先能够闻到的香气特征，一般由最容易挥发的香原料组成。例如，柑橘类、青香类、果香类、醛香类。

（2）中调　又名体香（Middle note/heart）。是香气的主要特征和核心，代表着这个香水的主题香气，可持续到数小时。例如花香类、辛香类、海洋香类、芳香类。

（3）后调　又名基调或者底香（Base note/dry down）。是香气留香最持久的部分，由挥发度最低的香原料组成。如麝香类、木香类、粉香类、树脂类。

四、香水的配方组成

香水、古龙水和花露水的配方大致相同，主要原料为香精、乙醇和水，有时可根据需要加入少量的色素、抗氧化剂等添加剂。香水的配方组成见表14-4。

表 14-4　香水的配方组成

组分	常用原料	用量/%	作用
香精	香精	8～25	赋香
乙醇	85%或者95%乙醇	90～72	溶解
色素	CI 24090	适量	赋色
抗氧化剂	二叔丁基对甲酚	适量	抗氧化
抗 UV 稳定剂	甲氧基肉桂酸辛酯 （Parsol MCX）	适量	抗紫外线。减轻紫外线引起的香水颜色变化
苦味剂	苯甲地那铵 （苦精）	适量	使区别于食用乙醇,避免误饮
水	去离子水	加至100	溶解

五、香水的原料选择要点

1. 香精

香水的主要作用是散发出芬芳馥郁、持久的香气，因此，香精是香水的主体灵魂。香水是液态芳香化妆品中香精含量最高的，一般为8%～30%。香水用香精里面包括了天然的香原料和合成的香原料，天然香原料一般采用较好的品质，例如法国五月玫瑰花精油、茉莉花精油、桂花浸膏、秘鲁香脂、安息香树脂等；而合成香料一般采用纯度较高且符合安全性法规的，例如，用来代替天然麝香的大环麝香类原料，香气强度好且留香的帝王龙涎，用于模拟海水咸味的卡龙（Calone）等，正是由于近代合成工业的发展，才得以出现海洋香、生水植物香、皮革香等丰富多彩的香水香气。

刚配好的香精需要陈化，让它的香气变得更加和谐圆润。而这个道理也适用于刚配好的香水，初调配的香水其香气与乙醇的配伍还不够协调，需要进行熟化处理，其方法是按配方生产搅拌均匀后移入密封的容器中，在0℃和无光照的条件下静置储存几周。香水最好储存在不锈钢或玻璃容器中。

2. 乙醇

乙醇在香水中作为香精的溶剂，对各种香精油都具有良好的溶解性，是配制液体芳香化妆产品的主要原料之一。所用乙醇的浓度根据产品中香精用量的多少而不同。香水中香精含量较高，乙醇的浓度就需要高一点，否则香精不易溶解，溶液就会产生浑浊现象。香水中乙醇的含量通常为85%～95%。此外，乙醇还可以提升香精的挥发。

由于在香水中大量使用乙醇，因此，乙醇质量的好坏对产品质量的影响很大。乙醇的质量与生产乙醇的原料有关。用葡萄为原料经发酵制得的乙醇，质量最好，无杂味，但成本高，适合于制造高档香水；采用甜菜糖和谷物等经发酵制得的乙醇，适合于制造中高档香水；用山芋、土豆等经发酵制得的乙醇中，含有一定量的杂醇油，气味不及前两种乙醇，不能直接使用，必须经过加工精制才能使用。一般香水用乙醇会用变性乙醇，即在普通乙醇里加入苦味剂，用以区别可食用乙醇，防止误喝。

作为香水原料的乙醇，对其外观指标和理化指标要求很严格，如稍有不合格则不能投入使用。有的乙醇虽然感官及理化指标都合格，但若乙醇的气味过于刺鼻，也会影响香水的质量。这就要对乙醇一般要经过一次以上的脱醛纯化处理，使其气味醇和，减少刺鼻的乙醇气味。

3. 去离子水

不同产品的含水量有所不同，香水因含香精比较多，水分只能少量加入或不加，否则香精不易溶解，会产生浑浊现象。配制香水、古龙水和花露水的水质，要求采用新鲜蒸馏水或经灭菌处理的去离子水，不允许其中有微生物或铁、铜及其他金属离子存在。

4. 其他添加剂

为保证香水产品的质量，一般加入0.02%的抗氧化剂，如二叔丁基对甲酚等。很多时候还会加入水溶性的色素，一是为了配合香水的概念和瓶子的颜色需要，二是为了香精随着时间的轻微变色的需求，但应注意所加的色素不应污染衣物等。

六、调香基本原理

1. 香水配方的设计原则

（1）香型的匹配性原则　香型的匹配性是指在调香创作过程中香原料的

选择应符合创作香型的需要。例如，在调配花香香型的香水时，花香香韵原料所占的比例与其他辅助香韵原料有一个合理的配比，以此来突出花香香型的香气，同时让整体香气更加迷人并富有更强烈的时尚气息。倘若在花香香型的结构下，添加大量的木香原料等其他香气的原料，就会减弱花香的香气，或者使得整体香气变得凌乱，香气最初创作的主题变得不够清晰。此原则要求在挑选香原料的时候做到有的放矢，先抓重点，再做辅助和修饰。

（2）配方的稳定性原则　香水配方的稳定性包括香气稳定性、香气连续性和香水外观稳定性。

① 香气稳定性是指此配方的香气必须在一定的保质时间内香气的稳定，不因保存时间的变化而产生反应，令香气发生改变，同时在物理外观上不产生沉淀和严重的颜色变化。

为了让香气保持稳定，在做香水配方制作时，应合理选择原材料，对遇光，遇热不稳定的香料作适当的舍弃，例如戊酸的脂类，其在受热的条件下会分解产生戊酸，散发一种腐烂的水果气味。

② 香气连续性是指香水香气在散发的过程中，在前、中、后调中的香气保持一种持久、延续性。香气的这种持续性是感官评测稳定性的一个重要部分。首先，香原料都有不同的挥发速度，有的快有的慢，在调配某种香气的时候必须要配合同系列中的不同香原料一起使用，以达到从前、中、后调都可以保持香气持续散发的效果。同时，也可以利用一些定香剂缓释整个香气的挥发度，例如水杨酸苄酯。

③ 香水外观稳定性是指香水颜色及透明度的稳定性。香水颜色的变化主要是由致色变的原料引起的，例如在配方中经常用到的香兰素、香豆素、吲哚、邻氨基苯甲酸，以及一些天然精油等在光线的作用下变色。另外，调配好的香水在放置一段时候后出现浑浊的现象。这一般是由香水配方中的天然原料导致的，因为天然植物精油含有一定的植物蜡、萜烯类等成分，这些成分不溶于蒸馏水和乙醇的体系，在静置中慢慢聚合析出。

（3）香水的安全性原则　随着近几年 IFRA 对香原料的法规修改与更新，香水的安全性受到重视，越来越多的消费者开始关注安全性问题。例如，在以前的香水配方中经常出现且大量使用的新铃兰醛（Lyral），于 2018 年开始全面禁用在新的配方中。如何在配方中替代此原料而又不失去其原有的铃兰花花香，是对调香师的一种挑战。安全法规除了对香原料的使用上有限制，对香水用香精在最终产品的添加量也有影响，一般来说，男士香水和中性香水比女性香水的可添加香精用量严格。在做香水配方的时候，必须严格控制在最终香水产品中有限制用量的原料的使用并禁止使用已被列入禁用的香原料，以此保证提供给客户的香水香精符合香水安全性规定，同时要对安全法规进行定期的更新。

（4）设计的艺术性原则　设计香水配方的过程不仅需要考虑科学的配比，还需要增加设计的艺术性。香水配方设计的艺术性本质（原则）是以满足人的精神需求而存在的，是衡量香水审美价值的重要标准。人的精神需求是多种多样的：有社交需求的，有倾诉需求的，有荣誉需求的，有宗教需求的，有艺术需求的……调香师如何通过香精的创作设计，通过香气的语言来满足消费者的使用需求，创作来源于生活而最终为提高生活品质服务，这是调香师的作用与擅长。

香水配方的调配过程是调香师为了实现某种特定的目的而进行的一项艺术性创作活动。调香师根据客户产品开发的主题，通过恰当的香气语言来表达产品灵魂，包括产品的用途、包装材质、颜色等元素都是调香师可以借鉴的表达要素。例如，Guerlain 的 Shalimar（一千零一夜香水），调香师 Jacques Guerlain 通过东方香型和花香型作为主题，演绎着一座繁花似锦的东方宫殿的后花园，向消费者倾诉着一段印度国王的爱情故事，让消费者在使用香水的时候如沐浴在爱河之中。市场上的经典香水背后都有独特的故事，都有其所要表达的情感，都有其独特的香气结构。

（5）成本的经济性原则　香原料成千上百种，有的珍稀昂贵，有的价廉。调香师在设计香水配方的时候必须考虑配方的成本是否符合最终生厂商的要求以及香水的目标消费群体。这要求调香师必须了解每个香原料的表现力与成本的关系，来权衡在配方中如何达到最佳的性价比。以最优的价格成本获取高品质的香气是对每个调香师的挑战。

2. 香水配方的设计步骤

设计一款香水的配方，需注意以下几点。

（1）确定香水主题与概念　一般分为自主创作和客户需求两种情况。自主创作的主题与概念一般来源于调香师对大自然、自身经历、艺术、社会潮流话题的理解与感触，以此来吸引有共鸣的消费者，更可以结合引领时尚流行潮流的色彩、服装来发挥，最终香水的时尚与服装的流行发布变得越来越密不可分。而客户需求则直接由客户引导，调香师根据客户的要求选择主题与概念，以满足客户产品需求为目的。

（2）确定香水类型与香型　根据已选的香水主题与概念，确定香水的类型。例如，淡香水或者浓香水。然后再确定香水的香型，需要以什么香韵作为主调，其他香韵作为辅助，勾画出一个大概的香型结构。

（3）选择香原料　在确定了香水类型与香型之后，选择原料是最重要的一个步骤。配方中的香原料可以分成主体香原料与辅助香原料。选择的主体香原料必须要与香型相配合，例如，做花香香型的时候，可以选择百花醇、铃兰醛或者苯乙醇作为占比大的香原料，再辅以其他的玫瑰或者茉莉、橙花等香气的原料或者香基作为修饰，增加花香的特征。其中，香基（Base）是指由多种香原料配制出来的，具有一定香气特质的简单香精，它不作为直接加香使用，而是作为香精中的一种香原料来使用。在选择完主体的香原料后，再选择其他辅助的香气的香原料，例如，选择乙酸己酯或者梨子香基，添加果香的香气，使主体的花香中带有水果的香气。辅助香原料的用量应该比主体香原料的比例小，且辅助香原料的作用是修饰主体香气或延长主体香气。

随着社会的发展，每年都会有成千上百的新香水推出市场，如何在众多香水中脱颖而出，让消费者熟悉或者成为新香气的开拓者，关键在于调香师在做香水配方的时候如何使用一些新的或者独特的香原料。有些香水配方会过量使用一些常见的香原料来提升消费者的记忆点，例如在 Thierry Mugler 的 Angel（天使香水）里面，20% 的广藿香叶精油与 0.3% 的孜然精油，在女士香水中绝对是很少遇到的，过量使用的这两个原料成了这款香水的特征，使其成了一款经典香水。有些香水配方则会使用一些新的原料来增加其特有的香气，例如乌木精油（Oud wood oil）的使用，开拓出近十年新流行的中东异域风格的香水。一些大型的香精公司有自己生产的新香原料，业界称为 captive，其往往带来一种独一无二的香气感受。

（4）前中后调的香气比例　在调配主体和辅助香原料的时候，还要考虑各香原料在前调、中调和后调的香气作用。前调是香水给人的第一印象，是由最容易挥发的香原料组成；中调是香水香气的核心，是香气结构的主体；后调是持续停留最长的香气，由分子量比较大的香原料构成。

一般来说，中调是香气的主题，是配方的灵魂。在设计香水配方的时候，首先要把中调调配好，才到后调和前调。中调是一款香水的主题思想，好比一座建筑的顶梁柱。如何使中调的香气丰富而又能彰显所传达的香气品味是关键。然后是后调，必须考虑如何让中调的香气延续至后调且饱满，需要对每个香原料的留香时间熟悉把握，并且要在人体肌肤上测试留香时间的长短。最后才是调配前调，如何吸引消费者，给人一种与众不同的第一印象是前调的关键，前调必须有特点，但又要能够与中调的主体衔接，使整体香气一致，不至于太过跳跃。总的来说，整款香水的香气必须和谐馥郁，每一个元素相辅相成，一环紧扣一环。各比例可参考如下：前调 10%～20%，中调 50%～70%，后调 20%～30%。

（5）香气评价与修改　评价香水需要一个专门的小组，包括调香师、评香师或者市场部专员。调香师听取评香小组的意见进行精修细改，从初调到成品一般需要几十甚至上百次的修改。

（6）稳定性的测试　调配好的香水香精，需要做成香水成品进行稳定性测试，包括香气、颜色与配伍性相容性等。结合测试结果优化配方，或者与最终的香水生厂商沟通测试结果以满足客户的需求。

3.香气的留香时间

香气的留香时间是指香原料或香精在一定的环境条件下，在一定的介质或者基质中的香气的存留时间，例如香原料在闻香条上的留香时间，香原料在肌肤上的留香时间。留香时间越长，留香能力越好，留香能力好的香原料都可以做香水后调的组成成分。

一般的消费者都很在意香水的留香时间，大众普遍认为香水留香时间越长越好，越名贵。所以调香师在调配香水香精时会格外注意留香效果。麝香类香气是属于留香效果比较好的，但由于每个人对麝香的敏感程度不一样，所以调香师都会使用几种不同结构的麝香类化学物于同一配方，增加香气的可辨识度。单一使用某种香原料只能发挥其基本的香气贡献，但若配合适当的其他香原料一起，就会产生出微妙的互相辉映的效果。

七、香水的生产工艺

在制备釜中加入脱臭乙醇、抗氧化剂、螯合剂，混合搅拌均匀，加入香精搅拌均匀后，加入计算好分量的去离子水。将混合物用泵打到陈化罐中进行陈化，香水陈化时间较长，一般为3～6个月。而古龙水和花露水陈化时间一般为1～3个月。陈化结束后经过滤器过滤，经夹套式换热器冷却后进入冷冻釜中冷却，保持温度在−5～5℃，经压滤机滤到半成品储罐中，恢复至室温。加入色素调整颜色并调整乙醇含量。最后进行包装。

生产工艺流程框图如图14-2所示。

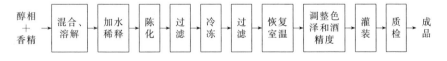

图14-2　香水生产工艺流程

其中，过滤是一个重要的环节，因为香精中某些天然原料含有不溶于乙醇的植物蜡等物质，它们在陈化的过程中会慢慢形成絮状物。所以，过滤是否充分决定着产品在储存和使用过程中能否保持液体的清澈透明。

八、香水的典型配方

馥奇香型香精的配方见表14-5。

表 14-5 馥奇香型香精的配方

香原料名称	用量/%	香原料名称	用量/%
罗勒精油	0.5	合成橡苔素10%	4
水杨酸苄酯	10	广藿香叶精油	8
香柠檬精油	20	岩兰草精油	2
降龙涎香醚	1	吐纳麝香	5
柠檬精油	5	乙酰基柏木烯	5
香豆素	2	檀香803	4
二氢月桂烯醇	10	黑胡椒精油10%	1
天竺葵精油10%	2	枯茗精油10%	0.5
环十五烯内酯	3	大马士烯酮10%	0.5
薰衣草精油	5	赖百当浸膏10%	1
龙涎酮	10	迷迭香精油	0.5

配方解析：此配方在传统的馥奇香型上，添加了黑胡椒和枯茗，增加了辛辣香气，彰显出男士的狂野不羁。合成橡苔素用以取代天然的橡苔净油，符合现在 IRFA 的安全性法规。大马士烯酮与降龙涎香醚的配方使用，带出一种淡淡的烟草气息。

现代素心兰香型香精配方见表 14-6。

表 14-6 现代素心兰香型香精的配方

香原料名称	用量/%	香原料名称	用量/%
二氢茉莉酮酸甲酯	40	茉莉花净油1%	1
乙基肉桂醛	9	柠檬精油	2
琥珀香基10%	1	铃兰醛	5
黄葵内酯	1	甲基紫罗兰酮	2
香柠檬精油	5	麝香T	5
乙基芳樟醇	5	广藿香叶精油	2
合成橡苔素10%	1	桃子香基	1
白花醇	5	玫瑰香基	5
新洋茉莉醛	2	岩蔷薇净油10%	0.5
龙涎酮	7	花青醛10%	0.5

配方解析：这个配方是以玫瑰花香和铃兰花香味主调，配以广藿香叶和琥珀香气，组成素心兰香型的结构。其中新洋茉莉醛和花青醛的使用，使得整个香气带有一点清泉的水感，这点与传统的素心兰香型不一样，此配合使得其气味更加符合现代人的品位。麝香与橡苔素的使用，增加了香气的留香

时间。

男士木香香型香精配方见表14-7。

表 14-7　男士木香香型香精的配方

香原料名称	用量/%	香原料名称	用量/%
龙涎酮	40	香柠檬精油	5
柏木精油	3	圆柚甲烷	1
广藿香叶精油	7	岩兰草香精	2
麝香 T	5	二氢茉莉酮酸甲酯	4
环十五烯内酯	5	生姜精油	0.5
小豆蔻精油	0.5	咖郎酮10%	0.5
甲基柏木醚	5	乙酰基柏木烯	10
天竺葵精油	0.5	檀香 208	2
合成橡苔素	0.5	乳香树脂	0.5
肉豆蔻精油	0.5	圆柚精油	5
异丁基喹啉 1%	1	大马士烯酮 1%	1
丁子香叶精油	0.5		

配方解析：这个配方是典型的木香男士香水香型。头香是柑橘调的香柠檬和柚子，中调是由辛香料和柏木组成，后调是广藿香叶和岩兰草构成的延续的木香调，配以温暖的龙涎、麝香和橡树苔藓。总体展现一个成熟稳重的男性形象。

女士花香型香精配方见表14-8。

表 14-8　女士花香型香精的配方

香原料名称	用量/%	香原料名称	用量/%
二氢茉莉酮酸甲酯	40	茉莉花净油 10%	0.5
佳乐麝香 50%	15	反式-茉莉酮 10%	1
铃兰醛	5	五月铃兰醇	1
甲基紫罗兰酮	2	龙涎酮	2
水杨酸苄酯	2	桃子香基	0.5
柠檬精油	2	李子香基	0.5
百花醇	2	γ-癸内酯	0.5
新洋茉莉醛	1	紫罗兰叶净油 10%	0.5
水杨酸-3-己烯酯	1	兔耳草醛	0.5
玫瑰香基	5	十五内酯	10
五月玫瑰精油	0.5	檀香 803	2
依兰依兰花精油	0.5	牡丹酯	5

配方解析：这个配方是以玫瑰花和铃兰花作为主体花香，配以茉莉和依兰依兰为主的白色馥郁花香做修饰。头香是柑橘与果香的混合香气，清爽可口，使得花香中带有果香的甜美，增加层次感。二氢茉莉酮酸甲酯的使用延长了茉莉花的留香时间。淡淡的麝香与檀香结合，展现女性柔美的一面。

九、常见质量问题及原因分析

1. 香水变色

有的香水成品在放置一段时间后，颜色会变得越来越深，从无色变成粉红色、红色或者红棕色。这是因为香水配方中含有香兰素（粉香）、香豆素（粉香）、吲哚（茉莉花香）、邻氨基苯甲酸甲酯（橙花香）等含有酚类结构和含有氨基结构的有机化合物。含有酚类结构的香原料，例如香兰素、香豆素、丁香酚，在接触氧气时会慢慢发生氧化反应而产生显色物质。而含有氨基结构的香原料，例如邻氨基苯甲酸甲酯（Methyl anthranilate），会与醛类物质发生席夫碱（Schiff's base）的反应，随着时间的推移从无色变到黄色；另一个含氨基的香原料：吲哚，对光照与高温更加敏感，其变色反应更为显著，可以从无色变成深红色。这些容易致变色的香原料不单可以单独出现在配方中，还可以是天然存在，例如，茉莉花精油里面就存在吲哚，香草兰浸膏里面就含有98％的香兰素。

为了避免颜色变化带来的质量问题，但又要保持香气的多样性，现在市场上的香水一般采取以下三种方法：一是在香水里面添加少量的抗氧化剂和紫外线吸收剂，减缓颜色变化的程度。二是在香水里面加入少量色素，用以掩盖颜色变化的趋势，例如加入粉红色或紫色色素来掩盖粉香带来的粉红或者红色变色趋势。三是尽量避免阳光直射香水瓶，或者把香水低温保存（一般为15℃），降低温度和光照的影响。

2. 香水变味

由于香水香精是由几十种香原料调配而成，且香原料都是醇、醛、酸、酯、醚、酮、内酯、芳香族化合物、含硫含氮的杂环化合物等有机化合物，随着时间而产生缓慢的化学反应。

① 香精中某些成分与空气的氧化反应。例如醛、醇和不饱和键的氧化反应。

② 香精中某些成分遇光照发生的物理化学反应。例如，某些醛、酮和含氮化合物受光照的反应。

③ 香精中某些成分之间的化学反应。例如，酯的交换反应，醇醛缩合反应，席夫碱的形成，酯化等。

④ 香精中某些成分与包装容器材料发生反应。例如腐蚀接触的涂层。

在这些反应中，有些变化是对香气有良好贡献，例如席夫碱反应可以使香气变得更加圆润且留香更好。但有些反应是对香气有破坏的，例如醛的氧化和低级酯类的分解，会增加不愉悦的酸味，所以在做香水配方的时候，应该尽量少添加低级脂类的香原料。

3. 香水保存时出现的浑浊现象

把香精与乙醇混合之后，有时候会出现不澄清透明的现象，这可能是因为香精中含有大量的天然精油而导致的。天然香原料，例如柑橘类的精油，因为其含有大量的萜烯类物质，所以在遇到水的情况下就会出现浑浊的现象；又例如树脂类的香原料，因为其含有萜烯类和植物蜡等物质，也会出现浑浊的现象。这时候就需要使用高浓度乙醇来做溶剂，同时在配好成香水之后，放置在低温下静置三个月，然后过滤。

另一种情况则是刚配制好的香水是澄清透明的，但放置一段时间之后出现絮状沉淀。这也有可能是因为香水配方中的天然原料导致的。解决的方法也是需要低温静置三个月，把沉淀的物质过滤掉。只有经过低温静置与过滤的步骤，才能够得到一直保持澄清透明的香水产品。

4. 香水的安全性

香水香精的安全性必须严格遵守国际日用香料香精协会（简称IFRA）的法规，因为香水属于直接接触皮肤的产品，且香精的添加量高，对人体刺激的表现最为直接。一般的香水香精都会对法规列表的26个过敏源的用量有限制，并被要求在香水包装上列出所含的过敏源名字（一般人以为香水包装上列出的是主要香原料的名字，其实，它们是指示本香水中含有的属于这26个过敏源中的哪些，防止香水被对26个过敏源中的一种或几种过敏的消费者误用，造成过敏）。

现在市面上还出现专门给儿童用的香水，其安全性必须更为严格，除了符合一般的香水安全性法规外，还要符合儿童用化妆品的法规。

对于某些严格禁用乙醇的地区，配制香水的时候还要把乙醇和水换成十四酸异丙酯，即我们俗称的IPM。

第二节　古　龙　水

古龙水又称科隆水，是1680年在德国科隆首先由意大利人生产的一种柑橘香型的芳香制品。后在1756～1763年法德战争期间，法国士兵非常喜爱此产品，将它带回法国并生产，而称之为古龙水。此名一直沿用至今。据说拿破仑非常喜欢这种香水，每逢去战场都要随身携带。

对于古龙水，国人都有一种刻板印象，会把古龙水与旧时老外用的浓烈的男士香水混为一谈。坊间出现的所谓的浓烈的古龙水，都是因为不了解香水，随便找个名字搪塞而造成的误解。其实，古龙水是一种小清新香水。

古龙水通常用于手帕、床巾、毛巾、浴室、理发室等处，散发出令人清新愉快的香气，一般为男士所用。

一、古龙水的配方组成

古龙水主要含有乙醇、蒸馏水和香精，还可加入微量的色素等添加剂。古龙水与香水的主要区别在于，古龙水中香精的用量少，乙醇浓度低，香气比较清淡。古龙水的香精用量在 3%～5%。古龙水的配方组成见表 14-9。

表 14-9　古龙水的配方组成

组分	常用原料	用量/%	作用
水	蒸馏水	5～10	溶解
乙醇	95°乙醇	75～85	溶解
香精	香精	3～8	赋香

二、古龙水的生产工艺

古龙水生产工艺流程框图如图 14-3 所示。

图 14-3　古龙水生产工艺流程框图

古龙水的生产过程与香水的很相似。但在生产的过程中要注意香精的保存条件，尽量低温保存，远离热源，避光保存，且注意香精的保存时间，绝不能使用超过保质期的香精。因为古龙水香精里面还有大量的柑橘精油，柑橘精油含有大量的烯萜类物质，烯萜类物质对热、光和氧气敏感，容易发生聚合反应而影响香气。古龙水的香气新鲜度很重要！

三、古龙水的配方设计要点

古龙水香精中，一般都含有香柠檬精油、柠檬精油、苦橙叶精油、橙花精油、迷迭香精油、薰衣草精油等，以新鲜柑橘香气为主，芳草香气为辅，具有清爽和提神的效果。早期，由于这种清新的香水的成分是天然的香料和乙醇，其用途广泛，除了普通香水使用外，还可以用于沐浴、漱口水或与乙醇混合用于治疗疾病而进行饮用。现代古龙水的成分复杂，只能作为外用香水使用。这种经典的古龙水香味慢慢地被归类为古龙香型，自成一格，一直流行至今。

由于古龙水是一类具有特定结构香型的芳香化妆产品，所以配制古龙水的设计理念万变不离其宗。而在经典古龙水香精配方中加入其他元素，例如属于木香的广藿香叶油或者带有辛辣香气的丁香油，又或带有清花香的薰衣草精油，都可以增加古龙香型香气的丰富度和饱满度，使得香气更符合当代潮流，同时也延长了古龙香型香气的留香时间。

古龙水产生了古龙香型，而古龙香型带给调香师很多灵感。例如香奈儿的专属调香师 Jacques Polge 为了营造一种运动沐浴后的清爽感觉，在原来的魅力男士香水（Allure Homme）的配方中添加古龙元素，增加头香的柑橘清新感，同时让苦橙花香气与雪松配搭起来互相辉映，增加纯净白色干净的气味，创造出全新的香奈儿魅力男士运动古龙水（Chanel Allure Homme Sport Cologne），广受好评，开启男士运动香水风潮。

四、典型配方与制备工艺

最为著名的古龙水就是经典的德国科隆的 4711 古龙水和极具特色的爱马仕橘绿之泉古龙水（Hermes Eau D'Orange Vert Eau de Cologne）。经典古龙水香精配方见表 14-10。

表 14-10　经典古龙水香精配方

香水类型	用量/%	香水类型	用量/%
意大利香柠檬精油	40	柑橘精油	1.5
柠檬精油	30	柠檬醛	0.5
甜橙精油	10	橙花素	0.5
苦橙叶精油	15	β-奈乙酮	0.3
迷迭香精油	2	癸醛	0.2

配方解析：经典古龙水香精是以柑橘香气（香柠檬、柠檬、甜橙和柑橘）和芳香草本气味（苦橙叶和迷迭香）为主，所以其头香香气新鲜透发，充满激情与欢乐，很适合夏天的清凉气息。但由于配方中不含有留香时间长的原料，所以这个配方留香时间不长，只有短短的四个小时左右。

现代古龙水香精配方见表 14-11。

表 14-11　现代古龙水香精配方

香原料名称	用量/%	作用	香原料名称	用量/%	作用
薰衣草精油	1	芳草香	水杨酸苄酯	10	花香
苦橙叶精油	1	花香-橙花香	岩兰草精油	5	木香
广藿香叶精油	25	木香	二氢茉莉酮酸甲酯	10	花香-茉莉花
依兰依兰花特级精油	1	花香	甲基柏木酮甲基柏木醚	5	木香-龙涎香
天竺葵精油	5	花香-玫瑰花	檀香 803	5	木香-檀香
洋甘菊精油 1%	5	芳草香-青香	水杨酸香叶酯	5	花香
苯乙醇	5	花香-玫瑰花	巴西玫瑰木精油	2	木香-清香
甲基紫罗兰酮	2	花香-紫罗兰	羟基香茅醛	2	花香
β-紫罗兰酮	2	花香-紫罗兰	柠檬精油	2	柑橘香
乙酸二甲基苄基原酯	2	果香	乙酸香叶酯	2	花香
丁子香叶精油	1	辛辣香	麝香 T	2	麝香

配方解析：这是一个增加了芳香草本香气的现代古龙水香精配方。广藿香叶精油、岩兰草精油和檀香 803 的加入，不仅增加了木香香气，同时还延长了此古龙水的留香时间。添加的依兰依兰花精油和水杨酸系列原料，让原有的以橙花为主的花香香气更加丰富饱满，同时也修饰了其突出的青涩香气。

第三节　花 露 水

花露水是一种低赋香的芳香化妆品，是一般家庭必备的夏令卫生用品，多在沐浴后使用。在旧时代，由于花露水带有清淡的花香和芳香，且比香水容易购买，价格也相对便宜，经常被用作香水的廉价替代品，深受普通民众的喜欢。随着国民经济的发展和生活质量的提高，花露水的香气从单一的经典香型，慢慢地衍生出不同的香气，例如增加了薄荷的清凉，睡莲的水生植物幽香，洋甘菊的芳香等，功效也衍生出驱蚊的、止痒的、防痱祛痱的和清凉的等。上海家化的六神花露水是其中的佼佼者，广为人知。

一、花露水的配方组成

花露水的配方组成见表 14-12。

由于在花露水中的乙醇含量为 $70\% \sim 75\%$，对细菌的细胞膜渗透最为有利，因此具有很强的杀菌、消毒、解痒和除痱功效。也有乙醇含量较低的花露水和添加若干中草药提取物的花露水。有些花露水中添加了如 N,N-二乙基间甲基苯甲酰胺（DEET），俗称避蚊胺和驱蚊酯等驱蚊剂，形成具有驱蚊效果的花露水。

表 14-12 花露水的配方组成

组分	常用原料	用量/%	作用
乙醇	95°乙醇	70~78	溶解
香精	香精	2~5	赋香
薄荷脑	薄荷脑	0.2	冰凉感
水	蒸馏水	18~22	
其他添加剂	止痒剂、螯合剂、凉感剂、消炎剂、抗氧化剂和微量色素等	适量	
驱蚊剂	丁基乙酰氨基丙酸乙酯(驱蚊酯)	适量	特殊功效、驱蚊

二、花露水的生产工艺

花露水的生产工艺与古龙水相似，辅以适量的添加剂，如乙二胺四乙酸二钠、抗氧化剂、水溶性色素、植物提取物。相对于香水来说，花露水与古龙水的陈化时间可以缩短一些。具体流程框图如图 14-4 所示。

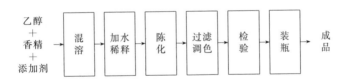

图 14-4 花露水生产工艺流程框图

三、花露水的配方设计要点

欧美国家的花露水大部分是用薰衣草香型，而我国以前多使用的是玫瑰麝香型香精，现在随着花露水的香型多样性和现代人对气味的要求升级，也有在花香上添加中草药成分的花露水香型，例如，六神花露水里面的六神原液，包括薄荷醇、冰片、人工牛黄、蛇胆提取物、人工麝香、黄檗树皮提取物和金银花提取物。

四、花露水的典型配方

佛罗里达花露水香精的配方见表 14-13。

配方解析：此配方为现代花露水香型，香气丰富，玫瑰花香为主调并带有薄荷和龙脑的清爽气味，广藿香叶的运用增加了一点草药的味道。整体香气突出花露水的赋香、清爽和功效性。

表 14-13　佛罗里达花露水香精的配方

香原料名称	用量/%	作用	香原料名称	用量/%	作用
大茴香醛	0.5	粉香-花香	羟基香茅醛	3	花香-铃兰
乙酸苄酯	2.5	果香	龙脑	15	芳草香
香柠檬精油	3	柑橘香	甲基紫罗兰酮	3	花香-紫罗兰
香茅醇	1.5	花香-玫瑰	薄荷脑	30	芳草香-薄荷
香豆素	1	粉香	广藿香叶精油	1	木香
四氢香叶醇	2	花香-玫瑰	亚洲薄荷叶精油	0.5	芳草香-薄荷
二丙二醇	22.5	溶剂	苯乙醇	3	花香-玫瑰
乙基香兰素	1	粉香	檀香803	4	木香-檀香
佳乐麝香	3	麝香	香兰素	1	粉香
香叶醇	1.5	花香-玫瑰	依兰依兰花精油	0.5	花香
天竺葵精油	0.5	花香			

第十五章
口腔清洁护理用品

Chapter 15

第一节　概　　述

一、口腔护理用品简介

口腔清洁护理用品是指以洗刷、含漱、涂擦、喷洒或者其他类似方法，施用于人体牙齿或口腔黏膜，以达到清洁、减轻不良气味、装饰、维护，使其处于良好状态为目的的产品。口腔清洁护理用品是清洁牙齿、维护口腔健康卫生的日用必需品。

人类祖先早有漱口、刷牙的习惯。据中国、印度和埃及的古文记载，公元前3000年的人类已经初步了解了牙齿的结构，并且认识到清洁牙齿的重要性，进而制造出了保护牙齿的洁牙剂。古代的洁牙剂主要由白垩土、动物骨粉、草药、食盐等组分单一使用或多组分复配而成，一般供士绅、达官贵人使用，以显示其身份与地位。牙膏是在牙粉的基础上改进形成的。随着科学技术的不断发展，工艺装备的不断改进和完善，各种类型的牙膏相继问世，产品的质量和档次不断提高，牙膏品种由单一的清洁型牙膏，发展成为品种齐全、功能多样的多功能型牙膏。牙膏也逐渐成为日常生活中常用的清洁用品。随着人们生活水平的提高及口腔护理观念的加强，越来越多的口腔护理产品比如漱口水、牙贴、牙线、口喷剂、舌刮器、专用口香糖等出现在市场上。

口腔护理用品具有驻留时间短、使用频率高、可终生使用的特点，包括牙膏、漱口水、牙粉、牙贴、口喷剂、假牙清洁剂等。随着时代的发展，口腔护理用品已经成为日常消耗品，使用口腔护理用品也已成为社会大众保持口腔健康的一种生活行为与社会性活动。

二、口腔护理用品的分类及特点

口腔清洁护理用品按用途可分成普通型口腔护理用品和功效型口腔护理用

品。普通型口腔护理用品的主要作用是清洁口腔、保护口腔卫生，基本功能包括：减轻牙渍、减少软垢、洁白牙齿、减少牙菌斑、清新口气、清爽口感、维护牙齿和牙周组织健康。功效型口腔清洁护理用品的主要作用为是缓解口腔不适、预防口腔疾病，其功效主要包括：防龋、抑制牙菌斑、抗牙本质敏感、减轻牙龈有关问题、除渍增白、减轻口臭以及完成针对改善口腔问题功效作用验证的其他功效。常用的口腔护理用品包括牙膏、漱口水、牙贴等。

1. 牙膏

牙膏是目前使用最多、最频繁的口腔护理用品。根据国家标准 GB/T 8372—2017《牙膏》，牙膏定义为，由摩擦剂、保湿剂、增稠剂、发泡剂、芳香剂、水和其他添加剂（含用于改善口腔健康状况的功效成分）混合而成的膏状物质。牙膏具有摩擦作用，能去除牙菌斑、提亮牙面，使口腔清爽。牙膏中的芳香剂，有爽口、清新口气的作用。牙膏可以作为载体将某些功效成分传递到牙面、牙龈沟或牙周袋内，起到抑制致病菌、去除牙菌斑的作用。根据所添加功效成分的不同，牙膏可分为美白牙膏、防龋牙膏、抗敏感牙膏、护龈牙膏、抗牙结石牙膏等。

2. 漱口水

漱口水也是一种常见的口腔护理用品，主要成分为水、乙醇、表面活性剂、香精及一些功效成分等。用漱口水含漱，可去除口腔内的食物残渣，保持口腔清洁，预防龋齿和牙周炎的发生。按使用性能可分为浓缩型漱口水和普通型漱口水，普通型漱口水可直接使用，浓缩型漱口水需按规定比例稀释后才能使用。

3. 牙贴

牙贴是一种由背衬层、基质层和剥离层组成的用于清洁美白牙齿和护理口腔的牙齿贴片。牙贴的中间层即为基质层，含有牙贴的活性成分，是牙贴发挥功效的主体成分；背衬层是用于负载基质层的载体；剥离层是牙贴使用时被剥离去除的部分，起保护基质层不被污染的作用。目前使用较为普遍的牙贴多为美白牙贴，黏附于牙齿表面，可遮住牙齿本身的颜色，起到快速美白牙齿的效果。

第二节　牙　　膏

一、牙膏简介

1. 牙膏的功效与作用

（1）普通牙膏功效与作用　牙膏是辅助刷牙的一种制剂，具有摩擦作用，帮助去除食物残屑、减少软垢和牙菌斑。同时也具有使口腔清爽的作用，有助于消除或减轻口腔异味。QB/T 8732—2017《牙膏》中定义牙膏的基本功能为：清洁口腔、减轻牙渍、洁白牙齿、减少牙菌斑、清新口气、清爽口感、维护牙齿和牙周组织（含牙龈）健康，保持口腔健康。

（2）功效型牙膏功效与作用　QB/T 2966—2014《功效型牙膏》中定义：功效型牙膏是指添加了功效成分，除具有牙膏的基本功能之外兼有辅助预防或减轻某些口腔问题、促进口腔健康的牙膏。针对改善或减轻口腔问题的主要功效包括但不限于：防龋、抑制牙菌斑、抗菌、抗牙本质敏感、减轻牙龈有关问题、消除或减轻口臭、除渍增白、抗牙结石以及完成针对改善口腔问题功效作用验证的其他功效。功效作用应有功效评价报告支撑，以氟化物作为防龋功效成分的牙膏，可不做防龋功效的临床评价。

2. 牙膏的分类

牙膏的分类标准有很多种，可以根据牙膏用摩擦剂、牙膏的功效、牙膏的香型、牙膏的包装规格等指标进行分类。

（1）根据摩擦剂种类的不同分　牙膏可分为碳酸钙型牙膏、二氧化硅型牙膏和二水磷酸氢钙型牙膏等。

碳酸钙型牙膏通常价格比较便宜，属于中低档牙膏。留兰香精和薄荷香精在碳酸钙型牙膏中有很好的透发性，是碳酸钙型牙膏常用香型。碳酸钙型牙膏常呈弱碱性，有较好的美白效果。但因碳酸钙原料特性，碳酸钙型牙膏比较粗糙，容易出现气胀现象。

二氧化硅型牙膏因二氧化硅折射率特性，膏体可以呈现透明、半透、不透明、啫喱等多种外观形式。二氧化硅型牙膏光滑细腻，适宜的 pH 范围宽，稳定性好，摩擦值适中又不损害牙齿，是市面上最常见的牙膏类型。与其他类型相比，二氧化硅型牙膏比较拉丝，特别是在增稠型二氧化硅含量较多的产品中。

磷酸氢钙型牙膏外观光泽鲜艳、香精透发性好、膏体挺立性好、分散性好、适当洁齿又不损伤牙齿。但因磷酸氢钙二水合物原料特性，与牙膏的部分原料相容性不是很好，若设计不当，易出现膏体增稠结粒、渗水分离、胀气渗水等异常。磷酸氢钙型牙膏价格一般偏高。

（2）根据功效的不同分　牙膏可分为美白牙膏、防龋牙膏、抗敏牙膏、护龈牙膏等。

美白型牙膏已成为我国第一大细分品类，美白效果可通过物理摩擦去除牙渍、崩解色斑、解除牙渍吸附、提亮牙色四种途径实现。除了牙膏用摩擦剂，还可以通过添加植酸钠、焦磷酸四钠、聚乙二醇-400 等活性成分实现美白效果。美白效果评价方法除了临床外，多通过 PCR 实验进行。

防龋型牙膏的功效可通过改变口腔 pH 值环境、杀灭龋病致病菌、促进牙齿再矿化等方式实现，这类型牙膏主要通过添加氟化物（氟化钠、单氟磷酸钠）、木糖醇、厚朴等成分实现防龋功效。

抗敏型牙膏的功效实现途径根据牙本质敏感机制理论可分为两种：一种是通过封堵牙本质小管，降低牙本质通透性，这类产品效果主要通过添加羟基磷灰石和锶盐（如氯化锶）实现；另一种是通过麻痹牙髓神经，降低牙本质及牙髓神经的敏感度，这类产品效果主要通过添加钾盐（如硝酸钾）、钠盐来实现。抗敏型牙膏的功效评价方法除了临床，多通过牙膏封堵牙小管实验进行。

护龈型牙膏的功效实现方式根据牙龈的主要症状可通过抗菌、抗炎、止血等方式实现，通过添加具有抗炎、抑制牙菌斑、止血功能的活性成分（如救必应、厚朴提取物等）来实现缓解牙龈炎和止血镇痛的效果。护龈型功效评价方法除了临床，还可以通过细胞抗炎实验、体外菌斑糖酵解模型、动物抗炎实验（小鼠耳肿胀、兔肝脏止血）进行。

以上是牙膏的摩擦剂和功效作为分类标准对不同类型的牙膏特点进行描述。其他常用的分类标准如表 15-1 所示。

表 15-1　牙膏分类标准

分类标准	分类后牙膏名称
牙膏的香型	薄荷香型牙膏、水果香型牙膏、冬青香型牙膏、留兰香型牙膏等
牙膏的包材	铝塑管牙膏、全塑管牙膏、高亮管牙膏、泵式牙膏、铝塑复合管牙膏等
牙膏的使用人群	成人牙膏、青年牙膏、儿童牙膏等
牙膏的外观	彩色牙膏、透明牙膏、半透明牙膏、彩条牙膏、白色牙膏等
牙膏的使用时间	早上用牙膏、晚上用牙膏等
牙膏的市场定位	高端牙膏、中高端牙膏、中端牙膏、中低端牙膏、低端牙膏

3. 牙膏的执行标准

牙膏的质量应符合 GB/T 8372—2017《牙膏》，其感官、理化卫生指标见表 15-2。

表 15-2　牙膏的感官、理化和卫生指标

项目		要求
感官指标	膏体	均匀,无异物
理化指标	pH 值	$5.5^{①}$ ～10.5
	稳定性	膏体不溢出管口,不分离出液体,香味色泽正常
	过硬颗粒	玻片无划痕
	可溶氟或游离氟量/%（下限仅试用于含氟防龋牙膏）	0.05～0.15（适用于含氟牙膏） 0.05～0.11（适用于儿童含氟牙膏）
	总氟量/%（下限仅试用于含氟防龋牙膏）	0.05～0.15（适用于含氟牙膏） 0.05～0.11（适用于儿童含氟牙膏）

项目	要求
菌落总数/(CFU/g)≤	500
霉菌与酵母菌总数/(CFU/g)≤	100
耐热大肠菌群/g	不得检出
铜绿假单胞菌/g	不得检出
金黄色葡萄球菌/g	不得检出
铅(Pb)含量/(mg/kg)≤	10
砷(As)含量/(mg/kg)≤	2

（卫生指标为左侧纵列合并项）

① pH 值低于 5.5 的牙膏，产品责任方应提供两份由具有资质的第三方机构出具的标准方法对口腔硬组织（含牙釉质和牙本质）进行安全性评价的试验报告，两份报告的试验结论均应达到标准方法的安全要求。其中至少一项报告由口腔研究机构（口腔医学院、省级口腔研究院所）或口腔医疗机构（三级口腔专科医院、综合性医院口腔科）出具。

4. 牙膏的质量要求

除了满足 GB/T 8372—2017 对牙膏的要求外，牙膏还应该满足以下要求。

① 牙膏不出现膨胀变形，不自动流出；成条性、挺立性好；密实均匀，光滑细腻，无异物，无气泡；香味色泽正常。

② 泡沫适宜。泡沫是在刷牙过程中产生的，泡沫不仅能去污携污，也是消费者在使用时的一种心理需要。泡沫指标主要从泡沫量、泡沫稳定性以及泡沫细腻度进行评估，好的牙膏，应该有较快的发泡速度，适中的泡沫量，细腻的泡沫度，让消费者在刷牙时有很好的刷牙体验感。

③ 口感舒适。牙膏能否让消费者再次购买，舒适和愉悦的口感起了重要作用。牙膏的口感是消费者在刷牙过程中口腔对牙膏的感觉，主要包含凉感、香味、膏体分散性、口味、颗粒感、清新感等主观感受和精神体验指标。好的牙膏，应该在口感的各个维度给消费者愉悦、舒适的使用感。

④ 稠度适中。稠度是牙膏理化指标中一个很重要的指标，膏体稠度的大小能反应牙膏的质量。稠度太小（＜9mm），膏体较稀，挺立性不好，挤在牙刷上时易坍塌，给消费者不好的使用感，稠度太大（＞18mm），牙膏挤出比较难，分散性较差，一般适宜的稠度范围为 9～18mm。

⑤ 无刺激性，对口腔黏膜不会产生刺激或造成损伤。

⑥ 使用方便，刷牙时能够迅速分散于口腔之中。

⑦ 符合环保要求，对环境无危害。

⑧ 有良好的包装，具有合理的性价比。

⑨ 功效型牙膏，除了满足以上要求外，功效原料应稳定，确保在保质期内产品功效满足 QB/T 2966—2014《功效型牙膏》和 WS/T 326—2010《牙膏功效

评价》的规定要求。

二、牙膏的配方组成

牙膏的配方组成如表 15-3 所示。

表 15-3　牙膏的配方组成

组分	常用原料	用量/%
摩擦剂	碳酸钙、二水磷酸氢钙、无水磷酸氢钙、水合硅石、氢氧化铝	15～50
保湿剂	山梨(糖)醇、甘油、丙二醇、聚乙二醇等	15～70
增稠剂	一类是有机合成胶，如纤维素胶、羟乙基纤维素、卡波树脂；一类是天然植物胶，如汉生胶、卡拉胶；还有一类是无机胶，如增稠型二氧化硅、胶性硅酸铝镁等	0.5～2
发泡剂	月桂醇硫酸酯钠、月桂酰肌氨酸钠、椰油酰胺丙基甜菜碱、椰油酰基谷氨酸钠、烷基聚葡糖苷、甲基月桂酰基牛磺酸钠等	0.5～2.5
芳香剂	常用的香精类可以分为薄荷香型、留兰香型、冬青香型、水果香型、花香香型、混合香型	0.5～2
功效成分	植酸钠、焦磷酸盐、柠檬酸锌、乳酸锌、氟化物、氯化锶、木糖醇、西吡氯铵、氯己定、救必应提取物、多聚磷酸盐等	0.01～10
口味改良剂	糖精钠、三氯蔗糖、阿斯巴甜、甜菊糖等	0.05～0.3
外观改良剂	各种色素、色浆、珠光颜料、彩色粒子等	0.01～0.1
防腐剂	苯甲酸钠、苯甲醇、山梨酸钾、尼泊金酯类等	0.1～0.5
稳定剂	焦磷酸钠、磷酸二氢钠、磷酸氢二钠、碳酸钠、碳酸氢钠、硅酸钠等	0.1～1
水	去离子水	15～30

三、牙膏的原料选择要点

1. 摩擦剂

摩擦剂是牙膏的主体原料，在牙膏中跟牙刷一起作用，起到清洁牙齿表面牙垢、减轻牙渍、牙菌斑、牙结石等物质的作用。一般牙膏所用的摩擦剂均为细腻、白色、粉状固体物质。常用的牙膏摩擦剂有碳酸钙、二水磷酸氢钙、无水磷酸氢钙、水合硅石、氢氧化铝等。摩擦剂的选择主要从功能性、安全性、口感体验和配伍性方面进行平衡。

（1）**摩擦剂的功能性**　摩擦剂的功能性主要指其摩擦力，一般以牙本质的摩擦值（RDA）表示，ISO 有标准的 RDA 测定方法，国内行业则一般以铜片磨耗值相对摩擦值来代替。牙膏磨料的摩擦值不能过低，过低无法达到清洁的效果，摩擦值要能够除去那些容易附着的菌斑、牙石、色渍等牙垢。在美白牙膏中，常选择摩擦值高的磨料作为主体美白功效成分。不同摩擦等级的牙膏需要综合考虑牙膏中使用摩擦剂的种类、细度和用量。常用摩擦剂的相对摩擦值见表 15-4。

表 15-4　常用摩擦剂的相对摩擦值（铜片磨耗值）

摩擦剂	相对摩擦值	RDA 值
二水磷酸氢钙	100	45
方解石粉	1240	150
氢氧化铝	500	120
二氧化硅	280	110～160
无水磷酸氢钙	1560	—
无水焦磷酸钙	760	95

（2）摩擦剂的安全性　摩擦值过高容易造成牙齿硬组织磨损。ISO 标准设定最高 RDA 值为 250。影响磨料磨损性的主要是磨料的硬度、颗粒大小和结构。硬度是材料的一种机械性质，表示材料抵抗其他物质刻画压入其表面的能力。刷牙时就是借助牙刷的压力，将摩擦剂压入软垢、菌斑和结石中以破碎污垢。以莫氏硬度来计，牙釉质为 4～5，磨料的硬度值应该选择低于牙釉质。

（3）摩擦剂的口感体验　相比于二氧化硅，碳酸钙密度大、厚重，刷牙时易掉落，分散性也不佳。二氧化硅摩擦剂的分散性要优于碳酸钙。另一个影响口感的是摩擦剂的颗粒。当摩擦剂颗粒过大时在口腔中会产生砂砾感觉。不同牙膏用磨料标准在颗粒度方面都有要求，均以 325 目的过筛率作为衡量标准。另外，摩擦剂也会通过影响香精的透发性而间接影响口感。

（4）摩擦剂的配伍性　摩擦剂作为牙膏中主体固相成分，其性质直接影响膏体的稳定性。由于二氧化硅是化学惰性物质，在氟或者其他药物配伍性方面，比其他摩擦剂拥有更好的相容性。碳酸钙和磷酸氢钙则不适宜应用在含氟牙膏中，因其钙可与氟生成沉淀，而使游离氟防龋的功效大大降低。

目前，业内普遍认为牙膏配方中使用二氧化硅和磷酸氢钙作为摩擦剂是比较理想的。

2. 保湿剂

保湿剂通常为水溶性液相。保湿剂在牙膏中主要作用为：保持膏体的水分，防止水分的蒸发，避免牙膏在使用期间管口处的牙膏干结不易挤出；保持膏体的流变性，便于生产过程中管道输送，灌装等；降低牙膏的冰点，避免低温环境导致牙膏结冻无法使用；某些保湿剂如丙二醇，通过增添香精而提高稳定性；某些高分子的保湿剂，如聚乙二醇，可通过增稠膏体以提高稳定性。保湿剂多为有机多元醇，牙膏中常用的有山梨（糖）醇、甘油、丙二醇、聚乙二醇等。保湿剂的选择主要从满足保湿抗冻性及提升配方配伍性两方面来考虑。

3. 增稠剂

增稠剂，又称胶黏剂。增稠剂可分散、溶胀于牙膏的液相当中，形成稳定胶体体系，用以悬浮牙膏中的固相成分，防止牙膏固液两相分离。增稠剂可以使牙膏具有适当的黏度和稠度，使牙膏有成条特性，能够停留在牙刷上不会塌下。常用的牙膏增稠剂有三类：一类是有机合成胶，如纤维素胶、羟乙基纤维素、卡波树脂；一类是天然植物胶，如黄原胶、卡拉胶；还有一类是无机胶，如增稠型二氧化硅、胶性硅酸铝镁。目前牙膏中应用最多的 2 种增稠剂是纤维素胶和黄原胶。增稠剂作为整个牙膏骨架的关键组分，其选择要满足稳定性和流变性 2 个基本要素。

（1）满足膏体稳定性　牙膏是一种固液分散体系，固相具有沉降趋势，使系统具有相分离的趋势。为使粉末稳定分散在液相中，要靠增稠剂改善流体的流变性，使牙膏膏体保持稳定状态。增稠剂可以在液相中分散溶胀形成三维网状结构，将固相物均匀固定，阻止或减缓其沉降，有效地防止牙膏中的固体和液体分离，当网状结构受到外力变性时能够快速复原，恢复其网状包覆能力。

当配方中不存在破坏纤维素胶胶体的其他组分时，利用纤维素胶的良好胶体恢复性能可使膏体有良好的稳定性。当配方中有盐、酶等影响胶体性能的组分存在时，增稠剂的选择要做相应做调整。黄原胶具有热稳定性、酶稳定性、酸、碱、盐稳定性等特性。对于含高浓度酸或碱的混合物，使用黄原胶是一个不错的选择。

（2）满足膏体流变性　牙膏的流变性主体表现在如下几个方面：

① 生产过程中，膏体在管道中容易被运输，在灌装时容易被灌装；

② 挤牙膏过程中，如果不挤压，牙膏不会自动流出，只需稍稍用力，牙膏可从管内挤出，将牙膏挤出在牙刷上以后，牙膏可以整齐被断开，成条状挺立在牙刷上；

③ 刷牙过程中，牙膏能很快均匀分散于口腔内，不会有块状掉出，刷牙后容易冲洗干净；

④ 存放过程中，牙膏流变性相对稳定，不会发生明显改变等。

4. **发泡剂**

发泡剂在牙膏中通过降低液体表面的表面张力，使牙膏具有良好的润湿、发泡、乳化，去垢作用。常用的牙膏发泡剂有月桂醇硫酸酯钠（K12）、月桂酰肌氨酸钠、椰油酰胺丙基甜菜碱、椰油酰基谷氨酸钠、烷基聚葡糖苷、甲基月桂酰基牛磺酸钠等。发泡剂的设计从泡沫指标、安全性指标和膏体配伍性这三个方面衡量。

（1）泡沫指标　牙膏的泡沫指标主要指泡沫的大小、多少、细腻度等。目前牙膏常用的发泡剂相对较好的表面活性剂是 K12，发泡力强、泡沫直径大、消泡快。尽管现有牙膏国家标准中已取消对泡沫量指标的要求，但目前国内口腔护理用品市场，泡沫量仍然是消费者关注的指标。除了泡沫量，泡沫的大小、细腻度也是泡沫口感的重要指标。月桂酰肌氨酸钠和椰油酰胺丙基甜菜碱的发泡力相对较低、泡沫直径小、消泡慢且细腻度好。配方开发过程中，采用泡沫分析仪等设备，实现对泡沫动能学的检测对比，筛选最佳的组合配比，实现泡沫量和细腻度的双重良好体验。

（2）安全性指标　牙膏发泡剂的安全性指的是发泡剂原料是否适合应用在口腔护理产品中。除了已有悠久应用历史、证明对人体安全的牙膏发泡剂外，新型发泡剂的开发和应用应做好全面的安全性评估。目前关于发泡剂的安全性，主要集中在发泡剂对口腔黏膜的无刺激性。在安全性、刺激性等方面，椰油酰甘氨酸钠、月桂酰肌氨酸钠要优于十二烷基硫酸钠。

（3）膏体配伍性　牙膏中油相水相的平衡主要靠乳化剂来调节，而牙膏中的发泡剂，同时也是重要的乳化剂，其质量的优劣对牙膏配伍性起着重要作用。发泡剂的乳化能力过低或者含量过少，会导致牙膏中油相（包括香精和部分功效成分）从牙膏中分离、变色、变味。不同的香精、不同乳化性能的发泡剂都会有影响。在配方设计中有效协同表面活性剂的发泡力和安全性，采用多种表面活性剂复配或新开发表面活性剂是现如今配方开发的一大趋势。

5. 芳香剂

芳香剂在牙膏中的作用，不仅仅只是为了掩盖牙膏其他组分所带来的不愉快气味，更重要的是赋予产品一种独特唯一的愉悦香气，给消费者一个对产品的特殊记忆点。牙膏香精常用的主体香型有薄荷香型、留兰香型、冬青香型、水果香型、花香香型、混合香型。牙膏用香料最主要的是薄荷香料，薄荷种类有上百种，最常见的4种商业品种是：苏格兰留兰香薄荷、原生留兰香薄荷、椒样薄荷、亚洲薄荷，其香气特色各不一样，不同品种不同比例复配可获得多样的薄荷香气。现代牙膏香型的开发选择，不再局限传统薄荷、冬青和留兰类香型的应用，也借鉴其他行业的香型发展，比如食品行业、饮料行业，甚至香水行业，以提供消费者比较独特的香气感受。长效清凉剂也越来越多被应用，结合薄荷脑的凉感爆发力，提供给消费者持久的清凉体验。

6. 功效成分

功效成分是帮助功效型牙膏实现除牙膏基本功能之外的一种或多种功效的成分。按照其作用，一般将功效成分分为以下几类：去渍美白成分、清新口气成分、抗牙本质敏感成分、防龋成分、抑菌消炎成分、抑制牙结石成分等。每类功效又有多种原料可以实现，或单独使用或协同复配使用。常用功效成分见表15-5。

表 15-5　常用功效成分

功效类别	常用组分
去渍美白成分	通过摩擦方式去渍的组分：碳酸钙、水合硅石、磷酸氢钙、珍珠粉、小苏打等；通过化学生物等方式去除外源性附着物的组分：植酸钠、焦磷酸盐、多聚磷酸盐、偏磷酸盐、过氧化物、酶制剂等；通过改变呈现方式的组分：蓝色颜料等
清新口气成分	蒙脱土、柠檬酸锌、乳酸锌、活性炭等
抗牙本质敏感成分	通过封堵暴露牙小管达到抗敏的组分：羟基磷灰石、氟化物、生物活性玻璃、氯化锶、钙化合物等；通过镇静牙髓神经达到抗敏的组分：硝酸钾、柠檬酸钾、丹皮酚、艾叶提取物等
防龋成分	氟化钠、单氟磷酸钠、氟化亚锡、木糖醇等
抑菌消炎成分	西吡氯铵、氯己定、厚朴提取物、救必应提取物、0-伞花烃-5-醇、蜂胶提取物等
抑制牙结石成分	焦磷酸盐、多聚磷酸盐、偏磷酸盐等

7. 防腐剂

常用的牙膏防腐剂包括：苯甲酸钠、山梨酸钾、羟苯甲酯、羟苯丙酯。牙膏中的一些功效成分比如西吡氯铵、氟化物、表面活性剂、香精也有一定程度的防腐效果。目前很多植物提取物类原料、香辛类原料等被研究应用于防腐，通过对这些具备防腐性能的配方组分开发调试和对生产过程的严格控制，现在很多牙膏已经可以不需要添加防腐剂。

牙膏国标要求牙膏的微生物指标控制要求是：菌落总数≤500CFU/g；霉菌与酵母菌总数≤100CFU/g，耐热大肠菌群、铜绿假单胞菌、金黄色葡萄球菌每克不得检出。牙膏在原料、生产、输送、储存、使用等环节容易受到微生物的污染，加上牙膏中的糖类化合物、醇类等都能为微生物的生长、繁殖提供能量和营养物质。控制牙膏微生物指标，一方面需要通过原料控制和过程控制减少微生物的感染，另一方面是通过提升配方体系的防腐能力达到防腐效果。提升配方的防腐能力，可以通过配方调试控制水活性，最普遍还是牙膏的配方体系中添加适量的防腐剂。

防腐剂的防腐效能受膏体酸碱性环境影响很大。配方中防腐剂的选择，需考虑到配方的酸碱特性。偏酸性配方体系对应选择酸性防腐剂，包括苯甲酸、山梨酸和丙酸以及它们的盐类等。酸性防腐剂的特点就是体系酸性越大，其防腐效果越好，这类防腐剂在牙膏中最常用的是苯甲酸钠。苯甲酸钠在牙膏中的应用已经比较成熟，一般添加量在0.2%～0.5%。酯型防腐牙膏中最常用的是对羟基苯甲酸甲酯、对羟基苯甲酸乙酯、对羟基苯甲酸丙酯、对羟基苯甲酸丁酯、对羟基苯甲酸异丁酯。这类防腐剂的特点就是在很宽的pH值范围内都有效，在pH值为4～8范围内有较好的抗菌效果，可以较广泛地应用在各类型的配方体系中，在石粉型的配方中也适用。

8. 味觉改良剂

味觉改良剂用于掩盖牙膏某些成分的不良口味，赋予牙膏令人愉快的口味。一般牙膏常用的味觉改良剂包括甜味剂和咸味剂。牙膏中主要的高甜度甜味剂包括糖精钠、三氯蔗糖、阿斯巴甜、甜菊糖等非营养型甜味剂，不参与人体代谢，不提供热量，只提供甜度。糖精钠风味较差，有后苦。甜菊糖加入口腔产品中，既可以促进产品甜味，又可以降低口腔有害细菌增殖，较少龋齿发生。三氯蔗糖是唯一以蔗糖为原料的功能性甜味剂，具有无能量、甜度高、甜味纯正、无后苦味，高度安全等特点。氯化钠是常用的牙膏咸味剂，含盐牙膏具有咸甜清新的口味，特别强化了凉爽和新鲜的感觉。

9. 外观改良剂

外观改良剂是指用于美化、修饰牙膏外观，或者可以掩盖膏体中某些有色组分的不美观感，从而增加牙膏的颜色美感，创造特定的视觉感受和功效的原料成分。常用的外观改良剂包括各种色素、色浆、珠光颜料、彩色粒子等。色素按照来源可分为合成色素、无机色素和动植物天然色素。牙膏常用的合成色素有柠檬黄、日落黄、亮蓝、靛蓝等。珠光颜料和钛白粉属于无机色素类。天然色素主要来源于自然界存在的动植物，常见的天然色素有甜菜红、萝卜红、高粱红、栀子黄、姜黄、胡萝卜素、藻蓝素、焦糖色素等。考虑到牙膏的入口使用特性，我国对于牙膏使用的色素有较高要求和使用限制，必须符合牙膏用原料规范（GB 22115），所用色素必须在牙膏中许用着色剂的范围内，很多为食品级别色素。

10. 稳定剂

稳定剂泛指用于稳定牙膏体系的原料组分。稳定剂包括稳定产品 pH 的酸碱缓冲剂、防止牙膏组分氧化的抗氧化剂等。其中酸碱缓冲剂是牙膏在保质期内稳定控制 pH，以避免因 pH 波动引起产生膏体出水、气胀等不稳定现象的原料成分。常用的牙膏酸碱缓冲剂包括焦磷酸钠、磷酸二氢钠、磷酸氢二钠、碳酸钠、碳酸氢钠、硅酸钠等，其中牙膏摩擦剂二水磷酸氢钙、氢氧化铝、二氧化硅同时具有酸碱缓冲作用。抗氧化剂主要用于防止、抑制或延迟牙膏因氧化作用导致变色、变味的现象。已应用的抗氧化剂有氯化亚锡、植酸钠、抗坏血酸（维生素 C）、生育酚（维生素 E）、丁基羟基茴香醚（BHA）、二丁基羟基甲苯（BHT）等。

11. 水

水是牙膏中的重要组成部分。目前牙膏配方用水普遍采用去离子水，去除水中杂质，控制微生物，pH 在 7 左右，电导率指标为 $<15\mu m/cm$。牙膏去离子水制备设备主要有离子交换制水设备和反渗透水处理设备。应用更多的是反渗透水处理设备。

四、牙膏的配方设计要点

牙膏配方的设计会通过多个维度进行考量，比如：

① 是否符合包括价格、人群、功效诉求等市场定位；

② 从原料种类到使用剂量到整体是否足够安全；

③ 功效是否可以实现；

④ 使用体验是否满足消费者需求；

⑤ 质量是否稳定。

牙膏组分众多，而每种组分又有多种不同特性的原料。考虑牙膏实现洁白牙齿、清洁口腔的基本功能和对稳定性、流变性、外观、口感的要求，特别要注意摩擦剂、保湿剂、增稠剂、发泡剂等组分的比例，如出现异常会对牙膏的性能带来很大的影响。设计牙膏配方时主要考虑牙膏的清洁能力、是否设计成透明膏体、流变性、酸碱性、稳定性以及感官质量的平衡。

1. 牙膏的清洁能力

牙膏作为人们每天使用的日常必需品，首先需考虑其清洁功能的实现。为保证配方的清洁能力，一般选择具有高摩擦值的摩擦剂应用于配方中，如碳酸钙、磷酸氢钙、二氧化硅等，但牙膏摩擦值不宜太高，过高会损伤牙釉质。除选择合适的摩擦剂外，再复配具有溶解、疏松、转化牙齿表面污渍作用的美白功效成分，如焦磷酸钠、植酸钠等络合剂，可进一步提高牙膏的清洁美白能力。在配方设计时要权衡清洁能力与牙膏摩擦值的关系。

2. 牙膏的透明度

透明牙膏能给消费者带来纯净、清凉和美丽的感觉。透明牙膏是一种以二氧化硅为主要固相成分，以水、甘油、山梨醇为主要液相成分的溶胶体系。在配方设计时，通过保湿剂和水的不同配比来调整牙膏液相的折射率，再通过使用不同厂家的二氧化硅进行小样试验，来确定透明牙膏的配方。为提高配方设计的效率，可以从光散射理论和偶极矩理论的角度，通过大量的实验数据测试，建立牙膏透明度的计算模型。

3. 牙膏的流变性

牙膏是固液分散体系。牙膏的制备过程是将摩擦剂等固体粉料、香精等油溶性液体在由增稠剂、保湿剂制成的水溶性胶质中充分分散，并且在保质期内始终能够保持这种均匀的分散性。在设计牙膏配方时，必须考虑输送流动性能、储存稳定性能、挤压分散功能、剪切拖尾功能、条形保持功能，而这些性质均取决于流变性能的影响。选择不同增稠剂、摩擦剂配方体系的样品牙膏，应用现代流变仪，通过对膏体流动曲线、触变性、屈服应力等流变性能的研究，分析不同配方体系流变学的差异，进行客观的定量评估，为牙膏配方的制定提供理论依据。

4. 牙膏的 pH 值

牙膏原料分为固相与液相两大类，固相中的摩擦剂是牙膏用量最大的一种化学成分，一般有碳酸钙、磷酸氢钙、二氧化硅、氢氧化铝四种类型，摩擦剂在牙膏中存在着一定的离解率，离解率过大，会导致牙膏因酸碱反应产生气胀现象、因电解质对 CMC 溶胶体系的破坏产生分水现象。因此，针对不同摩擦剂类型的牙膏，通过控制牙膏 pH 的合理范围来控制摩擦剂的离解率，可以确保牙膏在保质期内稳定，同时还要考虑到牙膏在口腔中的安全性，需根据国标的要求，在离解率不大的情况下，将 pH 控制在合适的范围之内。

5. 牙膏的稳定性

在设计牙膏配方时，还需考虑配方的稳定性。首先需让配方中水的含量与粉料的吸水量保持平衡，已确保游离水分稳定地分布在膏体网络结构中，不转移到膏体表面产生脱壳，也不发生固液分离产生出水；其次对配方中增稠剂的流变性能进行分析，掌握稠度的变化规律，通过合理调整使牙膏稠度始终控制在标准的范围之内；还需综合考察配方结构与生产条件，合理确定防腐剂的种类和用量，使牙膏菌落总数稳定控制在标准的范围之内。除此之外，还需考虑一些功效成分、色素、芳香剂与配方的配伍性，避免发生变色、变味等现象。

五、牙膏的生产工艺

牙膏的制备过程是将保湿剂、摩擦剂、水、增稠剂、发泡剂、香精等原料，按顺序加入制膏设备，通过强力搅拌、均质、真空脱气等步骤，使原料充分分散并混合均匀成为均匀紧密的膏体。牙膏制备过程根据制胶和制膏两工序是否连续完成，可分为两步法制膏和一步法制膏。

1. 两步法制膏

两步法制膏过程制胶与制膏是间断完成的，即先在制胶锅中制好胶水，静置陈化数小时，再将胶水、摩擦剂、香精等物料经制膏机强力搅拌、均质、真空脱气等过程制成膏体。两步法制膏生产工艺操作步骤如下。

① 取低含水量保湿剂（如甘油、PEG-400）于预混桶内，搅拌下加入增稠剂，搅拌至增稠剂分散均匀，成胶粉预混液备用。对易分散于水的增稠剂，用部分水和高含水量保湿剂（如山梨醇）于预混桶内高速搅拌均匀成凝胶状水溶液，备用。

② 将去离子水加入预混锅，搅拌下加入水溶性原料，至原料完全溶解均匀，成水相溶液。将摩擦剂、粉状发泡剂（如 K12）等粉料打入粉料罐，搅拌预混均匀，成粉料备用。

③ 将保湿剂（未用于分散增稠剂）、水相溶液打入胶水预混锅搅拌均匀，搅拌下缓慢加入胶粉预混液，继续搅拌至胶水分散均匀。静置成化数小时，备用。

④ 开真空泵，控制真空度在-0.04～-0.08MPa 范围内吸入胶水；开双搅拌，吸入粉料罐内预混匀的所有粉料，搅拌 10min 以后，控制真空度-0.090～-0.098MPa 范围内，快搅 15min，停真空泵、双搅拌。

⑤ 打开进香阀门，缓慢吸入外观改良剂分散液、液体发泡剂、香精，关阀门至香精混入膏体后，开真空泵，双搅拌 15min 以上（控制真空度在-0.092MPa 以上）。

⑥ 停双搅拌，控制真空度不低于-0.096MPa，持续抽真空 15min 以上，至膏体密实、光滑细腻、无气泡。

⑦ 停刮板，真空泵，将制膏机内气压恢复常压。

⑧ 取样送检，检测合格后，将膏体打入储罐，灌装。

两步法制膏重点为制胶工艺，制胶过程需保证增稠剂完全溶胀水合，同时和易溶于水物料完全溶解均匀，同时需重点关注胶水的 pH 值和黏度指标，将指标值控制在一定范围内。与一步法制膏相比，两步法制膏增稠剂能充分溶胀水合，制成的膏体稠度较稳定，膏体返粗结粒异常会显著减少；中间增设的对胶水的检测，能更好判断物料是否投错、生产工艺操作是否异常等问题，更好的进行质量控制。

2. 一步法制膏

一步法制膏过程制胶与制膏是连续进行的，即把增稠剂和摩擦剂等粉料充分混合均匀，然后与液相混合，经过强力搅拌、均质、真空脱气等过程成膏体。一步法制膏生产工艺操作步骤如下。

① 将去离子水加入预混锅，加入水溶性原料，开搅拌至原料完全溶解均匀，成水相溶液。

② 将摩擦剂、增稠剂、粉状发泡剂等粉料投入粉料罐，开混合搅拌器至粉料混合均匀。

③ 开真空制膏机刮板，将步骤①得到的均匀水相溶液、保湿剂加入制膏机，开搅拌至制膏机内原料混合均匀。

④ 开制膏机双搅拌和真空泵，控制真空度在-0.04～-0.08MPa 范围内吸入粉料罐中所有粉料。双搅拌 25min 以上（真空度达到-0.092MPa 以上开始双搅拌计时）。

⑤ 停真空泵，打开进香阀门，缓慢吸入外观改良剂分散液、液体发泡剂、香精，关闭进香阀门，待香精混入膏体后，开真空泵，双搅拌 15min 以上（真空度达到-0.094MPa 后开始双搅拌计时）。

⑥ 停双搅拌，控制真空度在-0.096MPa 以上，持续抽真空 15min 以上，

至膏体密实、光滑细腻、无气泡。

⑦ 停刮板、真空泵，将制膏机内气压放至标准大气压。

⑧ 取样送检，检测合格后，将膏体打入储罐，灌装。

一步法制膏中需严格控制各工序的时间节点及各工艺的真空度要求：进料时真空度不宜过高（不宜高于−0.08MPa），否则容易出现粉料、液料冲顶；也不宜过低（不宜低于−0.04MPa）否则容易带入过多气泡，影响后面工艺及整个膏体质量。均质阶段为防止气泡渗入膏体真空度应尽可能高，脱气阶段真空度应不低于−0.094MPa。与两步法制膏比，一步法制膏节省制胶及胶水成化时间，提高生产效率；避免胶水存储及管道运输中的计量偏差，减少细菌污染环节。

六、典型配方与制备工艺

1. 碳酸钙牙膏

碳酸钙牙膏的典型配方如表 15-6 所示。

表 15-6　碳酸钙牙膏的典型配方

组相	原料名称	用量/%	作用
A	糖精钠	0.25	味觉改良
	水	加至 100	溶解
B1	山梨（糖）醇	22	保湿
	二氧化钛	0.5	外观改良
B2	甘油	8	保湿
	羟苯甲酯	0.1	防腐
C	纤维素胶	0.8	增稠
	黄原胶	0.4	增稠
D	碳酸钙	42	摩擦
	水合硅石	3	摩擦
	月桂醇硫酸酯钠	2.2	发泡
E	香精	1.2	赋香

制备工艺：

① 将 A 相组分混合后搅拌溶解，然后加入 B1 相组分搅拌分散均匀；

② 将 B2 相组分混合后加热至溶解，冷却后加入①中搅拌均匀；

③ 将 C 相和 D 相组分混合均匀后加入①中快速搅拌约 20min；

④ 最后加入 E 相，继续搅拌脱气至膏体光滑细腻无气泡，出膏灌装。

配方解析：本配方属于碳酸钙牙膏配方，该牙膏产品的密度较大，膏体密实厚重，挤出时不拉丝，刷牙时泡沫丰富、香味浓郁、膏体分散性适中。整个产品的口感较好，成本适中。

2. 二水磷酸氢钙牙膏

二水磷酸氢钙牙膏的配方设计如表 15-7 所示。

表 15-7　二水磷酸氢钙牙膏的配方

组相	原料名称	用量/%	作用
A	糖精钠	0.25	味觉改良
	焦磷酸四钠	0.5	稳定
	水	加至 100	溶解
B	甘油	25	保湿
C	纤维素胶	0.4	增稠
	黄原胶	0.6	增稠
D	二水磷酸氢钙	50	摩擦
	月桂醇硫酸酯钠	2.4	发泡
E	香精	1.2	赋香

制备工艺：

① 将 A 相组分混合后搅拌溶解，然后加入 B 相搅拌均匀；

② 将 C 相和 D 相组分混合均匀，然后加入①中快速搅拌约 20min；

③ 最后加入 E 相继续搅拌脱气至膏体光滑细腻无气泡，出膏灌装。

配方解析：本配方是磷酸氢钙牙膏配方，本牙膏产品的外观密实细腻，膏体触变性好，挤出时不拉丝，刷牙时泡沫丰富、分散性好、口感怡人。

3. 二氧化硅牙膏

二氧化硅牙膏的配方设计如表 15-8 所示。

表 15-8　二氧化硅牙膏的配方

组相	原料名称	用量/%	作用
A	糖精钠	0.25	味觉改良
	苯甲酸钠	0.3	防腐
	食用色素	适量	外观改良
	水	加至 100	溶解
B	山梨(糖)醇	60	保湿
	甘油	3	保湿
	聚乙二醇-600	3	保湿
C	纤维素胶	0.5	增稠
	黄原胶	0.4	增稠

组相	原料名称	用量/%	作用
D	摩擦型二氧化硅	12~14	摩擦
	增稠型二氧化硅	8~10	增稠
	月桂醇硫酸酯钠	2.0	发泡
E	月桂酰肌氨酸钠	1.0	发泡
F	香精	1.0	赋香

制备工艺：

① 将 A 相组分混合后搅拌溶解，然后加入 B 相组分搅拌均匀；

② 将 C 相和 D 相组分混合均匀后加入①中快速搅拌约 20min；

③ 分别加入 E 相和 F 相继续搅拌脱气至膏体光滑细腻无气泡，出膏灌装。

配方解析：本配方为透明二氧化硅牙膏配方。这类牙膏在市场上已占到相当大的份额。透明型二氧化硅牙膏体系通常用于清新类、儿童产品。

4. 防龋牙膏

含氟牙膏是目前公认的防龋牙膏。在牙膏中添加符合国家标准要求的氟化物，可达到安全有效的防龋作用，一般不需要临床验证。含氟牙膏配方设计的关键在于选择的氟化物与牙膏其他成分之间的配伍性。防龋牙膏的配方设计如表 15-9 所示。

表 15-9　防龋牙膏的配方

组相	原料名称	用量/%	作用
A	糖精钠	0.25	味觉改良
	氟化钠	0.22	防龋
	苯甲酸钠	0.3	防腐
	水	加至100	溶解
B	山梨（糖）醇	35	保湿
	甘油	10	保湿
	二氧化钛	0.5	外观改良
C	纤维素胶	0.4	增稠
	黄原胶	0.6	增稠
D	水合硅石	22	摩擦
	月桂醇硫酸酯钠	2.1	发泡
E	香精	1.2	赋香

制备工艺：

① 将 A 相组分混合后搅拌溶解，然后加入 B 相组分搅拌分散均匀；

② 将 C 相和 D 相组分混合均匀后加入①中快速搅拌约 20min；

③ 加入 E 相继续搅拌脱气至膏体光滑细腻无气泡，出膏灌装。

配方解析：本配方是含有氟化钠的二氧化硅牙膏配方。能够帮助预防和治疗龋齿，其防龋效果不需临床验证。

5. 脱敏牙膏

脱敏牙膏是指添加了脱敏成分，用于缓解牙齿敏感酸痛症状的牙膏。脱敏牙膏中所用的功效成分一般为氟化物、锶盐、钾盐、中药提取物中的一种或多种。脱敏牙膏的配方设计如表 15-10 所示。

表 15-10　脱敏牙膏的配方

组相	原料名称	用量/%	作用
A	糖精钠	0.28	味觉改良
	硝酸钾	2～5	脱敏
	水	加至 100	溶解
B1	山梨(糖)醇	30～35	保湿
B2	二氧化钛	0.5	外观改良
	羟基磷灰石	5～10	脱敏
B3	甘油	10～20	保湿
	羟乙基纤维素	0.5～1.0	增稠
C	纤维素胶	0.3～0.8	增稠
D	水合硅石	15～20	摩擦
	月桂醇硫酸酯钠	2.2	发泡
E	椰油酰胺丙基甜菜碱	0.5～1.0	发泡
F	香精	1.2	赋香

制备工艺：

① 将 A 相组分混合后搅拌溶解，然后依次加入 B1、B2 相组分搅拌分散均匀；

② 将 B3 相组分混合搅拌分散均匀，加入①中；

③ 将 C 相和 D 相组分混合均匀后加入①中快速搅拌约 20min；

④ 最后加入 E 相和 F 相，继续搅拌脱气至膏体光滑细腻无气泡，出膏灌装。

配方解析：本配方是含有多组分的脱敏牙膏，主要用于缓解牙齿敏感酸痛症状的脱敏牙膏，通过添加两种活性成分硝酸钾和羟基磷灰石来实现缓解牙齿敏感的目的。

6. 抗菌护龈牙膏

抗菌护龈牙膏是指添加了抗菌消炎止血成分，能够抑制牙菌斑、减轻牙龈炎、修复口腔黏膜的牙膏。抗菌消炎活性成分主要有中草药提取物、化学合成制剂类。

抗菌护龈牙膏的配方设计如表 15-11 所示。

表 15-11　抗菌护龈牙膏的配方

组相	原料名称	用量/%	作用
A	糖精钠	0.2～0.3	味觉改良
	辅助添加剂	0.5～1.0	稳定
	水	加至100	溶解
B	山梨(糖)醇	30～40	保湿
	甘油	6～10	保湿
	二氧化钛	0.5～1.0	外观改良
C	纤维素胶	0.8	增稠
	黄原胶	0.3	增稠
D	水合硅石	20～25	摩擦
	月桂醇硫酸酯钠	2.0～2.5	发泡
	救必应提取物	0.1～0.8	活性成分
E	厚朴(MAGNOLIA OFFICINALIS)树皮提取物	0.1～0.5	活性成分
	沙棘(HIPPOPHAE RHAMNOIDES)果油	0.1～0.5	活性成分
	香精	1.1～1.4	赋香

制备工艺：

① 将 A 相组分混合后搅拌溶解，然后加入 B 相组分搅拌分散均匀；

② 将 C 相和 D 相组分混合均匀后加入①中快速搅拌约 20min；

③ 将 E 相组分混合后加热溶解，冷却后加入，继续搅拌脱气至膏体光滑细腻无气泡，出膏灌装。

配方解析：本配方是抗菌护龈牙膏配方，二氧化硅牙膏配方体系与中草药类的抗菌护龈成分具有很好的配伍性。配方中含有低刺激、性能温和、副作用小的中草药提取物活性成分，实现其抗菌护龈功效。

7. 除渍美白牙膏

除渍美白牙膏是指添加了除渍美白成分，可快速去除牙齿附着物、牙色斑、牙渍，从而提高牙齿白度和光亮度的牙膏。除渍美白牙膏的功效通常有三个途径来实现，分别是使用高摩擦值大的摩擦剂（天然碳酸钙、高摩擦值二氧化硅）、使用络合剂溶解消除牙齿色斑（如植酸钠、聚乙二醇）、使用活性氧漂白牙齿（过氧化氢、过碳酰胺，一般是以牙粉、牙凝胶等形式的产品）。

除渍美白牙膏的配方设计如表 15-12 所示。

表 15-12　除渍美白牙膏的配方

组相	原料名称	用量/%	作用
A	糖精钠	0.25～0.3	味觉改良
	植酸钠	0.5～1.0	除渍美白
	水	加至100	溶解
B	山梨(糖)醇	54～56	保湿
	聚乙二醇-400	4～8	保湿
	二氧化钛	0.5	外观改良
C	纤维素胶	0.3～0.8	增稠
	黄原胶	0.3～0.8	增稠
D	水合硅石	8～12	高摩擦型摩擦
	水合硅石	10	普通型摩擦
	月桂醇硫酸酯钠	2.0～2.5	发泡
E	香精	1.0～1.3	赋香

制备工艺：

①将 A 相组分混合后搅拌溶解，然后加入 B 相组分搅拌分散均匀；

②将 C 相和 D 相组分混合均匀后加入①中快速搅拌约 20min；

③最后加入 E 相继续搅拌脱气至膏体光滑细腻无气泡，出膏灌装。

配方解析：本产品为复合型除渍美白牙膏，配方中含摩擦剂和配位剂，能够有效去除牙齿表面的外源性色斑，提高牙齿的白度和光亮度。

8. 抗牙结石牙膏

抗牙结石牙膏是指添加了牙结石抑制成分，帮助预防、阻止或减少牙结石的牙膏。常见的抗牙结石功效成分为无机螯合剂（三聚磷酸盐、焦磷酸盐）、有机螯合剂（聚乙烯吡咯烷酮、植酸钠、柠檬酸锌），另外一些生物酶、抗菌剂及阳离子表面活性剂等均可以破坏牙菌斑、溶解牙结石，起到抗牙结石的辅助作用。

抗牙结石牙膏的配方设计如表 15-13 所示。

表 15-13　抗牙结石牙膏的配方

组相	原料名称	用量/%	作用
A	糖精钠	0.25	味觉改良
	焦磷酸四钾	2.0	功效成分
	三聚磷酸五钠	5.0	功效成分
	氟化钠	0.24	辅助添加
	植酸钠	1.0	功效成分

组相	原料名称	用量/%	作用
A	水	加至100	溶解
B	山梨(糖)醇	26	保湿
	甘油	10	保湿
	聚乙二醇-600	3	保湿
	二氧化钛	0.5	外观改良
C	纤维素胶	0.5~1.5	耐盐型增稠
	黄原胶	0.3~0.8	增稠
D	水合硅石	20	摩擦
	月桂醇硫酸酯钠	2.2	发泡
E	椰油酰胺丙基甜菜碱	0.5~1.0	发泡
F	香精	1.2	赋香

制备工艺：

① 将 A 相组分混合后搅拌溶解，然后加入 B 相组分搅拌分散均匀；

② 将 C 相和 D 相组分混合均匀后加入①中快速搅拌约 20min；

③ 最后加入 E 相和 F 相，继续搅拌脱气至膏体光滑细腻无气泡，出膏灌装。

配方解析：本配方为抗牙结石牙膏配方，配方中的抗牙结石活性成分是焦磷酸盐、三聚磷酸盐、植酸钠，刷牙时高浓度的磷酸盐可配合口腔中的游离钙，从而能够有效抑制磷酸钙沉积，阻止牙结石的形成。

七、常见质量问题及原因分析

牙膏是一种复杂的混合物体系，由水、可溶于水和不溶于水的无机酸、碱、盐以及有机化合物组成。只有保持牙膏中各种原料之间以及膏体与外包装物良好的配伍性，互不发生反应，才能保证牙膏在保质期内稳定，从而确保牙膏的质量。虽然牙膏的生产是一个将各种原料机械混合的过程，没有剧烈的化学反应，但是牙膏中的各种原料以及膏体和外包装物之间存在着复杂的化学反应、电化学反应，使得牙膏在储存过程中会发生固液分离、干结发硬、气胀、变色、变味等质量问题。下面就常见质量问题进行分析。

1. 固液分离

主要表现为：轻微时管口和气泡处固液分离，严重时膏体与软管分开，膏体变稀，打开管口液体会自动流出。

原因分析：膏固液分离是最常见的质量问题，引起的原因十分复杂，其最终结果都是使牙膏均相胶体体系受到破坏而使固液分离。引起固液分离主要有以下几个方面的因素。

（1）黏合剂　黏合剂对膏体的稳定性起着至关重要的作用。牙膏常用的黏合剂羧甲基纤维素钠（CMC）是构成牙膏膏体骨架的主体成分，对平衡牙膏的固液相起着关键作用。衡量CMC的性能的主要指标是取代度，但取代度作为宏观统计的平均值，具有不均匀性，难以保证牙膏形成均匀的三维网状结构，从而使得液相不能很好地固定在膏体中而出现固液分离的现象。此外，牙膏中的细菌等微生物可降解CMC，也会导致固液分离现象发生。

（2）摩擦剂　天然碳酸钙来源广泛、性价比高，是很多牙膏固相的主要成分。碳酸钙经机械粉碎后，微粒表面十分光滑，其吸水量变小，易使膏体固液分离。若碳酸钙加工时水含量过大，使膏体水分相对过剩，或碳酸钙含量太低，固液相配比不当，膏体会有固液分离现象。而且如果摩擦剂粒度过细，比表面积小，表面自由能高，形成聚集体，排出包覆在胶体内的自由水，也会有固液分离的现象。

（3）发泡剂　牙膏常用的发泡剂十二烷基硫酸钠（K12）是一种混合物，是8~14醇混合的钠盐，其中十二醇和十四醇的含量存在差异，含量高低对膏体稳定性影响很大。如果这两种醇组分发生变化，也会引起膏体固液分离，导致膏体的不稳定。

（4）保湿剂　牙膏常用的保湿剂有山梨醇、甘油等，如果加入过量，会影响胶体与水的结合能力。如果杂醇、无机盐含量过高，会影响牙膏中CMC溶液的稳定性，导致牙膏固液分离；如果保湿剂含水量过大，也会导致固液分离现象的发生。甚至如果是制备山梨醇的原料淀粉受到污染，都可能导致固液分离。

（5）其他添加剂　牙膏中常会因为加入部分添加剂，使膏体的稳定性受到影响。例如，CMC是一种高分子钠盐且耐盐性较差，若牙膏中添加过多的钠盐，由于同离子效应，膏体黏度降低导致固液分离；其次牙膏原料中带入的细菌等微生物也会降解膏体中的黏合剂，从而使膏体的三维网状结构被破坏，膏体出现固液分离现象。

（6）工艺原因　如果生产时制膏机对膏体的研磨、剪切力过强过大，会影响CMC的网状结构，从而破坏胶体的稳定性，引起固液分离。其次制膏过程中的搅拌时间、制膏温度、真空度、真空泵回水、冷凝水回流以及环境卫生等也会引起固液分离。

2. 气胀

主要表现为：膏体膨胀使牙膏外形变圆，开盖时膏体自动溢出管口，同时挤膏时伴随着噼啪声，严重时会使管尾爆开。

原因分析如下。

（1）缓蚀剂　在以碳酸钙为摩擦剂的牙膏中，由于碳酸钙的弱碱性及其高用量会对包装材料的铝管产生腐蚀，腐蚀过程中会产生一定的气体，所以常会加入二水合磷酸氢钙和泡花碱（硅酸钠）作为缓蚀剂。缓蚀剂的种类和用量会影响铝管被腐蚀的程度，从而引起气胀。

（2）防腐剂　防腐剂的种类和用量决定了其防腐能力的大小。如果防腐能力不足，会允许某些菌类生存繁殖，经微生物发酵代谢产生气体。

（3）设备工艺　如果制膏过程中设备真空度不足或抽真空时间过短，而使脱气效果不理想，膏体中会残存过多的气体；同时由于设备原因，牙膏在灌装时会在管口或管尾处留下少量的空气，也会为微生物的繁殖提供良好的生存环境。

此外，引起气胀的原因还有很多，如碳酸钙的纯度、表面光洁度，其他原料甚至环境等因素都会引发一系列的化学反应和电化学反应。气胀可能是单一的原因，也有可能是多种原因共同起作用。

以上 2 种问题为牙膏最常见的质量问题，其余还有变稀、干结发硬、结粒、变色、变味、pH 发生变化等质量问题。表 15-14 列举了其余的牙膏质量问题的分析和解决办法。

表 15-14　牙膏常见质量问题的分析及解决办法

现象	具体表现	可能的原因
变稀	膏体稠度大幅下降	①增稠剂使用不当； ②原料中微生物和有机物超标； ③防腐剂使用不当； ④无机盐含量过高； ⑤制膏工艺控制不当，如搅拌时间过长、制膏温度过高、真空泵回水，冷凝水回流以及环境卫生不达标等
干结发硬	管口膏体发干，难以挤出，膏体变稠，严重时膏体脱壳，与牙膏管分离	①增稠剂选用不当或添加量过高； ②酸碱缓冲剂对磷酸氢钙的稳定作用不足； ③保湿剂用量不足； ④摩擦剂复配比例不当； ⑤制膏工艺不当，如加料顺序不当、增稠剂预分散不足以及进粉速度过快等
结粒	原本细腻的膏体出现或大或小的颗粒	①酸碱缓冲剂对磷酸氢钙的稳定作用不足； ②摩擦剂复配比例不当； ③无机盐含量过高； ④制膏工艺不当，如加料顺序不当、增稠剂预分散不足以及进粉速度过快等
变色	白色牙膏变成黄棕色，有色牙膏变深、变浅、变不均匀或变成其他颜色	①香精使用不当； ②色素使用不当； ③功效成分容易被氧化； ④摩擦剂等粉料中含有易引起变色的金属离子，如 Fe^{3+}，Mn^{2+} 等

现象	具体表现	可能的原因
变味	香味明显发生变化,甚至发出臭味	①香精使用不当; ②防腐剂使用不当; ③香精与其他组分发生反应; ④摩擦剂等粉料中的硫化物含量过高; ⑤乳化剂用量不足
pH 发生变化	膏体 pH 超出标准的范围	①香精使用不当; ②酸碱缓冲剂使用不当
细菌总数发生变化	膏体菌落总数出现上升,甚至超出标准的范围	①防腐剂使用不当; ②生产环境卫生不达标
功效成分含量发生变化	膏体中功效成分的含量出现下降	功效成分与其他组分发生反应

总之,牙膏的质量问题是由多种因素共同影响的,需要才能够原料、配方、工艺多个方面系统分析,必须结合具体问题寻求解决方案。

第三节　漱　口　水

一、漱口水产品介绍

1. 漱口水的定义、特点

漱口水是一类通过含漱的方式,以达到清新口气、改善口腔卫生状况、维护口腔健康的液态口腔护理产品。与牙膏相比,漱口水具有使用简单、方便等特点,只需要几十秒的时间就可以实现对口腔的及时护理。

2. 漱口水的功效与作用

漱口水根据其所添加的功效物质可以实现清新口气、美白牙齿、防龋、抗菌、抗牙结石、缓解牙本质敏感、减轻牙龈问题等功效。目前,市场上以清新口气、抗菌、美白和抗牙结石的漱口水居多。

3. 漱口水的分类

漱口水根据使用人群可以分为成人漱口水和儿童漱口水;根据产品浓度可以分为非浓缩漱口水和浓缩漱口水;根据是否含有乙醇可以分为有醇漱口水和无醇漱口水;根据产品是否含氟可以分为有氟漱口水和含氟漱口水;根据产品功效可以分为美白漱口水、抗菌漱口水、抗牙本质敏感漱口水、护龈漱口水、抗牙结石漱口水等。

（1）成人漱口水与儿童漱口水　根据使用人群的特点可以将漱口水分为成人漱口水和儿童漱口水。成人漱口水是根据成人的口腔特点和口感需求而开发的漱口水，往往具有更强的功效和更浓郁的香味。儿童漱口水是根据儿童口腔特点和口感需求而开发的漱口水，往往具有温和的口感和儿童喜爱的香型。

（2）非浓缩漱口水与浓缩漱口水　市场上大多数漱口水均为非浓缩漱口水，此类漱口水在使用前无需进行稀释，只需取 10～20 mL 漱口水液在口腔中含漱 30～60s 吐出即可。浓缩漱口水与非浓缩漱口水相比，其经过了几倍至几十倍的浓缩，在使用前需按照产品说明用水进行稀释，然后再漱口。

（3）有醇漱口水与无醇漱口水　有醇漱口水是最早出现在市场上漱口水，由于其配方成分中含有一定量的乙醇，因此漱口水会有明显的酒味。有醇漱口水由于其含有乙醇往往具有更强的爆发性，同时乙醇也会给一些消费者，尤其是女性消费者带来一些不适的口感，如辣感、刺激感。因此，市场上出现了不添加乙醇的无醇漱口水，此类漱口水具有温和、不刺激的特点。

（4）无氟漱口水与含氟漱口水　根据漱口水是否添加氟化物可以将其分为无氟漱口水与含氟漱口水。含氟漱口水中添加有氟化钠、单氟磷酸钠等防龋成分，可以一定程度上提升牙齿对酸蚀的抵抗力，起到防止或减轻龋齿发生的概率。对于儿童来说，尤其是 6 岁以下儿童，由于吞咽反射不完善，容易在使用漱口水时发生吞咽现象，造成氟摄入过量。因此，开发了无氟漱口水给儿童、孕妇等特殊人群使用。

（5）功效漱口水　漱口水根据不同功效可以分为美白漱口水、防龋漱口水、抗菌漱口水、抗牙本质敏感漱口水、护龈漱口水、抗牙结石漱口水等。美白漱口水含有吸附、络合、漂白外源性色素的成分。抗菌漱口水含有抑菌、杀菌等成分。抗牙本质敏感漱口水含有麻痹牙小管神经或封堵牙小管等成分。护龈漱口水含有抑菌、消炎、止血等成分。抗牙结石漱口水含有抑制唾液中金属离子形成不溶性矿化物的成分。

4. 漱口水产品的质量要求、标准、质量要求

漱口水产品质量应符合 QB/T 2945—2012《口腔护理清洁护理液》，其感官、理化指标见表 15-15。

表 15-15　漱口水产品的感官、理化指标

项目		要求
感官指标	香型	符合标识香型
	澄清度（5℃以上）	溶液澄清，无机械杂质
	稳定性	耐热稳定性测试条件下，无凝聚物或混浊；耐寒稳定性测试条件下不冻结、色泽稳定
理化指标	pH（25℃）	3.0～10.5 （对于 pH 低于 5.5 的产品，产品质量责任者提供对口腔硬组织安全性的数据）

	项目		要求
理化指标	游离氟或可溶氟含量/%	≤	0.15
	氟离子含量/(mg/瓶)	≤	125 (适用于直接销售给消费者的漱口水,不适用于在医院诊所使用的漱口水,需医生开具处方才能使用的漱口水以及某些特殊场合由专人指导使用的漱口水)

漱口水产品的卫生指标应符合表 15-16 的要求。

表 15-16　漱口水产品的卫生指标

	项目		要求
卫生指标	菌落总数/(CFU/mL)	≤	500
	霉菌与酵母菌总数/(CFU/mL)	≤	100
	粪大肠菌群/mL		不应检出
	铜绿假单胞菌/mL		不应检出
	金黄色葡萄球菌/mL		不应检出
	重金属(以 Pb 计)含量/(mg/kg)	≤	15
	砷(As)含量/(mg/kg)	≤	5
	甲醇/(mg/kg)[只有当乙醇、异丙醇含量之和≥10%(质量分数)时,才需检测本指标]	≤	150

二、漱口水的配方组成

漱口水配方一般由水、保湿剂、溶剂、表面活性剂、功效物质、防腐剂、pH 调节剂、甜味剂、凉味剂、香精、色素等成分组成。漱口水配方各组分的一般用量范围如表 15-17 所示。

表 15-17　漱口水的配方组成

组分	常用原料	有醇漱口水/%	无醇漱口水/%
保湿剂	山梨醇、甘油和丙二醇	10~20	10~20
溶剂	乙醇、丙二醇	5~25	3~10
乳化剂	泊洛沙姆 407、PEG-40 氢化蓖麻油、聚山梨醇酯-20、月桂醇硫酸酯钠等	0.5~2.0	0.5~2.5
功效物质	薄荷醇、焦磷酸四钠、三聚磷酸五钠、植酸钠、西吡氯铵、氯化锌、PVM/MA 共聚物、柠檬酸锌、麝香草酚、硝酸钾、柠檬酸钾等	适量	适量
防腐剂	苯甲酸钠、苯甲酸、山梨酸钾、羟苯酯类等	适量	适量
pH 调节剂	磷酸氢二钠、磷酸二氢钠、柠檬酸、柠檬酸钠、磷酸	0.05~0.15	0.05~0.15

组分	常用原料	有醇漱口水/%	无醇漱口水/%
凉味剂	薄荷醇、乙酸薄荷酯、乳酸薄荷脂、琥珀酸薄荷酯、戊二酸薄荷酯、WS-23、WS-3 等	0.01～0.15	0.01～0.15
芳香剂	日化香精或食品香精	0.1～0.3	0.1～0.3
外观改良剂	各种色素、色浆、珠光颜料、彩色粒子等	适量	适量
水	去离子水	加至 100	加至 100

三、漱口水的原料选择要点

1. 增溶剂

增溶剂作为漱口水配方中的重要成分，其选择要兼顾其增溶作用与其带来的苦涩口感。漱口水配方中常用的增溶剂有泊洛沙姆 407、PEG-40 氢化蓖麻油、聚山梨醇酯-20、月桂醇硫酸酯钠等，其中泊洛沙姆 407 的频率最高。

2. 功效物质

漱口水功效物质分为清新口气、防龋美白、抗菌、抗牙本质敏感、护龈、抗牙结石等。各功效的常用功效原料如表 15-18 所示。

表 15-18　漱口水常用功效原料

功效类别	原料种类或名称	备注
清新口气	香精、薄荷醇、精油、抑菌剂	香精主要起掩盖作用，其他物质为抑菌作用
防龋	氟化钠、单氟磷酸钠、氟化胺	
美白	焦磷酸四钠、焦磷酸四钾、三聚磷酸五钠、六偏磷酸钠、植酸钠、聚乙烯吡咯烷酮(PVP)、过氧化氢	
抗菌	西吡氯铵、氯化锌、PVM/MA 共聚物、柠檬酸锌、麝香草酚、水杨酸甲酯、桉叶油、氯己定葡萄糖酸盐	PVM/MA 共聚物能使某些活性物黏附在牙齿和黏膜表面，延长抗菌作用时间
抗牙本质敏感	硝酸钾、柠檬酸钾	
护龈	甘草酸二钾、具有抗炎作用的植物提取物	
抗牙结石	焦磷酸四钠、焦磷酸四钾、三聚磷酸五钠、六偏磷酸钠、植酸钠	

3. 凉味剂

漱口水配方常用清凉剂有薄荷醇、乙酸薄荷酯、乳酸薄荷脂、琥珀酸薄荷酯、戊二酸薄荷酯、WS-23（2-异丙基-N,2,3-三甲基丁酰胺）、WS-3（N-乙基-对薄荷基-3-甲酰胺）、N-对-氰基苯基薄荷甲酰胺。其中，薄荷醇、WS-3（N-乙基-对薄荷基-3-甲酰胺）和 N-对-氰基苯基薄荷甲酰胺在漱口水中使用比较多。

四、漱口水的配方设计要点

漱口水中绝大部分为水，有效的防腐体系是配方设计的难点之一。其次，大多数漱口水采用透明容器灌装，配方的感官、理化性质容易发生改变是配方设计的难点之二。

（一）无醇漱口水配方设计要点

1. 防腐体系

漱口水防腐体系的设计需要考虑配方的特点、原料之间的配伍性、产品的pH、工厂的生产设备和工艺、产品的包装等几个维度的情况。总的来说就是配方防腐体系要能够抵御微生物的一次污染和二次污染，但是防腐体系不能替代产品生产的 GMP 管理，不能作为降低微生物污染的唯一途径，也不能作为控制包装生物负载的手段。

（1）无醇漱口水配方特点　无醇漱口水配方中水所占比例为 70%～80%，在水占比如此高的配方中，防腐体系的设计需要结合配方、生产、包装和产品使用等多个方面的因素。相比有醇漱口水，无醇漱口水的抑菌能力更弱，配方设计时可以适当提高保湿剂及多元醇在配方中的占比，以降低配方的整体水活度，提高漱口水的渗透压，间接对微生物的生长起到抑制作用。

（2）原料配伍性　为了提高漱口水的抑菌能力，可以向配方中添加一些抑菌剂，如一些具有杀菌作用的阳离子表面活性剂（西吡氯铵），或者是一些具有良好抑菌作用的天然提取物或植物精油。但是，要特别注意原料之间的配伍性问题，防止有些原料之间发生相互作用而导致效果降低。例如，西吡氯铵加入漱口水中作为抑菌物质效果很好，但是由于其自身为阳离子表面活性剂，不能与阴离子表面活性剂或其他带负电荷的原料（如常见的增稠剂，CMC、黄原胶等）一同使用。

（3）pH 对防腐剂的影响　漱口水的 pH 一般为中性附近（6.0～8.5），在此 pH 范围比较适合微生物的生长繁殖。因此，在选择防腐剂时需要选择 pH 适用范围更广的防腐剂，或者对 pH 变化不敏感的防腐剂。有机酸类防腐剂的解离常数（pK_a）往往在偏酸性的范围，pK_a 离漱口水的 pH 值越远，则有机酸在漱口水中解离越充分，防腐效果越弱。若是一定要选择有机酸类的防腐剂，则选择 pK_a 值较高的防腐剂，防腐效果会更好些。为了进一步提高配方的防腐效果可以，在配方中加入一些具有抑菌作用的物质，如西吡氯铵、植物精油等。但是需要注意的是，由于漱口水中的表面活性剂浓度达到临界胶束浓度时，会在水溶液中形成胶束，胶束作用可以使漱口水中的油溶性物质得到增溶。大多数具有抗菌作用的植物精油均为油溶性物质，加入漱口水中在表面活性剂的胶束作用下，其抗菌效果会被大大地削弱，甚至失效。因此，抑菌物质的添加需要进行产品的抑菌测试。

（4）生产设备和工艺　漱口水生产要求具有独立的制备车间、灌装车间，车间的洁净度需要达到 30 万级的标准。漱口水的生产设备，行业内普遍使用 316L 材质的不锈钢，其具优异的耐腐蚀性和较好的支撑强度。设备内部要求平整光滑，不能有死角、锈斑，此外还应达到卫生级的抛光程度（300～400grit），有条件的企业可以将设备内部达到镜面抛光的程度（600～800grit）。这样利于设备的清洗和消毒，降低微生物污染的风险。

另一方面，漱口水的制备工艺应当尽可能采用热配工艺，以降低或防止原料中带入过多的微生物污染漱口水，但是热配工艺并不意味着可以忽视或减轻对所使用原料的微生物控制。水是漱口水中占比非常高的原料，漱口水微生物污染大多是由水中微生物超标导致的，因此采用热配工艺，不仅可以对水进行再次杀菌，同时也能对制备设备的内表面进行再次消毒。

（5）包装　产品的包装形式以及使用形式都是产品防腐体系设计时需要考虑的因素。总体而言，包装受污染风险程度（高→低）：开口罐＞塑瓶＞翻盖瓶/软管＞泵瓶/喷雾＞真空泵/气雾罐。漱口水一般采用塑瓶进行灌装，结合漱口水的使用形式（一瓶多次使用，使用瓶盖量取），漱口水被微生物污染的风险相对较高。因此，配方的防腐能力也要较强。

2. 外观稳定性

漱口水一般采用透明塑料瓶灌装，如果长期处于阳光或室内光照射的条件下，尤其被放置的窗台或货架上时，容易导致漱口水褪色或变色。在配方开发设计时可以将漱口水颜色调成较深的颜色、采用稳定性更好的色素、采用有色的塑料瓶或者不透光的瓶子灌装（也可以在漱口水瓶子外用纸盒包装）解决此问题。另一个漱口水容易出现的问题是澄清度，若漱口水中含有较高的植物提取物、功效物质或未充分去除（过滤工艺）的细小微粒，都有可能导致漱口水在货架期变浑浊。针对植物提取物、功效物质引发的浑浊，可以适当减少添加量改善变浑浊的程度，并在产品外表装上进行说明。若是过滤不充分导致的问题，可以采用更低孔径的滤柱或增加过滤级数。

3. 香型稳定性

漱口水由于受到光照或高温的影响，容易导致其发生变色、变味的现象（一般由香精导致）。在配方开发时应当采用稳定性更好的香精，尽量避免使用花香、果香香精。若必须使用，可以向香精公司提出减少香精中的易氧化物质，减轻香精的变色变味程度。另一方面，漱口水尽量避免储存在阳光直射、高温等环境中。

4. pH 值稳定性

漱口水在货架期容易发生 pH 值下降的现象，其主要原因是因为香精被氧化。在漱口水配方开发时，向配方中添加适量的 pH 调节剂可以改善此现象，或者采用一些不容易氧化的香精。

5. 抗冻性

漱口水由于大部分原料都是水，在温度较低时容易出现结冰现象，尤其是冬天在北方进行运输、储存时。配方中添加较多的多元醇（如甘油），可以降低漱口水产品的凝固点，防止漱口水因结冰膨胀导致包装破损的情况发生。

（二）有醇漱口水配方设计要点

有醇漱口水由于其含有一定浓度的乙醇，其配方抵抗微生物的能力更强，可以在配方设计时适量减少防腐剂的添加，以减轻或避免防腐剂带来的不良口感及刺激。但是，这并不意味着有醇漱口水就可以忽视对微生物的控制，不管什么样的配方在配方设计时都需要通过防腐效能测试，以验证配方是否具有合格防腐性能。配方通过实验室防腐效能测试，同样也不意味着其在生产过程中不会被微生物污染。因此，从配方原料、防腐体系设计、生产设备、工艺以及包装各个环节都需要加以控制，保证产品的品质。有醇漱口水的其他配方设计要点与无醇漱口水相似。

（三）儿童漱口水配方设计要点

儿童口腔由于其结构尚未达到成人的发育程度，往往具有更敏感的特点。因此，配方设计时应该以安全性、温和性、趣味性为出发点。配方设计要点与无醇漱口水相似，但是在功效物的添加以及防腐剂的使用上需要更加注意，不仅要符合法规要求，并尽量减少具有刺激性的功效物和防腐剂的使用量。例如，儿童防龋漱口水对氟化物的添加量有明确的要求，游离氟或可溶氟含量≤0.11%。

（四）典型配方与制备工艺

1. 有醇漱口水的配方

有醇漱口水的配方见表 15-19。

表 15-19　有醇漱口水的配方

组相	原料名称	用量/%	作用
A	糖精钠	0.03	甜味
	磷酸二氢钠	0.02	pH 调节
	磷酸氢二钠	0.08	pH 调节
	水	79.1199	溶解
B	山梨(糖)醇	12	保湿

组相	原料名称	用量/%	作用
C1	乙醇	6	溶解
	羟苯甲酯	1.2	防腐
	香精	0.2	
C2	N-乙基-对薄荷基-3-甲酰胺(WS-3)	0.05	凉味
	PEG-40 氢化蓖麻油	1.3	表面活性
D	CI 42090	0.0001	色素

制备工艺：

① 将 A 相组分混合后搅拌溶解，然后加入 B 相搅拌均匀；

② 将 C1 相各组分混合后加热搅拌溶解，然后再加入预先加热融化后的 C2 相，搅拌均匀；

③ 将 D 相加入预留的适量水中搅拌溶解；

④ 最后将②加入搅拌状态的①中，再加入③持续搅拌至料体澄清透明；

⑤ 出料灌装。

本配方具有清新口气、抗菌的作用。

2. 无醇漱口水的配方

无醇漱口水的配方见表 15-20。

表 15-20　无醇漱口水的配方

组相	原料名称	用量/%	作用
A1	糖精钠	0.05	甜味
	西吡氯铵	0.05	功效物质
	磷酸二氢钠	0.03	pH 调节
	磷酸氢二钠	0.05	pH 调节
	水	73.08995	溶解
A2	泊洛沙姆 407	1.5	表面活性
B	山梨(糖)醇	12	保湿
	甘油	8	保湿
C1	丙二醇	4	溶解
C2	羟苯甲酯	1.0	防腐
C3	香精	0.2	
	N-乙基-对薄荷基-3-甲酰胺(WS-3)	0.03	凉味
D	CI 42090	0.00005	色素

本配方具有清新口气、抗菌、减轻牙龈炎的作用。

制备工艺：

① 将 A1 相组分混合搅拌溶解，然后缓慢加入 A2 相搅拌至完全溶解，再加入 B 相组分搅拌均匀；

② 将 C2 相加入预先加热至 60～70℃的 C1 相中搅拌溶解，待温度降至 35～40℃时，加入 C3 相组分，搅拌均匀；

③ 将 D 相加入预留的适量水中搅拌溶解；

④ 最后将②加入搅拌状态的①中，再加入③持续搅拌至料体澄清透明；

⑤ 出料灌装。

3. 儿童漱口水配方

儿童漱口水配方举例见表 15-21。

表 15-21　儿童漱口水配方举例

组相	原料名称	用量/%	作用
A1	水	73.8298	溶解
	三氯半乳糖	0.025	甜味
	木糖醇	0.5	甜味
	西吡氯铵	0.03	功效物质
	氟化钠	0.045	功效物质
	抗坏血酸磷酸酯钠	0.1	功效物质
	磷酸二氢钠	0.03	pH 调节
	磷酸氢二钠	0.08	pH 调节
A2	泊洛沙姆 407	1.0	表面活性
B	山梨(糖)醇	8	保湿
	甘油	12	保湿剂
C1	丙二醇	3	溶解
C2	羟苯甲酯	1.0	防腐
	羟苯乙酯	0.15	防腐
C3	香精	0.2	赋香
	薄荷醇	0.01	凉味
D	CI 16035	0.0002	色素

制备工艺：

① 将 A1 相组分混合搅拌溶解，然后缓慢加入 A2 相搅拌至完全溶解，再加入 B 相组分搅拌均匀；

② 将 C2 相加入预先加热至 60～70℃的 C1 相中搅拌溶解，待温度降至 35～40℃时，加入 C3 相组分，搅拌均匀；

③ 将 D 相加入预留的适量水中搅拌溶解；

④ 最后将②加入搅拌状态的①中，再加入③持续搅拌至料体澄清透明；

⑤ 出料灌装。

本配方具有防龋、抗菌的作用。

五、漱口水的制备工艺

漱口水的制备工艺根据制备时所用的去离子水是否加热，可以分为热配工艺和冷配工艺。在各自工艺下，根据所使用的原料特性不同，原料的预处理和添加顺序有所不同。总体而言，漱口水的工艺步骤分为备料、水相溶液的制备、油相溶液的制备、色素溶液的制备、水相溶液和油相溶液的混合制备、半成品检测、过滤和灌装几个步骤。

（一）漱口水冷配制备工艺

1. 备料

按照配方量将所有的原料称量好，备用。

2. 水相溶液的制备

将去离子水加入主搅拌罐中，开启搅拌。此步骤需要预留部分去离子水用于后边色素的溶解以及预混桶的冲洗。然后将表面活性剂（如泊洛沙姆 407、月桂醇硫酸酯钠）、可溶性的盐（如缓冲盐、水溶性防腐剂）、水溶性功效物质加入主搅拌罐中，搅拌至完全溶解。此步骤中表面活性剂的溶解可以根据其特性，选择在水相或油相中进行溶解。

3. 油相溶液的制备

若是有醇漱口水的制备，直接将溶剂（如乙醇）加入辅搅拌罐中，开启搅拌，将表面活性剂（如 PEG-40 氢化蓖麻油、聚山梨醇酯-20）、油溶性防腐剂、凉味剂和香精加入，搅拌成均匀溶液，完成油相溶液的制备。若是无醇漱口水的制备，将溶剂（如丙二醇）加入辅搅拌釜中，开启搅拌，打开夹套加热功能，将溶剂加热至 60～70℃。然后将表面活性剂（如 PEG-40 氢化蓖麻油、聚山梨醇酯-20）、油溶性防腐剂加入，搅拌成均匀溶液。之后再关闭夹套加热功能打开夹套冷却功能，待溶液温度降至 35～40℃时，将香精和凉味剂加入，搅拌均匀，完成油相溶液的制备。

4. 色素溶液的制备

取适量之前预留的去离子水加入预混桶中，投入色素，搅拌至完全溶解。

5. 水相溶液和油相溶液的混合制备

保持主搅拌罐的搅拌转速，将油相溶液缓慢注入（吸入）水相溶液中，然后将色素溶液注入主搅拌罐中。盛放色素溶液的预混桶需要使用去离子进行多次冲洗，全部注入主搅拌罐中，再将配方剩余的水量补齐。搅拌时间根据漱口水配方及制备批量的不同而不同，一般搅拌时间在 25～40min。

6. 半成品检测

完成水相溶液和油相溶液的混合制备后，停主搅拌罐，记录工艺过程，取样送检。

7. 过滤和灌装

若产品检测符合半成品检测标准，则对漱口水料液进行过滤、灌装。过滤主要是为了去除原料中不溶性杂质以及制备设备所带来的杂质。

（二）漱口水热配制备工艺

1. 备料

同漱口水冷配制备工艺。

2. 水相溶液的制备

将去离子水加入主搅拌罐中，开启搅拌，开启夹套加热功能，将去离子水加热至 90℃维持 20min（或者 82℃维持 30min），此后关闭夹套加热功能，开启夹套冷却功能，待去离子水温度降至 70℃时即可投料。此步骤需要预留部分去离子水用于后边色素的溶解以及预混桶的冲洗。然后将表面活性剂（如泊洛沙姆 407、月桂醇硫酸酯钠）、可溶性的盐（如缓冲盐）、水溶性防腐剂、水溶性功效物质加入主搅拌罐中，搅拌至完全溶解。此步骤中表面活性剂的溶解可以根据其特性，选择在水相或油相中进行溶解。

3. 油相溶液的制备

同漱口水冷配制备工艺。

4. 色素溶液的制备

同漱口水冷配制备工艺。

5. 水相溶液和油相溶液的混合制备

水相溶液温度需降至 40℃下时，才可进行两相的混合制备工艺，其他同漱口水冷配制备工艺。

6. 半成品检测

同漱口水冷配制备工艺。

7. 过滤和灌装

同漱口水冷配制备工艺。

六、常见质量问题及原因分析

漱口水目前常见的质量问题主要有理化性质改变（如颜色改变、澄清度改变、pH 值下降过快），少数情况下可以发现微生物超标的情况。

1. 漱口水感官性质改变

由于长期暴露在光照环境下，漱口水配方中的色素或香精成分不稳定，容易产生褪色、变色现象，并发生香味改变。

2. 漱口水理化性质改变

澄清度或 pH 改变：若漱口水中含有较高的植物提取物、功效物质或未充分去除（过滤工艺）的细小微粒，有可能导致漱口水在货架期变浑浊，或者发生 pH 值改变。

3. 漱口水微生物超标

漱口水发生微生物污染有多方面的原因，应从原料、生产车间、生产设备、生产工艺、灌装、包装等几个方面具体分析逐一排查，找到最终的污染源。

参 考 文 献

[1] 雷万军，代涛．皮肤学．北京：人民军医出版社，2011.

[2] 张婉萍．化妆品配方科学与工艺技术．北京：化学工业出版社，2018.

[3] 王培义．化妆品原理配方生产工艺．北京：化学工业出版社，2014.

[4] 裘炳毅．现代化妆科学与技术．北京：中国轻工业出版社，2015.

[5] 光井武夫．新化妆品学．张宝旭，译，毛培坤审校．北京：中国轻工业出版社出版，1996.

[6] 裘炳毅，高志红．现代化妆品科学与技术．北京：中国轻工业出版社，2017.

[7] 曹光群．8种面膜的配方与制备工艺．日用化学品科学，2015，38（4）：50-52.

[8] 吴旭君．生物纤维素面膜的制备及其功能化产品开发．上海：东华大学，2014.

[9] 彭富兵，焦晓宁，莎仁．新型水刺美容面膜基布．纺织学报，2007，28（12）：51-53.

[10] 韦昇，钦荣．可剥性胶状面膜的研制．广西工学院学报，1996，7（4）：67-72.

[11] 龚盛昭，陈庆生．日用化学品制造原理与工艺．北京：化学工业出版社，2018.

[12] 俞根发，吴关良．日用香精调配技术．北京：中国轻工业出版社，2007.

[13] 林翔云．调香术．2版．北京：化学工业出版社，2007.

[14] 刘玉平，俞根发，周耀华．调香师：基础知识．北京：中国劳动社会保障出版社，2015.

[15] 李刚．牙膏磨擦剂的理化特性和常用类型—牙膏摩擦剂对牙齿磨损和清洁效果的影响及研究进展
Ⅰ．牙体牙髓牙周病学杂志，2003，13（8）：465-467.

[16] 李德，豹鲍韬，刘婧．去除烟渍牙膏配方开发及清洁能力研究．口腔护理用品工业，2013，23
（1）：11-14.

[17] 牛生洋，郝峰鸽．纤维素胶的应用进展．安徽农业科学，2006，34（15）：3574-3575.

[18] 郭瑞，丁恩勇．黄原胶的结构、性能与应用．日用化学工业．2006，36（1）：42-45.

[19] 戴振刚，刘亚男．黄原胶复配纤维素胶对牙膏性能的影响及流变学表征．口腔护理用品工业，
2016，26（2）：30-32.

[20] 郭明勋．纤维素胶．明胶科学与技术，2007，27（3）：155-159.

[21] 赵勋国．牙膏增稠的理论和增稠剂．日用化学品科学，2006，29（12）：21-24.

[22] 孙志勇，沈兆雷，龙秀茹．牙膏中常用胶体的分析．口腔护理用品工业，2016，26（1）：9-12.

[23] 李江平，陶胜枝．牙膏发泡剂的比较研究．牙膏工业，2008，4：37-38.

[24] 王静，唐荣银，史俊南，等．十二烷基硫酸钠对人牙周膜细胞活性影响的实验研究．牙体牙髓牙周
病学杂志，2005，15（12）：657-659.

[25] 孙群．十二烷基硫酸钠（K12）质量对牙膏稳定性的影响．牙膏工业，1999，4：23-25.

[26] 谢长英，王思光，沈颖．牙膏中常见微生物及其风险控制．口腔护理用品工业，2010，20（5）：
23-25.

[27] 李毅苹，英光，敏珊，等．牙膏用防腐剂的探讨．牙膏工业，2005，（3）：31-35.

[28] 高源，沈颖．牙膏色素的应用及微生物风险控制．口腔护理用品工业，2010，20（5）：18-19.

[29] 关存钢．牙膏生产工艺．北京：中国轻工业出版社，1989.

[30] 中国口腔清洁护理用品工业协会组织编写．牙膏生产技术概论．北京：中国轻工业出版社，2014.

[31] 文政，唐献兰．牙膏常见质量问题的原因分析，广西轻工业，2001，（1）：38-39.